# 水力学 (第4版)

主 编 肖明葵

U0190721

重庆大学出版社

# 内 容 提 要

本书主要内容包括水力学基本概念、基本理论和水力学在工程中的应用,全书共分为9章,分别为绪论,水静力学,水动力学基础,流动阻力与水头损失,孔口、管嘴出流和有压管流,明渠恒定流,堰流,地下水动力学基础,量纲分析和相似原理。各章均附有思考题和习题,并附有习题参考答案。

本书为高等工科院校土木工程、给排水工程、地质与环境工程等专业50学时左右的水力学教材,也可供相关专业工程技术人员参考。

**图书在版编目(CIP)数据**

水力学/肖明葵主编.--4 版.—重庆:重庆大

学出版社,2018.12(2024.1 重印)

高等教育土建类专业规划教材.卓越工程师系列

ISBN 978-7-5624-2374-4

Ⅰ.①水…  Ⅱ.①肖…  Ⅲ.①水力学—高等学校—教

材  Ⅳ.①TV13

中国版本图书馆 CIP 数据核字(2018)第 283574 号

# 水 力 学
## (第 4 版)

主 编 肖明葵

策划编辑:彭 宁

责任编辑:文 鹏 邓桂华  版式设计:彭 宁
责任校对:邬小梅      责任印制:张 策

\*

重庆大学出版社出版发行
出版人:陈晓阳
社址:重庆市沙坪坝区大学城西路 21 号
邮编:401331
电话:(023)88617190  88617185(中小学)
传真:(023)88617186  88617166
网址:http://www.cqup.com.cn
邮箱:fxk@cqup.com.cn(营销中心)
全国新华书店经销
重庆华林天美印务有限公司印刷

\*

开本:787mm×1092mm  1/16  印张:17.75  字数:445 千
2018 年 12 月第 4 版    2024 年 1 月第 17 次印刷
印数:42 501—44 500
ISBN 978-7-5624-2374-4  定价:45.00 元

# 前言

　　本书是第四版,第一版于 2001 年 5 月出版,第二版于 2007 年 3 月出版,第三版于 2012 年 8 月出版。第四版保留了第三版的主要内容和教学体系。本版是在习近平新时代中国特色社会主义思想指导下,落实"新工科"建设要求,以及当前对于培养卓越工程师要求的基础上编写的,本版对第三版的基本内容作了相应调整,加强了水力学基本理论在工程应用方面的内容和实例,对例题、习题也作了相应调整。本版采用了国家标准 GB 3100—3102—93《量和单位》中规定的有关符号,为适应教学需要,还配套制作了电子课件。

　　参与本版修订工作的有重庆大学的肖明葵(1,3 章),邹昭文(6 章),吴云芳(4,7 章),程光均(9 章),谭周玲(2 章),汪之松(8 章),李鑫(5 章)。部分插图重新绘制。

　　由于修订者水平有限,本版书中错误和缺点必然不少,恳请使用本书的读者批评指正。

修订者

2018 年 8 月

# 目 录

# 第 **1** 章
## 绪　论

## 1.1　水力学的任务

水力学是用实验和理论分析的方法研究以水为代表的液体的平衡和机械运动规律及其在工程中应用的一门学科。

自然界的物质以 3 种形式存在,即固体、液体和气体,液体和气体统称为流体。从力学分析的意义上看,水作为一种流体,在其运动的过程中,表现出与固体不同的特点,其主要差别在于它们对外力的抵抗能力不同。固体由于其分子间距离很小,内聚力很大,因此能保持一定的形状和体积,能抵抗一定量的拉力、压力和剪切力;流体由于分子间距离较大,内聚力很小而几乎不能承受拉力。运动的液体具有一定的抗剪切的能力,静止的液体则不能抵抗剪切力,即使在很小的剪切力作用下,静止的液体都将发生连续不断的变形运动,直到剪切力消失为止,这种现象被称为流体的**易流动性**。液体与气体两者的差别在于液体分子内聚力比气体分子内聚力大得多,因此,气体易于压缩,而液体难于压缩。但是,当所讨论的气流流速远小于音速时,气体的密度变化很小,气流的运动规律与水流相同,因此,水力学的基本原理也适用于气体。

本书的主要内容包括 3 大部分:①水静力学,研究液体平衡的规律,即液体处于静止状态时,作用于液体上各种力之间的关系;②水动力学,研究液体处于运动状态时,作用于液体上的力与各运动要素(如速度、加速度等)之间的关系,液体的运动特性以及能量转换规律等;③土建工程中的水力计算问题,如管流、明渠流、堰流以及地下水的水力计算问题等。

水力学是力学的一个分支,在研究水力学问题时,需要应用物理学和理论力学中关于物体平衡及运动规律的理论,如力系的平衡理论、动量定理和动能定理等。液体处于平衡状态时,各液体质点间不存在相对运动,作用于液体上的各种力(包括惯性力)满足力系的平衡条件。一般来说,液体运动时,其动量及动能均会发生变化,这些变化遵循物理学和理论力学中的动量定理和动能定理。因此,物理学和理论力学是学习水力学必要的基础知识。

1

## 1.2　水力学在工程中的应用

水力学在工程问题中有着广泛的应用,在房屋建筑工程、城市生活和工业用水的给水排水工程、道路桥梁工程、航道及港口建设工程、农业水利工程、水力发电、河道疏通、引水工程以及地下水利用等工程中会碰到大量与液体平衡及运动规律有关的工程技术问题,需要应用水力学的知识加以解决。

在房屋建筑工程中,会遇到地下水的运动、基础和边坡的渗流等问题,需要解决基坑开挖、基础工程以及边坡工程中抗渗抗浮的问题。

城市生活及工业用水的给排水问题,涉及需要解决诸如取水口的布置、给水管路管网布置、水管直径及水塔高度的计算、水泵功率及井的产水量、排水管的充满度和输水能力等一系列水力学的问题。

在铁路、公路和桥梁建设工程中,需要讨论桥涵孔径设计、路基排水、隧道通风及排水等水力学的计算问题;在航道及港口工程中,涉及明渠水流的计算问题。

农业水利工程中,涉及堰坝的水力计算问题。我国历史上始建于秦昭王末年的大型水利工程都江堰,由分水鱼嘴、飞沙堰、宝瓶口等部分组成,各个部分都体现了水力学的工程应用。都江堰两千多年来一直发挥着防洪灌溉的作用,造福了一方人民。三峡大坝、南水北调等水利工程,更是水力学在工程中的重要应用的体现。

在风工程中,会遇到风荷载对构筑物的作用以及风的运动规律及其特性等问题。由于风属于低速气流运动(12 级台风风速约为 30 m/s)。因此,除注意气体与液体的物理参数不同外,完全可以应用水力学的知识加以讨论。

由此可知,水力学在工程中的应用极其广泛且不可缺少,已成为各工程领域共同的专业理论基础。水力学是高等工科院校土建类专业的一门重要的技术基础课。

## 1.3　液体的连续介质模型

液体由大量的不断做无规则热运动的分子所组成,从微观的角度看,分子之间的空隙随机地变化,其尺度远大于分子本身的尺度,因此,液体分子运动的物理量(如流速、压强等)的空间分布是不连续的,由于液体分子运动的随机性,其运动物理量也是不连续的,但从宏观的角度看,液体分子的体积极小,在标准状态下,每 1 cm$^3$ 的水,约有 $3.34×10^{22}$ 个水分子,分子之间的间距约为 $3×10^{-8}$cm。如此众多而密集的水分子,各自做不规则的随机运动,导致分子之间不断地发生碰撞,从而进行充分的能量和动量交换,因此,液体的宏观运动体现了众多液体分子微观运动的统计平均状况而明显地呈现出均匀性、连续性和确定性。

水力学从宏观的角度去研究液体的机械运动。由于在工程实际问题中,所涉及的液体运动的特征尺度及特征时间远远大于分子间距及分子碰撞时间,个别分子的行为几乎不影响大量液体分子统计平均后的宏观物理量(如质量、速度、压力等),因此,从宏观角度去研究液体运动能够满足工程问题所要求的精度。在水力学中假定液体属**连续介质**,即认为**液体所占据的空间完全由液体质点所充满而没有任何空隙,液体质点作连续运动**。

　**液体质点**是指微观上足够大而宏观上又充分小的液体分子团。微观上足够大是指液体分子团内包含足够多的分子,它们的运动物理量的统计平均值是一个稳定的数值;宏观上充分小是指分子团的宏观尺寸远远小于所研究问题的特征尺度,使得分子团内各分子的物理量可以被看成是均匀分布的。因此,可将液体质点近似地看成是一个几何上没有维度的点。

　例如,当讨论液体的密度时,以 $L_1$ 表示分子运动的尺度,以 $L_2$ 表示分子团尺度,以 $L_3$ 表示所讨论问题的特征尺度。若分子团的尺度 $L_2$ 取得太小,小到与 $L_1$ 同数量级时,分子团中就只有少数几个分子。分子运动会使分子团内的分子数目随机变化,分子数目的微小增减都会使分子团的密度值产生明显的变化;反之,若分子团的尺度 $L_2$ 取得太大,大到与 $L_3$ 同数量级时,则物质分布的不均匀性也将使分子团内各处的密度不同。这两种情形都得不到分子团密度的稳定统计平均值,只有当分子团的尺度 $L_2$ 小于 $L_3$ 且大于 $L_1$,即保证其微观上足够大而宏观上充分小时,其密度值才是稳定不变的。

　采用连续介质假设,就可以应用连续函数的数学分析工具有效地描述液体的平衡和运动的规律。连续介质假设是水力学中第一个基本假设,本书的所有论述均以该假设为基础。对大多数气体运动问题的讨论,也采用连续介质假设。

# 1.4　液体的主要物理性质

　液体机械运动的规律不仅与作用于液体的外部因素及边界条件有关,更主要是取决于液体本身所具有的物理性质。在水力学中液体常常涉及的主要物理性质有惯性、万有引力特性、黏性、压缩性及表面张力特性等。

### 1)惯性、质量与密度

　液体与其他物体一样,具有惯性。惯性是指物体保持其原有运动状态的特性。惯性的大小以**质量**来度量,质量越大的物体,惯性也越大。**液体密度是指单位体积液体所含有的质量**,以符号 $\rho$ 表示。若一均质液体质量为 $M$,体积为 $V$,则其密度为

$$\rho = \frac{M}{V} \tag{1.1}$$

密度的量纲为 $\dim\rho = ML^{-3}$,国际单位为千克/米$^3$(kg/m$^3$)。液体的密度随温度和压强的变化而变化,在压强变化不太大时,密度主要随温度变化,但这种变化很小。在土建工程中的大多数水力计算问题中,通常视密度为常数,采用在一个标准大气压下,温度为 4 ℃时的蒸馏水密度来计算,此时,$\rho = 1\ 000$ kg/m$^3$(千克/米$^3$)。

　纯净的水在一个标准大气压条件下,其密度随温度而变化的值见表 1.1,几种常见液体的密度见表 1.2。

表 1.1　水的密度(标准大气压下)

| $t/℃$ | 0 | 4 | 10 | 20 | 30 |
|---|---|---|---|---|---|
| 密度 $\rho/(kg \cdot m^{-3})$ | 999.87 | 1 000.00 | 999.73 | 998.23 | 995.67 |
| $t/℃$ | 40 | 50 | 60 | 80 | 100 |
| 密度 $\rho/(kg \cdot m^{-3})$ | 992.24 | 988.07 | 983.24 | 971.83 | 958.38 |

表 1.2　几种常见流体的密度值(标准大气压下)

| 流体名称 | 空 气 | 水 银 | 汽 油 | 酒 精 | 四氯化碳 | 海 水 |
|---|---|---|---|---|---|---|
| 密度$/(kg \cdot m^{-3})$ | 1.2 | 13 550 | 700~750 | 799 | 1 590 | 1 020~1 030 |
| 测定温度/℃ | 20 | 20 | 15 | 15 | 20 | 15 |

### 2)万有引力特性、重量与容重

液体还具有万有引力特性。在水力学中所涉及的万有引力就是**重力**。一质量为 $M$ 的液体,所受重力的大小为

$$G = Mg \tag{1.2}$$

式中　$g$——重力加速度,在本书中采用 $g = 9.8\ m/s^2$。

**液体的容重(又称重度)**是指单位体积液体所具有的重量,以 $\gamma$ 表示。一质量为 $M$,体积为 $V$ 的均质液体,其容重为

$$\gamma = \frac{Mg}{V} \tag{1.3}$$

$$\gamma = \rho g \tag{1.4}$$

在土建工程中的水力计算问题常视容重为常数,取在一个标准大气压下,4 ℃的蒸馏水容重 $\gamma = \rho g = 9\ 800\ N/m^3$,水银容重则为 $\gamma_汞 = \rho_汞 g = 133\ 280\ N/m^3$。

### 3)黏性与黏性系数

#### (1)黏性

水具有易流动性,这说明静止的液体没有抵抗剪切变形的能力。但是对于运动的液体,当液体质点之间存在着相对运动时,则质点之间会产生内摩擦力抵抗其相对运动,即**运动的液体具有一定的阻抗剪切变形的能力**,这种特性称为液体的黏性或黏滞性。运动液体的内摩擦力由分子间的内聚力和分子间的动量交换产生,液体分子间的内聚力随温度增高而减小,分子的动量交换则随温度升高而增大。但是,液体分子的动量交换对液体黏性的影响不大,液体的温度增高时黏性减小。

气体的黏性则主要由分子间的动量交换产生,温度增高时,动量交换加剧,因此,气体黏性随温度增高而增大。

#### (2)黏性对液体运动的影响

如图 1.1 所示,液体沿一个固体平面壁作平行的直线运动,设液体质点是有规则地一层一

层向前运动而不相互混掺(这种运动称为层流运动,在后面的章节中将详述层流运动及其特性)。由于液体具有黏性,因此各个液层的流速不相等。最底层的液体分子由于黏性的作用而黏在固体边界上不动,以后各层的质点离开固体边界越远,受固壁的约束作用越小,因而流速越大,但在液体的表面,液体质点与空气接触,空气阻力的作用使得液层表面质点的

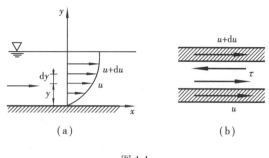

图 1.1

流速略为减小,如图 1.1(a)所示,在垂直于固壁边界的 $y$ 方向上,液体的速度分布是不均匀的。设距离固体边界为 $y$ 处的流速为 $u$,在相邻的 $y+dy$ 处的流速为 $u+du$,由于两相邻液层的流速不同,在两液层之间将成对出现切向阻力,如图 1.1(b)所示(为便于清楚地标示两切向阻力的作用面,图中将相邻两液层拉开一定的距离画出)。阻碍两相邻流层之间相对运动的切向阻力称为**黏滞力**或**黏性力**,或称为**内摩擦力**。下面一层液体对上面一层液体作用了一个与流速方向相反的内摩擦力,而上面一层液体对下面一层液体则作用了一个与流速方向一致的内摩擦力,这两个内摩擦力大小相等、方向相反。作用在上面一层液体上的内摩擦力有减缓其流动的趋势,作用在下面一层液体上的内摩擦力有加速其流动的趋势。在流动过程中,由于内摩擦力要做功,因此,必然会有机械能的损失,这将在后面的章节中详细讨论。

(3)黏滞力

由对液体所作的实验可知,相邻液层接触面的单位面积上所产生的黏滞力(或内摩擦力)$\tau$ 的大小与两液层之间的速度差 $du$ 成正比,与两液层之间的距离 $dy$ 成反比,且与液体的种类及物理性质有关,可表示为

$$\tau = \mu \frac{du}{dy} \tag{1.5}$$

式中　$\tau$——单位面积上的内摩擦力,称为内摩擦切应力;

　　　$\mu$——**动力黏滞系数**,其值随液体种类及温度、压强的不同而异;

　　　$\dfrac{du}{dy}$——**流速梯度**,是两液层流速差与距离的比值。

①流速梯度的物理意义、牛顿内摩擦定律

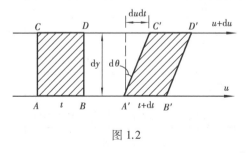

图 1.2

在层流中取出一高度为 $dy$ 的矩形微元体来研究,如图 1.2 所示。

设在瞬时 $t$,矩形微元体位于 $ABCD$ 处,经过 $dt$ 时段,运动到新的位置 $A'B'C'D'$,由于该液层的上、下两表面存在流速差 $du$,微元体在新位置由原来的矩形变为平行四边形,即产生了剪切变形(或角变形),$AC$ 边及 $BD$ 边都转动了 $d\theta$ 角,以 $dt$ 除 $d\theta$,可得剪切变形速度为 $\dfrac{d\theta}{dt}$。在 $dt$ 时段内,$C$ 点较 $A$ 点多移动了距离 $dudt$。因为 $dt$ 为微分时段,角变形 $d\theta$ 也为微量,故

$$d\theta \approx \tan(d\theta) = \frac{du\,dt}{dy} \tag{1.6}$$

因此

$$\frac{du}{dy} = \frac{d\theta}{dt}$$

即流速梯度的大小反映了角变形速度,单位为 1/秒(1/s)。于是式(1.5)又可写为

$$\tau = \mu\frac{d\theta}{dt} = \mu\frac{du}{dy} \tag{1.7}$$

式(1.5)及式(1.7)均为牛顿内摩擦定律的表达式,它表明液体做层流运动时,相邻液层之间所产生的内摩擦切应力的大小与剪切变形速度成正比。

②动力黏滞系数 $\mu$

动力黏滞系数 $\mu$ 又称为**黏性系数**或**动力黏度**,由式(1.5)可得

$$\mu = \tau\left/\frac{du}{dy}\right.$$

式中 $\mu$——单位剪切变形速度所引起的内摩擦切应力。

液体的黏性以黏性系数 $\mu$ 度量。黏性大的液体 $\mu$ 值大,黏性小的液体 $\mu$ 值小。$\mu$ 的国际制单位为牛·秒/米²(N·s/m²)或帕·秒(Pa·s)。

③运动黏性系数

为能综合反映液体的黏性和惯性性质,引入**运动黏性系数** $\nu$,$\nu$ 是动力黏性系数 $\mu$ 和液体密度 $\rho$ 的比值,即

$$\nu = \frac{\mu}{\rho} \tag{1.8}$$

因为 $\nu$ 不包含力的量纲,而仅有运动量的量纲($L^2T^{-1}$),故称 $\nu$ 为运动黏性系数,它的国际制单位为米²/秒(m²/s)。对于同一种液体,$\mu$ 和 $\nu$ 通常是压力和温度的函数,受压力的影响很小,主要对温度的变化较为敏感。

水的运动黏性系数一般按下列经验公式计算为

$$\nu = \frac{0.017\,75}{1 + 0.033\,7t + 0.000\,221t^2} \tag{1.9}$$

其中 $t$ 为水温,以℃计,$\nu$ 的单位为 cm²/s。工程上的应用可直接查表 1.3 所列的不同温度时水的 $\nu$ 值。

表 1.3 不同水温时的 $\nu$ 值

| 温度/℃ | 0 | 2 | 4 | 6 | 8 | 10 | 12 |
|---|---|---|---|---|---|---|---|
| $\nu/(\mathrm{cm}^2 \cdot \mathrm{s}^{-1})$ | 0.017 75 | 0.016 74 | 0.015 68 | 0.014 73 | 0.013 87 | 0.013 10 | 0.012 39 |
| 温度/℃ | 14 | 16 | 18 | 20 | 22 | 24 | 26 |
| $\nu/(\mathrm{cm}^2 \cdot \mathrm{s}^{-1})$ | 0.011 76 | 0.011 80 | 0.010 62 | 0.010 10 | 0.009 89 | 0.009 19 | 0.008 77 |
| 温度/℃ | 28 | 30 | 35 | 40 | 45 | 50 | 60 |
| $\nu/(\mathrm{cm}^2 \cdot \mathrm{s}^{-1})$ | 0.008 39 | 0.008 03 | 0.007 25 | 0.006 59 | 0.006 03 | 0.005 56 | 0.004 78 |

**例 1.1**　试求水温为 21 ℃时水的运动黏性系数 $\nu$ 和动力黏滞系数 $\mu$。

**解**　求 $\nu$ 和 $\mu$ 可以采用式(1.9)计算或者查表 1.3,进行线性内插求得水温为 21 ℃时的 $\nu$ 和 $\mu$。

$$
\begin{aligned}
\nu &= \frac{0.017\ 75}{1 + 0.033\ 7t + 0.000\ 221t^2} \\
&= \frac{0.017\ 75}{1 + 0.033\ 7 \times 21 + 0.000\ 21 \times 21^2} \\
&= 0.009\ 83(\mathrm{cm}^2/\mathrm{s}) \\
\mu &= \rho\nu = 0.000\ 998 \times 0.009\ 83 \\
&= 9.81 \times 10^{-6}(\mathrm{N} \cdot \mathrm{s}/\mathrm{cm}^2)
\end{aligned}
$$

或查表 1.3,$t=20$ ℃时,$\nu=0.010\ 10$,$t=22$ ℃时,$\nu=0.098\ 9$,由线性内插求得:$t=21$ ℃时,$\nu=0.009\ 995\ \mathrm{cm}^2/\mathrm{s}$,相应的 $\mu=0.000\ 998\times0.009\ 995=9.97\times10^{-6}(\mathrm{N} \cdot \mathrm{s}/\mathrm{m}^2)$。

（4）**牛顿流体与非牛顿流体**

牛顿内摩擦定律仅适用于一般流体(例如水、空气等),对于某些特殊流体不适用。根据流体的内摩擦力是否符合牛顿内摩擦定律,划分牛顿流体与非牛顿流体两类。**内摩擦力符合牛顿内摩擦定律的流体称为牛顿流体**,否则为**非牛顿流体**。其主要差别如图 1.3 所示。

从图 1.3 中可知,在温度不变的条件下,牛顿流体的 $\tau$ 与 $\dfrac{\mathrm{d}u}{\mathrm{d}y}$ 为一斜率不变的直线,说明其剪切应

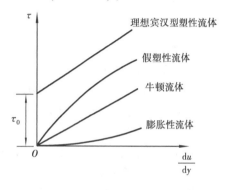

图 1.3

力与剪切变形速度成正比,并且,当剪切变形速度为零时,内摩擦切应力也为零。其余的曲线都表示非牛顿流体,其中理想宾汉型塑性流体(这类流体包括泥浆、血浆等)只有当切应力达到某一值时,才开始剪切变形,但 $\tau$ 与 $\dfrac{\mathrm{d}u}{\mathrm{d}y}$ 的关系是线性的;假塑性流体(这类流体包括尼龙、橡胶溶液、颜料、油漆等)及膨胀性液体(如生面团、浓淀粉糊等)的 $\tau$ 与 $\dfrac{\mathrm{d}u}{\mathrm{d}y}$ 的关系均是非线性的。

本书只讨论牛顿流体。

（5）**理想液体模型**

黏性是实际流体所固有的物理属性,它对流体运动有着不容忽视的重要影响。由于流体运动的复杂性,理论分析和数学求解非常困难。为简化分析工作,特提出"理想流体"的概念。**理想流体是指无黏性的流体的简化模型**,即设 $\mu=0$ 的流体。水力学首先对理想液体的运动进行理论分析,然后再用实验研究去检验并修正由于没有考虑黏性所引起的理论分析结果的误差。

**4）液体的压缩性和不可压缩液体模型**

液体不能承受拉力,但可以承受压力。液体受压宏观体积减小,密度增大,去掉压力则能消除变形而恢复原有体积和密度,这种性质称为液体的**压缩性**。当温度升高时,液体体积增大,这种性质称为液体的**膨胀性**。

液体的压缩性以**体积压缩系数** $\beta$ 度量。若压缩前液体的体积为 $V$，压强增加 $\Delta p$ 以后，体积减小 $-\Delta V$，则其体积应变为 $\dfrac{-\Delta V}{V}$。体积压缩系数定义为

$$\beta = -\frac{\dfrac{\Delta V}{V}}{\Delta p} \tag{1.10}$$

$\beta$ 越大，表明液体越易压缩。因液体的体积随压强增大而减小，$\Delta V$ 与 $\Delta p$ 的符号相反，故式 (1.10)右端有一负号，而 $\beta$ 保持为正值。$\beta$ 的单位为米$^2$/牛($m^2/N$)。

体积弹性系数(弹性模量) $K$ 是体积压缩系数的倒数，即

$$K = \frac{1}{\beta} = -\frac{\Delta p}{\dfrac{\Delta V}{V}} \tag{1.11}$$

$K$ 的单位为牛/米$^2$($N/m^2$)。

不同种类的液体具有不同的 $\beta$ 值和 $K$ 值。同一种液体，$\beta$ 值和 $K$ 值随温度和压强的变化而略有变化。

水的压缩性很小，当压强为 $1 \sim 100$ 个大气压时，$\beta = 0.52 \times 10^{-9}\ m^2/N$，即每增加一个大气压，水体积相对压缩量只有 1/20 000。工程上一般都忽略水的压缩性，视水的密度为常数。但在某些特殊情况下，如讨论管道中的水击问题时，由于压强变化很大，则要考虑水的压缩性。

水的膨胀性很小，每增加 1 ℃水温，体积相对膨胀率小于 1/1 000，因此，在温度变化不大的情况下，一般不考虑水的膨胀性。

**忽略其压缩性的液体称为不可压缩液体**，这又是一种简化分析模型，称为"**不可压缩液体模型**"。

### 5)表面张力与表面张力系数

液体自由表面在分子作用半径一薄层内，由于分子引力大于斥力而在表层沿表面方向产生的拉力，称为表面张力，液体在表面张力作用下具有尽量缩小其表面的趋势。表面张力很小，一般情况下可忽略不计，当研究某些特殊问题时，如微小液滴的运动、水深很小的明渠水流和堰流等，其影响才不能忽略。

表面张力的大小，用表面张力系数 $\sigma$ 度量。$\sigma$ 是指自由表面单位长度上所受的拉力，单位为牛/米($N/m$)。$\sigma$ 的值随液体的种类和温度而变化，在 20 ℃时，对于水 $\sigma = 0.074\ N/m$，对于水银 $\sigma = 0.54\ N/m$。

细口径管子中的液体表面张力的影响十分显著，可从如图 1.4 所示水力学试验中看到。将直径很小，两端开口的管子插入盛水或水银的容器中，由于表面层液体分子的表面张力作用，以及液体分子与固体壁的附着力的相互作用而发生毛细管现象。

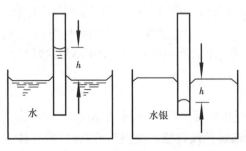

图 1.4

毛细管升高值 $h$ 的大小与管径大小以及

液体的性质有关。在 20 ℃ 的情况下,直径为 $d$ 的玻璃管中的水面高出容器水面的高度 $h$ 约为

$$h = \frac{29.8}{d} \text{ mm}$$

对于水银,玻璃管中汞面低于容器汞面的高度 $h$ 约为

$$h = \frac{10.15}{d} \text{ mm}$$

由此可知,管径越小,毛细管升高值 $h$ 越大,为避免由于毛细管现象影响而使测压管读数产生误差,所选用的测压管的直径不应小于 1 cm。

## 1.5　作用在液体上的力

无论是处于静止状态或运动状态的液体,都受到各种力的作用。作用于液体上的力,按其物理性质可以分为重力、惯性力、内摩擦力和表面张力等。在水力学中,通常把这些力分为表面力和质量力两大类。

### 1)表面力

水力学中讨论问题往往需要从液体中分离出一封闭表面所包围的液体作为隔离体进行分析。作用在隔离体表面上的力称为**表面力**,它是相邻液体或其他介质的作用结果。由连续介质假设,表面力连续分布在隔离体的表面,表面力的大小与作用面面积成正比。常常采用单位面积上所受的表面力,即应力的概念进行分析。通常,将表面力分解为垂直于作用面和相切于作用面的法向力和切向力两类。

#### (1)**法向力**

**法向力**是指垂直于隔离体表面的表面力。由于液体不能承受拉力,故法向力只能是压力,单位面积上的压力称为**压应力或压强**。如图 1.5 所示,在隔离体表面上取包含 $a$ 点的一块微小面积 $\Delta A$,作用在 $\Delta A$ 上的法向力为 $\Delta P$,在微小面积 $\Delta A$ 上的平均压强为

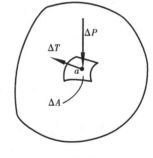

图 1.5

$$p^* = \frac{\Delta P}{\Delta A} \tag{1.12}$$

$p^*$ 反映了受压面 $\Delta A$ 上压强的平均值。根据连续介质的概念,令 $\Delta A \rightarrow 0$,对式(1.12)取极限,则得 $a$ 点处的压强为

$$p = \lim_{\Delta A \rightarrow 0} \frac{\Delta P}{\Delta A} \tag{1.13}$$

#### (2)**切向力**

切向力指与作用面平行的力,切向力与液体的黏性有关,对于层流而言,切向力就是**内摩擦力**,如图 1.5 所示,作用在 $\Delta A$ 上的切向力为 $\Delta T$,则 $a$ 点的切应力为

$$\tau = \lim_{\Delta A \to 0} \frac{\Delta T}{\Delta A} \tag{1.14}$$

对于静止液体,液体间没有相对运动,而对于理想液体,忽略黏性,即 $\mu = 0$,因此,切向力均为零,即 $\tau = 0$。这两种情况下,作用在 $\Delta A$ 上的表面力就只有法向力 $\Delta P$。

表面力的国际制单位是牛(N),压强 $p$ 及切应力 $\tau$ 的国际制单位是牛/米$^2$(N/m$^2$)或称为帕(Pa);

水力学中规定压强用正号表示。

### 2)质量力

质量力是指作用在隔离体内每个液体质点上的力,其大小与液体的质量成正比。重力、惯性力等都是质量力。若所取的隔离体内的液体是均质的,其质量为 $M$,总质量力为 $F$,则

$$f = F/M \tag{1.15}$$

$f$ 称为**单位质量力**,具有与加速度相同的量纲 $[LT^{-2}]$。设总质量力在直角坐标轴上的投影分别为 $F_x$、$F_y$、$F_z$,记单位质量力 $f$ 在 $x$、$y$、$z$ 坐标轴上的投影分别为 $f_x$、$f_y$、$f_z$,则

$$\left. \begin{array}{l} f_x = F_x/M,\ f_y = F_y/M,\ f_z = F_z/M \\ f = f_x \boldsymbol{i} + f_y \boldsymbol{j} + f_z \boldsymbol{k} \end{array} \right\} \tag{1.16}$$

水力学中常采用的是单位质量力。

## 思考题

1.1 什么是液体的连续介质模型?

1.2 静止的液体能否抵抗剪切变形?

1.3 为什么说运动的液体有一定抵抗剪切变形的能力? 这种能力以什么形式表现?

1.4 何谓牛顿内摩擦定律?

1.5 牛顿流体与非牛顿流体的区别是什么?

1.6 液体的压缩性与什么因素有关?

1.7 理想液体模型忽略了什么因素?

1.8 动力黏性系数与运动黏性系数分别反映液体的什么性质? 它们的量纲分别是什么?

1.9 什么是液体的表面力? 什么是液体的质量力? 它们的大小分别与什么因素有关?

## 习 题

1.1 体积为 4 m$^3$ 的水,温度不变,当压强从 98 kPa 增加到 490 kPa 时,体积减小 $1 \times 10^{-3}$ m$^3$,求该水的体积压缩系数及弹性系数。

1.2 要使水的体积缩小 1%,该加多大的压强?

1.3 水在温度 18 ℃时,如密度取为 $\rho = 998$ kg/m$^3$,求该水的动力黏滞系数 $\mu$ 及运动黏滞

系数 $\nu$。

1.4 如题 1.4 图所示一平板在油面上做水平运动,已知运动速度 $u = 1$ m/s,板与固定边界的距离 $\delta = 1$ mm,油的动力黏性系数 $\mu$ 值为 1.15 N·s/m²,由平板所带动的油的运动速度在板的垂直线方向上呈直线分布。求作用在平板单位面积上的黏滞阻力为多少?

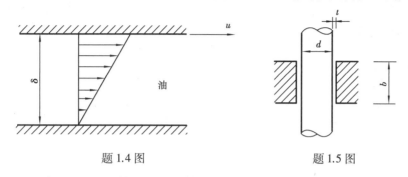

题 1.4 图                    题 1.5 图

1.5 如题 1.5 图所示为一滑动轴承,轴的直径 $d = 15$ cm,轴承宽度 $b = 25$ cm,间隙 $t = 0.1$ cm,其中充满润滑油,当轴以转速 $n = 180$ r/min 正常旋转时,已知润滑油的阻力损耗的功率为 12.7 W,求润滑油的黏性系数 $\mu$ 为多大?

1.6 上端开口的玻璃管,直径为 1 cm,试计算管中毛细水在 20 ℃时的上升高度 $h$;若玻璃管中改盛汞,试计算因毛细管作用而下降的高度 $h$。

# 第**2**章
# 水静力学

水静力学研究液体处于静止状态下的平衡规律及其在工程中的实际应用。

当液体处于静止状态时,由于液体质点之间不存在相对运动,液体不会显示出黏性,因此,静止液体的表面力只有法向力,且为法向压力,与之对应的正应力(即压强),称为静水压强。运动液体中的压强称为动水压强。

本章主要任务是探讨静水压强特性、静水压强分布规律以及液体测压计原理,并研究作用在平面及曲面上的静水总压力的计算方法。

## 2.1 静水压强特性

液体的静水压力,是指静止的液体作用在与之接触的表面上的压力。由压强的定义可知,单位受压面面积上的这种压力便是液体的静水压强。

液体的静水压强有两个特性:①静水压强的方向与作用面的内法线方向一致,即静水压强总是垂直指向受压面;②静止液体中任一点处沿各个方向的静水压强大小都相等,与作用面的方位无关。

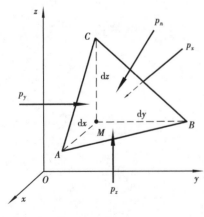

图 2.1

对于特性②,可证明如下:从静止液体中取出一个包括 $M$ 点在内的微小四面体 $MABC$,设立直角坐标系,并令该四面体长度为 $dx$、$dy$、$dz$ 的 3 条棱分别与坐标轴 $x$、$y$、$z$ 平行,如图 2.1 所示。设该四面体倾斜面的面积为 $dA$,并以 $p_x$、$p_y$、$p_z$ 和 $p_n$ 分别表示 3 个正交面和斜面 $ABC$ 上的平均压强。如果当四面体 $MABC$ 无限地缩小到 $M$ 点时,等式 $p_x = p_y = p_z = p_n$ 成立,则特性②便可得到证明。

为此,用 $F_{p_x}$、$F_{p_y}$、$F_{p_z}$ 和 $F_{p_n}$ 分别表示垂直于坐标轴 $x$、$y$、$z$ 的平面及斜面上的静水总压力大小,则有

$$F_{p_x} = \frac{1}{2}\mathrm{d}y\mathrm{d}z \cdot p_x$$
$$F_{p_y} = \frac{1}{2}\mathrm{d}z\mathrm{d}x \cdot p_y$$
$$F_{p_z} = \frac{1}{2}\mathrm{d}x\mathrm{d}y \cdot p_z \qquad\qquad (\mathrm{a})$$
$$F_{p_n} = \mathrm{d}A \cdot p_n$$

四面体 $MABC$ 还受到质量力作用。静止液体的质量力为重力。该四面体的体积为 $\frac{1}{6}\mathrm{d}x\mathrm{d}y\mathrm{d}z$,液体密度为 $\rho$,若以 $f_x$、$f_y$ 和 $f_z$ 分别表示液体单位质量力在相应坐标轴方向的投影,则四面体 $MABC$ 的质量力在各坐标轴方向的投影为

$$F_x = \frac{1}{6}\rho\mathrm{d}x\mathrm{d}y\mathrm{d}z \cdot f_x$$
$$F_y = \frac{1}{6}\rho\mathrm{d}x\mathrm{d}y\mathrm{d}z \cdot f_y \qquad\qquad (\mathrm{b})$$
$$F_z = \frac{1}{6}\rho\mathrm{d}x\mathrm{d}y\mathrm{d}z \cdot f_z$$

四面体 $MABC$ 是静止的,即在力系作用下处于平衡,根据力系的平衡条件,可分别写出沿 3 个坐标轴方向的投影形式的平衡方程。以 $x$ 方向为例,有

$$F_{p_x} - F_{p_n}\cos(\boldsymbol{n},\boldsymbol{i}) + F_x = 0 \qquad\qquad (\mathrm{c})$$

式中,$(\boldsymbol{n},\boldsymbol{i})$ 表示斜面 $ABC$ 的外法线 $n$ 与 $x$ 轴的正向夹角,而

$$F_{p_n}\cos(\boldsymbol{n},\boldsymbol{i}) = p_n\mathrm{d}A\cos(\boldsymbol{n},\boldsymbol{i}) = p_n \cdot \frac{1}{2}\mathrm{d}y\mathrm{d}z$$

将式(a)和式(b)中有关方程代入式(c)中,得

$$\frac{1}{2}p_x\mathrm{d}y\mathrm{d}z - \frac{1}{2}p_n\mathrm{d}y\mathrm{d}z + \frac{1}{6}\rho\mathrm{d}x\mathrm{d}y\mathrm{d}z \cdot f_x = 0$$

用 $\frac{1}{2}\mathrm{d}y\mathrm{d}z$ 除上式后,得

$$p_x - p_n + \frac{1}{3}\rho\mathrm{d}x \cdot f_x = 0$$

当微小四面体 $MABC$ 无限地缩小到 $M$ 点时,因 $\mathrm{d}x$ 趋近于零,故上式中的 $\frac{1}{3}\rho\mathrm{d}x \cdot f_x$ 也趋近于零,于是得

$$p_x = p_n$$

同理,在 $y$ 方向可得 $p_y = p_n$,在 $z$ 方向可得 $p_z = p_n$,由此可得

$$p_x = p_y = p_z = p_n$$

因为与斜面垂直的 $n$ 方向是任意选定的,故上式表明:作用于同一点的各个方向的静水压强的大小都相等,与作用面的方位无关。至此,特性②得到证明。由此静水压强特性可知,被视为连续介质的静止液体的压强 $p$ 只是作用点的空间坐标的连续函数,即有

$$p = p(x,y,z)$$

## 2.2  液体的平衡微分方程及其积分

前面已提到,作用在液体上的力有表面力和质量力。本节将探讨当液体处于平衡状态时作用在其上的这些力应满足的关系,从而建立起液体的平衡微分方程。

**1)液体的平衡微分方程**

从平衡液体中取出一个以点 $Q$ 为中心的直角微小六面体,其边长分别为 $dx$、$dy$、$dz$,设立直角坐标系,并让该六面体各边分别与相应的坐标轴平行,如图 2.2 所示。

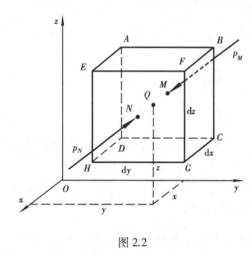

图 2.2

该六面体上的表面力是周围液体对它的压力。设六面体中心点 $Q(x,y,z)$ 的压强为 $p$,依据压强是空间坐标的连续函数,即有 $p = p(x,y,z)$,用泰勒级数展开并忽略级数展开后的高阶微量,则 $ABCD$ 面的中心点 $M\left(x-\dfrac{dx}{2},y,z\right)$ 的压强为 $p_M = p - \dfrac{1}{2}\dfrac{\partial p}{\partial x}dx$,$EFGH$ 面的中心点 $N\left(x+\dfrac{dx}{2},y,z\right)$ 的压强为 $p_N = p + \dfrac{1}{2}\dfrac{\partial p}{\partial x}dx$。由于此六面体各受压面的面积微小,故可视 $p_M$、$p_N$ 为相应受压面上的平均压强。

因此,$x$ 方向的表面力大小为

$ABCD$ 面上  $F_M = \left(p - \dfrac{1}{2}\dfrac{\partial p}{\partial x}dx\right)dydz$

$EFGH$ 面上  $F_N = \left(p + \dfrac{1}{2}\dfrac{\partial p}{\partial x}dx\right)dydz$

此外,作用在微小六面体上的总质量力在 $x$ 方向投影为 $f_x \cdot \rho dxdydz$。

对上述六面体列 $x$ 方向投影形式的平衡方程,有

$$\left(p - \frac{1}{2}\frac{\partial p}{\partial x}dx\right)dydz - \left(p + \frac{1}{2}\frac{\partial p}{\partial x}dx\right)dydz + f_x \cdot \rho dxdydz = 0$$

用 $\rho dxdydz$ 除上式,可得出单位质量液体在 $x$ 方向的平衡方程式

同理,在 $y$、$z$ 方向分别可得

$$\left.\begin{array}{l} f_x - \dfrac{1}{\rho}\dfrac{\partial p}{\partial x} = 0 \\[2mm] f_y - \dfrac{1}{\rho}\dfrac{\partial p}{\partial y} = 0 \\[2mm] f_z - \dfrac{1}{\rho}\dfrac{\partial p}{\partial z} = 0 \end{array}\right\} \qquad (2.1)$$

式(2.1)称为**液体的平衡微分方程**。它是欧拉(Euler)于 1775 年导出的,故又称为**欧拉平衡微分方程**。该方程表明,当液体处于平衡状态时,单位质量液体所受的表面力(压力)与质量力相互平衡。

**2)液体平衡微分方程的积分**

为了求得平衡液体中任意一点的静水压强,须将欧拉平衡微分方程进行积分。为此,将式(2.1)中 3 个方程的等号两端分别乘以 $dx$、$dy$ 和 $dz$,然后将此 3 式相加,得

$$\frac{\partial p}{\partial x}dx + \frac{\partial p}{\partial y}dy + \frac{\partial p}{\partial z}dz = \rho(f_x dx + f_y dy + f_z dz)$$

上式等号的左边为连续函数 $p(x,y,z)$ 的全微分 $dp$,于是有

$$dp = \rho(f_x dx + f_y dy + f_z dz) \tag{2.2}$$

式(2.2)称为**液体平衡微分方程的综合式**。当液体所受的质量力已知时,可用该式求出液体内的压强分布函数 $p(x,y,z)$。

由于不可压缩液体的密度 $\rho$ 为常量,式(2.2)等号右边括号内 3 项总和也应是某一函数 $W(x,y,z)$ 的全微分,即

$$dW = f_x dx + f_y dy + f_z dz \tag{2.3}$$

而

$$dW = \frac{\partial W}{\partial x}dx + \frac{\partial W}{\partial y}dy + \frac{\partial W}{\partial z}dz \tag{2.4}$$

从而有

$$f_x = \frac{\partial W}{\partial x}, f_y = \frac{\partial W}{\partial y}, f_z = \frac{\partial W}{\partial z}$$

满足式(2.3)的函数 $W(x,y,z)$ 称为力的**势函数**,而具有这样势函数的质量力称为**有势力**。例如,重力、惯性力等都是有势力。可见,只有在有势的质量力作用下,不可压缩液体才可能保持平衡。把质量力用势函数表示,式(2.2)又可写成

$$dp = \rho dW \tag{2.5}$$

积分,得

$$p = \rho W + C \tag{2.6}$$

式(2.6)中积分常数 $C$ 由已知的边界条件确定。当液体某点的压强 $p_0$ 和势函数 $W_0$ 已知时,代入式(2.6),得 $C = p_0 - \rho W_0$,于是式(2.6)可写为

$$p = p_0 + \rho(W - W_0) \tag{2.7}$$

式(2.7)就是在具有势函数 $W(x,y,z)$ 的某质量力作用下,静止或相对平衡的液体内任一点的压强 $p$ 的表达式。该式表明:不可压缩均质液体只有在有势的质量力作用下才可能维持平衡;液体任一点处的压强,等于某点压强 $p_0$ 与有势的质量力所产生的压强之和。

此外,由式(2.7)可知,$p_0$ 是单独的一项,而 $\rho(W-W_0)$ 由液体密度与质量力势函数决定,与 $p_0$ 无关。因此,只要 $p_0$ 发生增减,平衡液体中任一点的压强 $p$ 也会随之有同样大小的数值变化。也就是说,作用在密闭液体上的压强,可以大小不变地传递到该液体各点上,这个关系称为**帕斯卡定律**——法国物理学家帕斯卡于 1653 年首次提出:加在密闭液体任何一部分上的压强,必然按照其原来的大小由液体向各个方向传递。帕斯卡定律在水压机、水力起重机等水力机械上有着广泛应用。

### 3）等压面

液体中各点压强大小一般是不相等的。在静止的同一种类的连续介质液体中,由压强相等的点所构成的面(平面或曲面),称为**等压面**。例如,液体与大气的交界面(即自由表面),或者静止的两种互不混杂液体(如水与水银)的交界面,都是等压面。

等压面上任意两点的压强差为零,即 $dp=0$。由式(2.2)可以得出等压面方程为

$$f_x dx + f_y dy + f_z dz = 0 \tag{2.8}$$

式中的 $f_x$、$f_y$、$f_z$ 是单位质量力 $\boldsymbol{f}$ 在 3 个直角坐标轴上的投影,$dx$、$dy$ 和 $dz$ 可设想为液体质点在等压面上的任一微小位移 $\boldsymbol{ds}$ 在相应坐标轴上的投影。将式(2.8)写成矢量方程,则为

$$\boldsymbol{f} \cdot \boldsymbol{ds} = 0$$

上式表明,当液体质点沿等压面作微小移动,单位质量力所做的元功为零。可见,质量力与等压面必然正交。因此,已知质量力的方向便可判定等压面的方位,反之亦然。例如,对于质量力只有重力的静止液体,由于等压面与重力加速度方向垂直,因此,等压面为水平面。

## 2.3 质量力只有重力时静水压强的分布规律

### 1）水静力学基本方程

在实际工程中,常见的静止液体所受的质量力只有重力。

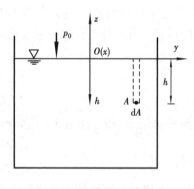

图 2.3

对于质量力只有重力的静止液体,设立直角坐标系,并令坐标面 $Oxy$ 与液面重合,$z$ 轴铅垂向上,如图 2.3 所示。

设液面上的压强为 $p_0$,液体密度为 $\rho$,液体质量为 $M$,液体的单位质量力在各坐标轴方向的投影分别为

$$f_x = 0, f_y = 0, f_z = -g$$

将上述投影代入液体平衡微分方程的综合式(2.2),则有

$$dp = -\rho g dz$$

对于不可压缩均质液体,$\rho$ 是常数,积分上式得

$$p = -\rho g z + C_1$$

或写为

$$z + \frac{p}{\rho g} = C \tag{2.9a}$$

式中积分常数 $C = C_1/\rho g$,可由边界条件确定。式(2.9a)称为**水静力学基本方程**。此式表明,当质量力仅有重力时,静止液体中任一点的 $\left(z + \dfrac{p}{\rho g}\right)$ 均为常数。由此可知,对于静止液体中任意两点 1 和 2,有

$$z_1 + \frac{p_1}{\rho g} = z_2 + \frac{p_2}{\rho g} \tag{2.9b}$$

由上式可看出：①若 $p_1=p_2$，则 $z_1=z_2$。即，静止液体中压强相等的任意两点，必位于同一水平面上。由此也说明，对于质量力只有重力时的静止液体，其等压面为水平面。②若 $z_1>z_2$，则 $p_1<p_2$，反之亦然。即，静止液体中位置高低不同的两点，其压强不相等：离液面越远，压强就越大。

对于图 2.3 所示液面上的任一点，有 $z=0$，$p=p_0$，代入式 $p=-\rho gz+C_1$ 可确定出积分常数（$C_1=p_0$），故

$$p = p_0 - \rho gz \tag{2.10a}$$

若采用水深坐标 $h=-z$，则上式可写为

$$p = p_0 + \rho gh \tag{2.10b}$$

式中　$p_0$——液面的压强；

$\rho$——液体的密度；

$h$——所求点的水深。

式（2.10b）为 **水静力学基本方程** 的常用表达式。

水静力学基本方程的常用表达式还可利用理论力学的平衡方程直接得出：如图 2.3 所示，在水深为 $h$ 的 $A$ 点取垂直的微小圆柱体（其微小底面积 d$A$ 包含 $A$ 点），对其列竖向投影形式的平衡方程，可得出式（2.10b）。因为 $\rho gh=\frac{\rho ghdA}{dA}$，所以 $\rho gh$ 可看作所求点 $A$ 到液面的单位面积上垂直液柱的重量。

式（2.10b）表明：在静止液体中，任一点的压强 $p$ 是液面压强 $p_0$ 与该点到液体液面的单位面积上的垂直液柱重量 $\rho gh$ 之和。该式还表明：静水压强随水深按线性规律增加，水深越大的地方，静水压强也越大；静止液体中任意点的压强，将等值地向下传递；静止液体中，任意两点的压强差与这两点的水深差有关。若已知液体中点 1 的压强 $p_1$ 以及所求点 2 相对该点的水深差 $\Delta h=h_2-h_1$，则所求点 2 的压强为 $p_2=p_1+\rho g\Delta h$。

**2）静水压强分布图**

根据水静力学基本方程及静水压强的特性，用有向线段表示压强，将受压面上的静水压强分布规律用几何图形直观地表示出来，这种几何图形称为静水压强分布图。

当受压面为平面时，其静水压强分布图的绘制较简单。例如，绘图 2.4（a）所示的平板闸门 $AB$ 的静水压强分布图，可先确定闸门顶部 $A$ 点及其底部 $B$ 点的压强：$p_A=p_a$，$p_B=p_a+\rho gh$，用有向线段 **DA**、**EB** 分别画出它们后，再用直线段 $DE$ 连接两有向线段的尾端，即得出平板闸门 $AB$ 的压强分布图。

当受压面为曲面时，要注意到其上各点的压强均在该点处与受压面垂直，故压强分布图的外包线是曲线，如图 2.4（b）所示。如果受压曲面是圆柱面，则其上各点压强均指向此圆柱面的中心轴。

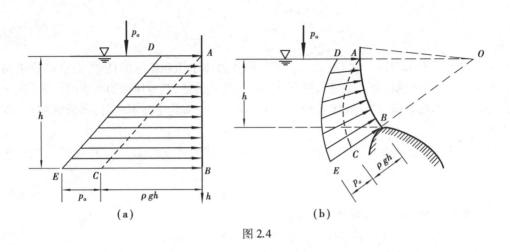

图 2.4

## 2.4 静水压强的表示方法和度量单位

### 1)绝对压强、相对压强和真空值

依据起量基准(即压强零点的起算点)的不同,压强分为绝对压强和相对压强。

以假想的没有气体分子存在的绝对真空状态为压强起量点(即压强零点),所计量的压强称为**绝对压强**,用符号 $p_{abs}$ 表示。以当地大气压强 $p_a$ 为压强零点,所计量的压强称为**相对压强**,用符号 $p$ 表示。

绝对压强与相对压强的关系为

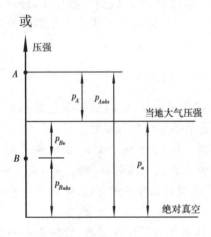

图 2.5

或

$$p = p_{abs} - p_a$$
$$p_{abs} = p_a + p \tag{2.11}$$

绝对压强的数值只可能是正值,而相对压强的数值则可能是正值,也可能是负值。如果液体中某点的绝对压强 $p_{abs}$ 小于当地大气压强 $p_a$,则相对压强为负压(即 $p<0$),即称该点处于真空状态。该点相对压强的绝对值称为**真空值**。真空值用 $p_v$ 表示,$p_v = |p|$。

$$p_v = p_a - p_{abs} \tag{2.12}$$

上述绝对压强、相对压强及真空值三者间的关系,可参见图 2.5。

图 2.5 中,$A$ 点的压强高于当地大气压强,其绝对压强和相对压强都为正值,$B$ 点的压强低于当地大气压强,其绝对压强为正值,但相对压强为负值,即 $B$ 点处于真空。

当液面为自由液面时,液面压强等于大气压强 $p_a$。此时,若用相对压强表示水静力学基本方程(2.10b),则有

$$p = p_{abs} - p_a = (p_a + \rho gh) - p_a = \rho gh$$

因此 $$p = \rho g h \tag{2.13}$$

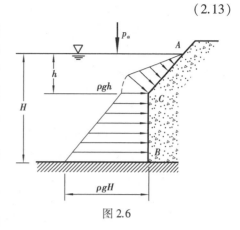

图 2.6

对于土建工程的水工建筑物,由于水和建筑物表面均受大气压强作用,在计算建筑物受力时,不需要考虑大气压强作用,因此常采用相对压强。今后在对流体作讨论和计算时,若不作特别说明,所涉及的液体压强可认为是指其相对压强,而气体压强,则可认为是指其绝对压强。

当只考虑相对压强时,图 2.4 中闸门的压强分布图外包线为 AC 线。

根据水静力学基本方程及静水压强的特性,还可绘出受压面为图 2.6 所示折面时的静水(相对)压强分布图。图中,由于 AC 受压面上的 C 点与 CB 受压面上的 C 点重合,位于同一水深处,故其压强均为 $p_c = \rho g h$。

### 2)位置水头、压强水头、测压管水头

重力作用下水静力学基本方程 $z + \dfrac{p}{\rho g} = C$ 表明:在重力作用下,静止液体中无论哪一点的 $\left(z + \dfrac{p}{\rho g}\right)$ 总是一个常数。下面以图 2.7 所示的例子来说明水静力学基本方程中各项的意义。

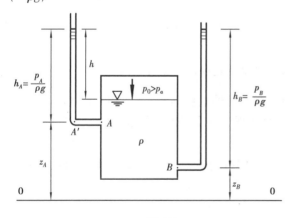

图 2.7

图 2.7 所示的封闭容器内盛有液体,在容器内壁上的任一点 A 处接通一根上端开口与大气相通的玻璃管(此玻璃管称为**测压管**)。如果 A 点的压强大于大气压强,则在 A 点的液体压强 $p_A$ 作用下,容器中的液体会沿测压管上升一高度 $h_A$。图中 A' 点与 A 点位于同一水平面上,因此,$p_{A'} = p_A$。

任选一水平面 0-0 为基准面,则 $z_A$ 表示 A 点相对于基准面的位置高度,称为位置高度或**位置水头**,其物理意义为单位重量液体相对于基准面的**位置势能**,简称**位能**。由水静力学方程可知,A 点的相对压强为 $p_A = \rho g h_A$,$h_A = \dfrac{p_A}{\rho g}$ 是 $p_A$ 作用下测压管液柱上升的高度,称为**压强水头**,其物理意义是单位重量液体所具有的**压强势能**,简称**压能**。而 $\left(z + \dfrac{p}{\rho g}\right)$ 是测压管液面相对于基准面的高度,称为**测压管水头**,是单位重量液体具有的总势能。

若在上述容器中的另一点 B 处同样接通一测压管,并选相同的基准面 0-0,则由式(2.9b)可知,A、B 两点的测压管液面必在同一高度,即,在静止液体中各点测压管水头 $\left(z + \dfrac{p}{\rho g}\right)$ 相等,

或者说,静止液体中各点单位重量液体的势能相等。

综上所述,水静力学基本方程的物理意义是:静止液体中任一点的单位重量液体的位能与压能之和,即单位重量液体的总势能,为常数。而水静力学基本方程的几何意义是:静止液体中任一点的位置水头与压强水头之和,即测压管水头,为常数。

### 3)压强的计量单位

在水力学中,常用的压强计量单位有以下3种:

①从压强的定义出发,用单位面积上的力来表示。国际单位制(SI)单位为帕斯卡(Pa),$1\ Pa = 1\ N/m^2$。

②用大气压的倍数表示。水力学中一般采用工程大气压的倍数来表示某处压强。一个工程大气压强相当于 736 mm 水银柱对柱底产生的压强。一个工程大气压 $= 9.8\ N/cm^2 = 98\ kN/m^2$。

③用液柱高度来表示。常用水柱高度或水银柱高度来表示某处压强。式(2.13)可改写为 $h = \dfrac{p}{\rho g}$。由此可见,只要已知液体密度,则一定的液柱高度值就对应着一定的压强值。例如,一个工程大气压相应的水柱高度为

$$h = \frac{p}{\rho g} = \frac{98\ 000\ N/m^2}{1\ 000\ kg/m^3 \times 9.8\ m/s^2} = 10\ m\ 水柱$$

相应的水银柱高度为

$$h_p = \frac{98\ 000\ N/m^2}{13\ 600\ kg/m^3 \times 9.8\ m/s^2} = 0.736\ m\ 汞柱$$

真空值也可用液柱高度表示: $h_v = \dfrac{p_v}{\rho g}$, $h_v$ 称为**真空高度**或**真空度**。

**例 2.1** 图 2.8 所示的封闭水箱内盛有液体,液面的绝对压强为 $p_{0abs} = 78.4\ kN/m^2$, $A$、$B$ 两点水深分别为: $h_1 = 0.5\ m$, $h_2 = 2.5\ m$。若当地大气压强为一个工程大气压,试求 $A$、$B$ 两点的绝对压强、相对压强和真空值。

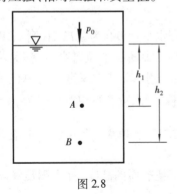

图 2.8

**解** 利用式(2.10b) $p = p_0 + \rho g h$ 可求得 $A$、$B$ 两点的绝对压强为

$$
\begin{aligned}
p_{Aabs} &= p_{0abs} + \rho g h_1 \\
&= 78.4\ kN/m^2 + 1\ 000\ kg/m^3 \times 9.8\ m/s^2 \times 0.5\ m \\
&= 83.3\ kN/m^2 \\
p_{Babs} &= p_{0abs} + \rho g h_2 \\
&= 78.4\ kN/m^2 + 1\ 000\ kg/m^3 \times 9.8\ m/s^2 \times 2.5\ m \\
&= 102.9\ kN/m^2
\end{aligned}
$$

由式(2.11) $p_{abs} = p_a + p$ 可求得 $A$、$B$ 两点的相对压强为

$$p_A = p_{Aabs} - p_a = 83.3\ kN/m^2 - 98\ kN/m^2 = -14.7\ kN/m^2$$

$$p_B = p_{Babs} - p_a = 102.9\ kN/m^3 - 98\ kN/m^2 = 4.9\ kN/m^2$$

$A$ 点的相对压强为负值,说明该点处于真空状态,其真空值为

$$p_{Av} = p_a - p_{abs} = |p_A| = 14.7 \text{ kN/m}^2$$

其真空度为

$$h_{Av} = \frac{p_{Av}}{\rho g} = \frac{14.7 \text{ kN/m}^2}{1\,000 \text{ kg/m}^3 \times 9.8 \text{ m/s}^2} = 1.5 \text{ m 水柱}$$

**例 2.2**　若当地大气压强相当于 700 mm 水银柱高,试将绝对压强 $p_{abs} = 19.60 \text{ N/cm}^2$ 用其他不同的单位表示。

**解**　先把 700 mm 水银柱的当地大气压强用帕斯卡($\text{N/m}^2$)表示:

$$p_a = \rho_{汞} g \times h_{汞} = 13\,600 \text{ kg/m}^3 \times 9.8 \text{ m/s}^2 \times 0.7 \text{ m} = 9.33 \times 10^4 \text{ N/m}^2$$

对于绝对压强 $p_{abs} = 19.60 \text{ N/cm}^2 = 19.60 \times 10^4 \text{ N/m}^2$,将其改用其他单位表示:

①用水柱高度表示

$$h_{水} = \frac{p_{abs}}{\rho_{水} g} = \frac{19.60 \times 10^4 \text{ N/m}^2}{1\,000 \text{ kg/m}^3 \times 9.8 \text{ m/s}^2} = 20 \text{ m 水柱}$$

②用水银柱高度表示

$$h_{汞} = \frac{p_{abs}}{\rho_{汞} g} = \frac{19.60 \times 10^4 \text{ N/m}^2}{13\,600 \text{ kg/m}^3 \times 9.8 \text{ m/s}^2} = 1.47 \text{ m 水银柱}$$

③用工程大气压表示

一个工程大气压 $= 9.8 \times 10^4 \text{N/m}^2$,故

$$p_{abs} = \frac{19.60 \times 10^4 \text{N/m}^2}{9.8 \times 10^4 \text{N/m}^2} = 2 \text{ 工程大气压}$$

若对该点采用**相对压强**,则也可用以下不同的单位表示:

①用帕斯卡($\text{N/m}^2$)表示

$$p = p_{abs} - p_a = 19.60 \times 10^4 \text{N/m}^2 - 9.33 \times 10^4 \text{N/m}^2 = 10.27 \times 10^4 \text{N/m}^2$$

②用水柱高度表示

$$h_{水} = \frac{p}{\rho_{水} g} = \frac{10.27 \times 10^4 \text{ N/m}^2}{1\,000 \text{ kg/m}^3 \times 9.8 \text{ m/s}^2} = 10.48 \text{ m 水柱}$$

③用水银柱高度表示

$$h_{汞} = \frac{p}{\rho_{汞} g} = \frac{10.27 \times 10^4 \text{ N/m}^2}{13\,600 \text{ kg/m}^3 \times 9.8 \text{ m/s}^2} = 0.77 \text{ m 水银柱}$$

④用工程大气压表示

$$p = \frac{10.27 \times 10^4 \text{N/m}^2}{9.8 \times 10^4 \text{N/m}^2} = 1.05 \text{ 工程大气压}$$

## 2.5　液体测压计原理

测量液体压强的仪器主要有两类:一类是利用压力与弹簧变形的确定关系所制造的金属测压计(或称压力表),如图 2.9 所示。金属测压计所测出的压强是相对压强。另一类是液体测压计,它们利用液柱高度来确定液体压强值。

常用的液体测压计有以下 3 种:

### 1)测压管

测压管是一根两端开口的玻璃管。若要测液体中某点相对压强,可将测压管一端与测点相连,另一端竖直向上放置,若测点的压强大于大气压强,测压管内的液面会上升一个高度,测压管内液柱的高度(称为**测压管高度**)可用来表示液体中测点的相对压强。

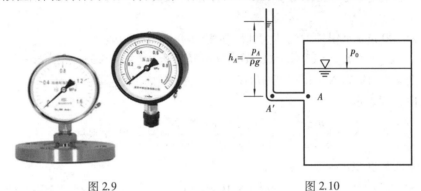

图 2.9                                    图 2.10

如图 2.10 所示,封闭容器内盛有液体,测压管连通 $A$ 点后,管内液面上升了一个高度 $h_A$。利用水静力学基本方程,可以求得:$p_{A'} = \rho g h_A$,而 $A'$ 点与 $A$ 点在同一等压面上,可知 $A$ 点的相对压强为

$$p_A = \rho g h_A$$

因此

$$h_A = \frac{p_A}{\rho g}$$

式中　$h_A$——相对压强 $p_A$ 的测压管高度;

　　　$\rho$——液体的密度。

利用测压管,可确定容器液体中任一点的压强值。

**例 2.3**　一封闭盛油容器液面高于测压管中的液面,如图 2.11 所示。已知 $\rho_{油} = 750\ kg/m^3$,$h = 2\ m$,当地大气压强 $p_a$ 为一个工程大气压。试求容器内液面的绝对压强、相对压强和真空值。

**解**　测压管上端的液面接大气,若过测压管液面作其延伸面 $N$-$N$,则 $N$-$N$ 面为等压面,其上各点相对压强为零。由水静力学基本方程得

$$p_0 + \rho_{油}\, gh = p_N = 0$$

因此,容器液面的相对压强为

$$p_0 = -\rho_{油}\, gh = -750\ kg/m^3 \times 9.8\ m/s^2 \times 2\ m = -14\ 700\ N/m^2 = -14.7\ kN/m^2$$

液面的绝对压强为

$$p_{0abs} = p_0 + p_a = -14\ 700\ N/m^2 + 98\ 000\ N/m^2 = 83\ 300\ N/m^2 = 83.3\ kN/m^2$$

其真空值为

$$p_{0v} = |\, p_0\, | = \rho_{油}\, gh = 14.7\ kN/m^2$$

对于较小的压强值,为提高量测精度,可以采用放大标尺读数的办法。方法之一是将测压管倾斜放置,如图 2.12 所示,此时标尺读数为 $l$,而实际的测压管高度应为 $h$,测点 $A$ 的相对压强为

$$p = \rho g h = \rho g l \sin \alpha \qquad\qquad (2.14)$$

即标尺读数值 $l=h/\sin\alpha$ 把 $h$ 值放大了 $(1/\sin\alpha)$ 倍。通过调整倾角 $\alpha$,可以调整 $h$ 放大的倍数。

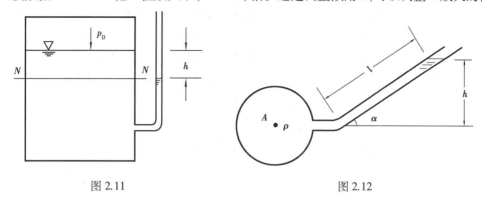

图 2.11　　　　　　　　　　　　　　　　　　图 2.12

方法之二是在测压管内盛放与被测液体(密度为 $\rho$)不混掺的轻质工作液体,其密度 $\rho'<\rho$,则同样的压强值 $p$ 可以有较大的液柱高度 $h$。

### 2)水银测压计

当测点的压强较大时,可采用密度较大且与待测液体不相混掺的某种液体(如水银)作为测压计工作液体。在此以水银测压计为代表来介绍常见的 U 形管测压计。

水银测压计是一根两端开口、管内装有水银的 U 形玻璃管。没有连接测点时,水银测压计 U 形管左右两侧水银液面等高。当把水银测压计一端与测点接通,另一端与大气相通,在测点压强作用下,U 形管两侧的水银液面不再等高,测出两侧水银面的高差 $h_p$,则可换算出测点压强。

如图 2.13 所示,用水银测压计测密度为 $\rho$ 的液体中 $A$ 点的压强。将水银测压计左侧管接通测点 $A$,则在 $A$ 点压强的作用下,水银测压计的左侧管水银液面下降,右侧管水银液面上升。图 2.13 中,1-1 水平面为等压面,$\rho_p$ 表示水银的密度,若已知 $h_1$、$h_p$,则由水静力学基本方程有

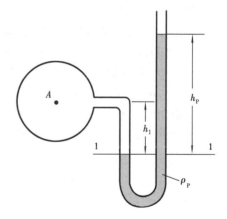

左侧 U 形管中　$p_1=p_A+\rho g h_1$

右侧 U 形管中　$p_1=\rho_p g h_p$

故　　　　　　$p_A+\rho g h_1=\rho_p g h_p$

则测点 $A$ 的压强为

$$p_A=\rho_p g h_p-\rho g h_1$$

图 2.13

U 形管测压计也可用于测量液体中某点的真空压强。若某容器液体中 $A$ 点出现真空,连通水银测压计后,与图 2.13 不同的是,此时测压计(水银真空计)的左侧水银液面将高于右侧水银液面。

### 3)水银压差计

测量液体中两点的压强差或测压管水头差,常用 U 形管压差计。它也是一根两端开口的 U 形玻璃管,在管子弯曲部分盛有与待测液体不相混掺的某种液体。当压差计 U 形管中所盛液体为水银时,该压差计称为水银压差计。

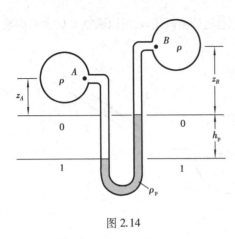

图 2.14

如图 2.14 所示,将水银压差计 U 形管两端分别连接密度相同的测点 $A$ 和测点 $B$,测出 U 形玻璃管两侧水银液面高差 $h_p$,则可以用该高差 $h_p$ 来表示 $A$、$B$ 两点的压强差或测压管水头差。

对于图 2.14,若以水平面 0-0 为基准面,并取等压面 1-1,且设 $A$、$B$ 两压源处液体密度均为 $\rho$,则根据静力学基本方程有

左侧 U 形管中    $p_1 = p_A + \rho g z_A + \rho g h_p$

右侧 U 形管中    $p_1 = p_B + \rho g z_B + \rho_p g h_p$

故    $p_A - p_B = (\rho_p - \rho) g h_p + \rho g (z_B - z_A)$

$$(2.15)$$

$A$、$B$ 两处的测压管水头差为

$$\left(z_A + \frac{p_A}{\rho g}\right) - \left(z_B + \frac{p_B}{\rho g}\right) = \frac{\rho_p - \rho}{\rho} h_p \tag{2.16}$$

如果 $A$、$B$ 两处同高,则

$$p_A - p_B = (\rho_p - \rho) g h_p \tag{2.17}$$

若两压源 $A$、$B$ 皆为水,而压差计的工作液体为水银,则有

$$\left(z_A + \frac{p_A}{\rho g}\right) - \left(z_B + \frac{p_B}{\rho g}\right) = 12.6 h_p \tag{2.18}$$

上述各种测压计不单可以用来测量静水压强,也可以用于测量流动液体中某点的压强。只要使测压计玻璃管在与流动液体接通处垂直于流速方向,则测压计玻璃管进口方向的流速分量为零,从而测压计管内液体仍为静止状态,这样便可以用来测量动水压强。利用上述水银压差计,可测得管流中某两点处的压强差。

**例 2.4**   如图 2.15 所示,一盛水的封闭容器上装有两支水银测压计。已知 $h_1 = 60$ cm,$\Delta h_1 = 25$ cm,$\Delta h_2 = 30$ cm,求 $h_2$。

**解**   采用相对压强计算。

水银密度 $\rho_p = 13\,600$ kg/m$^3$。先作等压面 $N$-$N$,可写出

$$p_0 + \rho g h_1 = \rho_p g \Delta h_1$$

液面压强    $p_0 = \rho_p g \Delta h_1 - \rho g h_1$

再作等压面 $M$-$M$,可写出

$$p_0 + \rho g h_2 = \rho_p g \Delta h_2$$

$$\rho g h_2 = \rho_p g \Delta h_2 - p_0 = \rho_p g \Delta h_2 - \rho_p g \Delta h_1 + \rho g h_1$$

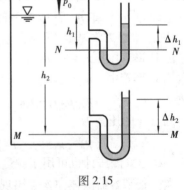

图 2.15

最后求得

$$h_2 = \frac{\rho_p}{\rho} \times (\Delta h_2 - \Delta h_1) + h_1 = \frac{13\,600 \text{ kg/m}^3}{1\,000 \text{ kg/m}^3} \times (0.3 \text{ m} - 0.25 \text{ m}) + 0.6 \text{ m} = 1.28 \text{ m}$$

本题也可以利用 $M$-$M$ 和 $N$-$N$ 两等压面的压强差计算式求解。由 $p_N = \rho_p g \Delta h_1 = p_0 + \rho g h_1$ 及 $p_M = \rho_p g \Delta h_2 = p_0 + \rho g h_2$,有

$$p_M - p_N = \rho_p g (\Delta h_2 - \Delta h_1) = \rho g (h_2 - h_1)$$

$$h_2 = \frac{\rho_p}{\rho}(\Delta h_2 - \Delta h_1) + h_1 = 12.8 \text{ m}$$

**例 2.5**　图 2.16 中封闭油箱与敞口油箱装了同种油,并由一根四氯化碳（$CCl_4$）压差计连接。已知: $H = 1.5$ m,$h_2 = 0.25$ m,$h_1 = 5$ m,$\rho_油 = 800$ kg/m³,$\rho_{CCl_4} = 1\ 600$ kg/m³,求封闭油箱液面的压强 $p_0$。

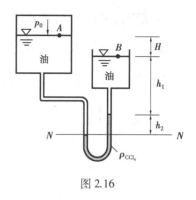

图 2.16

**解**　采用相对压强计算。分别在封闭油箱和敞口油箱的液面上任取一点 $A$ 和 $B$,则 $p_A = p_0$,$p_B = 0$。取等压面 $N$-$N$,并以此为基准面,由压差计公式(2.16)可得

$$\left(z_A + \frac{p_A}{\rho_油 g}\right) - \left(z_B + \frac{p_B}{\rho_油 g}\right) = \frac{\rho_{CCl_4} - \rho_油}{\rho_油}h_2$$

$$\left[(H + h_1 + h_2) + \frac{p_0}{\rho_油 g}\right] - (h_1 + h_2) = \frac{\rho_{CCl_4} - \rho_油}{\rho_油}h_2$$

$$1.5 \text{ m} + \frac{p_0}{800 \text{ kg/m}^3 \times 9.8 \text{ m/s}^2} = \frac{1\ 600 \text{ kg/m}^3 - 800 \text{ kg/m}^3}{800 \text{ kg/m}^3} \times 0.25 \text{ m}$$

可求得 $p_0 = (0.25 \text{ m} - 1.5 \text{ m}) \times 800 \text{ kg/m}^3 \times 9.8 \text{ m/s}^2 = -9\ 800 \text{ N/m}^2$

本题利用等压面的原理以及水静力学基本方程,也可以求解。对于如图 2.16 所示的等压面 $N$-$N$,可列式

$$p_0 + \rho_油 g(H + h_1 + h_2) = \rho_油 g h_1 + \rho_{CCl_4} g h_2$$

即有

$$p_0 = 1\ 600 \text{ kg/m}^3 \times 9.8 \text{ m/s}^2 \times 0.25 - 800 \text{ kg/m}^3 \times 9.8 \text{ kg/s}^2 \times (1.5 \text{ m} + 0.25 \text{ m})$$

$$= -9\ 800 \text{ N/m}^2$$

## 2.6　作用在平面上的静水总压力

水池、水坝(见图 2.17)、闸门(见图 2.18)以及路基等水工建筑物会受到静水压力的作用。如何确定受压面(平面或曲面)上的静水总压力的大小、方向和作用点,是工程上的常见问题,也是很多工程技术上必须解决的力学问题。

图 2.17

图 2.18

当受压面为平面时,计算其所受的静水总压力,常用的方法有解析法和图算法。

### 1)解析法求任意平面上的静水总压力

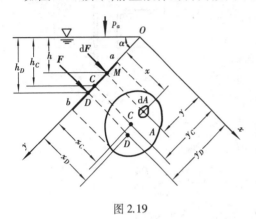

如图 2.19 所示,静止液体的自由液面下某一深度处有一任意形状的受压平面 $ab$。该平面与液面成一倾角 $\alpha$,面积为 $A$,其左侧承受静水压力,右侧为大气。建立直角坐标系,以受压面 $ab$ 所在平面为 $xy$ 平面,并以该平面与液面的交线为 $x$ 轴。图 2.19 中所示的 $xy$ 平面,是将实际的 $xy$ 平面连同受压面 $ab$ 一起绕 $y$ 轴旋转 $90°$ 所得。

在受压面 $ab$ 上任取一微小面积 $dA$,设其中心点 $M$ 在深度 $h$ 处。$M$ 点的压强可看作该微小受压面 $dA$ 上的平均压强。因此,作用在整个 $dA$ 面积上的液体压力大小为

图 2.19

$$dF = pdA = \rho gh dA \tag{2.19}$$

微小液体压力 $dF$ 垂直指向微小受压面 $dA$。

$ab$ 受压面每一微小面积上受到的液体压力将构成一个垂直于该平面的同向平行力系,该力系的合力即为 $ab$ 受压面上的静水总压力。依据同向平行力系求合力的大小的方法,将 $ab$ 受压面上各微小面积的液体压力值沿整个受压面进行积分,则得到作用在受压面 $ab$ 上静水总压力的大小为

$$F = \int dF = \int_A \rho gh dA = \int_A \rho gy \sin \alpha dA = \rho g \sin \alpha \int_A y dA \tag{2.20}$$

式中的积分 $\int_A y dA$ 是总受压面积 $A$ 对 $x$ 轴的静面矩,其值等于受压面的面积 $A$ 与其形心坐标 $y_C$ 的乘积。因此

$$F = \rho g \sin \alpha \cdot y_C A = \rho gh_C \cdot A = p_C \cdot A \tag{2.21}$$

式中 $p_C$——受压面形心的相对压强;

$h_C$——受压面形心在自由液面下的深度。

式(2.21)表明,作用在任意形状平面上的静水总压力 $F$ 的大小,等于该受压面面积 $A$ 与其形心处静水压强 $p_C$ 的乘积。可见,受压面形心处的静水压强就是整个受压面上的平均压强。

静水总压力 $F$ 垂直指向受压平面。

静水总压力 $F$ 的作用点(**压力中心**)$D$ 的位置,可利用合力之矩定理来求。令受压面上的液体压力对 $x$ 轴取矩,则有

$$F \cdot y_D = \int y dF = \int_A y \cdot \rho gy \sin \alpha dA = \rho g \sin \alpha \int_A y^2 dA = \rho g \sin \alpha \cdot I_x$$

式中,$I_x = \int_A y^2 dA$ 为受压面面积 $A$ 对 $x$ 轴的惯性矩。

故
$$y_D = \frac{\rho g \sin \alpha \cdot I_x}{F} = \frac{\rho g \sin \alpha \cdot I_x}{\rho g \sin \alpha \cdot y_C A} = \frac{I_x}{y_C A} \tag{2.22}$$

根据惯性矩的平行移轴定理,有 $I_x = I_{x_C} + y_C^2 \cdot A$,$I_{x_C}$ 为该受压面 $A$ 对通过它的形心 $C$ 并与 $x$ 轴平行的 $x_C$ 轴的惯性矩,于是

$$y_D = \frac{I_{x_C} + y_C^2 A}{y_C A} = y_C + \frac{I_{x_C}}{y_C A} \tag{2.23}$$

由于 $\dfrac{I_{x_C}}{y_C A} > 0$,由式(2.23)可知 $y_D > y_C$ 或 $h_D > h_C$。

同理,令受压面上的液体压力对 $y$ 轴取矩,可求得 $x_D$,即可得压力中心 $D$ 到 $y$ 轴的距离。

在实际工程中,多数受压平面有对称轴。若受压平面的对称轴与上述 $y$ 轴平行,则静水总压力的作用点 $D$ 必位于对称轴上,由式(2.23)确定出 $y_D$,也就确定了压力中心 $D$ 的位置。

**例 2.6**　已知某水池小型圆形闸门 $AB$ 直径为 $d = 60\ \text{cm}$,$B$ 点淹没深度为 $H = 5\ \text{m}$,闸门与水平面之间的夹角为 $45°$,如图 2.20 所示,试求闸门所受静水总压力及其作用点位置。

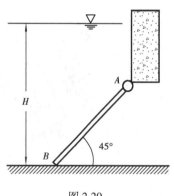

图 2.20

**解**　作用在闸门 $AB$ 上的静水总压力大小为

$$F = \rho g h_C \cdot A$$

式中

$$A = \frac{\pi}{4} d^2 = \frac{\pi}{4} \times (0.6\ \text{m})^2 = 0.282\ 6\ \text{m}^2$$

$$h_C = H - \frac{d}{2} \sin 45° = 5\ \text{m} - \frac{0.6\ \text{m}}{2} \times \sin 45° = 4.788\ \text{m}$$

故　　　　$F = \rho g h_C \cdot A = 1\ 000\ \text{kg/m}^3 \times 9.8\ \text{m/s}^2 \times 4.788\ \text{m} \times 0.282\ 6\ \text{m}^2 = 13.260\ \text{kN}$

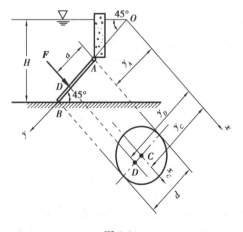

图 2.21

静水总压力 $\boldsymbol{F}$ 垂直指向受压面,设作用点为 $D$,则 $D$ 点位于过圆心 $C$ 且平行于 $y$ 轴的对称轴上,如图 2.21 所示。

$$y_D = y_C + \frac{I_{x_C}}{y_C \cdot A}$$

式中

$$y_C = \frac{h_C}{\sin 45°} = \frac{4.788\ \text{m}}{0.707} = 6.772\ \text{m}$$

由于 $I_{x_C} = \dfrac{\pi}{4} r^4$,$A = \pi r^2$,故

$$\frac{I_{x_C}}{y_C \cdot A} = \frac{r^2}{4 y_C} = \frac{(0.3\ \text{m})^2}{4 \times 6.772\ \text{m}} = 3.323 \times 10^{-3}\ \text{m}$$

故　　　　　　　　$y_D = 6.772\ \text{m} + 3.323 \times 10^{-3}\ \text{m} = 6.775\ \text{m}$

因此,若设静水压力 $\boldsymbol{F}$ 的作用点到铰 $A$ 的距离为 $a$,则

$$a = y_D - y_A = 6.775\ \text{m} - \frac{5\ \text{m} - 0.6\ \text{m} \times \sin 45°}{\sin 45°} = 6.775\ \text{m} - 6.471\ \text{m} = 0.304\ \text{m}$$

**2)图算法求矩形平面上的静水总压力**

在实际工程中,所遇到的受压平面经常为矩形。若矩形受压面的顶边与液面平行,求其上作用的静水总压力,采用图算法比较简便。图算法是利用前面所述的静水压强分布图来求静水总压力。

图算法求静水总压力的步骤为:①绘出受压面的静水压强分布图,求出该压强分布图的面积 $\Omega$;②若矩形受压面宽度为 $b$,则其静水总压力的大小为:$F = b\Omega$;③确定静水总压力方向及其作用点 $D$ 的位置。静水总压力垂直指向受压面,作用线过压强分布图的形心,作用点 $D$ 位于矩形受压面的纵向对称轴上,其具体位置可由合力之矩定理求得。

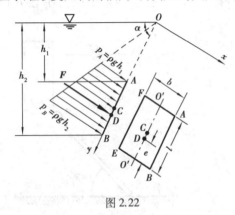

图 2.22

图 2.22 中的矩形受压面 $ABEF$ 长为 $l$,宽为 $b$,顶边 $AF$ 平行于水面且水深为 $h_1$,底边 $BE$ 的水深为 $h_2$。该受压面的(相对)压强分布图呈梯形,设其面积为 $\Omega$,则作用在该矩形受压面上的静水总压力的大小为

$$F = b \cdot \Omega = \frac{\rho g}{2}(h_1 + h_2)lb \qquad (2.24)$$

静水总压力 $F$ 垂直指向受压面,作用线通过压强分布图的形心,作用点 $D$ 位于矩形受压面的纵向对称轴 $O'\text{-}O'$ 上,该对称轴与 $y$ 轴平行,如图 2.22 所示。$D$ 点到矩形受压面 $ABEF$ 底边的距离 $e$ 可由合力之矩定理求得

$$e = \frac{l}{3} \cdot \frac{2p_A + p_B}{p_A + p_B} = \frac{l}{3} \cdot \frac{2h_1 + h_2}{h_1 + h_2} \qquad (2.25)$$

**例 2.7** 路基涵洞进口有一矩形平面闸门 $ABEF$,位于水面下,如图 2.22 所示。长边 $l = 6$ m,宽度 $b = 4$ m,倾角 $\alpha = 60°$,顶边水深 $h_1 = 10$ m,试分别用解析法和图算法求矩形平面闸门的静水压力 $F$ 及其作用点位置。

**解** ①解析法

由式(2.21)知静水总压力 $F$ 的大小为

$$F = p_C \cdot A = \rho g h_C \cdot A$$

式中

$$h_C = h_1 + \frac{l}{2}\sin 60° = 10\ \text{m} + \frac{6\ \text{m}}{2} \times 0.866 = 12.60\text{m}$$

$$F = 1\ 000\ \text{kg/m}^3 \times 9.8\ \text{m/s}^2 \times 12.60\ \text{m} \times (6\ \text{m} \times 4\ \text{m}) = 2\ 963.52\ \text{kN}$$

静水总压力 $F$ 垂直指向闸门,其作用点 $D$ 位于闸门纵向对称轴 $O'\text{-}O'$ 上,如图 2.22 所示。由式(2.23),得静水总压力 $F$ 的作用点 $D$ 的位置

$$y_D = y_C + \frac{I_{x_C}}{y_C \cdot (l \cdot b)}$$

式中

$$y_C = \frac{l}{2} + \frac{h_1}{\sin 60°} = 3 \text{ m} + \frac{10 \text{ m}}{0.866} = 14.55 \text{ m}$$

$x_C$ 轴为过形心 $C$ 且与 $x$ 轴相平行的轴,故有

$$I_{x_C} = \frac{1}{12}bl^3 = \frac{1}{12} \times 4 \text{ m} \times (6 \text{ m})^3 = 72 \text{ m}^4$$

因此
$$y_D = 14.55 \text{ m} + \frac{72 \text{ m}^4}{14.55 \text{ m} \times (4 \text{ m} \times 6 \text{ m})} = 14.76 \text{ m}$$

②图算法

首先作闸门 $ABEF$ 的静水压强分布图(如图 2.22 所示)。

闸门顶边处静水压强

$$p_A = \rho g h_1 = 1\ 000 \text{ kg/m}^3 \times 9.8 \text{ m/s}^2 \times 10 \text{ m} = 98 \text{ kN/m}^2$$

闸门底边处静水压强

$$p_B = \rho g h_2 = 1\ 000 \text{ kg/m}^3 \times 9.8 \text{ m/s}^2 \times (10 \text{ m} + 6 \text{ m} \sin 60°) = 148.92 \text{ kN/m}^2$$

闸门 $ABEF$ 的静水压强分布图呈梯形,其面积为

$$\Omega = \frac{(p_A + p_B) \cdot l}{2} = \frac{\rho g}{2}(h_1 + h_2) \cdot l$$

静水总压力 $F$ 的大小为

$$F = b \cdot \Omega = 4 \text{ m} \times \frac{1}{2} \times 1\ 000 \text{ kg/m}^3 \times 9.8 \text{ m/s}^2 \times [10 \text{ m} + (10 \text{ m} + 6 \text{ m} \sin 60°)] \times 6 \text{ m}$$

$$= 2\ 963.07 \text{ kN}$$

静水总压力 $F$ 垂直指向闸门,作用点 $D$ 位于闸门纵向对称轴 $O'$-$O'$ 上,且距闸门底边为

$$e = \frac{l}{3} \cdot \frac{2p_A + p_B}{p_A + p_B} = \frac{6 \text{ m}}{3} \times \frac{2 \times 98 \text{ kN/m}^2 + 148.92 \text{ kN/m}^2}{98 \text{ kN/m}^2 + 148.92 \text{ kN/m}^2} = 2.79 \text{ m}$$

故
$$y_D = \left(l + \frac{h_1}{\sin 60°}\right) - e = \left(6 \text{ m} + \frac{10 \text{ m}}{0.866}\right) - 2.79 \text{ m} = 14.76 \text{ m}$$

**例 2.8** 某铅垂放置的矩形平板宽 $b = 1$ m,已知该板两侧水深 $h_1 = 3$ m,$h_2 = 2$ m,如图 2.23(a)所示。试用图算法求作用在矩形平板上的静水总压力 $F$ 及其作用点 $D$。

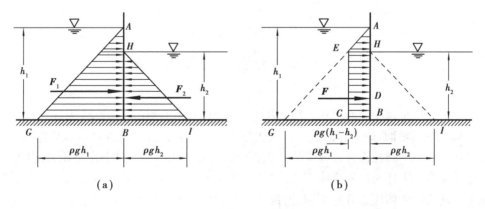

图 2.23

**解** 首先绘出矩形平板的静水压强分布图,如图 2.23(a)所示。由于板两侧受压面均为

矩形,由图算法可得

$$F_1 = b \times \frac{\rho g h_1^2}{2}$$

$$F_2 = b \times \frac{\rho g h_2^2}{2}$$

因为 $h_1 > h_2$,因而 $F_1 > F_2$,所以静水总压力 $F$ 与 $F_1$ 同方向,即水平向右垂直指向矩形平板。静水总压力 $F$ 的大小

$$F = F_1 - F_2$$

$$= b \times \frac{\rho g}{2}(h_1^2 - h_2^2) = 1 \text{ m} \times \frac{1\ 000 \text{ kg/m}^3 \times 9.8 \text{ m/s}^2}{2} \times [(3 \text{ m})^2 - (2 \text{ m})^2]$$

$$= 24.50 \text{ kN}$$

静水总压力 $F$ 水平向右垂直指向矩形平板,且位于其纵向对称轴上。静水总压力 $F$ 作用点 $D$ 的位置可由合力之矩定理求得,即

$$F \cdot BD = F_1 \cdot \frac{h_1}{3} - F_2 \cdot \frac{h_2}{3} = \left(\frac{1}{2}\rho g h_1^2 \cdot b\right) \cdot \frac{h_1}{3} - \left(\frac{1}{2}\rho g h_2^2 \cdot b\right) \cdot \frac{h_2}{3}$$

$$24.50 \text{ kN} \times BD = 44.10 \text{ kN} \times \frac{3 \text{ m}}{3} - 19.60 \text{ kN} \times \frac{2 \text{ m}}{3}$$

可求得                               $BD = 1.27 \text{ m}$

静水总压力 $F$ 的大小还可以采用以下方法求得:

图 2.23(b)中的压强分布图 $ABCE$,由图 2.23(a)中板两侧的压强分布图叠加后所得。依据此压强分布图,由 $F = b\Omega$ 可得

$$F = b \cdot \rho g \left[\frac{1}{2}(h_1 - h_2)^2 + (h_1 - h_2)h_2\right]$$

$$= \frac{1}{2}b \cdot \rho g(h_1^2 - h_2^2)$$

$$= \frac{1}{2} \times 1 \text{ m} \times 10^3 \text{ kg/m}^2 \times 9.8 \text{ m/s}^2 \times [(3 \text{ m})^2 - (2 \text{ m})^2]$$

$$= 24.50 \text{ kN}$$

## 2.7　作用在曲面上的静水总压力

实际工程中常遇到曲面形状的静水压力作用面,如弧形闸门(图 2.24 为某水库泄洪弧形闸门)、输水圆管壁面、球形容器壁等。这些受压曲面大多数是二向曲面。本节将以具有平行母线且母线水平的圆柱面为代表来研究工程中常见的二向曲面上的静水总压力的计算。

作用在曲面上任一点的液体压力,垂直指向受压面,其大小与水深成正比。一般情况下,曲面上不同点的液体压力方向不同,彼此不平行,即曲面上液体压力的分布力为空间一般力系。这意味着,曲面上静水总压力的计算,比平面上静水总压力的计算复杂。

通常,将液体作用在曲面上的力分解为水平分力与竖直分力来分别加以求解。

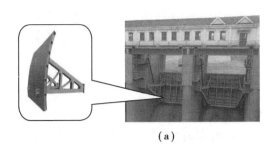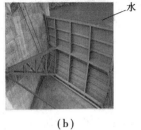

（a）　　　　　　　　　　　　　　　　（b）

图 2.24

如图 2.25（a）所示，二向曲面 $ab$ 的母线垂直于纸面（即平行于 $y$ 轴），母线长（即柱面长）为 $l$，曲面的右侧有静水压力，而其左侧为大气。作平行的母线将曲面 $ab$ 划分为很多微小曲面，从中任取一微元 $ef$ 并视之为平面，设其位于水深 $h$ 处，面积为 $dA$，如图 2.25（b）所示，则作用在微面积 $dA$ 上的静水压力大小为

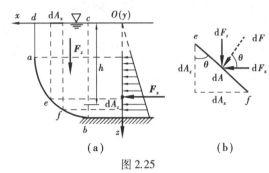

（a）　　　　　　　　　（b）

图 2.25

$$dF = pdA = \rho g h dA$$

该力垂直于微面积 $dA$，若其与水平方向夹角为 $\theta$，则此力水平方向和铅垂方向的分力大小分别为

$$dF_x = pdA \cos \theta = \rho g h dA_z$$

$$dF_z = pdA \sin \theta = \rho g h dA_x$$

将上式分别积分，得整个曲面上静水总压力的水平分力 $\boldsymbol{F}_x$ 和竖向分力 $\boldsymbol{F}_z$ 的大小

$$F_x = \int dF_x = \int_{A_z} \rho g h dA_z = \rho g \int_{A_z} h dA_z \tag{2.26}$$

$$F_z = \int dF_z = \int_{A_x} \rho g h dA_x = \rho g \int_{A_x} h dA_x \tag{2.27}$$

若曲面 $ab$ 在铅垂面 $Oyz$ 上投影的面积为 $A_z$（以下称该投影为"铅垂投影面 $A_z$"），则式 (2.26) 右端的积分 $\int_{A_z} h dA_z$ 等于铅垂投影面 $A_z$ 对水平 $y$ 轴的静矩。设 $h_c$ 为铅垂投影面 $A_z$ 形心处的水深，则 $\int_{A_z} h dA_z = h_C \cdot A_z$。因此

$$F_x = \rho g h_C \cdot A_z = p_C \cdot A_z$$

式中　$A_z$——曲面 $ab$ 在铅垂面上投影的面积；

　　　$p_C$——该投影形心处的压强。

曲面 $ab$ 在铅垂面上的投影为矩形，结合解析法求静水压力大小的公式（2.21）可知：作用于曲面上的静水总压力 $\boldsymbol{F}$ 的水平分力 $\boldsymbol{F}_x$，恰好等于作用在该曲面的铅垂投影面 $A_z$ 上的静水压力。

式（2.27）右端的积分 $\int_{A_x} h dA_x$ 是受压曲面本身与其在自由液面（或自由液面延伸面）上的投影面 $A_x$ 之间的铅垂柱状几何体的体积。这个柱状几何体称为**压力体**，其底面是受压曲面，

顶面是自由液面或自由液面的延伸面,而侧面则由受压曲面边缘线上各点作铅垂线所构成。图2.25中二向曲面 $ab$ 的压力体的体积(以符号 $V$ 表示),是曲面 $ab$ 与其在自由液面上的投影面 $A_x$ 之间的铅垂柱体的体积。于是

$$F_z = \rho g \int_{A_x} h \mathrm{d}A_x = \rho g V \qquad (2.28)$$

即作用在曲面上的静水总压力 $\boldsymbol{F}$ 的竖直分力 $\boldsymbol{F}_z$ 的大小,等于受压曲面压力体体积对应的液体重量。$\boldsymbol{F}_z$ 的作用线通过压力体的重心。$\boldsymbol{F}_z$ 的方向(向上或向下)取决于液体及压力体与受压曲面的相对位置。

当液体和压力体位于受压曲面同侧时,$\boldsymbol{F}_z$ 方向向下,此时的压力体称为实压力体,如图2.26(a)所示曲面 $AB$ 的压力体;当液体及压力体各在受压曲面的一侧时,$\boldsymbol{F}_z$ 方向向上,这时的压力体称为虚压力体,其顶面为自由液面的延伸面,如图2.26(b)所示曲面 $AB$ 的压力体。

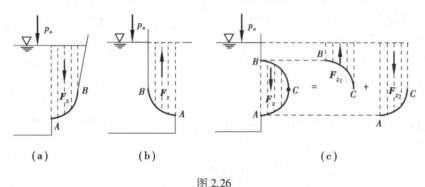

图2.26

压力体的确定及其体积计算,是求解曲面上静水总压力的竖直分力的关键。在作曲面的压力体图时,如果该曲面不同部分的压力体图有重叠,那么可以采用代数方法叠加(体积相同的实压力体与虚压力体可以抵消),最终得到的压力体就是该曲面的总压力体。以图2.26(c)中仅左侧有液体的半圆柱曲面 $ACB$ 为例,其压力体是由曲面 $AC$ 的压力体与曲面 $BC$ 的压力体叠加而得到。

求出两分力 $\boldsymbol{F}_x$ 和 $\boldsymbol{F}_z$ 后,便可求出静水总压力 $\boldsymbol{F}$ 的大小和方向,即

$$F = \sqrt{F_x{}^2 + F_z{}^2} \qquad (2.29)$$
$$\tan \alpha = F_z / F_x \qquad (2.30)$$

式中,$\alpha$ 为静水总压力 $\boldsymbol{F}$ 的作用线与水平线间的夹角。$\boldsymbol{F}$ 的作用线必通过 $\boldsymbol{F}_x$ 和 $\boldsymbol{F}_z$ 的交点,这个交点不一定在曲面上。

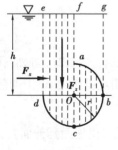

图2.27

**例**2.9 横截面形状为3/4个圆的圆柱面 $abcd$,如图2.27所示,半径 $r=0.8$ m,圆柱面长 $l=1$ m,中心点位于水面以下 $h=2.4$ m 处。求该曲面所受的静水总压力的水平分力和竖直分力的大小。

**解** 将受压曲面 $abcd$ 分为 $ab$、$bc$ 及 $cd$ 三个曲面分别讨论:

①静水总压力的水平分力

由于曲面 $bc$ 和 $cd$ 位于相同的水深处,所以它们受到的水平总压力互相抵消,因此,曲面 $abcd$ 静水总压力的水平分力 $\boldsymbol{F}_x$,等于曲面 $ab$ 上的水平静水压力,也就等于其竖直投影面 $aO$ 上的静水总

压力,其方向向右,大小为

$$F_x = \rho g \left( h - \frac{r}{2} \right) r \cdot l$$

$$= 1\,000 \text{ kg/m}^3 \times 9.8 \text{ m/s}^2 \times \left( 2.4 \text{ m} - \frac{0.8 \text{ m}}{2} \right) \times 0.8 \text{ m} \times 1 \text{ m}$$

$$= 15.68 \text{ kN}$$

②静水总压力的竖直分力

分别画出三部分曲面对应的压力体:$ab$ 曲面的压力体为 $abgf$,为虚压力体;$bc$ 曲面的压力体为 $cbgf$,为实压力体,$cd$ 曲面的压力体为 $cdef$,为实压力体。叠加三部分压力体,得到曲面 $abcd$ 的总压力体图(图 2.27 中阴影线所示),为实压力体,即 $\boldsymbol{F}_z$ 方向向下。据此计算曲面 $abcd$ 上静水总压力的竖直分力 $\boldsymbol{F}_z$ 的大小,可得

$$F_z = \rho g V = \rho g \left( hr + \frac{3}{4}\pi r^2 \right) \cdot l$$

$$= 1\,000 \text{ kg/m}^3 \times 9.8 \text{ m/s}^2 \times \left( 2.4 \text{ m} \times 0.8 \text{ m} + \frac{3\pi \times (0.8 \text{ m})^2}{4} \right) \times 1 \text{ m}$$

$$= 33.59 \text{ kN}$$

**例 2.10**　图 2.28 所示为一封闭水箱,其左下端有一块 1/4 圆的圆弧形钢板 $AB$,宽(垂直于纸面方向)$b = 1$ m,半径 $R = 1$ m,$h_1 = 2$ m,$h_2 = 3$ m。试求钢板 $AB$ 上所受到静水压力的水平分力与垂直分力的大小及方向。

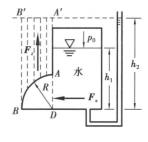

图 2.28

**解**　欲求受压曲面 $AB$(即圆弧形钢板)上所受静水总压力,需找出 $AB$ 曲面的铅垂投影面形心处的压强,以及该受压曲面的压力体。对于封闭水箱,需要先找出液体的自由液面位置。为此,在容器上的某处外接一根测压管(见图 2.28),当该处液体压强大于大气压强时,液体会沿测压管上升一定高度,此时测压管液面即为容器内液体的自由液面。

①静水总压力的水平分力

对于本例,由水静力学基本方程可求得 $B$ 点的相对压强为 $p_B = \rho g h_2$,受压钢板 $AB$ 的铅垂投影面 $A_z$ 形心处的压强为 $p_C = \rho g \left( h_2 - \dfrac{R}{2} \right)$,因此,钢板 $AB$ 上所受到的静水总压力水平分力 $\boldsymbol{F}_x$ 的大小为

$$F_x = p_C \cdot A_z = \rho g \left( h_2 - \frac{R}{2} \right) R b$$

$$= 1\,000 \text{ kg/m}^3 \times 9.8 \text{ m/s}^2 \times \left( 3 \text{ m} - \frac{1 \text{ m}}{2} \right) \times 1 \text{ m} \times 1 \text{ m}$$

$$= 24.50 \text{ kN}$$

$\boldsymbol{F}_x$ 方向向左。

②静水总压力的竖直分力

通过测压管找出水箱内液体的自由液面位置后,画出圆弧形钢板 $AB$ 的压力体 $ABB'A'$

（图 2.28 中阴影线部分所示），该压力体为虚压力体，其顶面是自由液面的延伸面。由此可知，钢板 **AB** 受到的静水压力竖直分力 $F_z$ 向上，其大小为

$$F_z = \rho g V = \rho g \left( h_2 R - \frac{\pi}{4} R^2 \right) b$$

$$= 1\ 000\ \text{kg/m}^3 \times 9.8\ \text{m/s}^2 \times \left( 3\ \text{m} \times 1\ \text{m} - \frac{\pi \times (1\ \text{m})^2}{4} \right) \times 1\ \text{m}$$

$$= 21.70\ \text{kN}$$

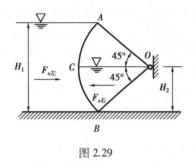

图 2.29

**例 2.11**　已知弧形闸门 AB 上游水深 $H_1 = 4$ m，下游水深 $H_2 = 2$ m，闸门的轴心为 O，如图 2.29 所示。试求单位宽度 AB 闸门上所受静水总压力的水平分力及铅垂分力的大小和方向。

**解**　分别计算单位宽度弧形闸门 AB 上所受静水总压力的水平分力及铅垂分力。

①静水总压力的水平分力 $F_x$

如图 2.29 所示，弧形闸门 AB 左右两侧都受到静水压力作用，它们的水平分力分别为 $F_{x左}$ 与 $F_{x右}$。因为 $H_1 > H_2$，经计算可知 $F_{x左} > F_{x右}$，所以，弧形闸门 AB 上静水总压力的水平分力 $F_x$ 与 $F_{x左}$ 同方向，即水平向右，其大小为

$$F_x = F_{x左} - F_{x右}$$

$$= \rho g \frac{H_1}{2} \times H_1 \times 1 - \rho g \frac{H_2}{2} \times H_2 \times 1$$

$$= 1\ 000\ \text{kg/m}^3 \times 9.8\ \text{m/s}^2 \times \frac{\left[ (4\ \text{m})^2 - (2\ \text{m})^2 \right]}{2}$$

$$= 58\ 800\ \text{N} = 58.8\ \text{kN}$$

②静水总压力的铅垂分力 $F_z$

要确定弧形闸门 AB 上所受静水总压力的竖向分力 $F_z$ 的大小及方向，须先画出该闸门的压力体。为此，先分别作出仅闸门 AB 左侧有水时曲面 AC 和曲面 BC 的压力体，以及仅闸门右侧有水时曲面 BC 的压力体，然后将这三部分压力体叠加，即可得到闸门 AB 左右侧均有水时的总压力体，如图 2.30 中 ACD 阴影线范围所示。由闸门 AB 的总压力体图可知，单位宽度该闸门上所受静水总压力的竖向分力 $F_z$ 方向向上，其大小为

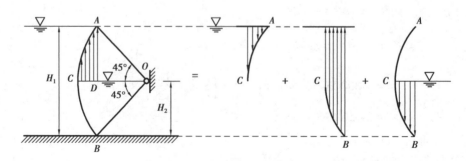

图 2.30

$$F_z = \rho g V = \rho g \left( A_{ACO} - A_{ADO} \right) \times 1$$

$$= \rho g \times \left[ \frac{1}{2} \times \frac{\pi}{4} \times \left( \sqrt{2} H_2 \right)^2 - \frac{1}{2} \times \left( H_2 \right)^2 \right]$$

$$= 1\ 000\ \text{kg/m}^3 \times 9.8\ \text{m/s}^2 \times \left[ \frac{\pi}{8} \times \left( \sqrt{2} \times 2\ \text{m} \right)^2 - \frac{1}{2} \times \left( 2\ \text{m} \right)^2 \right]$$

$$= 11.172\ \text{kN}$$

## 思考题

2.1　静水压强有哪些表示方法？各种表示方法之间的关系如何？

2.2　如思考题 2.2 图所示,容器盛装两种密度不同的液体($\rho_2 >$ $\rho_1$),容器侧壁上装了两根测压管。请问图中标示的两根测压管中液面位置对否？为什么？

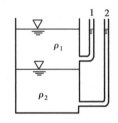

2.3　求作用在平面上的静水压力的方法有图算法和解析法。请问:①图算法应用的前提是什么？②解析法中应用公式(2.23)求解静水总压力作用位置时,坐标原点要求设在哪里？

2.4　什么叫压力体？如何区分实压力体和虚压力体？

思考题 2.2 图

2.5　水力学中"真空"的概念与物理学中"真空"的概念有何区别？水力学中真空的大小程度用什么表示？

2.6　设有 4 个形状各不相同的开口盛水容器放置于桌面上,如思考题 2.6 图所示。已知这些容器的底面积 $A$ 相同,盛水高度 $h$ 也相同,液面均通大气,但 4 个容器所容纳的水量各不相同:(c)>(a)>(b)>(d)。为方便讨论,不计各容器自重。请问:这 4 个盛水容器底平面上的静水总压力是否相同？作用于桌面的总压力是否相同？

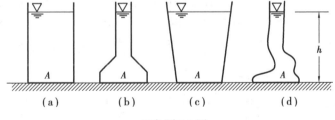

思考题 2.6 图

2.7　浸在静止液体(或气体)中的物体受到竖直向上的浮力作用,浮力的大小等于物体排开的液体的重量,这就是著名的"阿基米德定律(Archimedes law)",又称阿基米德原理、浮力原理。请用本章第 2.7 节所学知识来验证阿基米德原理。

<h1 style="text-align:center">习 题</h1>

2.1　一封闭容器如题 2.1 图所示,测压管液面高于容器液面,$h$ 为 1.5 m。若容器盛的是水或汽油,求容器内液面的相对压强 $p_0$。汽油密度取 750 kg/m³。

2.2　如题 2.2 图所示的某封闭水箱上装有测压管和水银测压计。已知液面高程为 ∇1 = 100 cm,∇2 = 20 cm,箱内液面高程为 ∇4 = 60 cm。请问∇3 为多少?

2.3　用如题 2.3 图所示的 U 形管量测密闭盛水容器中 $A$ 点压强,管右端开口通大气。当地大气压为一个工程大气压。如果 $h_1 = 1$ m,试求 $A$ 点的绝对压强和相对压强,并分别用国际单位($N/m^2$)、水柱高度(m)、水银柱高度(mm)表示。

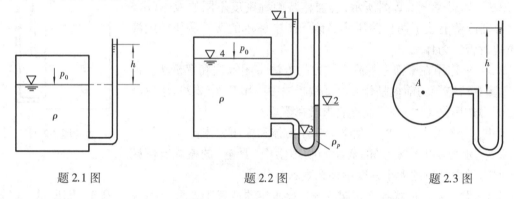

题 2.1 图　　　　　题 2.2 图　　　　　题 2.3 图

2.4　某地大气压强为 98 kN/m²,试求:①绝对压强为 117.7 kN/m²时的相对压强及其水柱高度;②相对压强为 7 m 水柱时的绝对压强;③绝对压强为 68.5 kN/m²时的真空压强。

2.5　密度为 $\rho_1$ 和 $\rho_2$ 的两种液体,装在图示的容器中,各液面位置高度如题 2.5 图所示。若已知 $\rho_2 = 1\,000$ kg/m³,大气压强 $p_a = 98$ kN/m²,求 $\rho_1$ 及容器底面 $A$ 点的绝对压强和相对压强。

2.6　为测定汽油库内油面的高度,在如题 2.6 图所示装置中将压缩空气充满 $AB$ 管段。已知油的重度为 6.87 kN/m³,当 $h = 0.8$ m 时,相应油库中汽油深度 $H$ 是多少?

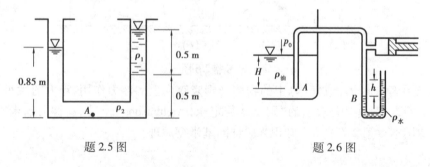

题 2.5 图　　　　　　　　　题 2.6 图

2.7　如题 2.7 图所示,在封闭水箱中,水深 $h = 1.5$ m 的 $A$ 点上安装一个压力表,其中心距 $A$ 点为 $z = 0.5$ m,压力表读数为 4.9 kN/m²,求水面相对压强及其真空度。

2.8　如题 2.8 图所示,盛水容器的左侧壁安装有一根测压管,而右侧壁安装有一个 U 形水银测压计。已知容器中心点的相对压强为 0.5 工程大气压,$h = 0.2$ m,试求 $h_1$ 和 $h_2$。

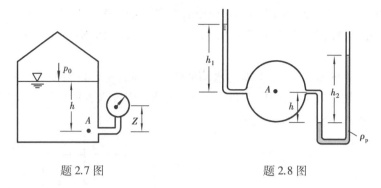

题 2.7 图                     题 2.8 图

2.9  如题 2.9 图所示,封闭容器中为气体,测压管中的水面高度为 $h_v = 2$ m,求 $A$ 点的真空值。

2.10  如题图 2.10 图所示容器中盛有三种不相混合的液体,其密度分别为 $\rho_1 = 700$ kg/m³,$\rho_2 = 1\ 000$ kg/m³,$\rho_3 = 1\ 600$ kg/m³,在容器右侧壁上安装三根测管 $E$、$F$、$G$,左侧壁上安装有 U 形水银测压计,容器上部压力表的读数为 $-17\ 200$ Pa。不计空气质量。试求:①测压管 $E$、$F$、$G$ 中液面的高程;②水银测压计的液面高差 $h_p$(注:不计空气质量)。

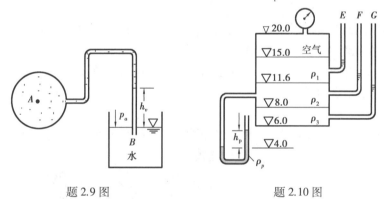

题 2.9 图                     题 2.10 图

2.11  如题 2.11 图所示为倾斜水管上测定压强差的装置,测得 $z = 20$ cm,$h = 12$ cm。当①$\rho_1$ 为油的密度(920.4 kg/m³);②$\rho_1$ 为空气密度时,分别求 $A$、$B$ 两点的压强差。

2.12  如题 2.12 图所示为一测压装置,容器 A 中水面上压力表 M 的读数为 0.3 个工程大气压,$h_1 = 20$ cm,$h_2 = 30$ cm,$h_3 = 50$ cm,该测压装置中 U 形上部是酒精,其密度为 800 kg/m³,试求容器 B 中气体的压强。图中 $\rho_p$、$\rho_0$ 分别为水银和酒精的密度。

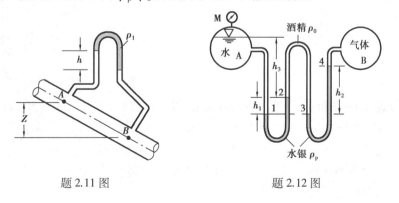

题 2.11 图                     题 2.12 图

2.13 如题 2.13 图所示,闸门 $AB$ 宽 1.2 m,$A$ 点铰接于容器壁上。压力计 $G$ 的读数为 $-14\ 700$ Pa,右边的油箱里是密度为 750 kg/m³ 的油。那么,为使闸门 $AB$ 处于平衡,必须在 $B$ 点施加多大的水平力?

2.14 如题 2.14 图所示,封闭容器内水面的绝对压强为 $p_0 = 85$ kPa,中央玻璃管是两端开口的。已知当地大气压为 1 个工程大气压,请问:玻璃管应伸入水面以下多少深度时,才既无空气通过玻璃管进入容器,又无水进入玻璃管?

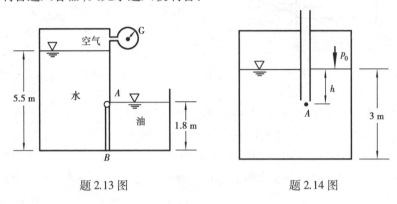

题 2.13 图                    题 2.14 图

2.15 如题 2.15 图所示供水系统,已知:$p_1 = 137$ kN/m²,$p_2 = 39$ kN/m²,$z_3 = 0.5$ m,$z_1 = z_2 = 0.5$ m。求闸门关闭时 $A$、$B$、$C$、$D$ 各点的压强水头。

2.16 如题 2.16 图所示,用真空计 M 测得封闭水箱液面上的真空值为 0.98 kN/m²,敞口油箱中的油面比水箱水面低 $H = 1.5$ m,水银压差计的读数 $h_2 = 0.2$ m,油箱液面高 $h_1 = 5.61$ m,求油的密度。

2.17 如题 2.17 图所示容器中,两测压管的上端封闭,并为完全真空,测得 $z_1 = 50$ mm。求封闭容器中液面上的绝对压强 $p_{0abs}$ 及 $z_2$ 之值。

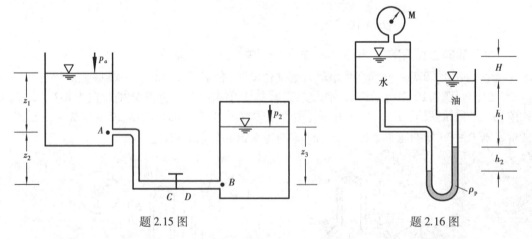

题 2.15 图                    题 2.16 图

2.18 如题 2.18 图所示,一直径为 0.4 m 的圆柱形容器,水层高 $h_2 = 50$ cm,油层高 $h_1 = 30$ cm,盖上有荷重 $F = 5\ 788$ N,油的密度 $\rho_{油} = 800$ kg/m³,求测压计中的汞柱高 $H$。

2.19 如题 2.19 图所示,左侧受两种液压的平板 $AB$ 倾斜放置,其倾角 $\alpha = 60°$,上部油的深度 $h_1 = 1.0$ m,下部水的深度 $h_2 = 2.0$ m,油的密度 $\rho_{油} = 816.33$ kg/m³,求作用在 $AB$ 板上(单宽)的静水总压力及其作用点的位置。

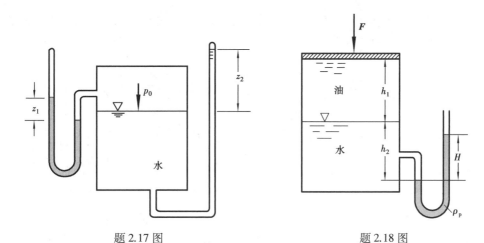

题 2.17 图                  题 2.18 图

2.20　如题 2.20 图所示,有一圆形平板闸门铰接于 $B$,闸门的直径 $d=1$ m,倾角 $\theta=60°$,闸门中心点 $C$ 位于上游水面以下 4 m 处,闸门重 $G=980$ N。试求当:(1)下游无水;(2)下游水面与门顶同高时,在 $E$ 处将闸门吊起所需的拉力 $F_T$ 分别为多大?

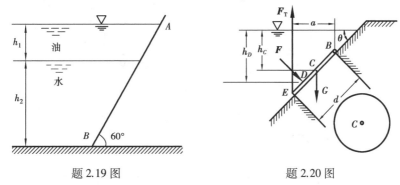

题 2.19 图                  题 2.20 图

2.21　已知矩形闸门 $AB$ 长和宽各 2 m,$A$ 处水深 $h=1$ m,如题 2.21 图所示。不计闸门自重,试求:要使闸门关闭,在 $B$ 处必须施加多大的力 $F$?

2.22　高度 $H=3$ m,宽度 $B=1$ m 的密闭高压水箱,在水箱底部连接一水银测压计如题 2.22图所示,测得水银柱高 $h_2=1$ m,水柱高 $h_1=2$ m,矩形闸门 $AB$ 与水平方向成 45°角,转轴在 $A$ 点。试求为使闸门关闭所需施加在转轴上的锁紧力矩 $M$。

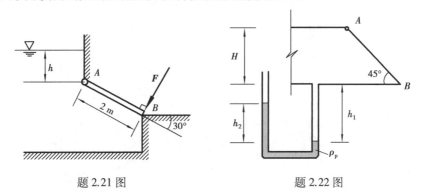

题 2.21 图                  题 2.22 图

2.23　如题 2.23 图所示一储水箱,箱上有三个直径相同的半球形盖,直径 $d=0.5$ m。又已知 $h=2.0$ m,由压力表 M 读出相对压强 $p=24.5$ kN/$m^2$,试求作用在每个球盖上的液体总压力。

2.24 如题 2.24 图所示,一密闭盛水容器,已知 $h_1 = 0.6$ m,$h_2 = 1$ m,水银测压计读数 $h_p = 0.25$ m。试求半径为 $R = 0.5$ m 的球形盖 $AB$ 所受静水总压力的水平分力和铅垂分力。

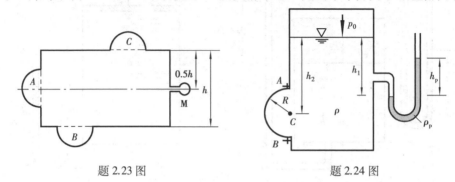

题 2.23 图          题 2.24 图

2.25 某盛水容器底部有一孔洞,用圆锥形物体堵塞,其尺寸如题 2.25 图所示,图示三角形为正三角形,求作用于此锥形体的静水压力。

2.26 一槽底部开有宽为 $r$ 的矩形孔口,长为 $l$,用一圆柱形塞子(长 $l$,半径为 $r$)放在孔上,如题 2.26 图所示。不计柱塞自重,试求槽中液体深度 $H$ 等于多少时,柱塞与槽孔的边缘上恰好无作用力。

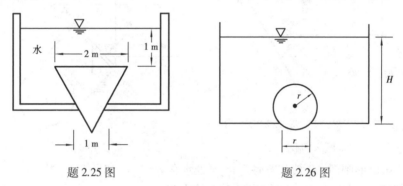

题 2.25 图          题 2.26 图

2.27 如题 2.27 图所示,$AB$ 板为一溢流坝上的弧形闸门,已知 $R = 10$ m,闸门宽 $b = 8$ m,$\alpha = 30°$,试求作用在该弧形闸门上的静水总压力的大小及其作用点的位置。

2.28 如题 2.28 图所示,半径为 $R = 1$ m 的球形容器由两个半球面铆接而成,下半球面固定。已知该容器中充满水,且测压管读数 $h = 3$ m,试求上半球面所受静水总压力的铅直分量。

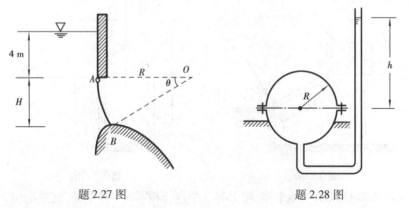

题 2.27 图          题 2.28 图

2.29 如题 2.29 图所示,两水池间隔墙上装有一半球形曲面堵头,已知球形曲面的半径

$R = 0.5$ m,两水池下方接通一 U 形水银压差计,其水银液面差 $h_p = 0.2$ m。已知 $H = 1.5$ m,试求:①两水池液面的水位差 $\Delta H$;②曲面堵头上的静水总压力。

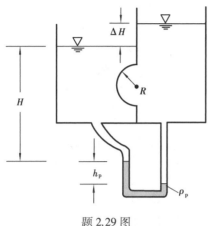

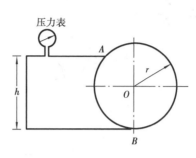

题 2.29 图　　　　　　　　　　　　　题 2.30 图

2.30　某箱形容器被空心圆柱封住一端,其断面图如题 2.30 图所示。该箱长为 2 m,高 $h = 1.5$ m,箱内充满压力水,压力表的读数为 20 kN/m²,空心圆柱半径 $r$ 为 1 m。求作用在圆柱面 $AB$ 上的静水总压力的水平分力与垂直分力的大小及方向。

2.31　如题 2.31 图所示的挡水圆柱,其横截面圆心为 $O$,直径 $D$ 为 2 m。试确定作用在每米长度圆柱上的静水总压力的水平分力和铅直分力。

2.32　如题 2.32 图所示的盛油容器,其上部有一半径为 $r$ 的半球曲面。已知油的密度 $\rho_{油} = 800$ kg/m³,$r = 10$ cm,试求该半球曲面上所受到的液体总压力的大小和方向。

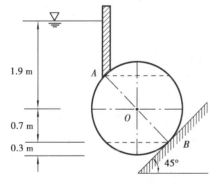

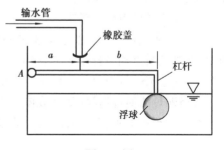

题 2.31 图　　　　　　　　　　　　　题 2.32 图

2.33　设有一输水管向容器灌水,配有自动关闭装置,如题 2.33 图所示。该关闭装置利用杠杆原理工作,杠杆左端铰接于容器壁上 $A$ 点,当水中的浮球向上顶杠杆,而使固连于杠杆的橡胶压盖盖住输水管出水口时,输水管就会停止向容器灌水,此时管道出口处压强为 $p = 24.5$ N/cm²。已知输水管管径为 $d = 1.5$ cm,且 $a = 10$ cm,$b = 50$ cm,不计装置自重及摩擦,试求当水刚淹没浮球时恰能自动关闭输水管的浮球最小直径 $D$。

题 2.33 图

# 第 **3** 章

# 水动力学基础

本章研究液体机械运动的基本规律,根据液体运动所遵循的物理学和理论力学中的普遍定理,即质量守恒定理、动能定理、机械能守恒定理和动量定理,建立描述液体运动规律的 3 个基本方程:连续性方程、能量方程和动量方程,为后续各章节的学习和解决工程实际问题奠定必要的理论基础。

液体做机械运动的运动特征可以用流速、加速度、动水压强和切应力等物理量表征,这些物理量称为运动要素。水动力学的基本任务是要确定这些运动要素随空间和时间的变化规律并建立这些物理量之间的关系式。

实际液体存在黏性,其运动分析十分复杂,因此,一般工程中研究液体的机械运动时,往往首先以忽略黏性的理想液体为研究对象,在此基础上,再进一步研究实际液体的运动规律。

## 3.1 描述液体运动的两种方法

描述液体运动规律的方法有拉格朗日(J.L.Lagrange)法和欧拉(L.Euler)法两种。

### 1)拉格朗日法

**拉格朗日法**以液体质点为研究对象,追踪观测液体质点的运动轨迹,并探讨其运动要素随时间及质点的空间位置的变化规律。拉格朗日法与一般固体力学中研究质点系运动的方法相同,因此又称为**质点系法**。

不同液体质点的轨迹及运动要素的变化规律是不同的,因此,为描述某一指定质点的运动,必须对该质点加以标识。通常用某一瞬时($t=t_0$)质点的空间位置坐标$(a,b,c)$作为质点的标志。$(a,b,c)$可以是任一种坐标系中的坐标值,显然,对于不同的质点,$(a,b,c)$有不同的值。拉格朗日法通过追踪、观察液体质点运动去研究其运动规律,首先建立各液体质点的运动方程。对于笛卡尔直角坐标系,运动方程为

$$\left.\begin{array}{l} x = x(a,b,c,t) \\ y = y(a,b,c,t) \\ z = z(a,b,c,t) \end{array}\right\} \tag{3.1}$$

式中, $a,b,c$ 和 $t$ 统称为拉格朗日变量。对于指定质点, $(a,b,c)$ 是确定值,式(3.1)表明,指定质点的空间位置 $(x,y,z)$ 只是时间的函数。对于指定瞬时(例如 $t=t_1$ ),则式(3.1)表示了该瞬时各质点($a,b,c$ 值不同)不同的空间位置。因此,式(3.1)也可看作以参数 $t$ 表示的质点运动的轨迹方程。

某一指定液体质点($a,b,c$ 值为确定值)的运动速度是该点的空间位置坐标对时间的变化率,用 $u_x,u_y,u_z$ 分别表示质点运动速度在 $x,y,z$ 坐标方向的投影,则

$$u_x = \frac{\partial x}{\partial t}, \quad u_y = \frac{\partial y}{\partial t}, u_z = \frac{\partial z}{\partial t} \tag{3.2}$$

用 $a_x,a_y,a_z$ 分别表示质点的加速度在 $x,y,z$ 坐标方向的投影,根据加速度定义,则应为

$$a_x = \frac{\partial u_x}{\partial t} = \frac{\partial^2 x}{\partial t^2}, a_y = \frac{\partial u_y}{\partial t} = \frac{\partial^2 y}{\partial t^2}, a_z = \frac{\partial u_z}{\partial t} = \frac{\partial^2 z}{\partial t^2} \tag{3.3}$$

拉格朗日法针对液体的具体质点,分析其运动状况,其物理概念明确,但数学处理较为复杂。在工程上通常仅关心流动空间中的液流运动状况,因此,在水力学中,除个别问题(如分析波浪运动)外,一般不采用拉格朗日法而采用着眼于流动空间中液体运动状况的描述方法,即欧拉法。

### 2)欧拉法

被运动液体质点连续地充满的空间称为**流场**。**欧拉法视液体为连续介质,以流场为研究对象,研究流场中各空间点上在不同时刻的不同液体质点的运动要素的空间分布及其随时间的变化规律。**欧拉法不直接追踪给定质点在某时刻的位置及其运动状况,因此不能求指定质点的运动轨迹。

欧拉法观测分析流场,可把流场中的任何一个运动要素表示为空间坐标和时间的函数,例如,在笛卡尔直角坐标系中,流场中各点的流速及压强的变化规律可表示为

$$\left.\begin{array}{l} u_x = u_x(x,y,z,t) \\ u_y = u_y(x,y,z,t) \\ u_z = u_z(x,y,z,t) \end{array}\right\} \tag{3.4}$$

$$p = p(x,y,z,t) \tag{3.5}$$

自变量 $x,y,z,t$ 统称为欧拉变量。若在式(3.4)和式(3.5)中,令 $x,y,z$ 为常数, $t$ 为变量,则可以求得某一固定空间点上,液体质点在不同时刻通过该空间上的流速和压强的变化规律;反之,若令 $t$ 为常数, $x,y,z$ 为变量,则可得同一时刻,液体质点在流场中各个不同的空间点上的流速及压强分布情况,即得流速场和压强场。

加速度是运动质点的速度对时间的变化率。在时间变化过程中,液体质点的空间位置是变化的,因此,质点通过流场中任意点时的加速度应是式(3.4)所表达的速度函数对时间的全导数。例如, $x$ 方向的加速度分量为

$$a_x = \frac{\mathrm{d}u_x}{\mathrm{d}t} = \frac{\partial u_x}{\partial t} + \frac{\partial u_x}{\partial x}\frac{\mathrm{d}x}{\mathrm{d}t} + \frac{\partial u_x}{\partial y}\frac{\mathrm{d}y}{\mathrm{d}t} + \frac{\partial u_x}{\partial z}\frac{\mathrm{d}z}{\mathrm{d}t}$$

式中, $\mathrm{d}x,\mathrm{d}y,\mathrm{d}z$ 为质点沿其轨迹的微小位移在 3 个坐标方向上的投影。因为

$$\frac{\mathrm{d}x}{\mathrm{d}t} = u_x, \quad \frac{\mathrm{d}y}{\mathrm{d}t} = u_y, \quad \frac{\mathrm{d}z}{\mathrm{d}t} = u_z$$

故
$$a_x = \frac{\mathrm{d}u_x}{\mathrm{d}t} = \frac{\partial u_x}{\partial t} + u_x\frac{\partial u_x}{\partial x} + u_y\frac{\partial u_x}{\partial y} + u_z\frac{\partial u_x}{\partial z}$$

同理
$$a_y = \frac{\mathrm{d}u_y}{\mathrm{d}t} = \frac{\partial u_y}{\partial t} + u_x\frac{\partial u_y}{\partial x} + u_y\frac{\partial u_y}{\partial y} + u_z\frac{\partial u_y}{\partial z}$$
$$\left.\begin{aligned}\end{aligned}\right\} \tag{3.6}$$
$$a_z = \frac{\mathrm{d}u_z}{\mathrm{d}t} = \frac{\partial u_z}{\partial t} + u_x\frac{\partial u_z}{\partial x} + u_y\frac{\partial u_z}{\partial y} + u_z\frac{\partial u_z}{\partial z}$$

式中右端第一项 $\frac{\partial u_x}{\partial t}$,$\frac{\partial u_y}{\partial t}$ 及 $\frac{\partial u_z}{\partial t}$ 称为**当地加速度**或**时变加速度**,表示某空间定点处液体质点速度随时间变化所相应的加速度;右端的后三项称为**迁移加速度**或**位变加速度**,表示在时间变化过程中该液体质点的空间位置变化所相应的加速度。根据欧拉法,液体质点的加速度由当地加速度和迁移加速度两部分组成。例如,如图 3.1(a)和图 3.1(b)所示,两相同水箱在侧壁开口,图 3.1(a)中接一根收缩出流管,图 3.1(b)中接一直径不变的出流管。

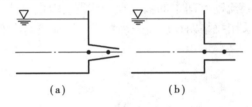

(a)　　　　　　　　　　　(b)

图 3.1

设图 3.1(a)中的水箱水位恒定不变,则管中任一空间点处的流速均不随时间而变化,即当地加速度均为零。但由于管径沿程变化,管道各截面不同,因此流速沿程变化,迁移加速度不为零,质点运动的加速度值等于迁移加速度的值。若图 3.1(a)中水箱水位随时间变化,则管中各点的时变加速度及位变加速度均不为零,各点的加速度值是这两种分加速度值之和。若图 3.1(b)的水位在时间变化过程中是变化的,则管中各空间点处的流速随时间变化,即当地加速度不为零,但由于管径不变,流速沿程不变,故迁移加速度为零,加速度值等于当地加速度值。若图 3.1(b)中的水箱水位恒定不变,则等直径管中各点的当地加速度及迁移加速度均为零,总的加速度值便为零。

## 3.2　欧拉法的几个基本概念

**1)流线与迹线**

**(1)流线**

流线是以欧拉法研究液体运动所提出的概念。在某一指定的瞬时,在流场中画出一条空间光滑曲线(不是质点运动的轨迹曲线),曲线上任一点在该瞬时的流速矢量都在该点处与曲线相切,这条曲线就称为该瞬时的一条**流线**。可见,流线表明了某时刻这条曲线上所有各点的流动方向,即流线为在流场中画出的一条表示同一瞬时不同质点的速度方向线。

流线的具体画法如下:设在某时刻 $t_1$,如图 3.2 所示在流场中任取一点 1,绘出在该时刻通过该点的液体质点的流速矢量 $\boldsymbol{u}_1$,再在该矢量上距点 1 很近的点 2,画出同一时刻通过该点处的液体质点的流速矢量 $\boldsymbol{u}_2$……如此继续下去,得一折线 1 2 3 4 5 6……,令折线上相邻各点的间距无限接近,其极限就是 $t_1$ 时刻流场中经过空间点 1 的一条流线。

在流场中可绘出一系列同一瞬时的通过其他点的流线,得到一簇流线,称为**流线簇**,如图 3.3 所示。流线簇反映了该瞬时整个流场的大致流动方向。不可压缩流体中,流线簇的疏密程度还反映了该时刻流场中各处速度大小的变化情况。流线密集的地方流速大,流线稀疏的地方流速小(在后面章节中再详述理由)。在流场中画出的流线簇图称为**流谱**。

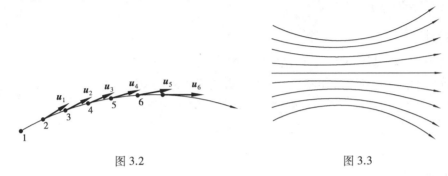

图 3.2　　　　　　　　　　　　　　　图 3.3

一般来说,流速矢量随时间的变化而变化,因此,通过流场中同一点在不同瞬时所画出的流线是不同的,即在另一时刻 $t_2$,可得到另一流线簇。在同一时刻,流场中两条流线通常不会相交,否则在相交点上会有两个不同方向的速度。但在下列三种情况下可出现流线相交的例外情况:①驻点(或称滞止点),驻点的流速为零,如图 3.4(a)、(b)所示绕流的 $A$ 点;②两流线的切点,如图 3.4(b)所示的 $B$ 点,液流绕过物体的上、下侧的两流线在 $B$ 点相切,流速相同;③速度奇点,即流速 $u \to \infty$ 的点,如图 3.4(c)所示源流的源点 $O$。

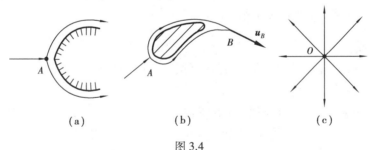

（a）　　　　　　　　　（b）　　　　　　　　　（c）

图 3.4

根据流线的定义,可写出流线微分方程。设 $\mathrm{d}s$ 为流线上一微元长度,$\boldsymbol{u}$ 为 $\mathrm{d}s$ 段起点处的流速,由于 $\mathrm{d}s$ 很小,可视为直线并与 $\boldsymbol{u}$ 重合,写为

$$\mathrm{d}\boldsymbol{s} \times \boldsymbol{u} = 0$$

写成解析表达式为

$$\begin{vmatrix} \boldsymbol{i} & \boldsymbol{j} & \boldsymbol{k} \\ \mathrm{d}x & \mathrm{d}y & \mathrm{d}z \\ u_x & u_y & u_z \end{vmatrix} = 0$$

式中,$\boldsymbol{i},\boldsymbol{j},\boldsymbol{k}$ 分别为 $x,y,z$ 方向的单位矢量。展开后可得到流线的微分方程为

$$\frac{\mathrm{d}x}{u_x} = \frac{\mathrm{d}y}{u_y} = \frac{\mathrm{d}z}{u_z} \tag{3.7}$$

流速分量 $u_x$, $u_y$ 及 $u_z$ 是时间 $t$ 及坐标 $x,y,z$ 的函数，$t$ 是时间参数。由积分式(3.7)可求得流线方程。

**(2)流线与迹线的区别**

流线与迹线是两个不同的概念。

**迹线**是以拉格朗日法描述液体运动时所提出的概念，是指液体质点在某一时段内流动所经过的轨迹线。而**流线**代表某一瞬时流场中一系列液体质点的流动方向线，两者不应混同。

**2)流管、元流、总流**

**(1)流管**

在流场中任取一封闭曲线 $L$，通过此封闭曲线上的每一点作某一瞬时的流线，由这些流线所构成的管状曲面称为**流管**，如图 3.5 所示。根据流线的定义，流管在流动中的作用好像是真正的管壁，在该时刻，液体只能在流管内部或沿流管表面流动，而不能穿越流管壁。一般情况下，不同瞬时通过同一封闭曲线所画出的流管形状及位置不同。

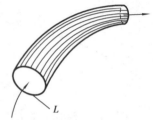

图 3.5

**(2)元流**

当封闭曲线 $L$ 所包围的面积无限小时，充满微小流管内的液流称为**元流**或**微小流束**。

**(3)总流**

当封闭曲线 $L$ 取在运动液体的边界上时，充满流管内的整股液流就称为**总流**。总流可视为流场中无数元流的总和。

**3)过水断面、流量、断面平均流速**

**(1)过水断面**

垂直于元流或总流流线的断面称为**过水断面**(对于气体流动，则称为**过流断面**)，即过水断面处处与流线相垂直。因此，过水断面不一定是平面，当流线相互平行时，过水断面是平面，如图 3.6 所示的 1-1 断面；但当流线不平行时，过水断面则为曲面，如图 3.6 所示的 2-2 断面。

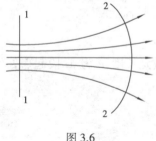

图 3.6

若元流的过水断面面积为 $dA$，则总流的过水断面面积

$$A = \int_A dA$$

由于元流的过水断面面积无限小，其上各点的运动要素，如压强、流速等，在同一时刻可以认为是相同的。而总流的过水断面上各点的运动要素一般是不相同的。过水断面面积的单位为 $cm^2$ 或 $m^2$。

**(2)流量**

**单位时间内通过过水断面的液体的数量，称为流量**。液体的数量如果以体积度量，称为**体积流量**，对于元流用 $dQ$ 表示，对于总流用 $Q$ 表示，单位为米$^3$/秒($m^3/s$)；液体的数量如果以质量度量，称为**质量流量**，元流的质量流量为 $\rho dQ$，总流的质量流量为 $\rho Q$，单位为 kg/s；液体的数量如果以重量度量，称为**重量流量**，元流的重量流量为 $\rho g dQ$，总流的重量流量为 $\rho g Q$，单位为 N/s。对于液体流动问题，工程上一般采用体积流量，简称流量，实验室中常采用重量流量；对于气体流动问题，则采用质量流量。

对于元流，由于过水断面面积 $dA$ 非常小，可以近似认为元流过水断面上各点的流速在同一时刻是相同的，因此，元流的流量为

$$dQ = u dA \tag{3.8a}$$

式中　$u$——点的流速。

总流的流量等于通过过水断面的所有元流流量之和

$$Q = \int_A u dA = \int_A dQ \tag{3.8b}$$

**（3）断面平均流速**

由于液体的黏性及液流边界的影响，总流过水断面上各点的流速是不相同的，即过水断面上流速分布不均匀，如图 3.7 所示的管道流动。

为了表示过水断面上流速分布的平均情况，可根据积分中值定理引入**断面平均流速 $v$** 计算式（3.8b）的积分

$$Q = \int_A u dA = A v$$

从而得断面平均流速的定义式

$$v = \frac{Q}{A} \tag{3.9}$$

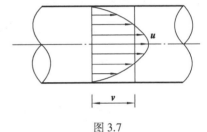

图 3.7

## 3.3　液体运动的分类

在水力学中，为了便于研究，从不同的角度考虑，对液体运动作不同的分类，分为恒定流与非恒定流；一元流、二元流与三元流；均匀流与非均匀流；有压流与无压流。

### 1）恒定流与非恒定流

液体的运动按其运动要素是否随时间变化而变化，可以分为恒定流与非恒定流两类。恒定流与非恒定流又称为定常流与非定常流。

**（1）恒定流**

**若流场中的所有空间点上的一切运动要素都不随时间改变，这种流动称为恒定流。** 如图 3.1 所示，当水箱水位恒定时，管道水流中各点的流速和压强等运动要素均不随时间变化，这种流动便属于恒定流。

恒定流中，一切运动要素仅仅是空间坐标 $x, y, z$ 的函数，而与时间 $t$ 无关，因而有

$$\frac{\partial u_x}{\partial t} = \frac{\partial u_y}{\partial t} = \frac{\partial u_z}{\partial t} = 0 \qquad (3.10)$$

即在恒定流中,当地加速度等于零,但迁移加速度可以不等于零。恒定流中各点的流速矢量也不随时间变化,流线与迹线重合。

(2)非恒定流

在非恒定流中,各空间点上的运动要素是时间变量 $t$ 的函数。如图 3.1(b)所示,当水箱中的水位逐步下降时,管中各点的流速随时间变化,这时的流动为**非恒定流**。在非恒定流中,当地加速度不为零,且流线的形状随时间变化,流线与迹线不重合。

在恒定流情况下,由于运动要素不随时间改变,欧拉变量中少了一个时间变量,因此,分析起来要比非恒定流简单。在实际工程中不少非恒定流问题的运动要素随时间变化非常缓慢,可在一定时间范围内将这种流动近似地作为恒定流进行研究。例如枯水期的河道水流,其水位变化缓慢,可视为恒定流。但是,对于处于洪峰期间的天然河流的水流运动,因其运动要素随时间的变化非常迅速,所以只能作为非恒定流的问题处理。另外,对于某些非恒定流还可以通过坐标变换的方式变为恒定流的问题进行研究,此处不再详述。

2)一元流动、二元流动和三元流动

从运动要素的变化与多少个空间坐标变量有关的角度考虑,液体的流动可分为一元(维)流动,二元(维)流动和三元(维)流动。

若液体的运动要素是 3 个空间坐标的函数,这种流动就称为**三元流动**;若是 2 个空间坐标(任意一种坐标系)的函数,就称为**二元流动**;若是一个空间坐标的函数,就称为**一元流动**。

一般液体的流动都是三元流动,例如,天然河道和弯管中的水流都属于三元流动。对于某些流动,可以通过适当选择坐标系而变为二元流动或一元流动,从而使问题的研究得到简化。例如,在非常宽阔的矩形断面渠道中的流动(见图 3.8),流场的中心区域(即两侧边界附近的区域除外)中平行于流动方向的各纵向剖面的流动状况基本相同,则可这样设 $Oxyz$ 坐标系:令 $z$ 坐标轴垂直于这些纵向剖面,于是液体的运动要素只与 $(x,y,t)$ 坐标有关,而与 $z$ 无

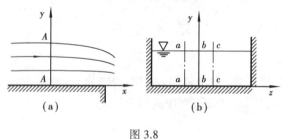

图 3.8

关,这种情况又称为平面流动。又如,圆管中的流动,若取管轴为 $x$ 坐标轴建立轴坐标系 $(x, r, \theta)$,则运动要素只与 $(x,r,t)$ 坐标有关,这种流动称为轴对称流动,如图 3.9 所示。

平面流动及轴对称流动均属二元流动,因为它们的运动要素都只与两个空间坐标 $(x,y)$ 或 $(x,r)$ 有关,而与第三个空间坐标 $(z$ 或 $\theta)$ 无关。对于元流,可沿元流的中心线建立一曲线坐标轴 $s$,则各运动要素只与坐标 $(s,t)$ 有关,即只与一个空间坐标 $s$ 有关,如图 3.10 所示,这样,便把流动处理为一元流动。

对于总流,如果所讨论的问题只涉及断面平均流速、流量等某些特定的问题,而不涉及各空间点的流速时,也可以通过适当选择坐标系把流动处理为一元流动。本书中所讨论的工程

实际中的水力计算问题都采用一元流动的方法。

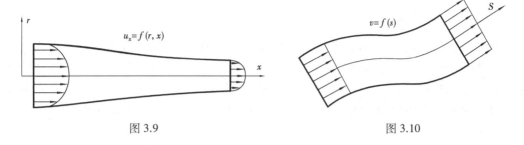

图 3.9　　　　　　　　　　　　　　　　图 3.10

### 3)均匀流与非均匀流,渐变流与急变流

在水力学中,通常根据流线形状及过水断面上的流速分布是否沿程变化将流体运动分为均匀流与非均匀流两种。

**(1)均匀流**

流场中所有流线是平行直线,同一流线上各点流速大小相等方向相同,各过水断面上流速分布相同的流动称为**均匀流**(见图 3.11(a))。例如,等直径长管中的流动(进口段除外)、顺直长渠水深不变的恒定流动属于均匀流。

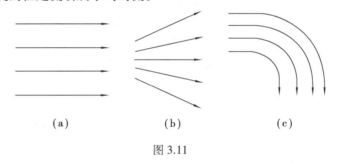

(a)　　　　　　　(b)　　　　　　　(c)

图 3.11

**(2)非均匀流**

流场中各流线不平行或者虽然平行但不是直线,这样的流动称为**非均匀流**。非均匀流各过水断面上的流速分布不相同。例如,液体在收缩管或扩散管中的流动(见图 3.11(b)),液体在断面形状或大小变化的渠道中的流动、弯道中的流动(见图 3.11(c))等都是非均匀流。

均匀流与非均匀流、恒定流与非恒定流是从不同的角度来划分的。同时根据这两种不同角度去考虑,液体的流动便有恒定均匀流、恒定非均匀流、非恒定均匀流及非恒定非均匀流4 种。

非均匀流中根据流线变化的急剧程度,又分为渐变流和急变流。渐变流的流线曲率很小或者流线间的夹角很小,流线近似为平行直线;急变流的流线明显不平行或曲率很大。例如,如图 3.12 所示溢洪坝上的水流是非均匀流动,在过水断面 2-2 到断面 3-3 之间的流动流线急剧变化,是急变流;从过水断面 1-1 到2-2 以及从过水断面 3-3 到 4-4 之间水流的流线平缓,

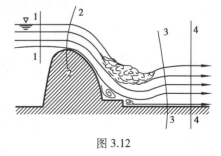

图 3.12

近似为平行直线,这种流动称为渐变流。

#### 4)有压流和无压流

按照液体流动时是否具有**自由液面**(指液面为大气压,其相对压强为零),可将流动分为**有压流和无压流**。例如,管道内的液体流动,当液体充满整个管道断面,整个管壁都受到液体的压力作用,这样的流动为有压流;天然河道或人工渠道中的流动以及排水管中的流动为无压流,无压流具有自由液面,液面上为大气压强($p_0=0$)。无压流又称为**明渠流**。

## 3.4　液体恒定一元流动的连续性方程

连续性方程是水力学的一个基本方程。方程的实质是液体运动的质量守恒定律。本节讨论一元恒定流,建立液体一元流动的连续性方程。

#### 1)恒定元流的连续性方程

在恒定元流中取过水断面 1-1 至 2-2 的流动空间(称为控制体)(见图 3.13)来讨论。设进口

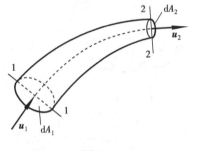

图 3.13

过水断面 1-1 的面积为 $dA_1$,中心点流速为 $u_1$,出口过水断面 2-2 的面积为 $dA_2$,中心点流速为 $u_2$,由于:①在恒定流条件下,元流的形状和位置不随时间改变,从而控制体的形状及位置也不随时间而变;②不可能有液体经元流的侧面流进或流出;③液体是连续介质,元流内部不存在空隙;④元流的过水断面极小,因此,可以认为过水断面上各点流速相等。根据质量守恒定律,单位时间内流进 $dA_1$ 的液体质量等于流出 $dA_2$ 的液体质量,即

$$\rho_1 u_1 dA_1 = \rho_2 u_2 dA_2 = 常数 \tag{3.11}$$

对于不可压缩均质液体,$\rho_1=\rho_2=$ 常数。考虑到式(3.7),则有

$$u_1 dA_1 = u_2 dA_2 = dQ = 常数 \tag{3.12}$$

或

$$dQ_1 = dQ_2 = dQ \tag{3.13}$$

式(3.12)和式(3.13)即为**恒定元流的连续性方程**。式(3.12)表明:对于不可压缩液体,恒定元流流速的大小与其过水断面面积成反比。由此,可以解释 3.2 节中流线疏密与流速的关系,即流线密集的地方流速大,流线稀疏的地方流速小。式(3.13)还表明:通过恒定元流的任一过水断面的流量相等,或流入控制体的流量等于流出控制体的流量。

#### 2)恒定总流的连续性方程

总流是流场中所有元流的总和,因此将元流的连续性方程在总流过水断面上积分便可得总流的连续性方程

$$\int_A dQ = \int_{A_1} u_1 dA_1 = \int_{A_2} u_2 dA_2 = Q$$

考虑到式(3.9),则上式可写为

$$v_1 A_1 = v_2 A_2 = Q = 常数 \tag{3.14}$$

或
$$Q_1 = Q_2 = Q \tag{3.15}$$

式(3.14)或式(3.15)即为**恒定总流的连续性方程**。式(3.14)表明:对于不可压缩液体的恒定总流,任意两过水断面的平均流速与过水断面面积成反比。式(3.15)说明:通过恒定总流的任一过水断面的流量相等。

在建立连续性方程之时,未涉及作用力,因此,连续性方程是运动学方程,无论对于理想液体或者实际液体都是适用的。

上述连续性方程对于有压管流,即使是非恒定流,对于同一时刻的两过水断面仍然适用。当然,非恒定有压管流中的流速和流量要随时间而变。

### 3)有分流和汇流时总流的连续性方程

式(3.14)和式(3.15)的连续性方程只适用于一股总流。若沿程有分流,如图 3.14 所示,则控制体选在分流之前的过水断面 1-1 到分流之后的过水断面 2-2 及 3-3 之间,根据质量守恒定律,流入控制体的流量应等于流出控制体的流量,即

$$Q_1 = Q_2 + Q_3 \tag{3.16}$$

请读者自己思考,当有汇流时,如图 3.15 所示,控制体该如何选取,总流的连续性方程该如何建立。

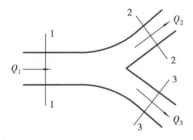

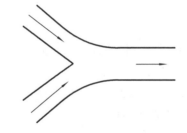

图 3.14　　　　　　　　　　　　　　　　　　图 3.15

**例 3.1**　如图 3.16 所示,一段三通管中恒定有压水流,各管段均为变直径管道。已知:过水断面 1-1,2-2,3-3 和 4-4 处的管径分别为 $d_1, d_2, d_3$ 和 $d_4$,过水断面 1-1 和 4-4 的断面平均流速分别为 $v_1$ 和 $v_4$。求通过过水断面 3-3 和 4-4 的流量 $Q_3$ 和 $Q_4$ 以及断面 2-2 和 3-3 的断面平均流速 $v_2$ 和 $v_3$。

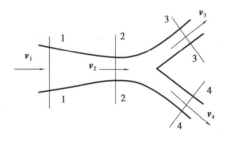

图 3.16

**解**　由于过水断面 1-1 及 4-4 的直径及断面平均流速为已知量,则可计算两断面所通过的流量

$$Q_1 = v_1 A_1 = v_1 \cdot \frac{\pi d_1^2}{4}$$

$$Q_4 = v_4 A_4 = v_4 \cdot \frac{\pi d_4^2}{4}$$

取过水断面 1-1 到 3-3 和 4-4 之间的流动空间为控制体,则根据连续性方程有

$$Q_1 = Q_3 + Q_4$$

因此

$$Q_3 = Q_1 - Q_4 = v_1 \cdot \frac{\pi d_1^2}{4} - v_4 \cdot \frac{\pi d_4^2}{4} = \frac{\pi}{4}(v_1 d_1^2 - v_4 d_4^2)$$

于是,过水断面 3-3 的断面平均流速为

$$v_3 = \frac{Q_3}{A_3} = \frac{4Q_3}{\pi d_3^2}$$

将 $Q_3$ 值代入得

$$v_3 = \frac{v_1 d_1^2 - v_4 d_4^2}{d_3^2}$$

又以过水断面 1-1 到 2-2 之间的流动空间为控制体,则有

$$Q_1 = Q_2$$

得 2-2 断面的断面平均流速为

$$v_2 = \frac{Q_2}{\frac{1}{4}\pi d_2^2} = \frac{Q_1}{\frac{1}{4}\pi d_2^2} = v_1 \frac{d_1^2}{d_2^2}$$

## 3.5　连续性微分方程

本节将质量守恒原理应用于流场中任一微元空间,讨论液体三元流动的连续性方程。此方程比上节所述的一元连续性方程更具普遍性,对恒定流或非恒定流都适用。

假定流体连续地充满着整个流场,从中任取出以 $O'(x,y,z)$ 点为中心的微小六面体空间作为控制体(见图 3.17)。

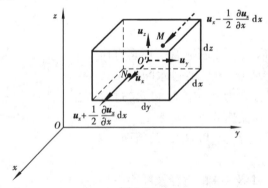

图 3.17

控制体的边长为 $dx, dy, dz$,分别平行于直角坐标轴 $x, y, z$。设控制体中心点 $O'$ 处流速的 3 个分量为 $u_x, u_y, u_z$,液体密度为 $\rho$。将各流速分量按泰勒级数展开,并略去高阶微量,可得到该时刻通过控制体 6 个表面中心点的液体质点的运动速度。例如,$u_x$ 与 $x$ 轴方向相同,通过控制体后表面中心点 $M$ 的质点在 $x$ 方向分速度的大小为

$$u_x - \frac{1}{2}\frac{\partial u_x}{\partial x}dx$$

通过控制体前表面中心点 $N$ 的质点在 $x$ 方向分速度的大小为

$$u_x + \frac{1}{2}\frac{\partial u_x}{\partial x}\mathrm{d}x$$

因所取控制体无限小，可认为在其各表面上的流速均匀分布，所以，单位时间内沿 $x$ 轴方向流入控制体的质量为

$$\left[\rho u_x - \frac{1}{2}\frac{\partial(\rho u_x)}{\partial x}\mathrm{d}x\right]\mathrm{d}y\mathrm{d}z$$

流出控制体的质量为

$$\left[\rho u_x + \frac{1}{2}\frac{\partial(\rho u_x)}{\partial x}\mathrm{d}x\right]\mathrm{d}y\mathrm{d}z$$

于是，单位时间内在 $x$ 方向流出与流入控制体的质量差为

$$\left[\rho u_x + \frac{1}{2}\frac{\partial(\rho u_x)}{\partial x}\mathrm{d}x\right]\mathrm{d}y\mathrm{d}z - \left[\rho u_x - \frac{1}{2}\frac{\partial(\rho u_x)}{\partial x}\mathrm{d}x\right]\mathrm{d}y\mathrm{d}z = \frac{\partial(\rho u_x)}{\partial t}\mathrm{d}x\mathrm{d}y\mathrm{d}z$$

同理，在单位时间内沿 $y$ 和 $z$ 方向流出和流入控制体的质量差为

$$\frac{\partial(\rho u_y)}{\partial y}\mathrm{d}x\mathrm{d}y\mathrm{d}z \qquad \text{和} \frac{\partial(\rho u_z)}{\partial z}\mathrm{d}x\mathrm{d}y\mathrm{d}z$$

由连续介质假设，并根据质量守恒原理知：单位时间内流出与流入控制体的液体质量差的总和应等于控制体内在单位时间内因密度随时间的改变而引起的质量变化。控制体的体积 $\mathrm{d}x\mathrm{d}y\mathrm{d}z$ 为取定的值，所以

$$\left[\frac{\partial(\rho u_x)}{\partial x} + \frac{\partial(\rho u_y)}{\partial y} + \frac{\partial(\rho u_z)}{\partial z}\right]\mathrm{d}x\mathrm{d}y\mathrm{d}z = -\frac{\partial}{\partial t}(\rho\mathrm{d}x\mathrm{d}y\mathrm{d}z) = -\frac{\partial\rho}{\partial t}\mathrm{d}x\mathrm{d}y\mathrm{d}z$$

整理得

$$\frac{\partial\rho}{\partial t} + \frac{\partial(\rho u_x)}{\partial x} + \frac{\partial(\rho u_y)}{\partial y} + \frac{\partial(\rho u_z)}{\partial z} = 0 \tag{3.17}$$

式（3.17）即为**连续性微分方程**的一般形式。

对于恒定流：$\frac{\partial\rho}{\partial t}=0$，式（3.17）成为

$$\frac{\partial(\rho u_x)}{\partial x} + \frac{\partial(\rho u_y)}{\partial y} + \frac{\partial(\rho u_z)}{\partial z} = 0 \tag{3.18}$$

对于均质不可压缩的液体，$\rho\equiv$ 常数，则不论恒定流或非恒定流，均有

$$\frac{\partial u_x}{\partial x} + \frac{\partial u_y}{\partial y} + \frac{\partial u_z}{\partial z} = 0 \tag{3.19}$$

这就是**均质不可压缩液体运动的连续性微分方程**，方程中没有涉及液体运动时所受的力，仅给出了通过一固定空间点液体的 3 个流速分量的关系，因此是运动学方程。该方程表明：对于不可压缩的液体，单位时间单位体积空间内流入与流出的液体体积之差为零，即液体体积守恒。

式（3.17）、式（3.18）及式（3.19）对于理想液体或实际液体都适用。

对于二元流动，例如平面流动，因为 $\frac{\partial u_z}{\partial z}=0$，所以，连续性微分方程为

$$\frac{\partial u_x}{\partial x} + \frac{\partial u_y}{\partial y} = 0$$

## 3.6　理想液体的运动微分方程(欧拉运动微分方程)

本节从动力学的观点讨论理想液体的作用力与运动变化的关系,建立理想液体的运动微分方程,该方程的实质是理想液体三元流动的牛顿第二定律表达式。

设在运动的理想液体中任取一个以 $O'(x', y', z')$ 点为中心的微小六面体所包围的液体微团,其边长分别为 $dx, dy, dz$,且分别平行于坐标轴 $x, y, z$(见图 3.18)。

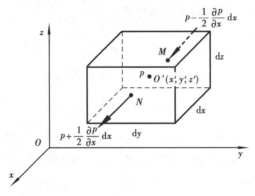

图 3.18

首先对液体微团进行受力分析:如在绪论中所述,作用在液体微团上的力有表面力和质量力两种。由于讨论理想液体,即不考虑黏性,因此,液体微团的表面上不存在切应力,而只有动水压强,它是空间坐标与时间变量的单值可微函数,设 $O'$ 点的动水压强为 $p(x, y, z, t)$,将其按泰勒级数展开,并略去高阶微量,可得液体微团各个侧面中心点的压强(图 3.18 中只标出六面体后表面与前表面中心 $M, N$ 两点的压强);作用于液体微团上沿坐标轴 $x, y, z$ 3 个方向的单位质量力分别为 $f_x, f_y, f_z$,总质量力的 3 个分量的大小分别为 $f_x \rho \, dxdydz, f_y \rho \, dxdydz,$ $f_z \rho \, dxdydz$;设 $O'(x', y', z')$ 点的流速分量为 $u_x, u_y, u_z$,根据牛顿第二定律,作用于液体微团上的外力在某轴上投影的代数和等于该液体微团的质量乘以加速度在该轴方向的投影。于是,在 $x$ 方向上有

$$\left(p - \frac{1}{2}\frac{\partial p}{\partial x}dx\right) dydz - \left(p + \frac{1}{2}\frac{\partial p}{\partial x}dx\right) dydz + f_x \rho dxdydz = \rho dxdydz\frac{du_x}{dt}$$

等式两端同除以 $\rho \, dxdydz$,整理得

$$f_x - \frac{1}{\rho}\frac{\partial p}{\partial x} = \frac{du_x}{dt}$$

同理可得

$$\left.\begin{aligned} f_y - \frac{1}{\rho}\frac{\partial p}{\partial y} &= \frac{du_y}{dt} \\ f_z - \frac{1}{\rho}\frac{\partial p}{\partial z} &= \frac{du_z}{dt} \end{aligned}\right\}$$

(3.20)

式(3.20)右端加速度项应同时包括当地加速度和迁移加速度,因此又可写为

$$
\left.\begin{array}{l}
f_x - \dfrac{1}{\rho}\dfrac{\partial p}{\partial x} = \dfrac{\partial u_x}{\partial t} + u_x\dfrac{\partial u_x}{\partial x} + u_y\dfrac{\partial u_x}{\partial y} + u_z\dfrac{\partial u_x}{\partial z} \\[2mm]
f_y - \dfrac{1}{\rho}\dfrac{\partial p}{\partial y} = \dfrac{\partial u_y}{\partial t} + u_x\dfrac{\partial u_y}{\partial x} + u_y\dfrac{\partial u_y}{\partial y} + u_z\dfrac{\partial u_y}{\partial z} \\[2mm]
f_z - \dfrac{1}{\rho}\dfrac{\partial p}{\partial z} = \dfrac{\partial u_z}{\partial t} + u_x\dfrac{\partial u_z}{\partial x} + u_y\dfrac{\partial u_z}{\partial y} + u_z\dfrac{\partial u_z}{\partial z}
\end{array}\right\} \tag{3.21}
$$

式(3.20)和式(3.21)均称为**理想液体的运动微分方程**,又称为**欧拉运动微分方程**。该方程对于恒定流与非恒定流,不可压缩流体或可压缩流体均适用。当液体平衡时,$\dfrac{\mathrm{d}u_x}{\mathrm{d}t} = \dfrac{\mathrm{d}u_y}{\mathrm{d}t} = \dfrac{\mathrm{d}u_z}{\mathrm{d}t} = 0$,则得欧拉平衡微分方程(式3.10)。欧拉运动微分方程中,有 $p,u_x,u_y$ 和 $u_z$ 四个未知量,如与连续性微分方程联用,便可以求解。由于方程组是非线性偏微分方程组,并且,由于流动的初始条件及边界条件通常很复杂,因此,目前仅能在某些特定情况下求出特解。

## 3.7　重力作用下理想液体元流的伯诺里方程

欧拉运动微分方程只能在满足某些特定条件的情况下才能求得其解。这些特定条件为:
①恒定流,此时

$$\frac{\partial u_x}{\partial t} = \frac{\partial u_y}{\partial t} = \frac{\partial u_z}{\partial t} = \frac{\partial p}{\partial t} = 0$$

故

$$\frac{\partial p}{\partial x}\mathrm{d}x + \frac{\partial p}{\partial y}\mathrm{d}y + \frac{\partial p}{\partial z}\mathrm{d}z = \mathrm{d}p$$

②液体是均质不可压缩的,即 $\rho =$ 常数。
③质量力有势,即质量力的力场是保守力场,设 $W(x,y,z)$ 为质量力势函数,则

$$f_x = \frac{\partial W}{\partial x}, \; f_y = \frac{\partial W}{\partial y}, \; f_z = \frac{\partial W}{\partial z}$$

对于恒定的有势质量力

$$f_x\mathrm{d}x + f_y\mathrm{d}y + f_z\mathrm{d}z = \frac{\partial W}{\partial x}\mathrm{d}x + \frac{\partial W}{\partial y}\mathrm{d}y + \frac{\partial W}{\partial z}\mathrm{d}z = \mathrm{d}W$$

④沿流线积分。
在恒定流条件下沿流线积分也就是沿迹线积分,沿流线(也即迹线)取微小位移 $\mathrm{d}s(\mathrm{d}x,\mathrm{d}y,\mathrm{d}z)$,则有

$$\frac{\mathrm{d}x}{\mathrm{d}t} = u_x, \; \frac{\mathrm{d}y}{\mathrm{d}t} = u_y, \; \frac{\mathrm{d}z}{\mathrm{d}t} = u_z$$

上述积分条件称为**伯诺里积分条件**。以在流线上所取的 $\mathrm{d}s$ 的 3 个分量 $\mathrm{d}x,\mathrm{d}y,\mathrm{d}z$ 分别乘欧拉运动微分方程(3.20)的 3 式,然后将 3 式相加得

$$(f_x\mathrm{d}x + f_y\mathrm{d}y + f_z\mathrm{d}z) - \frac{1}{\rho}\left(\frac{\partial p}{\partial x}\mathrm{d}x + \frac{\partial p}{\partial y}\mathrm{d}y + \frac{\partial p}{\partial z}\mathrm{d}z\right) = \frac{\mathrm{d}u_x}{\mathrm{d}t}\mathrm{d}x + \frac{\mathrm{d}u_y}{\mathrm{d}t}\mathrm{d}y + \frac{\mathrm{d}u_z}{\mathrm{d}t}\mathrm{d}z$$

利用上述 4 个积分条件得

$$dW - \frac{1}{\rho}dp = u_x du_x + u_y du_y + u_z du_z = \frac{1}{2}d(u_x^2 + u_y^2 + u_z^2) = d\left(\frac{u^2}{2}\right)$$

因 $\rho$ 为常数,故上式可以写为

$$d\left(W - \frac{p}{\rho} - \frac{u^2}{2}\right) = 0$$

积分得

$$W - \frac{p}{\rho} - \frac{u^2}{2} = 常数 \tag{3.22}$$

式(3.22)即为**欧拉运动微分方程的伯诺里积分**,它表明:对于不可压缩的理想液体,在有势质量力作用下作恒定流时,在同一条流线上 $W - \frac{p}{\rho} - \frac{u^2}{2}$ 值保持不变。该常数值称为伯诺里积分常数。对不同的流线,伯诺里积分常数一般不相同。

### 1)重力作用下理想液体元流的伯诺里方程

当元流的过水断面面积 $dA \to 0$ 时,元流便是流线,因此式(3.22)也适用于元流。

若作用在理想液体上的质量力只有重力,设 $z$ 轴铅垂向上,则有

$$W = -gz$$

将它代入式(3.22)得

$$gz + \frac{p}{\rho} + \frac{u^2}{2} = 常数 \tag{3.23}$$

将各项同时除以 $g$,则有

$$z + \frac{p}{\rho g} + \frac{u^2}{2g} = 常数 \tag{3.24}$$

对元流任意两断面的中心点或一条流线上的任意两点 1 与 2,式(3.24)可改写为

$$z_1 + \frac{p_1}{\rho g} + \frac{u_1^2}{2g} = z_2 + \frac{p_2}{\rho g} + \frac{u_2^2}{2g} \tag{3.25}$$

式(3.24)或式(3.25)即为**理想液体元流或流线的伯诺里方程**(又称为**能量方程**)。该方程反映了重力场中理想液体元流作恒定流动时,其位置标高 $z$、动水压强 $p$ 与流速 $u$ 之间的关系,该方程是水力学的核心。

### 2)理想液体元流伯诺里方程中各项的物理意义与几何意义

#### (1)物理意义

① $z$

在水静力学中已知: $z$ 是单位重量液体相对于某基准面(即 $z = 0$ 的水平面)的位能,称为**位置水头**。在伯诺里方程中, $z$ 具有同样的意义。

② $\dfrac{p}{\rho g}$

$\dfrac{p}{\rho g}$ 是单位重量液体的压能(压强势能),称为**压强水头**。当 $p$ 为相对压强时, $\dfrac{p}{\rho g}$ 是单位重量液体相对于大气压强(认为该值的压能为零)的压能;当 $p$ 为绝对压强时, $\dfrac{p}{\rho g}$ 是单位重量液体相对于绝对真空(认为该值的压能为零)的压能。

③ $\dfrac{u^2}{2g}$

$\dfrac{u^2}{2g}$ 可以改写为: $\dfrac{Mu^2}{2Mg}=\dfrac{\frac{1}{2}Mu^2}{Mg}$ ,可见,它表示了单位重量液体的动能,称为**流速水头**。

④ $z+\dfrac{p}{\rho g}$

$z+\dfrac{p}{\rho g}=H_{\mathrm{p}}$ 是单位重量液体相对于某基准面的势能,称为**测压管水头**,即重力势能与压强势能之和;而 $z+\dfrac{p}{\rho g}+\dfrac{u^2}{2g}=H$ 是单位重量液体的总机械能,称为**总水头**。

由以上讨论可知,理想液体元流的伯诺里方程(3.24)或(3.25)的物理意义为:对于同一元流(或同一流线)的恒定流液体,任一断面的总水头相等,或者说单位重量液体的总机械能守恒。伯诺里方程体现了能量守恒原理及其转化规律,因此又称为**能量方程**。

(2)**几何意义**

理想液体元流的伯诺里方程中的各项都具有长度的量纲,分别表示某种不同的高度。

①位置水头

位置水头 $z$ 表示元流过水断面上某点相对于某基准面的位置高度。其量纲为: $\dim z=L$ 。

②压强水头

当 $p$ 为相对压强时,压强水头表示测压管中液柱液面相对于测点的位置高度,压强水头的量纲为

$$\dim \frac{p}{\rho g}=\frac{ML^{-1}T^{-2}}{ML^{-2}T^{-2}}=L$$

③流速水头

流速水头 $\dfrac{u^2}{2g}$ 表示测速管液面相对于测压管液面的高度。流速水头的量纲为

$$\dim \frac{u^2}{2g}=\frac{(LT^{-1})^2}{LT^{-2}}=L$$

式(3.24)说明理想液体的三种形式的水头在流动过程中可以互相转化,但总水头沿流程守恒。可以用如图 3.19 所示表示三种水头沿流程变化的情况。

取一段元流,在元流的各个过水断面上设置测压管,并测定各个断面流速。如图 3.19 所示表示一段元流,若采用相对压强,并任选一水平面 0-0 作为基准面,元流中心线上各点到 0-0 线的竖向距离则为该点的位置水头。若在元流的各个过水断面上设置测压管,测压管水面上

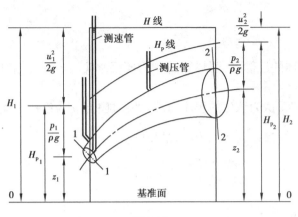

图 3.19

升高度为 $\dfrac{p}{\rho g}$，元流各个过水断面上的测压管水头为 $z+\dfrac{p}{\rho g}$，以 $H_p$ 表示。画出各个断面的测压管水面的连线，该曲线称为**测压管水头线**（$H_p$ 线）。用测速管（测速管的概念将在后面讨论）可测得各断面的流速水头，测速管液面比测压管液面高 $\dfrac{u^2}{2g}$。连接各过水断面的测速管液面的连线称为**总水头线**（$H$ 线），总水头线与测压管水头线之差 $\dfrac{u^2}{2g}$ 称为**流速水头**。

如图 3.19 所示的 3 条线，即元流中心线、$H_p$ 线及 $H$ 线分别表示了元流位能、势能及总机械能沿程变化的情况。由于理想液体元流的总水头守恒，因此总水头线必为水平线。但流速水头与测压管水头沿程可以互相转化，因此测压管水头线沿程可升可降。由于 $H_p = H - \dfrac{u^2}{2g}$，故元流断面减小流速增大的流段，其 $H_p$ 线向下降，而断面增大流速减小的流段，$H_p$ 线向上倾斜，等流速段的 $H_p$ 线则与 $H$ 线相平行。水头线图形象地描绘出这 3 种水头沿程相互转换的情况，很有实用价值。

### 3）毕托管（测速管）

**毕托管**是一种测定液流或气流空间点流速的一种仪器，由测压管和测速管组合制成。

如图 3.20 所示，若要测定管流中运动液体某点的流速 $u$，可在运动液流中放置一根测速管。**测速管**是两端开口弯成直角的细管，一端置于测点 $B$ 处，并正对液流，另一端垂直向上。当液流流向 $B$ 点时，受到测速管的阻滞而被迫分流，在 $B$ 点处液体运动质点的流速为零，$B$ 点称为液流的**滞止点**或**驻点**，在滞止点处液流的动能全部转化成压能，测速管中液面升高为 $\dfrac{p'}{\rho g}$。为测出 $B$ 点的流速，在与 $B$ 同一水平线上并相距 $B$ 点很近的上游方找一未受到测速管影响的 $A$ 点，$A$ 点的流速为 $u$。为避免测压管对流场的干扰，在与 $A$ 点同一过水断面的管壁上接一测压管，由测压管

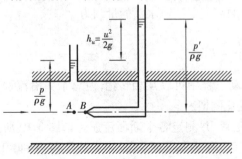

图 3.20

测出 $A$ 点的测压管液柱高度 $\dfrac{p}{\rho g}$。取 $AB$ 连线所在平面作为基准面,应用理想液体恒定流沿流线的伯诺里方程于 $A,B$ 两点,则有

$$\frac{p}{\rho g} + \frac{u^2}{2g} = \frac{p'}{\rho g} + 0$$

得

$$\frac{u^2}{2g} = \frac{p'}{\rho g} - \frac{p}{\rho g} = h_u \tag{3.26}$$

由此证实了流速水头的几何意义是:流速水头的大小等于测速管与测压管的液面高差 $h_u$。

由式(3.26)可得

$$u = \sqrt{2g\frac{p'-p}{\rho g}} = \sqrt{2gh_u} \tag{3.27}$$

毕托管就是利用以上原理,将测速管和测压管组合起来制成的广泛用于测定点流速的一种仪器,毕托管的构造形式之一如图 3.21 所示。管 $a$ 端迎流孔一直通向 $a'$,该管为测速管,侧面有 4~8 个顺流孔 $b$,连通 $b'$,是测压管,两管组合在一起,如果在 $a'b'$ 两管分别接通压差计,即可测定 $ab$ 两处的压差,并采用式(3.27)求得流速。

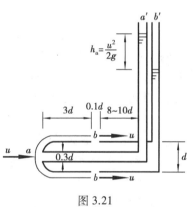

图 3.21

对于实际液体应用式(3.27)时,考虑到液体黏性对液体运动的阻滞作用,以及毕托管放入流场后对流动的干扰,应使用修正系数 $\varphi$,对该式的计算结果加以修正。一般,$\varphi < 1$,即

$$u = \varphi\sqrt{2g\frac{p'-p}{\rho g}} = \varphi\sqrt{2gh_u} \tag{3.28}$$

式中,$\varphi$ 为**流速系数**,其值一般由试验率定。

**例 3.2** 如图 3.22 所示表示利用毕托管测量管流断面上 $A$ 点的流速,采用盛有 $CCl_4$ 的压差计连接测压管及测速管,已知 $CCl_4$ 的密度为 1 600 $kg/m^3$,今测得 $h' = 80$ mm,求:①管中为水流时 $A$ 点的流速 $u_A$;②如管中液体为油,其密度 $\rho_{油} = 800$ $kg/m^3$,而读数 $h'$ 不变,求 $A$ 点的流速 $u_A'$。

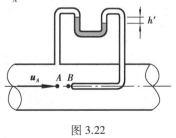

图 3.22

**解** 取测速管进口点为 $B$ 点,紧靠 $B$ 点上游方的一点为 $A$ 点,以 $A,B$ 线为基准线,沿 $AB$ 流线写出理想流体恒定流的伯诺里方程为

$$0 + \frac{p_A}{\rho g} + \frac{u_A^2}{2g} = 0 + \frac{p_B}{\rho g} + 0$$

因此

$$\frac{u_A^2}{2g} = \frac{p_B - p_A}{\rho g}$$

可以认为压差计直接与测点相连,利用压差计的公式

$$\left(z_B + \frac{p_B}{\rho g}\right) - \left(z_A + \frac{p_A}{\rho g}\right) = \frac{\rho' - \rho}{\rho}\Delta h$$

因此

$$\frac{p_B - p_A}{\rho g} = \frac{\rho' - \rho}{\rho}\Delta h$$

该式中的 $\rho'$ 指压差计内液体的容重,$\rho$ 指所测液体的容重,$\Delta h$ 即为本例中的 $h'$。

①当管中为水流时,$\rho_水 = 1\ 000\ \text{kg/m}^3$ 代入上式得

$$\frac{u_A^2}{2g} = \frac{1\ 600 - 1\ 000}{1\ 000} \times 0.08$$

因此

$$u_A = \sqrt{2 \times 9.8 \times 0.6 \times 0.08} = 0.97(\text{m/s})$$

②当管中为油时,$\rho_油 = 800\ \text{kg/m}^3$,故有

$$\frac{u_A^2}{2g} = \frac{1\ 600 - 800}{800} \times 0.08$$

因此

$$u_A' = \sqrt{2 \times 9.8 \times 1.0 \times 0.08} = 1.25(\text{m/s})$$

**例** 3.3　如图 3.23 所示宽矩形明渠,在同一过水断面上有 $A,B$ 两点,用图示的两个毕托管测流速,压差计中为油,其密度 $\rho_0 = 800\ \text{kg/m}^3$,试计算 $A,B$ 两点的流速 $u_A$ 和 $u_B$ 的大小。

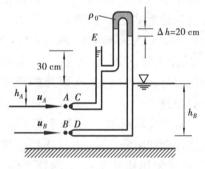

图 3.23

**解**　为测定 $A,B$ 两点的流速,选择 $A,B$ 下游方向上与 $A,B$ 两点相距很近,且分别靠近测压管及测速管前的滞止点 $C,D$ 两点。首先计算 $A$ 点的流速。明渠水面线即为测压管水头线。以 $AC$ 为基准线沿 $AC$ 流线写伯诺里方程:

$$h_A = \frac{p_A}{\rho g}$$

$$0 + \frac{p_A}{\rho g} + \frac{u_A^2}{2g} = 0 + \frac{p_C}{\rho g} + 0$$

$$\frac{u_A^2}{2g} = \frac{p_C - p_A}{\rho g} = 0.3 \tag{a}$$

故

$$u_A = \sqrt{2 \times 9.8\ \text{m/s}^2 \times 0.3\ \text{m}} = 2.4\ \text{m/s}$$

又以 $BD$ 流线为基准线,沿 $BD$ 流线写伯诺里方程:

$$0 + \frac{p_B}{\rho g} + \frac{u_B^2}{2g} = 0 + \frac{p_D}{\rho g}$$

$$\frac{u_B^2}{2g} = \frac{p_D - p_B}{\rho g} = \frac{p_D}{\rho g} - h_B \tag{b}$$

根据压差计的公式

$$\left(z_D + \frac{p_D}{\rho g}\right) - \left(z_E + \frac{p_E}{\rho g}\right) = \frac{\rho_0 - \rho}{\rho}\Delta h \tag{c}$$

$$z_D = 0, \quad z_E = h_B + 0.3 \tag{d}$$

采用相对压强,则 $p_E = 0$,可得

$$\frac{p_D}{\rho g} = z_E + \frac{\rho_0 - \rho}{\rho} \Delta h \tag{e}$$

故

$$\frac{u_B^2}{2g} = z_E + \frac{\rho_0 - \rho}{\rho} \Delta h - h_B = 0.3 + \frac{\rho_0 - \rho}{\rho} \Delta h \tag{f}$$

此时 $\Delta h = 0.2$ m,代入可得

$$\frac{u_B^2}{2g} = 0.3 \text{ m} + \frac{\rho_0 - \rho}{\rho} \times 0.2 \text{ m} = 0.3 \text{ m} + \frac{800 \text{ kg/m}^3 - 1\,000 \text{ kg/m}^3}{1\,000 \text{ kg/m}^3} \times 0.2 \text{ m} = 0.26 \text{ m}$$

$$u_B = \sqrt{2 \times 9.8 \text{ m/s}^2 \times 0.26 \text{ m}} = 2.26 \text{ m/s}$$

## 3.8　实际液体元流的伯诺里方程,总水头线, 测压管水头线及其坡度

### 1)实际液体元流的伯诺里方程

实际液体都具有黏滞性,流动过程中,液体质点之间的内摩擦阻力做功而消耗部分机械能,使之转化为热能耗散掉,因此液流的机械能沿程减小。设 $h_w'$ 为元流中单位重量液体流经过水断面 1-1 到过水断面 2-2 的机械能损失,称为元流的**水头损失**。根据能量守恒原理,可以写出实际液体元流的伯诺里方程为

$$z_1 + \frac{p_1}{\rho g} + \frac{u_1^2}{2g} = z_2 + \frac{p_2}{\rho g} + \frac{u_2^2}{2g} + h_w' \tag{3.29}$$

显然,水头损失 $h_w'$ 也具有长度的量纲。

---

附:采用动能定量推导定元流伯诺里方程

在流场中任取一恒定元流如附图 3.1 所示。

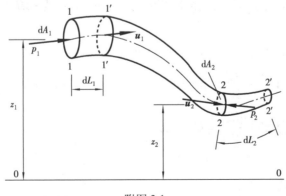

附图 3.1

进口和出口过水断面分别为 1-1 和 2-2,面积分别为 $dA_1$ 和 $dA_2$,进口和出口过水断面形心到某基准面的垂直高度分别为 $z_1$ 和 $z_2$,流速分别为 $u_1$ 和 $u_2$,动水压强分别为 $p_1$ 和 $p_2$。元流过水断面 $dA$ 很小,因此可以认为在断面上各点处的流速和压强相等。

以两断面之间的元流段为研究对象,经过 $dt$ 时间,元流段从 1122 位置运动到了 1′1′2′2′ 位置。1-1 断面和 2-2 断面分别移动了距离 $dL_1$ 和 $dL_2$。

$$dL_1 = u_1 dt, \qquad dL_2 = u_2 dt$$

根据动能定理,运动液体的动能增量等于作用于运动液体上的各个力做功的代数和。

（1）**动能增量** $dT$

元流从 1122 位置运动到 1′1′2′2′ 位置,其动能增量为 $dT$,因为恒定流在 1′1′22 这段流段中的液流的能量没有发生变化,所以在 $dt$ 时间内,液体的动能增量等于 22′ 段的动能与 11′ 段的动能的差值,即

$$dT = dM \frac{u_2^2}{2} - dM \frac{u_1^2}{2} = dM \left( \frac{u_2^2}{2} - \frac{u_1^2}{2} \right)$$

对于不可压缩液体,$\rho$ = 常数,在 11′ 和 22′ 段中液体的质量

$$dM = \rho dQ dt = \rho dQ dt$$

因此

$$dT = \rho dQ dt \left( \frac{u_2^2}{2} - \frac{u_1^2}{2} \right) = \rho g dQ dt \left( \frac{u_2^2}{2g} - \frac{u_1^2}{2g} \right)$$

（2）**重力做功** $dW_g$

对于恒定流,在 1′1′22 段中液体的位置和形状都不随时间而变化,因此,该段重力不做功。元流从 1122 位置运动到 1′1′2′2′ 位置重力所做的功等于 11′ 段液体运动到 22′ 位置时重力所做的功,即

$$dW_g = d\left[ Mg(z_1 - z_2) \right] = \rho g dQ dt (z_1 - z_2)$$

（3）**压力做功** $dW_p$

元流侧面所受的压力与元流流向相垂直,因此不做功。元流压力所作的功应为进口过水断面上的压力在 $dL_1$ 上所做的功与出口断面上压力在 $dL_2$ 上所做的功的和,即

$$dW_p = p_1 dA_1 dL_1 - p_2 dA_2 dL_2 = p_1 dA_1 u_1 dt - p_2 dA_2 u_2 dt = dQ dt (p_1 - p_2)$$

（4）**内摩擦阻力的功**

沿元流侧表面与液流方向相反的内摩擦阻力做的负功,记为 $-dH_w$。

根据动能定理:

$$dT = dW_g + dW_p - dH_w$$

即

$$\rho g dQ dt \left( \frac{u_2^2}{2g} - \frac{u_1^2}{2g} \right) = \rho g dQ dt (z_2 - z_1) + (p_1 - p_2) dQ dt - dH_w$$

等式各项除以 $\rho g dQ dt$,并设 $\dfrac{dH_w}{\rho g dQ dt} = h'_w$,整理得

$$z_1 + \frac{p_1}{\rho g} + \frac{u_1^2}{2g} = z_2 + \frac{p_2}{\rho g} + \frac{u_2^2}{2g} + h'_w$$

即得不可压缩液体恒定元流的能量方程,或称为恒定元流伯诺里方程。

### 2）总水头线及测压管水头线

设想在元流的各个过水断面放置测速管和测压管,将各测速管液面及各测压管液面分别作连线,各测压管液面连线为**测压管水头线**,各测速管液面连线为**总水头线**(见图 3.24),这两条曲线可以清晰地表示实际液体元流的伯诺里方程中的各项及总水头、测压管水头的沿程变化情况。

由于实际液体的总机械能在流动过程中是沿程减小的,因此实际液体的总水头线总是沿程下降的。比较前节中理想液体的总水头线(见图 3.19),由于不考虑水头损失,则为一条水平线。这条水平线与实际液体总水头线之间的铅直距离即为水头损失。如前节所述测压管水头线可升可降,取决于动能与势能之间相互转化的情况。

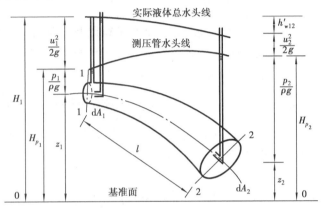

图 3.24

### 3）水力坡度及测压管水头线坡度

#### (1)**水力坡度** $J$

**水力坡度**指实际液体流动的总水头线沿程下降的坡度,它表示单位重量液体沿流程单位长度上的机械能损失,用 $J$ 表示,即

$$J = -\frac{\mathrm{d}H}{\mathrm{d}L} = \frac{\mathrm{d}h'_{\mathrm{w}}}{\mathrm{d}L} \tag{3.30}$$

式中, $\mathrm{d}L$ 为沿流程的微元长度; $\mathrm{d}H$ 为相应长度上的单位重量液体的总机械能(总水头)增量; $\mathrm{d}h'_{\mathrm{w}}$ 为相应长度上的单位重量液体的总机械能损失(水头损失)。

由于总水头沿流程总是减小的(即 $\mathrm{d}H$ 只能为负值),式(3.30)在 $\mathrm{d}H$ 前面引入负号后使 $J$ 恒为正值,即定义当水头线沿程下降时,其坡度为正值。

#### (2)**测压管水头线坡度** $J_{\mathrm{p}}$

测压管水头线坡度 $J_{\mathrm{p}}$ 反映测压管水头线沿程变化的情况,它是单位重量液体沿流程单位长度上的势能的改变量,即

$$J_{\mathrm{p}} = -\frac{\mathrm{d}H_{\mathrm{p}}}{\mathrm{d}L} = -\frac{\mathrm{d}\left(z + \dfrac{p}{\rho g}\right)}{\mathrm{d}L} \tag{3.31}$$

63

式中，$dH_p = d\left(z + \dfrac{p}{\rho g}\right)$为沿流程微元长度上单位重量液体的势能增量。当测压管水头线下降时定义$J_p$为正，上升时为负。

## 3.9 实际液体总流的伯诺里方程

在工程实际中所碰到的大量水力学问题都需要由实际液体总流的伯诺里方程进行分析，为求得实际液体总流的伯诺里方程，下面首先讨论恒定总流过水断面上的压强分布规律。

### 1)恒定总流过水断面上的压强分布

在3.3节中已经说明：根据液体运动时流线是否平行以及一条流线上各点的流速是否相等可将液体的流动分为均匀流与非均匀流，非均匀流又分为急变流和渐变流两种情况。下面分别讨论不同液流情况下过水断面上的压强分布规律。

均匀流过水断面上的压强分布服从静水压强分布规律，即对某一断面有$z + \dfrac{p}{\rho g} = $常数，但要注意，不同的过水断面的测压管水头不相等，即不同的过水断面的断面常数值不相同。渐变流过水断面上的压强分布规律近似于均匀流的情况，即在恒定渐变流过水断面上，动水压强的分布规律近似于静水压强的分布规律。

实验表明：急变流过水断面上的压强分布不服从静水压强分布规律。例如，如图3.25所

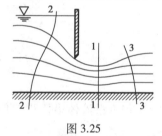

图 3.25

示明渠的闸下出流，即使在过水断面1-1处，流线近似平行，但该过水断面上的质点，除受重力加速度的影响外，还受到法向加速度的影响，若其法向加速度为$u^2/r$，其中$r$为流线的曲率半径，则断面上的压强分布将有$p = \rho\left[g + (u^2/r)\right]h$的关系。不同的急变流过水断面有不同的压强分布函数，如图3.25所示中的1-1，2-2及3-3断面，它们的压强分布函数均不相同。

### 2)实际液体总流的伯诺里方程

将实际液体元流的伯诺里方程式(3.29)的各项乘以$\rho g dQ$，可得单位时间内通过元流两过水断面的全部液体的能量关系式为

$$\left(z_1 + \frac{p_1}{\rho g} + \frac{u_1^2}{2g}\right)\rho g dQ = \left(z_2 + \frac{p_2}{\rho g} + \frac{u_2^2}{2g}\right)\rho g dQ + h'_w \rho g dQ$$

将上式在总流的过水断面上积分，可以得到单位时间内通过总流两过水断面的总能量之间的关系为

$$\int_{A_1}\left(z_1 + \frac{p_1}{\rho g} + \frac{u_2^2}{2g}\right)\rho g dQ = \int_{A_2}\left(z_2 + \frac{p_2}{\rho g} + \frac{u_2^2}{2g}\right)\rho g dQ + \int_Q h'_w \rho g dQ \tag{3.32}$$

式(3.32)中共有3种类型的积分，分别确定如下：

①$\rho g \displaystyle\int_A\left(z + \dfrac{p}{\rho g}\right)dQ$，该积分表示单位时间内通过总流过水断面的液体势能的总和。如

要求得该积分,则需要知道总流过水断面上各点$\left(z+\dfrac{p}{\rho g}\right)$的分布规律。从理论上说,式(3.32)中所涉及的两个断面 1-1 和 2-2 是可以任意选取的,但为了能解出上述积分,则过水断面需选在均匀流或渐变流流段上。因为,如上文所述,均匀流和渐变流过水断面上的$\left(z+\dfrac{p}{\rho g}\right)$等于或近似等于常数,这样可求得该积分为

$$\rho g \int_A \left(z + \frac{p}{\rho g}\right) \mathrm{d}Q = \rho g \left(z + \frac{p}{\rho g}\right) \int_A \mathrm{d}Q = \left(z + \frac{p}{\rho g}\right) \rho g Q \tag{3.33}$$

② $\rho g \displaystyle\int_A \frac{u^2}{2g}\mathrm{d}Q = \rho g \int_A \frac{u^3}{2g}\mathrm{d}A$ ,它表示单位时间内通过总流过水断面的液体动能的总和。流速 $u$ 在过水断面上的分布一般是未知的,为解出该积分,可采用断面平均流速 $v$ 代替流速分布函数 $u$ ,并加以适当的修正(乘以修正系数 $\alpha$ ),这样,可计算出实际液体的总动能为

$$\rho g \int_A \frac{u^3}{2g}\mathrm{d}A = \alpha\rho g \int_A \frac{v^3}{2g}\mathrm{d}A = \rho g \cdot \frac{\alpha v^3}{2g}A = \frac{\alpha v^2}{2g}\rho g Q \tag{3.34}$$

式中, $\alpha$ 为动能修正系数,它反映了用流速分布函数计算出的实际动能与用断面平均流速计算出的动能的区别。由该式可得

$$\alpha = \frac{\displaystyle\int_A u^3 \mathrm{d}A}{v^3 A}$$

要计算 $\alpha$ 值,需知总流过水断面上流速 $u$ 的分布函数。通常,由实验率定 $\alpha$ 值。对于一般的工程问题,由实验知,流速分布较均匀时, $\alpha = 1.05 \sim 1.10$ ,流速分布不均匀时 $\alpha$ 值较大,甚至可以达到 2.0,这在后面的章节中讨论。在工程问题的初步计算中可取 $\alpha = 1.0$ 。

③ $\rho g \displaystyle\int_Q h_w' \mathrm{d}Q$ ,它是单位时间内总流液体从过水断面 1-1 流动到过水断面 2-2 的机械能损失,以 $h_w$ 表示单位重量液体在这两断面之间的平均机械能损失(称为总流的水头损失),则

$$\int_Q h_w' \rho g \mathrm{d}Q = h_w \rho g Q \tag{3.35}$$

将以上各积分结果代入式(3.32)中得

$$\left(z_1 + \frac{p_1}{\rho g}\right)\rho g Q_1 + \frac{\alpha_1 v_1^2}{2g}\rho g Q_1 = \left(z_2 + \frac{p_2}{\rho g}\right)\rho g Q_2 + \frac{\alpha_2 v_2^2}{2g}\rho g Q_2 + h_w \rho g Q$$

考虑到连续性方程: $Q_1 = Q_2 = Q$ ,则上式可整理为

$$z_1 + \frac{p_1}{\rho g} + \frac{\alpha_1 v_1^2}{2g} = z_2 + \frac{p_2}{\rho g} + \frac{\alpha_2 v_2^2}{2g} + h_w \tag{3.36}$$

式(3.36)即为实际**液体总流的伯诺里方程**,又称为**总流的能量方程**。它与实际液体元流的伯诺里方程形式类似,不同的是在总流的能量方程中是用断面平均流速 $v$ 计算流速水头,并考虑了相应的修正系数,而在元流的方程中是用点的流速计算流速水头。式(3.36)中各项的物理意义及几何意义与元流的伯诺里方程中各对应项的物理意义及几何意义相同。由于总流的水头损失机理十分复杂,关于 $h_w$ 的计算将在后面的章节中专门讨论。

### 3)伯诺里方程的应用

**(1)适用条件**

总流伯诺里方程在其推导过程中引入了许多限制条件,因此,方程的应用必须以满足这些条件为前提。这些条件是:

①均质不可压缩流体的恒定流。

②质量力中只有重力。

③所选取的两过水断面必须取在均匀流或者渐变流段上,但两过水断面之间可以是急变流。

④总流的流量在两过水断面之间沿程不变,即没有分流或汇流的情况。

⑤在两过水断面之间除水头损失以外,没有其他的机械能输入或者输出。

**(2)附带的几点说明**

①过水断面选取的要求:除必须选取渐变流或均匀流断面以外,一般应选取包含较多已知量及包含需求未知量的断面。

②$z$ 是过水断面上任一点(称计算点)相对于某一基准面的位置标高,基准面是一个任选的水平面。同一个方程的两个 $z$ 值必须以同一基准面来度量。

③过水断面上的计算点原则上可以任意选取,这是因为在均匀流或渐变流断面上任一点的测压管水头相等,即 $z+\dfrac{p}{\rho g}=$ 常数,并且,对于同一个断面,平均流速水头 $\dfrac{\alpha v^2}{2g}$ 是一个唯一的值,与计算点位置无关。但通常为了方便,对于管流,计算点一般选在管轴中心点;对于明渠流,计算点则选在自由液面上或渠底处。

④方程中动水压强 $p_1$ 与 $p_2$ 可取绝对压强或者相对压强,但在同一个方程中必须采用相同的压强度量基准。在土建工程中,构筑物大都在大气的包围中,其水力计算多采用相对压强。如问题涉及液体的物理性质(例如汽化)或纯粹讨论液体对构筑物的作用力,不考虑大气压的作用,则采用绝对压强。

**(3)总流伯诺里方程的应用举例**

**例 3.4** 文丘里(Venturi)流量计是一种测量有压管流中液体流量的仪器,它是一个变直径的管段,由收缩段、喉道(管径不变段)与扩散段三部分组成(见图 3.26),在收缩段进口与喉道处分别安装一根测压管(或是连接两处的水银压差计)。设在恒定流条件下读得测压管水头差 $\Delta h = 0.5$ m(或水银压差计的水银液面高差 $h_p = 3.97$ cm),测量流量之前预先经实验测得文丘里管的流量系数(实际流量与不计水头损失的理论流量之比)$\mu = 0.98$,若已知文丘里管的进口直径 $d_1 = 100$ mm,喉道直径 $d_2 = 50$ mm,求管道中水流量。

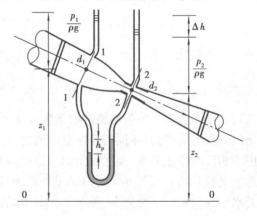

图 3.26

**解** ①任选一基准面 0-0,如图。

②选取渐变流的进口断面与喉道断面为 1-1 断面与 2-2 断面(1-1 断面与 2-2 断面之间是

急变流）。

③对于管道流动问题,计算点取在管轴上。

④先按理想液体考虑,即暂时略去水头损失 $h_w$,并取 $\alpha_1 = \alpha_2 = 1$,对 1-1 到 2-2 断面间的液体建立伯诺里方程:

$$z_1 + \frac{p_1}{\rho g} + \frac{v_1^2}{2g} = z_2 + \frac{p_2}{\rho g} + \frac{v_2^2}{2g}$$

可以得出

$$\frac{v_2^2 - v_1^2}{2g} = \left( z_1 + \frac{p_1}{\rho g} \right) - \left( z_2 + \frac{p_2}{\rho g} \right)$$

该式表明:对于理想液体,其动能的增加等于势能的减少。该式右边的测压管水头差可由压差计或两测压管测出,左边有 $v_1$ 与 $v_2$ 两个未知数。为求解,还需要建立这两个断面总流的连续性方程:

$$v_1 A_1 = v_2 A_2$$

故

$$v_2 = \frac{A_1}{A_2} v_1 = \left( \frac{d_1}{d_2} \right)^2 v_1$$

代入前式得

$$\frac{v_1^2}{2g} \left[ \left( \frac{d_1}{d_2} \right)^4 - 1 \right] = \left( z_1 + \frac{p_1}{\rho g} \right) - \left( z_2 + \frac{p_2}{\rho g} \right)$$

可解得

$$v_1 = \frac{1}{\sqrt{\left( \frac{d_1}{d_2} \right)^4 - 1}} \sqrt{2g \left[ \left( z_1 + \frac{p_1}{\rho g} \right) - \left( z_2 + \frac{p_2}{\rho g} \right) \right]}$$

因而得理想液体的流量为

$$Q' = v_1 A_1 = \frac{\frac{1}{4} \pi d_1^2}{\sqrt{\left( \frac{d_1}{d_2} \right)^4 - 1}} \sqrt{2g \left[ \left( z_1 + \frac{p_1}{\rho g} \right) - \left( z_2 + \frac{p_2}{\rho g} \right) \right]} = K \sqrt{\left( z_1 + \frac{p_1}{\rho g} \right) - \left( z_2 + \frac{p_2}{\rho g} \right)}$$

式中,$K = \dfrac{\frac{1}{4} \pi d_1^2}{\sqrt{\left( \frac{d_1}{d_2} \right)^4 - 1}} \sqrt{2g}$,其值取决于文丘里管的结构尺寸,称为**文丘里管常数**。考虑水头损失的实际液体的流量 $Q$ 比理想液体的流量 $Q'$ 小,用流量系数 $\mu$ 乘 $Q'$,可得实际液体的流量为

$$Q = \mu K \sqrt{\left( z_1 + \frac{p_1}{\rho g} \right) - \left( z_2 + \frac{p_2}{\rho g} \right)}$$

（注:$\mu = \dfrac{Q_{实际}}{Q_{理想}} < 1$,一般由实验测定）

本题中　$K = \dfrac{\frac{1}{4} \times 3.14 \times (0.1 \text{ m})^2}{\sqrt{\left( \frac{0.1 \text{ m}}{0.05 \text{ m}} \right)^4 - 1}} \times \sqrt{2 \times 9.80 \text{ m/s}^2} = 0.008\ 98 \text{ m}^{5/2}/\text{s}$

若用测压管测出势能差为 $\Delta h$,则得

$$Q = \mu K \sqrt{\Delta h} = 0.98 \times 0.008\ 98\ \text{m}^{5/2}/\text{s} \times \sqrt{0.5\ \text{m}} = 0.006\ 22\ \text{m}^3/\text{s}$$

若用水银差压计量测,则得

$$Q = \mu K \sqrt{12.6 h_p} = 0.98 \times 0.008\ 98\ \text{m}^{5/2}/\text{s} \times \sqrt{12.6 \times 0.039\ 7\ \text{m}} = 0.006\ 22\ \text{m}^3/\text{s}$$

**例 3.5** 一大水箱中的水通过在水箱底部接通的一铅垂管流入大气中,管道出口处断面收缩(收缩管嘴)(见图 3.27),直管直径 $d = 10$ cm,收缩管嘴出口断面直径 $d_B = 5$ cm,若不计水头损失,求直管中 $A$ 点的相对压强 $p_A$。各断面的高度差如图 3.27 所示。

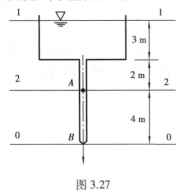

图 3.27

**解** 应用伯诺里方程求 $A$ 点处的相对压强 $P_a$,需先求得 $A$ 点处的断面平均流速:

①过水断面 1-1 选择在大水箱的水面,2-2 断面选在通过 $A$ 点的直管的断面。

②因为 $A_1$ 远大于 $A_2$,由连续性方程可知:$v_1 \ll v_2$,可以认为 1-1 断面的断面平均流速 $v_1 \approx 0$,即认为水面恒定。

③选择基准面 0-0 为通过 $B$ 点的水平面。

先求管嘴出口断面的平均流速:写出管流 1-1 断面到 0-0 断面间水流的伯诺里方程

$$9 + 0 + 0 = 0 + 0 + \frac{v_B^2}{2g}$$

可以求得

$$v_B = \sqrt{18g}$$

④由连续性方程知 $v_A A_2 = v_B A_0$,因此,$v_A = \dfrac{A_0}{A_2} v_B = v_B \left(\dfrac{d_B}{d}\right)^2$

⑤再以 2-2 断面作为基准面,写 1-1 断面到 2-2 断面间水流的伯诺里方程

$$5 + 0 + 0 = 0 + \frac{p_A}{\rho g} + \frac{v_A^2}{2g}$$

因此

$$\frac{p_A}{\rho g} = 5 - \frac{v_A^2}{2g} = 5\ \text{m} - \frac{v_B^2}{2g}\left(\frac{d_B}{d}\right)^4 = 5\ \text{m} - \frac{18g}{2g}\left(\frac{0.05\ \text{m}}{0.1\ \text{m}}\right)^4 = 4.437\ 5\ \text{m}$$

故得

$$p_A = 4.437\ 5\ \text{m} \times 1\ 000\ \text{kg/m}^3 \times 9.8\ \text{m/s}^2 = 43.5\ \text{kN/m}^2$$

**例 3.6** 一离心式水泵(见图 3.28)的抽水量 $Q = 20\ \text{m}^3/\text{h}$,安装高度 $H_s = 5.5$ m,吸水管管径 $d = 100$ mm,若吸水管总的水头损失 $h_w$ 为 0.25 m(水柱),试求水泵进口处的真空值 $p_{v2}$。

**解** ①取渐变流过水断面:水池液面为 1-1 断面,水泵进口处为 2-2 断面。

②1-1 断面上水流的计算点取在水池液面上某处,2-2 断面上水流的计算点取在管轴上。

③基准面 0-0 选在水池自由液面上。

④因水池液面远大于吸水管截面,即 $A_1 \gg A_2$,故可以认为 $v_1 = 0$,并且液面压强 $p_a$ 为大气压强,取 $\alpha_2 = 1$,采用绝对压强写 1-1 断面到 2-2 断面的伯诺里方程为

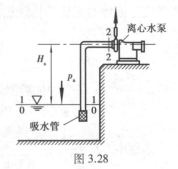

图 3.28

$$0 + \frac{p_a}{\rho g} + 0 = H_s + \frac{p_{2abs}}{\rho g} + \frac{v_2^2}{2g} + h_w$$

整理得
$$h_{v2} = \frac{P_a - P_{2abs}}{\rho g} = H_s + \frac{v_2^2}{2g} + h_w$$

该式说明,从水池液面到吸水管中要形成水流,必须克服流动过程中的能量损失,并增加位能和动能,因而压能减小。水池液面为大气压,因此在水泵进口处必为负压,即为真空,真空值是上式所表示的 $h_{v2}$。其中:

$$v_2 = Q / \frac{1}{4}\pi d^2 = \frac{20 \text{ m}^3/\text{s}}{3\,600 \times \frac{1}{4} \times 3.14 \times (0.1 \text{ m})^2} = 0.707 \text{ m/s}$$

故
$$h_{v2} = 5.5 \text{ m} + \frac{(0.707 \text{ m/s})^2}{2 \times 9.80 \text{ m/s}^2} + 0.25 \text{ m} = 5.78 \text{ m}$$

或
$$p_{v2} = \rho g h_{v2} = 1\,000 \text{ kg/m}^3 \times 9.8 \text{ m/s}^2 \times 5.78 \text{ m} = 56\,600 \text{N/m}^2 = 56.6 \text{ kN/m}^2$$

水泵进口处的真空高度是有限制的。当进口压强降低至该温度下的汽化压强时,水会发生汽化而产生大量气泡。气泡随水流进入泵内高压部位受到压缩而突然溃灭,周围的水便以极大的速度向气泡溃灭点冲击,在该点形成一个应力集中区,其压强高达数百大气压以上。这种集中在极小面积上的强大冲击力如果作用在水泵部件的表面,会很快破坏部件,这种现象称为气蚀。为了防止气蚀发生,通常由实验确定水泵进口的允许真空高度。

**例 3.7**　离心式通风机借集流器 A 从大气中吸入空气(见图 3.29),在直径 $d = 200$ mm 的圆柱形风管的渐变流断面处,接通一根两端开口的玻璃管作为测压管。管的下端插入水槽中。若玻璃管中的水上升 $H$ 为 150 mm,不计水头损失,求集流器每秒钟所吸取的空气量 $Q$。空气的密度 $\rho$ 为 1.29 kg/m³。

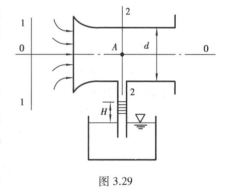

**解**　①选基准面 0-0 在风管的管轴线上。

②选渐变流过流断面。

注意圆管进口附近为急变流,所选渐变流断面应为远离入口处的 1-1 断面;又由于在接通测压管的风管断面处,已知条件较多,故选此为 2-2 断面。

③1-1 断面与 2-2 断面的计算点,均选在风管的轴线上;1-1 断面为大气压强,风管中为气流,因此断面 2-2 计算点的压强 $p_2 \approx$ 测压管液面压强。

图 3.29

④取 $\alpha = 1.0$,写 1-1 断面到 2-2 断面间气流的伯诺里方程(因断面 1-1 远离通风口,可认为 $v_1$ 等于零)

$$0 + 0 + 0 = 0 + \frac{p_2}{\rho_{气} g} + \frac{v_2^2}{2g}$$

由测压管液面高度知

$$p_2 = -\rho g H$$

代入上式得

$$\frac{v_2^2}{2g} = -\frac{p_2}{\rho_{气} g} = \frac{\rho}{\rho_{气}} H$$

因此
$$v_2 = \sqrt{2gH\frac{\rho}{\rho_{\text{气}}}} = \sqrt{2gH\frac{\rho}{\rho_{\text{气}}}} = \sqrt{\frac{2 \times 0.15 \times 9.8 \times 1\,000}{1.29}} = 4.47\ (\text{m}/\text{s})$$

⑤流量 $Q = v_2 A_2 = 4.77 \times \frac{1}{4}\pi d^2 = 4.77 \times \frac{1}{4} \times 3.14 \times 0.2^2 = 1.5\ (\text{m}^3/\text{s})$

**例** 3.8 如图 3.30 所示水池 A 和密封水箱 B 之间用一根长 $l_1 = 15$ m,直径为 $d = 0.05$ m 的管道连接,并在 B 水箱中接通另一根直径 $d$ 相同,长 $l_2 = 30$ m 的输水管,水流流入大气中,如图 3.30 所示。设管道进口水头损失 $h_{\text{j进}} = 0.5\frac{v^2}{2g}$,闸门的水头损失 $h_{\text{j闸}} = 3.2\frac{v^2}{2g}$,管道出口水头损失 $h_{\text{j出}} = \frac{v^2}{2g}$,管流每米长的水头损失 $h_f = 0.02\frac{1}{d}\frac{v^2}{2g}$,$v$ 是管中断面平均流速。若不计箱中及池中流速,当恒定出流时,试求管中流量及 B 水箱中的液面压强 $p_B$。

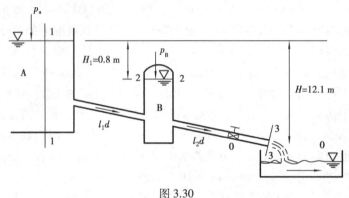

图 3.30

**解** 为计算管中流量,首先应用伯诺里方程求出管中断面平均流速,为此,取渐变流断面 1-1,2-2 和 3-3,如图 3.30 所示。

以 2-2 断面为基准面写 1-1 到 2-2 断面间水流的伯诺里方程

$$H_1 = \frac{p_B}{\rho g} + h_{\text{j进口}} + h_{\text{j出口}} + h_{f1-2} = \frac{p_B}{\rho g} + \left(0.5 + 1.0 + \frac{0.02 \times 15}{0.05}\right)\frac{v^2}{2g} \quad (1)$$

因此
$$H_1 = \frac{p_B}{\rho g} + 7.5\frac{v^2}{2g}$$

再以过 3-3 断面的管轴线的中点为基准面 0-0,写出 2-2 到 3-3 断面间水流的伯诺里方程

$$H - H_1 + \frac{p_B}{\rho g} + 0 = \frac{v^2}{2g} + h_{\text{j进}} + h_{\text{j阀}} + h_{f2-3}$$

$$= \left(1 + 0.5 + 3.2 + \frac{0.02 \times 30}{0.05}\right)\frac{v^2}{2g}$$

$$= 16.7\frac{v^2}{2g} \quad (2)$$

由式(1)(2)得:$H = 24.2\frac{v^2}{2g}$,已知 $H = 12.1$ m,

得 $v^2 = g, v = \sqrt{g} = 3.13\ (\text{m}/\text{s})$

$$Q = vA = 3.13 \times \frac{\pi}{4} \times 0.05^2 = 0.000\ 615\,(\mathrm{m^3/s}) = 6.15 \times 10^{-3}\,(\mathrm{m^3/s}) \tag{3}$$

由 $\frac{v^2}{2g} = 0.5$ m，代入（1）得：$0.8 \times \frac{p_B}{\rho g} + 7.5 \times 0.5$

所以 $\frac{p_B}{\rho g} = -2.95$ m 水柱　$p_B = -2.95 \times 1\ 000 \times 9.8 = -28.91\,(\mathrm{kN/m^2})$

本题的求解可以先由 1-1 至 3-3 断面的伯诺里方程求出管中流速 $v$，从而求出流量 $Q$，然后再用 2-2 到 3-3 断面（或 1-1 到 2-2 断面）的伯诺里方程求出水箱液面压强 $p_B$，读者可用此方法练习。

**4）有分流或汇流时实际液体总流的伯诺里方程**

前面所讨论的实际液体总流的伯诺里方程，只适用于在两过水断面之间没有流量的汇入或流出的液体流动。如果总流在两个计算断面之间有岔道，或者为两汇合的液流，则应分别对每一支液流建立能量方程。

**（1）有分流的情况**

如图 3.31 所示一股流量为 $Q_1$ 的液流分为两支流量分别为 $Q_2$ 和 $Q_3$ 的液流，根据能量守恒原理，从 1-1 断面在单位时间内输入液体的总能量应等于从 2-2 断面和 3-3 断面输出液体的总能量加上两支水流的能量损失，实用上，这两支水流的能量损失可假设不计分叉处的水头损失，并假设将 $Q_1$ 分为两股液流，一股流量为 $Q_2$，从 1-1 断面流到 2-2 断面，其单位重量液体的水头损失为 $h_{w12}$；另一股流量为 $Q_3$，从 1-1断面流到 3-3 断面，单位重量液体的水头损失为 $h_{w13}$，于是可得

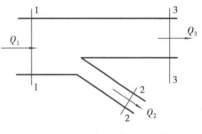

图 3.31

$$\rho g Q_1\left(z_1 + \frac{p_1}{\rho g} + \frac{\alpha_1 v_1^2}{2g}\right) = \rho g\left[Q_2\left(z_2 + \frac{p_2}{\rho g} + \frac{\alpha_2 v_2^2}{2g}\right) + Q_3\left(z_3 + \frac{p_3}{\rho g} + \frac{\alpha_3 v_3^2}{2g}\right) + Q_2 h_{w12} + Q_3 h_{w13}\right]$$

根据连线性方程 $Q_1 = Q_2 + Q_3$，代入上式整理得

$$Q_2\left[\left(z_1 + \frac{p_1}{\rho g} + \frac{\alpha_1 v_1^2}{2g}\right) - \left(z_2 + \frac{p_2}{\rho g} + \frac{\alpha_2 v_2^2}{2g}\right) - h_{w12}\right] +$$
$$Q_3\left[\left(z_1 + \frac{p_1}{\rho g} + \frac{\alpha_1 v_1^2}{2g}\right) - \left(z_3 + \frac{p_3}{\rho g} + \frac{\alpha_3 v_3^2}{2g}\right) - h_{w13}\right] = 0$$

由前面的假设可知，上式中，等式左端两项分别表示了各股水流的输入总机械能与输出的总机械能和水头损失之差，应分别为零，因此有

$$\left.\begin{aligned} z_1 + \frac{p_1}{\rho g} + \frac{\alpha_1 v_1^2}{2g} &= z_2 + \frac{p_2}{\rho g} + \frac{\alpha_2 v_2^2}{2g} + h_{w12} \\ z_1 + \frac{p_1}{\rho g} + \frac{\alpha_1 v_1^2}{2g} &= z_3 + \frac{p_3}{\rho g} + \frac{\alpha_3 v_3^2}{2g} + h_{w13} \end{aligned}\right\} \tag{3.37}$$

（2）**有汇流的情况**

如图 3.32 所示为两支汇合的水流，其每支流量分别为 $Q_1$ 与 $Q_2$，这两支具有不同总机械能的液流，将各以不同的水头损失到达汇合点，成为具有同一总机械能的液流，汇流前进。根据能量守恒原理，从 1-1 断面及 2-2 断面在单位时间内输入的液体的总能量，应当等于 3-3 断面输出的总能量加上两支水流的水头损失，即

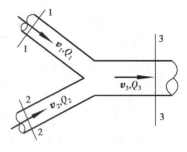

图 3.32

$$\rho g \left[ Q_1 \left( z_1 + \frac{p_1}{\rho g} + \frac{\alpha_1 v_1^2}{2g} \right) + Q_2 \left( z_2 + \frac{p_2}{\rho g} + \frac{\alpha_2 v_2^2}{2g} \right) \right] =$$
$$\rho g \left[ Q_3 \left( z_3 + \frac{p_3}{\rho g} + \frac{\alpha_3 v_3^2}{2g} \right) + Q_1 h_{w13} + Q_2 h_{w23} \right]$$

同样，根据连续性方程 $Q_3 = Q_1 + Q_2$，代入上式整理得

$$Q_1 \left[ \left( z_1 + \frac{p_1}{\rho g} + \frac{\alpha_1 v_1^2}{2g} \right) - \left( z_3 + \frac{p_3}{\rho g} + \frac{\alpha_3 v_3^2}{2g} \right) - h_{w13} \right] +$$
$$Q_2 \left[ \left( z_2 + \frac{p_2}{\rho g} + \frac{\alpha_2 v_2^2}{2g} \right) - \left( z_3 + \frac{p_3}{\rho g} + \frac{\alpha_3 v_3^2}{2g} \right) - h_{w23} \right] = 0$$

同理可得

$$\left. \begin{array}{l} z_1 + \dfrac{p_1}{\rho g} + \dfrac{\alpha_1 v_1^2}{2g} = z_3 + \dfrac{p_3}{\rho g} + \dfrac{\alpha_3 v_3^2}{2g} + h_{w13} \\[3mm] z_2 + \dfrac{p_2}{\rho g} + \dfrac{\alpha_2 v_2^2}{2g} = z_3 + \dfrac{p_3}{\rho g} + \dfrac{\alpha_3 v_3^2}{2g} + h_{w23} \end{array} \right\} \qquad (3.38)$$

**5）有机械能输入或输出时总流的伯诺里方程**

当计算断面 1-1 至断面 2-2 间有机械能输入水流内部或者从水流内部输出时，前面所讨论的总流的能量方程就不再适用。液流中有机械能输入或输出的情况在工程中是常见的。例如，中间接有水泵的输水管路中的水流，是通过水泵叶片转动向水流输入能量的典型例子；在水电站中安装了水轮机的有压管路系统的水流，是水流向外界（水轮机）输出能量的典型例子。

设单位重量液体从外界获得的（或向外界输出的）机械能为 $H_m$，则根据能量守恒原理，伯诺里方程应为

$$z_1 + \frac{p_1}{\rho g} + \frac{\alpha_1 v_1^2}{2g} \pm H_m = z_2 + \frac{p_2}{\rho g} + \frac{\alpha_2 v_2^2}{2g} + h_{w12} \qquad (3.39)$$

当为输入能量时，$H_m$ 前的符号取"+"号，当为输出时取"−"号。

**例 3.9** 为测验一台水泵的功率，可在水泵进、出口处分别安装一真空表和一压强表（见图 3.33）。设测得真空值 $p_v = 24.5$ kN/m²，压强 $p_2 = 196$ kN/m²。泵进、出口断面的高差为 $z_2 = 0.2$ m，进口管径 $d_1 = 150$ mm，出口管径 $d_2 = 100$ mm，管中流量为 $50 \times 10^{-3}$ m³/s，求水流从水泵处所获得的净功率。

**解** ①取进、出口断面分别为 1-1 过水断面及 2-2 过水断面。

②取基准面与 1-1 断面重合；$z_1 = 0, z_2 = 0.2$ m。

③采用相对压强

$$\frac{p_1}{\rho g} = -2.5 \text{ m}, \frac{p_2}{\rho g} = 20 \text{ m}$$

④设水泵供给单位重量水流的净能量，即水泵提供的净水头（不计泵内水流的水头损失）为 $H_m$。工程上称 $H_m$ 为水泵的扬程。本例为有机械能输入水流中的情况。写 1-1 断面到 2-2 断面的伯诺里方程为

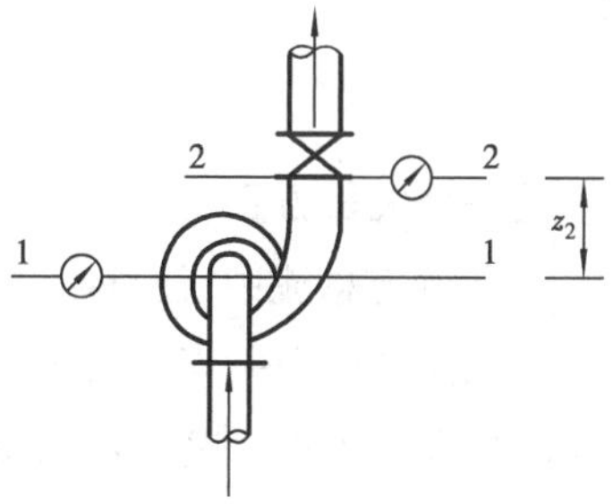

图 3.33

$$z_1 + \frac{p_1}{\rho g} + \frac{v_1^2}{2g} + H_m = z_2 + \frac{p_2}{\rho g} + \frac{v_2^2}{2g}$$

⑤由连续性方程知

$$v_1 A_1 = v_2 A_2 = Q, v_1 = Q/A_1, v_2 = Q/A_2$$

$$A_1 = \frac{1}{4}\pi d_1^2 = \frac{1}{4} \times 3.14 \times 0.15 \text{ m}^2 = 0.017\ 7 \text{ m}^2$$

$$A_2 = \frac{1}{4}\pi d_2^2 = \frac{1}{4} \times 3.14 \times 0.1 \text{ m}^2 = 0.007\ 85 \text{ m}^2$$

$$v_1 = \frac{0.05}{0.017\ 7} = 2.83 \text{ m/s}, \quad (v_1^2/2g) = 0.408 \text{ m},$$

$$v_2 = \frac{0.05}{0.007\ 85} = 6.37 \text{ m/s}, \quad (v_2^2/2g) = 2.07 \text{ m}$$

将所算得的数据代入能量方程中得

$$0 - 2.5 + 0.408 + H_m = 0.2 + 20 + 2.07$$

因此，$H_m = 24.36$ m，即水泵将单位重量的水提升 24.36 m。

水流从水泵中获得的净功率应等于水泵在单位时间内提升的水的重量与泵的扬程的乘积，即

$$N = \rho g Q H_m = 1\ 000 \times 9.8 \times 0.05 \times 24.36 = 11\ 936.4 \text{ J/s} = 11.94 \text{ kW}$$

## 3.10　恒定总流的动量方程

前面所介绍的能量方程，描述了液体的位置高度、流速、压强等运动要素沿流程的变化规律。本节讨论恒定总流的动量方程，即研究液体一元流动的作用力与动量（或流速）变化之间的相互关系。该方程的实质是动量定理在液体运动中的表达式。动量方程、连续性方程及能量方程是水力学中最基本且最重要的三大方程。

恒定总流的动量方程是根据理论力学中采用拉格朗日法表述的质点系动量定理推导的。质点系的动量定理可表述为：质点系动量 $\boldsymbol{K}$ 对时间的一阶变化率 $\dfrac{\mathrm{d}\boldsymbol{K}}{\mathrm{d}t}$ 等于该质点系所受外力的合力 $\sum \boldsymbol{F}$，即

$$\frac{\mathrm{d}\boldsymbol{K}}{\mathrm{d}t} = \frac{\mathrm{d}\left(\sum m\boldsymbol{u}\right)}{\mathrm{d}t} = \sum \boldsymbol{F}$$

它是一个矢量方程。

在恒定总流中,任意截取 1-1 断面与 2-2 断面之间的一段液流,如图 3.34 所示。先从该段恒定总流中任取一束元流进行分析。设元流断面 1-1 的面积为 $\mathrm{d}A_1$,流速为 $\boldsymbol{u}_1$,流量为 $\mathrm{d}Q_1$;元流断面 2-2 的面积为 $\mathrm{d}A_2$,流速为 $\boldsymbol{u}_2$,流量为 $\mathrm{d}Q_2$,经过 $\mathrm{d}t$ 时段后,流段从位置 1→2 流动到新的位置 1′→2′。由于是恒定流动,1′-2 段内元流的形状和位置,以及动量均不随时间而变化,故元流 1-2 段在经过时段 $\mathrm{d}t$ 后的动量增量等于 2-2′段元流的动量减去 1-1′段元流的动量,即

$$\mathrm{d}\boldsymbol{K} = \rho\mathrm{d}Q_2\mathrm{d}t\boldsymbol{u}_2 - \rho\mathrm{d}Q\mathrm{d}t\boldsymbol{u}_1$$

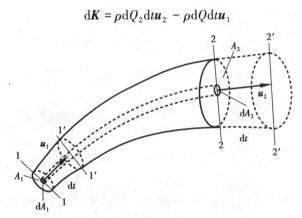

图 3.34

对于不可压缩液体,$\mathrm{d}Q_1 = \mathrm{d}Q_2 = \mathrm{d}Q$,故

$$\mathrm{d}\boldsymbol{K} = \rho\mathrm{d}Q\mathrm{d}t(\boldsymbol{u}_2 - \boldsymbol{u}_1)$$

根据质点系的动量定理,可得恒定元流的动量方程为

$$\rho\mathrm{d}Q(\boldsymbol{u}_2 - \boldsymbol{u}_1) = \boldsymbol{F}$$

式中,$\boldsymbol{F}$ 为作用在元流 1-2 上外力的合力。

通过对总流上所有元流动量增量的矢量积分,可以得到总流 1-2 段经过时段 $\mathrm{d}t$ 后的动量的改变量为

$$\sum \mathrm{d}\boldsymbol{K} = \int_{A_2} \rho\mathrm{d}Q\mathrm{d}t\boldsymbol{u}_2 - \int_{A_1} \rho\mathrm{d}Q\mathrm{d}t\boldsymbol{u}_1 = \rho\mathrm{d}t\left(\int_{A_2} \boldsymbol{u}_2\boldsymbol{u}_2\mathrm{d}A_2 - \int_{A_1} \boldsymbol{u}_1\boldsymbol{u}_1\mathrm{d}A_1\right)$$

总流过水断面上的流速分布,一般为未知函数,故可类似于推导总流能量方程时,对动能项的积分,是以断面平均流速 $v$ 代替断面上流速分布函数 $\boldsymbol{u}$,并加以适当修正,这里也引用断面平均流速代替断面上 $\boldsymbol{u}$ 分布函数来解上式中的积分。若所选的计算断面 1-1 和 2-2 均为渐变流断面,则各点流速 $\boldsymbol{u}$ 与断面平均流速 $v$ 在方向上基本一致。引入动量修正系数 $\beta$,则总流的动量增量为

$$\sum \mathrm{d}\boldsymbol{K} = \rho\mathrm{d}t(\beta_2\boldsymbol{v}_2 \cdot v_2A_2 - \beta_1\boldsymbol{v}_1 \cdot v_1A_1)$$

$\beta$ 是实际动量与按断面平均流速计算的动量的比值,其表达式为

$$\beta = \frac{\int_A u\,\mathrm{d}Q}{vQ} = \frac{\int_A u\,\mathrm{d}Q}{vQ} = \frac{\int_A u^2\,\mathrm{d}A}{v^2 A}$$

$\beta$ 值与断面流速分布有关,一般 $\beta = 1.02 \sim 1.05$。又由恒定总流的连续性方程有:$v_1 A_1 = v_2 A_2 = Q$,故得

$$\sum \mathrm{d}\boldsymbol{K} = \rho Q\mathrm{d}t(\beta_2 \boldsymbol{v}_2 - \beta_1 \boldsymbol{v}_1) \tag{3.40}$$

根据质点系动量定理,对于总流有

$$\frac{\mathrm{d}\sum \boldsymbol{K}}{\mathrm{d}t} = \frac{\sum \mathrm{d}\boldsymbol{K}}{\mathrm{d}t} = \sum \boldsymbol{F}$$

可得

$$\rho Q(\beta_2 \boldsymbol{v}_2 - \beta_1 \boldsymbol{v}_1) = \sum \boldsymbol{F} \tag{3.41}$$

该式即为液体恒定总流在没有分流或汇流情况下的**动量方程**。式(3.41)是一个矢量方程,在笛卡尔坐标系中可将该方程写为 3 个投影形式的代数方程

$$\left.\begin{array}{l} \rho Q(\beta_2 v_{2x} - \beta_1 v_{1x}) = \sum F_x \\[2mm] \rho Q(\beta_2 v_{2y} - \beta_1 v_{1y}) = \sum F_y \\[2mm] \rho Q(\beta_2 v_{2z} - \beta_1 v_{1z}) = \sum F_z \end{array}\right\} \tag{3.42}$$

式(3.41)和式(3.42)不仅适用于理想液体,也适用于实际液体。

应用动量方程时需注意以下几点:

①液体流动须是恒定流。

②过水断面 1-1 和 2-2 应选在均匀流或者渐变流断面上,以便于计算断面平均流速和断面上的压力。

③ $\sum F$ 是作用在被截取的液流上的全部外力之和,外力应包括质量力(通常为重力),以及作用在断面上的压力和固体边界对液流的压力及摩擦力。

④在初步计算中,可取动量修正系数 $\beta = 1.0$。

⑤当液流有分流或汇流的情况,可由与推导有分、汇流时的连续性方程类似的方法,写出其动量方程为:

如图 3.35(a)所示,当有分流的情况

$$\left\{\begin{array}{l} \rho(Q_2\beta_2 v_{2x} + Q_3\beta_3 v_{3x} - Q_1\beta_1 v_{1x}) = \sum F_x \\[2mm] \rho(Q_2\beta_2 v_{2y} + Q_3\beta_3 v_{3y} - Q_1\beta_1 v_{1y}) = \sum F_y \\[2mm] \rho(Q_2\beta_2 v_{2z} + Q_3\beta_3 v_{3z} - Q_1\beta_1 v_{1z}) = \sum F_z \end{array}\right.$$

如图 3.35(b)所示,当有汇流的情况

$$\left\{\begin{array}{l} \rho(Q_3\beta_3 v_{3x} - Q_2\beta_2 v_{2x} - Q_1\beta_1 v_{1x}) = \sum F_x \\[2mm] \rho(Q_3\beta_3 v_{3y} - Q_2\beta_2 v_{2y} - Q_1\beta_1 v_{1y}) = \sum F_y \\[2mm] \rho(Q_3\beta_3 v_{3z} - Q_2\beta_2 v_{2z} - Q_1\beta_1 v_{1z}) = \sum F_z \end{array}\right.$$

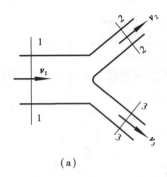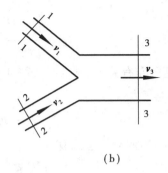

图 3.35

**例 3.10** 管路中一段水平放置的等截面弯管,直径 $d = 200$ mm,弯角为 45°(见图 3.36)。管中 1-1 断面的平均流速 $v_1 = 4$ m/s,其形心处的相对压强 $p_1 = 98$ kN/m²。若不计管流的水头损失,求水流对弯管的作用力 $F_{Rx}$ 和 $F_{Ry}$。(坐标轴 $x$ 与 $y$ 见图 3.36)。

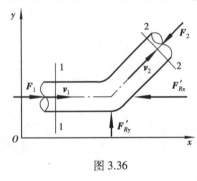

图 3.36

**解** ①欲求水流对弯管的作用力,可先求得弯管对水流的反作用力。为此,取渐变流过水断面 1-1 和 2-2 以及管内壁所围封闭曲面内的液体作为研究对象。

②作用于该段液流表面的表面力有断面 1-1 和 2-2 上的压力,可以用断面形心处的压强作为断面平均压强,因此,断面上的总压力为

$$F_1 = p_1 A_1 \quad F_2 = p_2 A_2$$

其中,$p_1$ 和 $p_2$ 为相对压强(由于管壁两侧均为大气,相互抵消,因此可以用相对压强),另有弯管对水流的反作用力 $F'_{Rx}$ 及 $F'_{Ry}$,设其方向如图 3.36 所示;质量力为该段液体的重力,它在水平坐标面 $Oxy$ 上的投影为零。

③为求得弯管对水流的作用力,则需采用动量方程。可分别写出 $x$ 与 $y$ 方向上总流的动量方程为

$$\left.\begin{aligned}
\rho Q(\beta_2 v_2 \cos 45° - \beta_1 v_1) &= p_1 A_1 - p_2 A_2 \cos 45° - F'_{Rx} \\
\rho Q(\beta_2 v_2 \sin 45° - 0) &= 0 - p_2 A_2 \sin 45° + F'_{Ry}
\end{aligned}\right\}$$

于是可得

$$\left.\begin{aligned}
F'_{Rx} &= p_1 A_1 - p_2 A_2 \cos 45° - \rho Q(\beta_2 v_2 \cos 45° - \beta_1 v_1) \\
F'_{Ry} &= p_2 A_2 \sin 45° + \rho Q \beta_2 v_2 \sin 45°
\end{aligned}\right\}$$

式中,$Q = \dfrac{1}{4} \pi d^2 v_1 = \dfrac{1}{4} \times 3.14 \times 0.2^2 \times 4 = 0.126$ m³/s,由于上两式中 $p_2$ 和 $v_2$ 还未知,还需配合应用连续性方程和伯诺里方程求解。

④由总流的连续性方程可得:$v_2 = v_1 = 4$ m/s。

⑤因弯管水平放置,且不计水头损失,可以以管轴线所在的平面作为基准面,写断面 1-1 到 2-2 间水流的伯诺里方程为

$$0 + \frac{p_1}{\rho g} + \frac{v_1^2}{2g} = 0 + \frac{p_2}{\rho g} + \frac{v_2^2}{2g}$$

故得
$$p_1 = p_2 = 98 \text{ kN/m}^2$$

于是
$$p_1 A_1 = p_2 A_2 = p_1 \frac{1}{4} \pi \, d_1^2 = 98 \text{ kN/m}^2 \times \frac{1}{4} \times 3.14 \times (20 \text{ m})^2 = 3\,077 \text{ N}$$

取 $\beta_1 = \beta_2 = 1$，将上述数据代入动量方程中得

$$F'_{Rx} = 3\,077 \text{ N} - 3\,077 \text{ N} \times \frac{\sqrt{2}}{2} - 1\,000 \text{ kg/m}^3 \times 0.126 \text{ m}^3/\text{s} \times 4 \times \left(\frac{\sqrt{2}}{2} - 1\right) = 1\,049 \text{ N}$$

$$F'_{Ry} = 3\,077 \text{ N} \times \frac{\sqrt{2}}{2} + 1\,000 \text{ kg/m}^3 \times 0.126 \text{ m}^3/\text{s} \times 4 \text{ m/s} \times \frac{\sqrt{2}}{2} = 2\,532 \text{ N}$$

水流对弯管的作用力 $\boldsymbol{F}_{Rx}$ 与 $\boldsymbol{F}_{Ry}$ 分别与 $\boldsymbol{F}'_{Rx}$ 与 $\boldsymbol{F}'_{Ry}$，大小相等，方向相反。

**例** 3.11　矩形断面渠道水从闸门下出流（见图3.37），上游水深 $h_0 = 2.5$ m，下游水深 $h_1 = 0.5$ m，求作用在每米宽闸门上水流的水平推力。略去水头损失与摩擦阻力。

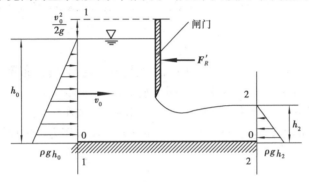

图 3.37

**解**　①欲求作用在闸门上水流的水平推力，应先求闸门对水流的反作用力。为此，选择渐变流过水断面1-1至2-2断面之间的一段水流进行讨论。

②过水断面1-1到2-2之间总流所受的表面力有作用于1-1断面和2-2断面上的动水压力 $\boldsymbol{F}_1$ 与 $\boldsymbol{F}_2$，它们的大小可按静水压强的分布规律计算，其中：

$$F_1 = \frac{1}{2}\rho g h_0^2 \cdot 1(\text{kN}) = \frac{1}{2} \times 1\,000 \text{ kg/m}^3 \times 9.8 \text{ m/s}^2 \times (2.5 \text{ m})^2 \times 1 \text{ m} = 30.625 \text{ kN}$$

$$F_2 = \frac{1}{2}\rho g h_1^2 \cdot 1(\text{kN}) = \frac{1}{2} \times 1\,000 \text{ kg/m}^3 \times 9.8 \text{ m/s}^2 \times (0.5 \text{ m})^2 \times 1 \text{ m} = 1.225 \text{ kN}$$

以及闸门对水流的反作用力 $\boldsymbol{F}'_R$；总质力为过水断面1-1到2-2间液流的重力。

③要求力，需采用恒定总流的动量方程，为此需先配合采用伯诺里方程和连续性方程求出两过水断面的断面平均流速 $v_1$ 和 $v_2$。选渠底为基准面，略去水头损失，写1-1断面到2-2断面间水流的伯诺里方程为（取 $\alpha_1 = \alpha_2 = 1$）

$$h_0 + 0 + \frac{v_0^2}{2g} = h_1 + 0 + \frac{v_2^2}{2g}$$

整理得
$$\frac{v_2^2 - v_0^2}{2g} = h_0 - h_1 = 2.5 \text{ m} - 0.5 \text{ m} = 2 \text{ m}$$

或
$$v_2^2 - v_0^2 = 4g$$

应用连续性方程：$v_1 A_1 = v_2 A_2$，$(v_1 = v_0)$，取单位宽度计算过水断面面积 $A$，则

$$v_0 h_0 \cdot 1 = v_2 h_2 \cdot 1$$
$$v_2 = 5 v_0$$

可解得

$$v_0 = 1.278 \text{ m/s}$$

$$v_2 = 6.39 \text{ m/s}$$

$$Q = v_0 h_0 \cdot 1 = 1.278 \text{ m/s} \times 2.5 \text{ m} \times 1 \text{ m} = 3.195 \text{ m}^3/\text{s}$$

④由总流的动量方程得

$$\rho Q(v_2 - v_0) = F_1 - F_2 + (-F'_{\text{R}})$$

闸门对水流的反作用力为

$$F'_{\text{R}} = F_1 - F_2 - \rho Q(v_2 - v_1)$$
$$= 30.625 \text{ kN} - 1.225 \text{ kN} - 1 \, 000 \text{ kg/m}^3 \times 3.195 \text{ m}^3/\text{s} \times$$
$$(6.39 \text{ m/s} - 1.278 \text{ m/s}) \times 10^{-3} = 13.07 \text{ kN}$$

水流作用在每米宽闸门上的推力为 $\boldsymbol{F}_R = -\boldsymbol{F}'_R$。

例 3.12　主管水流经过一非对称分岔管,由两短支管射出,管路布置如图 3.38 所示,出流流速 $v_2$ 与 $v_3$ 均为 10 m/s,主管和两支管在同一水平面内,忽略阻力。

①求固定分岔管的支座所受的 $x$ 方向和 $y$ 方向的力的大小。

②管径为 10 cm 的支管应与 $x$ 轴交成多大角度时才使作用力的方向沿着主管轴线?

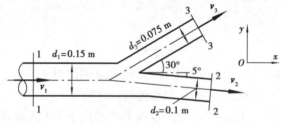

图 3.38

**解**　①计算水流作用在管体的力:

A.计算主管流速 $v_1$,流量 $Q_1$ 和压强 $p_1$

$$Q_2 = v_2 \times \frac{\pi d_2^2}{4} = 10 \text{ m/s} \times \frac{1}{4} \times 3.14 \times (0.1 \text{ m})^2 = 0.078 \, 5 \text{ m}^3/\text{s}$$

$$Q_3 = v_3 \times \frac{\pi d_3^2}{4} = 10 \text{ m/s} \times \frac{1}{4} \times 3.14 \times (0.075 \text{ m})^2 = 0.044 \, 2 \text{ m}^3/\text{s}$$

由有分流情况恒定总流的连续性方程知

$$Q_1 = Q_2 + Q_3 = 0.078 \, 5 \text{ m}^3/\text{s} + 0.044 \, 2 \text{ m}^3/\text{s} = 0.122 \, 7 \text{ m}^3/\text{s}$$

故

$$v_1 = \frac{Q_1}{\frac{1}{4} \pi d_1^2} = \frac{0.122 \, 7 \text{ m}^3/\text{s} \times 4}{3.14 \times (0.15 \text{ m})^2} = 6.947 \text{ m/s}$$

因管路水平放置,所以可以以管轴线所在的平面为基准面;渐变流断面取在 1-1 断面、2-2 断面以及 3-3 断面,射流出口断面上近似为大气压强,故有 $p_2 = p_3 = 0$,写 1-1 断面到 2-2 断面间水流的伯诺里方程为

$$\frac{p_1}{\rho g} + \frac{\alpha_1 v_1^2}{2g} = \frac{\alpha_2 v_2^2}{2g} \quad （水头损失因忽略阻力而不计）$$

令：$\alpha_1 = 1, \alpha_2 = 1$

整理得：$p_1 = \rho \dfrac{v_2^2 - v_1^2}{2}$，由题意知 $v_2 = v_3 = 10 \text{ m/s}$，则

$$p_1 = \rho \frac{v_2^2 - v_1^2}{2} = 1\ 000 \text{ kg/m}^3 \times \frac{(10 \text{ m/s})^2 - (6.947 \text{ m/s})^2}{2} = 25\ 869.6 \text{ N/m}^2$$

$$P_1 = p_1 A_1 = p_1 \times \frac{1}{4} \pi d_1^2 = 25\ 869.6 \text{ N/m}^2 \times \frac{1}{4} \times 3.14 \times (0.15 \text{ m})^2 = 456.92 \text{ N}$$

B.计算作用力：取 1-1,2-2,3-3 断面间的水体（见图 3.39）作为研究对象。该水体所受的表面力为 1-1 断面的压力 $\boldsymbol{F}_1$，（2-2 断面及 3-3 断面均为大气压力 $p_2 = p_3 = 0$），以及管壁对水流的反作用力 $\boldsymbol{F}_{Rx}'$ 及 $\boldsymbol{F}_{Ry}'$ 如图所示，质量力为该水体的重力，垂直于管路平面。

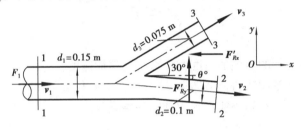

图 3.39

本例为有分流情况，动量方程为：

在 $x$ 方向　　　　　　$(\rho Q_2 v_2 \cos 5° + \rho Q_3 v_3 \cos 30°) - \rho Q_1 v_1 = F_1 - F_{Rx}'$

在 $y$ 方向　　　　　　　　$\rho Q_3 v_3 \sin 30° - \rho Q_2 v_2 \sin 5° = F_{Ry}'$

可得

$$F_{Rx}' = F_1 - \rho(Q_2 v_2 \cos 5° + Q_3 v_3 \cos 30° - Q_1 v_1) =$$

$$456.92 \text{ N} - 1\ 000 \text{ kg/m}^3 \times (0.078\ 5 \text{ m}^3/\text{s} \times 10 \text{ m/s} \times \cos 5° +$$

$$0.044\ 2 \text{ m}^3/\text{s} \times 10 \text{ m/s} \times \cos 30° - 0.122\ 7 \text{ m}^3/\text{s} \times 6.947 \text{ m/s}) = 144.52 \text{ N}$$

$$F_{Ry}' = \rho(Q_3 v_3 \sin 30° - Q_3 v_3 \sin 5°)$$

$$= 1\ 000 \text{ kg/m}^3 \times \left(0.044\ 2 \text{ m}^3/\text{s} \times 10 \text{ m/s} \times \frac{1}{2} - 0.078\ 5 \text{ m}^3/\text{s} \times 10 \text{ m/s} \times 0.087\right)$$

$$= 152.58 \text{ N}$$

液体对支座的作用力

$$F_{Rx} = 144.52 \text{ N}（方向与 } \boldsymbol{F}_{Rx}' \text{ 相反）}$$

$$F_{Ry} = 152.58 \text{ N}（方向与 } \boldsymbol{F}_{Ry}' \text{ 相反）}$$

②设管径为 10 cm 的支管与主管轴线成 $\alpha$ 角度，才能使作用力的方向沿主管轴线，即 $y$ 方向的力 $F_{Ry}' = 0$，写出 $y$ 方向的动量方程为

$$F_{Ry}' = \rho Q_3 v_3 \sin 30° - \rho Q_2 v_2 \sin \alpha = 0$$

整理得

$$\alpha = \arcsin\left(\frac{Q_3 v_3 \sin 30°}{Q_2 v_2}\right) = \arcsin\left(\frac{0.442 \ \mathrm{m^3/s} \times 10 \ \mathrm{m/s} \times \dfrac{1}{2}}{0.078 \ 5 \ \mathrm{m^3/s} \times 10 \ \mathrm{m/s}}\right) = 16°20'59''$$

通过以上例题可以看出,要求解实际液体恒定总流的运动要素的值或总流段上所受的力时,往往需要综合应用恒定总流的三大基本方程。实际液体恒定总流的三大基本方程,即连续性方程、能量方程与动量方程是水动力学的基本方程,它们是求解工程实际水力计算问题的基本依据,也是水力学的理论核心。连续性方程及动量方程的应用限制条件与伯诺里方程的应用限制条件各不相同,在求解实际液体恒定流的动力学问题时,如果需要用这三大方程联立求解,则必须同时考虑 3 个方程的全部适用条件。特别要注意过水断面的选择应选在均匀流或渐变流断面上。

## 思考题

3.1　什么是液体运动的当地加速度?什么是迁移加速度?

3.2　拉格朗日法和欧拉法研究液体运动,其方法上有什么不同?

3.3　什么是流线?什么是迹线?它们是同一条线吗?

3.4　流管、元流、总流的概念是什么?

3.5　过水断面、流量及断面平均流速的定义是什么?

3.6　恒定流与非恒定流的区别是什么?

3.7　均匀流与非均匀流的区别是什么?均匀流是否就是恒定流?非均匀流是否一定是非恒定流?

3.8　渐变流与急变流的区别是什么?

3.9　何谓有压流?何谓无压流?

3.10　如何定义一元流动、二元流动和三元流动?什么是平面流动?什么是轴对称流动?

3.11　试解释位置水头、压强水头、流速水头、测压管水头和总水头,它们各表示液体运动的什么能量?如何用图表达液体运动各种水头的沿程变化情况?

3.12　什么是水力坡度?什么是测压管水头线坡度?它们各表示什么物理意义?

3.13　伯诺里方程的适用条件有哪些?

3.14　对于有分汇流情况,水力学三大基本方程的表达式分别是什么?在写这些方程时应如何取控制体?

3.15　试分别说明水力学三大基本方程的物理意义。

## 习　题

3.1　如题 3.1 图所示,水流通过二段等截面及一段变截面管组成的管路系统,上游水池水位保持不变,问:

(1)如阀门 A 开度一定,各管段中是恒定流还是非恒定流? 各段管中是均匀流还是非均匀流?

(2)如阀门 A 渐渐关闭,这时管中为恒定流还是非恒定流?

(3)在恒定流的情况下,当判别第 Ⅱ 段管中是渐变流还是急变流时,与该段管长有无关系?

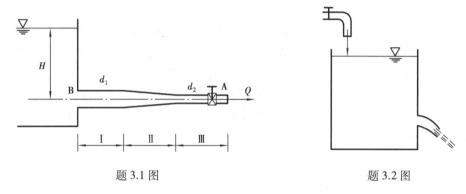

题 3.1 图　　　　　　　　　　　　　　　　　题 3.2 图

3.2　如题 3.2 图所示,当水箱内水面逐渐下降时,孔口流出液流的流线和迹线是否相同? 而当流量得到源源补充,使水面位置保持不变,又如何?

3.3　已知平面流动的流速分布为 $\begin{cases} u_x = a \\ u_y = b \end{cases}$,其中 $a, b$ 为常数,求流线方程的积分式。

3.4　已知流速场:$u_x = \dfrac{c_x}{x^2 + y^2}$,$u_y = \dfrac{c_y}{x^2 + y^2}$,$u_z = 0$,其中 $a, b$ 为常数,求流线方程。

3.5　直径为 100 mm 的输水管,管中有一变截面管段如题 3.5 图所示,若测得管内流量 $Q = 0.01 \text{m}^3/\text{s}$,变截面管段最小截面处的断面平均流速 $v_0 = 20.3$ m/s,求输水管的断面平均流速 $v$ 及最小截面处的直径 $d_0$。

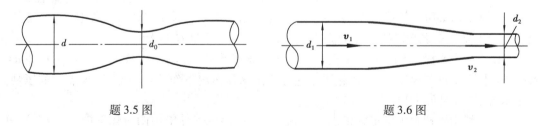

题 3.5 图　　　　　　　　　　　　　　　　　题 3.6 图

3.6　如题 3.6 图所示,自来水管直径 $d_1 = 200$ mm,通过流量 $Q = 0.025$ m³/s,求管中的平均流速 $v_1$;该管后面接一直径 $d_2 = 100$ mm 的较细水管,求断面平均流速 $v_2$。

3.7　如题 3.7 图所示管路水流中,过水断面上各点流速按下列抛物线方程轴对称分布:

$$u = u_{\max}\left[1 - \left(\frac{r}{r_0}\right)^2\right]$$

式中,水管半径 $r_0$ 为 3 cm,管轴上最大流速 $u_{\max}$ 为 0.15 m/s。试求管流流量 $Q$ 与断面平均流速 $v$。

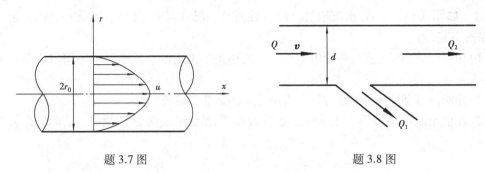

题 3.7 图                                  题 3.8 图

3.8  如题 3.8 图所示输送海水的管道,管径 $d=0.2$ m,进口断面平均流速 $v=1$ m/s,若从此管中分出流量 $Q_1 = 0.012$ m³/s,问管中尚余流量 $Q_2$ 等于多少? 设海水密度为 $1.02 \times 10^3$ kg/m³,求重量流量 $\rho g Q_2$。

3.9  一过水断面为矩形的人工渠道,其宽度 $B$ 等于 1 m(见题 3.9 图),测得断面 1-1 与 2-2 处的水深 $h_1$ 为 0.4 m,$h_2 = 0.2$ m。若断面 2-2 的平均流速 $v_2 = 5$ m/s,试求通过此渠道的流量 $Q$ 及断面 1-1 的平均流速。

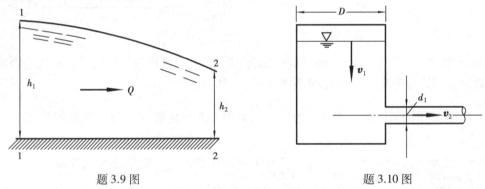

题 3.9 图                                  题 3.10 图

3.10  一直径 $D$ 为 1 m 的盛水圆筒铅垂放置,现接出一根直径 $d=10$ cm 的水平管子。已知某时刻水管中断面平均流速 $v_2 = 2$ m/s,求该时刻圆筒中液面下降的速度 $v_1$(见题 3.10 图)。

3.11  利用毕托管原理测量输水管中的流量(见题 3.11 图),已知输水管直径 $d$ 为 200 mm,测得水银压差计读数 $h_p$ 为 60 mm,若此时断面平均流速 $v=0.84u_A$,式中 $u_A$ 是毕托管前管轴上未受扰动之水流的 $A$ 点的流速。问输水管中的流量 $Q$ 多大?

3.12  一个水深 1.5 m,水平截面积为 3 m×3 m 的水箱(见题 3.12 图),箱底接一直径 $d=$ 200 mm,长为 2 m 的竖直管,在水箱进水量等于出水量情况下作恒定出流,试求点 3 的压强。略去水流阻力,即 $h_w = 0$。

3.13  利用毕托管测量水管中点 $A$ 的流速 $u_A$,U 形压差计中用四氯化碳溶液($CCl_4$),其密度 $\rho' = 1\ 600$ kg/m³,压差计读值 $h=0.6$ m(见题 3.13 图),求 $A$ 点的流速。设流速系数为 $\varphi = 0.98$,$\left(\varphi = \dfrac{真实流速}{理想流速}\right)$。

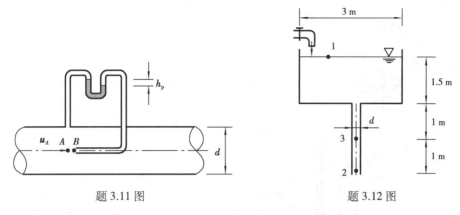

题 3.11 图　　　　　　　　题 3.12 图

3.14　如题 3.14 图所示,有一输水管路,由两根直径不同的等径管段与一直径渐变的管段组成,$d_A = 200$ mm,$d_B = 400$ mm,$A$ 点的相对压强 $p_A$ 为 0.7 个大气压,$B$ 点的相对压强 $p_B = 0.4$ 个大气压,$B$ 点处的断面平均流速 $v_B = 1$ m/s。$A$,$B$ 两点高差 $\Delta z = 1$ m。要求判明水流方向,并计算这两断面间的水头损失 $h_w$。

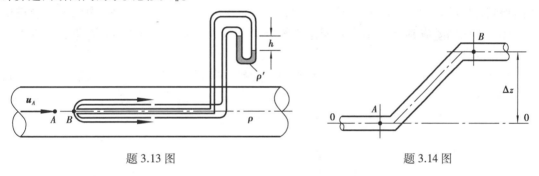

题 3.13 图　　　　　　　　题 3.14 图

3.15　为了测量石油管道的流量,安装一文丘里流量计(见题 3.15 图)。管道直径 $d_1 = 20$ cm,文丘里管喉道直径 $d_2 = 10$ cm,石油密度 $\rho = 850$ kg/m³,文丘里管流量系数 $\mu = 0.95$,水银压差计读数 $h_p = 15$ cm,问此时石油流量 $Q$ 为多大?

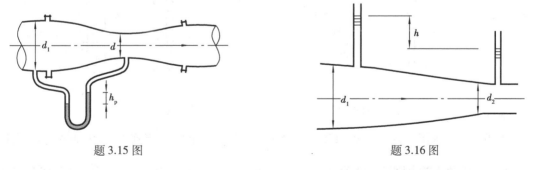

题 3.15 图　　　　　　　　题 3.16 图

3.16　如题 3.16 图所示水管通过的流量等于 $9 \times 10^{-3}$ m³/s,若测压管水头差 $h$ 为 100.6 cm,直径 $d_2$ 为 5 cm,试确定直径 $d_1$。

3.17　如题 3.17 图所示为一文丘里流量计,水银压差计读数为 360 mm,若不计 $A$,$B$ 两点间的水头损失,试求管道中的流量。已知管道直径 $d_1 = 300$ mm,喉段直径 $d_2 = 150$ mm,渐变段 $AB$ 长为 750 mm。

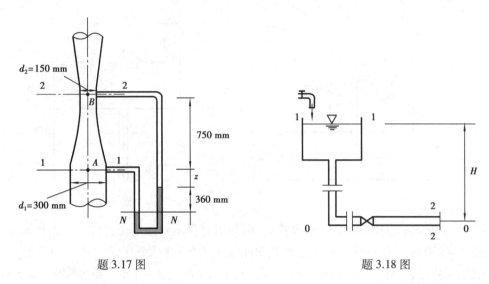

题 3.17 图                    题 3.18 图

3.18 如题 3.18 图所示,用一根直径 $d = 200$ mm 的管道从水箱中引水,水箱中的水由于不断得到外界的补充而保持水位恒定。若需要流量 $Q$ 为 0.06 m³/s,问水箱中水位与管道出口断面中心的高差 $H$ 应保持多大? 假定水箱截面积远大于管道截面积,水流总的水头损失 $h_w$ 为 5 m(水柱)。

3.19 如题 3.19 图所示容器内存有水,水流沿变断面管道流入大气作恒定流动。已知 $A_0 = 4$ m², $A_1 = 0.04$ m², $A_2 = 0.1$ m², $A_3 = 0.03$ m²。水面与各断面距离为: $h_1 = 1$ m, $h_2 = 2$ m, $h_3 = 3$ m,不计水头损失,试求断面 $A_1$ 及 $A_2$ 处的相对压强。

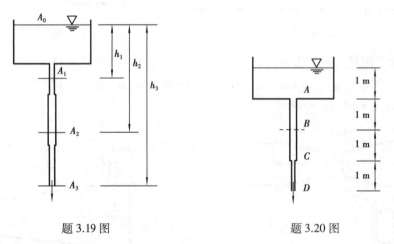

题 3.19 图                    题 3.20 图

3.20 一大水箱下接直径 $d = 150$ mm 之水管,水经最末端出流到大气中,末端管道直径 $d = 75$ mm,如题 3.20 图所示,设管段 $AB$ 和 $BC$ 间的水头损失均为 $h_w = \dfrac{v_D^2}{2g}$,管段 $CD$ 间的水头损失 $h_w = \dfrac{v_D^2}{2g}$,试求 $B$ 断面的压强和管中流量。

3.21 如题 3.21 图所示为一圆锥形喷嘴,长为 $L = 600$ mm,入口直径 $d_1 = 75$ mm,将它接在水管末端。已知:射流流量 $Q = 0.01$ m³/s,水从喷嘴喷出的高度 $H = 15$ m(不计空气阻力),

喷嘴内压强损失 $p_L=\rho g \cdot h_w=3\,920\ \mathrm{N/m^2}$，试求喷嘴入口断面处所需的液流压强 $p_1$ 及出口断面直径 $d_2$。

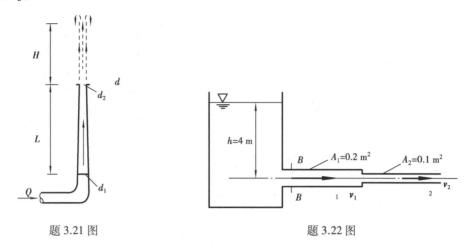

题 3.21 图　　　　　　　　　　　　　题 3.22 图

3.22　如题 3.22 图所示，由断面为 $0.2\ \mathrm{m^2}$ 和 $0.1\ \mathrm{m^2}$ 的两根管道组成的水平输水管系从水箱流入大气中。(1)若不计水头损失，求断面平均流速 $v_1$ 和 $v_2$ 及进口后渐变流断面 $B$ 处的压强；(2)考虑水头损失，第一段为 $4\dfrac{v_1^2}{2g}$，第二段为 $3\dfrac{v_2^2}{2g}$，求断面平均流速 $v_1$ 和 $v_2$。

3.23　用直径 $d=0.5\ \mathrm{m}$ 的管道将河水引入集水井，设水流从河中经过管道流入集水井的全部水头损失 $h_a=5\dfrac{v^2}{2g}$，已知河水位与井水位相差 $h=2\ \mathrm{m}$(见题 3.23 图)，求管中的流量。

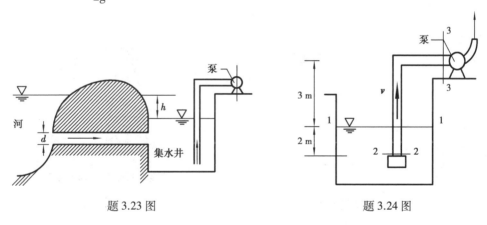

题 3.23 图　　　　　　　　　　　　　题 3.24 图

3.24　离心式水泵吸水(见题 3.24 图)，水池液面 1-1 至管道进口后的断面 2-2 的水头损失为 $10\dfrac{v^2}{2g}$，高差为 $2\ \mathrm{m}$，吸水管直径为 $0.5\ \mathrm{m}$，断面 3-3 上的真空高度为 $30\ \mathrm{cm}$ 水银柱，断面 2-2 至断面 3-3 的水头损失为 $1.2\dfrac{v^2}{2g}$，泵轴心至水面的距离为 $3\ \mathrm{m}$，试求断面 2-2 的压强 $P_2$ 及通过管中的流量。

3.25　如题 3.25 图所示为一虹吸管，通过的流量 $Q=0.028\ \mathrm{m^3/s}$，管段 $AB$ 和 $BC$ 的水头损失均为 $0.5\ \mathrm{m}$，$B$ 处离水池水面高度为 $3\ \mathrm{m}$，$B$ 处与 $C$ 处的高差为 $6\ \mathrm{m}$。试求虹吸管的直径 $d$ 和

$B$ 处的压强。

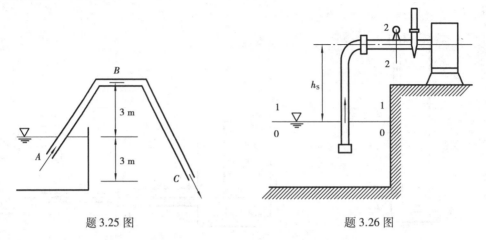

题 3.25 图                题 3.26 图

3.26    一台离心泵,抽水量为 0.22 m³/s,水泵进口允许真空度已知为 4.5 m 水柱,水泵进口直径 $d = 300$ mm(见题 3.26 图),从水池经管道进口的吸水滤头至水泵进口的水头损失为 1 m,求能避免汽蚀的水泵进口轴线至水源水面的最大高度(称为水泵的最大安装高度)$h_S$。

3.27    有一直径缓慢变化的锥形水管(见题 3.27 图),1-1 断面处直径为 $d_1 = 0.15$ m,中心点 $A$ 的相对压强为 7.2 kN/m²,2-2 断面处直径 $d_2$ 为 0.3 m,中心点 $B$ 的相对压强为 6.1 kN/m²,断面平均流速 $v_2$ 为 1.5 m/s,$A,B$ 两点高差为 1 m,试判别管中水流方向,并求 1,2 两断面间的水头损失。

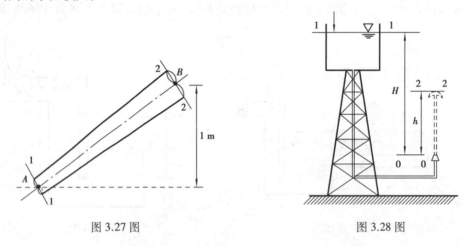

图 3.27 图                图 3.28 图

3.28    如题 3.28 图所示从水塔引出的水管,其末端连接一个消防喷水枪,将水枪置于和水塔液面高差 $H$ 为 10 m 的地方,若水管及喷水枪系统的水头损失为 3 m,试问喷水枪所喷出的液体最高能达到的高度 $h$ 为多少?(不计在空气中的能量损失)

3.29    一水池通过直径有改变的管道系统泄水(见题 3.29 图),已知管道直径 $d_1 = 125$ mm,$d_2 = 100$ mm,喷嘴出口直径 $d_3 = 75$ mm,水银压差计中读数 $\Delta h = 175$ mm,不计管道中流动的液体的水头损失,求管道流量 $Q$ 和喷嘴上游管道中的压力表读数 $p$(压力表与 3-3 断面中心点的高差可略)。

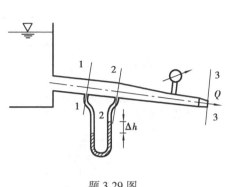

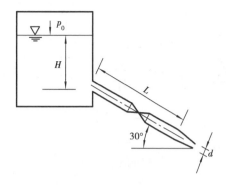

题 3.29 图　　　　　　　　　　　　　　　　　题 3.30 图

3.30　一盛水的密闭容器(见题 3.30 图),液面上气体的相对压强 $p_0$ 为 49 kN/m² 。若在容器底部接一段管路,管长 $L$ 为 4 m,与水平面夹角为 30° ,出口断面直径 $d$ 为 50 mm。管路进口断面中心位于水下深度 $H$ 为 5 m 处,水出流时总的水头损失 $h_w$ = 2.3 m,求水的出流量 $Q$ 。

3.31　一水平变截面管段接于输水管路中,管段进口直径 $d_1$ 为 10 cm,出口直径 $d_2$ 为 5 cm(见题 3.31 图)。当进口断面平均流速 $v_1$ 为 1.4 m/s,相对压强 $p_1$ 为 58.8 kN/m² 时,若不计两断面间的水头损失,试计算管段出口断面的相对压强。

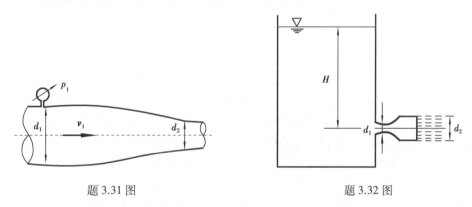

题 3.31 图　　　　　　　　　　　　　　　　　题 3.32 图

3.32　水箱中的水从一扩散短管流到大气中(见题 3.32 图),若直径 $d_1$ = 100 mm,该处绝对压强 $p_1$ 为 49 kN/m² ,直径 $d_2$ 为 150 mm,求水头 $H$ 。水头损失可以忽略不计。

3.33　在水平管路中所通过的水流量 $Q$ = 2.5×10⁻³ m³/s,直径 $d_1$ = 5 cm,$d_2$ = 2.5 cm,相对压强 $p_1$ = 9.8 kN/m² ,两断面间水头损失可忽略不计,问:连接于该管收缩断面上(见题 3.33 图)的测压管可将水自容器内吸上多大的高度 $h$?

3.34　一矩形断面平底的渠道,其宽度 $B$ 为 2.7 m,河床在某断面处抬高 0.3 m,抬高前的水深为 1.8 m,抬高后水面降低 0.12 m(见题 3.34 图),若水头损失 $h_w$ 为尾渠流速水头的一半,问流量 $Q$ 等于多少?

3.35　一水平喷射水流作用在铅垂平板上,射流的流量 $Q$ = 0.01 m³/s,流速 $v$ = 10 m/s,求射流对平板的作用力 $F$(见题 3.35 图)。

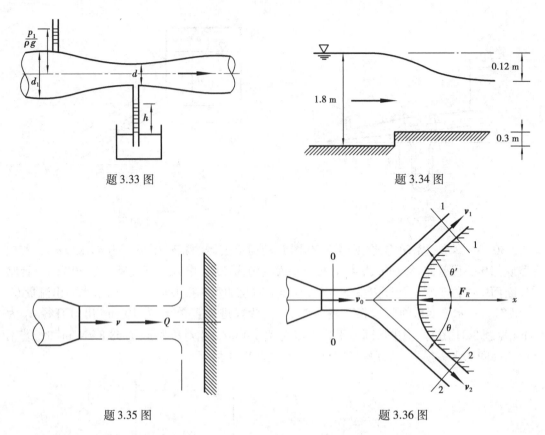

题 3.33 图　　　　　　　　　　　　　　题 3.34 图

题 3.35 图　　　　　　　　　　　　　　题 3.36 图

3.36　水流从喷嘴中水平射向一相距不远的静止壁面,接触壁面后分成两段并沿其表面流动,其水平面图如题 3.36 图所示。设固壁及其表面的液流对称于喷嘴的轴线。若已知喷嘴出口直径 $d = 40$ mm,喷射流量 $Q$ 为 0.025 2 $m^3/s$,求:液流偏转角 $\theta$ 分别等于 $60°,90°$ 与 $180°$ 时射流对固壁的冲击力 $F_R$,并比较它们的大小。

3.37　将一平板放置在自由射流中,并垂直于射流的轴线,该平板截去射流流量的一部分 $Q_1$,并将射流的剩余部分偏转角度 $\theta$,如题 3.37 图所示。已知:$v = 30$ m/s,$Q = 0.036$ $m^3/s$,$Q_1 = 0.012$ $m^3/s$,若不计摩擦力与液体质量的影响,试求射流对平板的作用力,以及射流偏转角 $\theta$(射流流动在同一水平面上)。

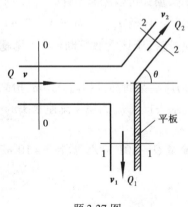

题 3.37 图

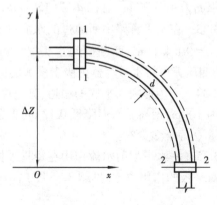

题 3.38 图

3.38 有一沿铅垂直立墙壁铺设的弯管如题 3.38 图所示,弯头转角为 90°,起始断面 1-1 与终止断面 2-2 间的轴线长度 $L$ 为 3.14 m,两断面中心高差 $\Delta z$ 为 2 m,已知 1-1 断面中心处动水压强 $p_1 = 117.6$ kN/m$^2$,两断面之间水头损失 $h_w = 0.1$ m,已知管径 $d = 0.2$ h,试求当管中通过流量 $Q = 0.06$ m$^3$/s 时,水流对弯头的作用力。

3.39 水由一容器经小孔口流出(见题 3.39 图)。孔口直径 $d$ 为 10 cm,若容器中水面高度 $H$ 为 3 m,求孔口射流的反作用力 $F_R$。

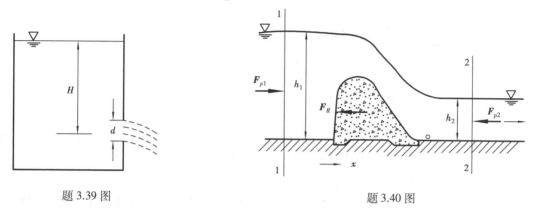

题 3.39 图　　　　　　　　　　　　　　　题 3.40 图

3.40 一过水堰如题 3.40 图所示,上游渐变流断面 1-1 的水深 $h_1 = 1.5$ m,下游渐变流断面 2-2 的水深 $h_2 = 0.6$ m,断面 1-1 和 2-2 之间的水头损失略去不计,求水流对每米宽过水堰的水平推力。

3.41 管道在某混凝土建筑物中分叉,如题 3.41 图所示。已知:主管直径 $d = 3$ m,分叉管直径 $d = 2$ m,主管流量 $Q = 35$ m$^3$/s。两分岔管流量均为 $Q/2$。分岔管转角 $\alpha$ 为 60°,断面 1-1 处的压强水头 $\dfrac{p_1}{\rho g} = 30$ m 水柱,不计水头损失,求水流对支座的作用力。

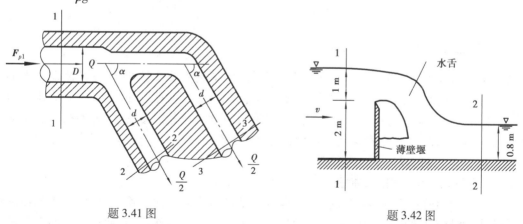

题 3.41 图　　　　　　　　　　　　　　　题 3.42 图

3.42 一矩形断面渠道宽 4 m,渠中设有薄壁堰(置于渠道横截面上的挡水薄板,水可以从板顶部溢流至下游,用于测量流量),堰顶水深 1 m,堰高 2 m,下游尾水深 0.8 m,已知通过堰的流量 $Q = 6.8$ m$^3$/s,堰后水舌内外均为大气(见题 3.42 图),试求堰壁上所受动水总压力(上、下游河底为平底,河底摩擦阻力略去不计)。

# 第 **4** 章
## 流动阻力与水头损失

实际液体具有黏滞性,在运动中由于黏性的作用使得相邻液层之间以及液体与边界之间存在着相互作用的切应力,表现为阻力,液流阻力做功造成机械能损失。在第 3 章中,已将单位重量液体的机械能损失定义为水头损失。

液流的物理特性和边界条件是影响水头损失的重要因素,水头损失的机理及计算是很复杂的问题。对此问题,科学家们做了大量的科学实验研究及理论分析工作,本章将简要地介绍他们的研究成果。本章在讨论流动的两种不同形态(简称流态)、流动阻力和水头损失与流态的关系的基础上,推导沿程阻力与沿程水头损失的普遍关系式——均匀流基本方程,得出计算水头损失的公式,最后介绍局部水头损失。

## 4.1 流动阻力与水头损失的分类及计算

### 1)流动阻力与水头损失的成因及分类

流动阻力与水头损失的产生取决于两个条件:一是液体具有黏滞性;二是流动边界的影响。前者是主要的起决定作用的内部因素。对于不同边界的液流,过水断面上流速分布不同,对流动阻力及水头损失的影响也不同。若采用一元流动分析方法,则可根据造成流动阻力和水头损失的外部原因,即流动的不同边界情况,将水头损失 $h_w$ 分为沿程水头损失 $h_f$ 和局部水头损失 $h_j$ 两种,以便于分析研究。

### (1)沿程阻力和沿程水头损失

在流动边界沿程不变的均匀流段上,虽然流动液体边界壁面的粗糙程度、过水断面的形状和大小均沿流动方向不变化,但由于边界粗糙及液流的黏滞作用,引起过水断面上流速分布不均匀,液流内部质点之间发生相对运动,从而产生摩擦切应力,形成流动阻力,该切应力沿程不变。发生在均匀流段上的流动阻力称为**沿程阻力**,或称为**摩擦阻力**。在流动过程中,要克服这种摩擦阻力就要做功,单位重量液体由于沿程阻力做功所引起的机械能损失称为**沿程水头损失**(frictional head loss),用 $h_f$ 表示。因为沿程阻力沿流程均匀分布,所以沿程水头损失也是沿流程均匀分布的,其大小与流程长度成正比。故在均匀流段上总水头线坡度 $J$ 沿程不变,总水头线为一条沿程下降的直线段。由伯诺里方程可计算出均匀流从过水断面 1-1 到过水断面 2-2 之间流段的水头损失为

$$h_w = h_{f1-2} = \left( z_1 + \frac{p_1}{\rho g} \right) - \left( z_2 + \frac{p_2}{\rho g} \right) \tag{4.1}$$

式(4.1)说明克服沿程阻力所消耗的能量由势能提供。

当液体流动为渐变流动时,流动阻力就不仅仅有沿程阻力了,而且沿程阻力的大小沿流程也要发生变化。为简化计算,常将十分接近的两过水断面之间的渐变流视为均匀流,采用均匀流计算沿程水头损失的公式计算该流段的水头损失,实践表明这样的近似对于处理工程中的水力计算问题是可以的。

**(2)局部阻力及局部水头损失**

在流动边界急剧变化的急变流段上所产生的流动阻力称为**局部阻力**,相应的水头损失称为**局部水头损失**(minor losses),以 $h_j$ 表示。急变流段上流动边界急剧变化,使得过水断面形状及大小、断面上的流速分布及压强分布均沿流程迅速变化,并且往往会发生主流与固壁边界脱离,在主流与边界之间形成漩涡区,漩涡区内过水断面上的流速梯度增大,相应地黏性阻力也增大(例如图 4.1(a)所示管流中有半开的阀门,断面 2-2 至断面 3-3 之间为急变流段;图 4.1(b)和图 4.1(c)为该流动的均匀流断面 1-1 及急变流断面 $a$-$a$ 的流速分布),漩涡运动的产生及发展还会使流体质点的运动更加紊乱,相互碰撞加剧。由于上述各种现象,使得急变流段上的流动阻力及水头损失均比同长度的均匀流段上的流动阻力及水头损失大得多。

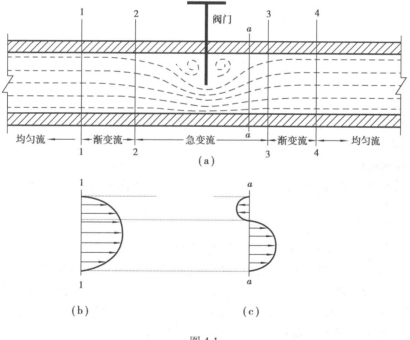

图 4.1

局部水头损失一般发生在流动边界形状急剧变化或过水断面形状突然变化、水流流线急剧弯曲和转折等局部障碍处。局部水头损失是在一段流程上完成的,但是为了方便,在流体力学中通常把它作为发生在一个断面上的集中水头损失来处理,总水头线为一条铅垂下降的直线段。

### 2)水头损失的基本计算公式

实际的液体运动,通常是由若干段均匀流、渐变流及急变流组成,整个流动的水头损失应是全部这些流段的水头损失之和。例如,如图 4.2 所示水流,若探讨包括管道进口前的渐变流断面 1-1 及管道出口后的渐变流断面 5-5 的管流,流段 1,2,3,4 都较长,主要为均匀流,断面 2-2 及 3-3 处管径突然变化,断面 4-4 处有半开的阀门,这些断面前、后是急变流,断面 1-1 至管道进口以及管道出口至断面 5-5 也属急变流,整个管流总的水头损失 $h_w$ 是所有均匀流段的沿程水头损失以及所有急变流段的局部水头损失之和,即

$$h_w = (h_{f1} + h_{f2} + h_{f3} + h_{f4}) + (h_{j进口} + h_{j扩大} + h_{j缩小} + h_{j阀门} + h_{j出口})$$

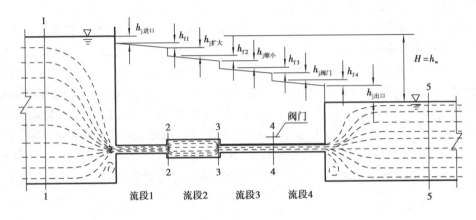

图 4.2

对于任意一个流动,总的水头损失可计算为

$$h_w = \sum_{i=1}^{n} h_{fi} + \sum_{k=1}^{m} h_{jk} \tag{4.2}$$

式中,$n$ 为均匀流段数;$m$ 为急变流段数(局部水头损失个数)。

式(4.2)称为水头损失叠加原理。

#### (1)沿程水头损失计算公式

在工程实际中计算液流的沿程水头损失常采用经验公式

$$h_f = \lambda \frac{l}{4R} \frac{v^2}{2g} \tag{4.3}$$

式(4.3)称为达西(Darcy-Weisbach)公式,它是计算沿程水头损失的通用公式,即该式适用于任意形状过水断面、任何流动状态的有压流或无压流。式中,$l$ 为流程长度;$v$ 为断面平均流速;$\lambda$ 为沿程阻力系数,其值与流速 $v$、水力半径 $R$、液体密度 $\rho$、液体的动力黏度 $\mu$ 以及流动边界固壁的粗糙突起高度等因素有关,$\lambda$ 值的分析计算是本章的主要内容,在后面详细介绍(见 4.5 和 4.6 节);$R$ 是过水断面的水力半径,其值为

$$R = \frac{A}{\chi} \tag{4.4}$$

式中,$A$ 为过水断面面积;$\chi$ 为过水断面上液体与固体壁面接触的周界,称为湿周(wetted perimeter)。

对于管径为 $d$ 的有压圆管流动,水力半径 $R = \dfrac{\pi d^2/4}{\pi d} = \dfrac{d}{4}$,代入式(4.4),则可得有压圆管流的沿程水头损失计算公式为

$$h_f = \lambda \frac{l}{d} \frac{v^2}{2g} \tag{4.5}$$

由式(4.5)可知,有压圆管流动的沿程水头损失 $h_f$ 与流程长度 $l$ 成正比,与管径 $d$ 成反比。这一结论与实验结果吻合。

**(2)局部水头损失计算公式**

$$h_j = \zeta \frac{v^2}{2g} \tag{4.6}$$

式中,$v$ 一般指产生局部水头损失处后面的断面平均流速(或有专门说明),m/s;$\zeta$ 为局部阻力系数。局部阻力系数 $\zeta$ 值因局部障碍不同而异,由实验确定(见 4.5 节)。必须注意,用不同断面的流速水头计算 $h_j$ 时 $\zeta$ 值也可能不同。

## 4.2　雷诺实验　实际液体的两种流动状态

人们在实践中早已观察到实际液体运动时,由于存在黏性而具有两种不同的流态。1883年英国物理学家雷诺(Osborne Reynolds)通过管道水流试验,研究了不同的管径、管壁粗糙度及不同的流速与沿程水头损失之间的关系,他的实验揭示了两种不同流动状态,即层流和紊流的本质,以及不同流态下水流运动的沿程水头损失的不同规律。

**1)雷诺实验**

雷诺实验的装置如图 4.3(a)所示。在一个水位保持恒定的水箱侧壁下部开有一个孔洞,与一根水平放置的玻璃管相连,在玻璃管的末端装有一个调节阀以调节玻璃管内水流量,从而达到控制流速的目的。为了显示液体的流态,在水箱顶部安装一个盛有红颜色水的容器,红颜色水的容重与水的容重相同,经细管流入玻璃管中,细管上端装一个小阀门以调节红颜色水流量。

进行实验时,首先缓慢打开调节阀,使玻璃管内水的流速很小,再打开小阀门放出颜色水,当颜色水进入玻璃管内时,可见颜色水呈一股界线分明的细直线流束,与周围的清水互不混掺,如图 4.3(b)所示,这种流动状态称为**层流**。若逐渐开大调节阀,使流速逐渐增大到一定程度时,颜色水产生微小波动,如图 4.3(c)所示。继续开大调节阀,当流速增大到某一数值时,颜色水横向扩散遍及管道的整个断面,与清水混掺,使得整个管中水流被均匀染色,如图 4.3(d)所示,这种流动状态称为**紊流**。图 4.3(c)是层流与紊流之间的过渡状态。由层流转化为紊流时的流速被称为上临界流速,以 $v_c'$ 表示。紊流状态下液体质点的运动轨迹极不规则,既有沿质点主流方向的运动,又有垂直于主流方向的运动,各点速度的大小和方向随时间无规律地随机变化。

若以相反的程序进行试验,将开大的调节阀逐渐关小,玻璃管中已处于紊流状态的液体逐渐减速,经图 4.3(c)所示的过渡状态后,当液体的流速降低到某一值 $v_c$ 时,玻璃管中的液流又呈现出一细股界线分明的颜色水直线流束,说明水流已由紊流转变为层流了。由实验知

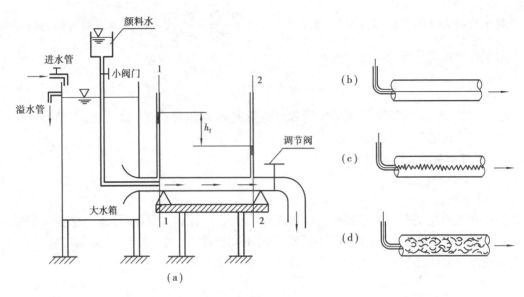

图 4.3

$v_c < v'_c$，即紊流转变为层流的流速要比层流转变为紊流的流速小。$v_c$ 称为**下临界流速**。

为了探讨沿程水头损失与边界情况及流速等因素之间的关系，在玻璃管的 1-1 断面及 2-2 断面分别接一根测压管，如图 4.3(a) 所示。由伯诺里方程

$$h_w = h_{fl-2} = \left(z_1 + \frac{p_1}{\rho g}\right) - \left(z_2 + \frac{p_2}{\rho g}\right)$$

图 4.4

可知两断面间的流动水头损失等于两断面的测压管水头差。当管内流速不同时，测压管水头差值也不相同，即沿程水头损失不相同。做试验时，每调节一次流速，都测定一次测压管水头差值，并同时观察流态。最后，将不同的流速 $v$ 及相应的水头损失的试验数据点绘在对数坐标系上，令横坐标为 $\lg v$，纵坐标为 $\lg h_f$，得出 $h_f$ 与 $v$ 的关系曲线，如图 4.4 所示。从图中可以看出，曲线有 3 段不同的走向：

①$ab$ 段，此段流速 $v<v_c$，流动为稳定的层流，$h_f$ 与流速的一次方成正比，试验点分布在与横坐标轴($\lg v$)成 45°的直线上，$ab$ 线的斜率为 1。

②$ef$ 段，此段流速 $v>v'_c$，流态为紊流，试验曲线 $ef$ 的开始部分是与横轴($\lg v$ 轴)成 60°15′夹角的直线，向上微弯后又变为与横轴成 63°25′夹角的直线；$ef$ 线的斜率为 1.75～2.0。

③$be$ 段，此段流速 $v_c<v<v'_c$，流速从小调大时，层流维持至 $c$ 点才转变为紊流，实验曲线为 $bce$，$c$ 点对应于上临界流速 $v'_c$。

若试验以相反程序进行，即流速从大调小时，则紊流维持至 $b$ 点才转变为层流，$b$ 点对应于下临界流速 $v_c$，$be$ 之间的流态是层流到紊流的过渡段，$v'_c$ 值易受实验过程中任何微小干扰的影响而不稳定，但 $v_c$ 的值却是不易受干扰的稳定值。

试验结果可表示为

$$\lg h_{\mathrm f} = \lg k + m \lg v$$

即
$$h_{\mathrm f} = kv^m \tag{4.7}$$

式中，$m$ 为图 4.4 中各段直线的斜率，层流时，$m_1 = 1.0$，$h_{\mathrm f} = k_1 v$，此时，沿程水头损失与流速的一次方成正比；紊流时，$m = 1.75 \sim 2.0$，$h_{\mathrm f} = k_2 v^{1.75 \sim 2.0}$，此时，沿程水头损失与流速的 1.75~2.0 次方成正比。

雷诺实验的意义在于揭示了液体流动存在着层流与紊流两种不同状态的流动，并对于一定的管道水流初步探讨了流速与沿程水头损失 $h_{\mathrm f}$ 之间的关系。用其他液体或气体，或在其他边界条件下作相同的试验也可得到类似的结果。层流与紊流的区别不仅是流体质点的运动轨迹不同，而且其水流内部结构也完全不同，从而导致水头损失的变化规律不同，因此，计算水头损失须首先判别流态。

**2）流态的判别**

根据以上讨论可知，上临界流速不稳定，因此，通常判别流态不采用上临界流速而采用稳定的下临界流速。若实际液体的流速小于下临界流速，即 $v<v_{\mathrm c}$，则液体运动必为层流运动。因为在 $be$ 过渡段，试验点较为散乱，即未能归纳出 $h_{\mathrm f}$ 与 $v$ 等因素的确定规律，所以，一般认为当实际液体的流速超过下临界流速后，可按紊流考虑。

采用不同的管径、不同的液体在不同的温度下作试验，得到的下临界流速值是不同的。这表明，流速不是决定流态的唯一因素，流体的流动形态与其流速、液体流动的边界条件（如管径、管壁粗糙等）及液体的物理性质（如液体的密度及黏度等）有关，可用一个综合性的雷诺数 $Re$ 来判断流态。由前面的讨论可知，水流处于层流状态时，流速 $v<v_{\mathrm c}$，将此不等式的两侧均乘以 $\dfrac{d}{\nu}$（$>0$），可得

$$\frac{vd}{\nu} < \frac{v_{\mathrm c}d}{\nu}$$

定义：$Re = \dfrac{vd}{\nu}$，称为液体流动的**雷诺数**；

$Re_{\mathrm c} = \dfrac{v_{\mathrm c}d}{\nu}$，称为**下临界雷诺数**，简称**临界雷诺数**。

当 $Re<Re_{\mathrm c}$ 时，液体作层流运动；

当 $Re>Re_{\mathrm c}$ 时，液体作紊流运动。

雷诺数是一个无量纲数，它反映了液体流动的惯性与液体黏性的对比关系。由实验得知：不同的流动边界情况以及不同的液体物理性质，流动的下临界雷诺数是同一个常数。因此，用雷诺数判别流态比用流速判别更方便。对于圆管满管有压流动，下临界雷诺数为 $Re_{\mathrm c} \approx 2\ 000$，是一个相当稳定的数值。

对于其他情况，如圆管非满管流动，河道、明渠等具有自由液面的流动，同样存在两种流动型态，也同样可用临界雷诺数进行流态的判别。对于不是圆管有压流的其他各种流动，须采用水力半径 $R$ 作为特征长度来定义雷诺数及临界雷诺数

$$Re = \frac{vR}{\nu}$$

$$Re_c = \frac{v_c R}{\nu}$$

式中，$R$ 为水力半径，它等于过水断面面积 $A$ 与**湿周** $\chi$ 之比，即 $R = \dfrac{A}{\chi}$，湿周 $\chi$ 是指过水断面上固体边界与液体接触部分的周长。

由实验得知：$Re_c = \dfrac{v_c R}{\nu} = 500$

**例 4.1** 有压管流水温为 15 ℃，管径为 2 cm，水流的断面平均流速为 8 cm/s，试求管中水流状态以及水流形态转变时的临界流速或水温。

**解** 水温 15 ℃，查表 1.3 可知，$\nu = 0.011\ 4\ \text{cm}^2/\text{s}$，实际管流的雷诺数为

$$Re = \frac{vd}{\nu} = \frac{8\ \text{cm/s} \times 2\ \text{cm}}{0.011\ 4\ \text{cm}^2/\text{s}} = 1\ 400 < 2\ 000$$

由此判断可知，管中水流状态是层流。

水流状态转变时的临界流速为

$$v_c = \frac{Re_c \nu}{d} = \frac{2\ 000 \times 0.011\ 4\ \text{cm}^2/\text{s}}{2\ \text{cm}} = 11.4\ \text{cm/s}$$

即当 $v$ 增大到 11.4 cm/s 以上时，水流状态由层流转变为紊流。

若不改变流速，即 $v = 8$ cm/s，也可以因水温的改变而使 $\nu$ 及 $Re$ 改变，从而使水流状态由层流转变为紊流。临界流态下，运动黏性系数 $\nu$ 值为

$$\nu = \frac{vd}{Re_c} = \frac{8\ \text{cm/s} \times 2\ \text{cm}}{2\ 000} = 0.008\ \text{cm}^2/\text{s}$$

查表 1.3 可知，当水温升高到 30 ℃以上时，水流状态转变为紊流。

**例 4.2** 一断面为矩形的排水沟，沟底宽 20 cm，水深 15 cm，流速 0.15 m/s，水温 15 ℃，试判别其流态。

**解** 当水温为 15 ℃时，$\nu = 0.011\ 4\ \text{cm}^2/\text{s}$，非圆形断面的水力半径为

$$R = \frac{A}{\chi} = \frac{20 \times 15\ \text{cm}^2}{20\ \text{cm} + 2 \times 15\ \text{cm}} = 6\ \text{cm}$$

$$Re = \frac{vR}{\nu} = \frac{15\ \text{cm/s} \times 6\ \text{cm}}{0.011\ 4\ \text{cm}^2/\text{s}} = 7\ 900 > 500$$

因此，流态为紊流。

## 4.3 均匀流基本方程

### 1）均匀流的特征

流体为层流时均匀流的流线是相互平行的直线簇，在同一条流线上各点的流速相同。因此，均匀流沿流程各个过水断面上的流速分布及其他各水力要素都保持不变，各个过水断面上的断面平均流速也相等。

### 2）形成均匀流的条件

管径及管材均沿程不变的长直圆管中的有压流动可形成均匀流。

若长、直、顺坡（即渠底高程沿流程下降）渠道的断面形状、尺寸、壁面粗糙情况以及渠道的底坡都沿程不变,则该渠道中的恒定明渠流（指具有自由液面的流动）可形成均匀流。

### 3）均匀流基本方程

以有压管流中均匀流为例推导均匀流基本方程,在过水断面 1-1 至 2-2 的流段中取轴线与管轴重合的圆柱体流束进行研究。假设该流束两过水断面的面积分别为 $A'_1$ 和 $A'_2$,流束过水断面的周长为 $\chi'$（称为流束的湿周）,过水断面 1-1 至 2-2 间的距离为 $l$,流束表面的切应力 $\tau$ 是均匀分布的,如图 4.5 所示,过水断面 $A'_1$ 和 $A'_2$ 中心点的压强分别为 $p_1$ 和 $p_2$。

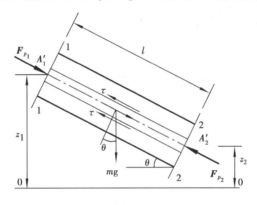

图 4.5

流束上所受的力有重力 $mg$、过水断面 $A'_1$ 上的压力 $F_{p_1}=p_1A'_1$、过水断面 $A'_2$ 上的压力 $F_{p_2}=p_2A'_2$ 以及流束段表面的剪切力 $\tau\chi'l$。均匀流中各质点做匀速直线运动,因此各力沿流束流动方向的投影应平衡,即

$$p_1A'_1 - p_2A'_2 + \rho gA'l\sin\theta - \tau\chi'l = 0$$

均匀流各过水断面相等,因此,$A'_1=A'_2=A'$。任选一基准面 0-0,两断面中心点的高程差为 $z_1-z_2=l\sin\theta$。将 $z_1-z_2=l\sin\theta$ 代入上式后,等式两边除以 $\rho gA'$,整理得

$$\left(z_1 + \frac{p_1}{\rho g}\right) - \left(z_2 + \frac{p_2}{\rho g}\right) = \frac{\tau\chi'l}{\rho gA'} = \frac{\tau l}{\rho gR'}$$

式中,$R'=A'/\chi'$,称为流束的水力半径。

又由 1-1 到 2-2 断面的总流伯诺里方程知

$$\left(z_1 + \frac{p_1}{\rho g}\right) - \left(z_2 + \frac{p_2}{\rho g}\right) = h_{\mathrm{f}}$$

比较以上两式可得

$$h_{\mathrm{f}} = \frac{\tau l}{\rho gR'} \tag{4.8}$$

该方程反映了沿程水头损失与切应力之间的关系。

令 $J=h_{\mathrm{f}}/l$ 代入上式,整理得

$$\tau = \rho g R' J \qquad (4.9)$$

该方程反映了切应力与水力坡度之间的关系。

式(4.8)和式(4.9)均称为**流束均匀流基本方程**。对于无压流动,同样可以按照上述步骤列出沿流动方向的力的平衡方程而得到相同于式(4.8)或式(4.9)的结果,因此,该方程对有压流或无压流都适用。

如果对过水断面 1-1 至 2-2 的流段中的总流进行研究,如图 4.6 所示,用推导流束均匀流基本方程的相同步骤,可得**总流的均匀流基本方程**

$$\tau_0 = \rho g R J \qquad 或 \qquad h_f = \frac{\tau_0 l}{\rho g R} \qquad (4.10)$$

式中,$\tau_0$ 为壁面沿程阻力,如图 4.6(a)所示;$R$ 为总流的水力半径。

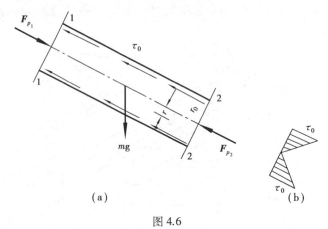

图 4.6

### 4)圆管切应力分布

对于圆管有压流,有

$$R = \frac{A}{\chi} = \frac{\frac{1}{4}\pi d^2}{\pi d} = \frac{1}{4}d = \frac{1}{2}r_0$$

式中,$r_0$ 为圆管半径。将上式代入式(4.10),可得壁面切应力

$$\tau_0 = \rho g \frac{r_0}{2} J \qquad (4.11)$$

同理,将 $R' = \frac{1}{2}r$ 代入式(4.9),可得在过水断面上半径为 $r$ 的某点处的切应力

$$\tau = \rho g \frac{r}{2} J \qquad (4.12)$$

比较式(4.11)和式(4.12)可得

$$\frac{\tau}{\tau_0} = \frac{r}{r_0} \qquad (4.13)$$

式(4.13)说明在圆管均匀流过水断面上,切应力呈直线分布,如图 4.6(b)所示,管壁处切应力值最大($\tau = \tau_0$),而管轴处切应力值为最小($\tau = 0$)。

## 4.4　圆管中的层流运动

### 1)层流的沿程阻力

对于层流运动,沿程阻力就是内摩擦力。液层间的内摩擦切应力可由牛顿内摩擦定律

$\tau = \mu \dfrac{\mathrm{d}u}{\mathrm{d}y}$ 求出。$y$ 是自管壁起沿径向设的坐标。

圆管中有压均匀流是轴对称流,若采用坐标

系 $(x, r)$,如图 4.7 所示,则 $y = r_0 - r$,$\dfrac{\mathrm{d}u}{\mathrm{d}y} = -\dfrac{\mathrm{d}u}{\mathrm{d}r}$,

因此,圆管层流的内摩擦切应力的计算式为

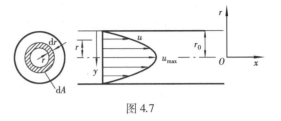

图 4.7

$$\tau = -\mu \frac{\mathrm{d}u}{\mathrm{d}r} \tag{4.14}$$

### 2)圆管层流过水断面上的流速分布

圆管均匀层流在半径 $r$ 处的切应力由均匀流基本方程式(4.12)及式(4.14)可得

$$\tau = \rho g \frac{1}{2} r J = -\mu \frac{\mathrm{d}u}{\mathrm{d}r}$$

于是

$$\mathrm{d}u = -\frac{\rho g J}{2\mu} r \mathrm{d}r$$

均匀流中各元流 $J$ 值相等。对上式积分,得

$$u = -\frac{\rho g J}{4\mu} r^2 + C$$

$C$ 为积分常数,将边界条件 $r = r_0$ 时,$u = 0$,代入上式,得

$$C = \frac{\rho g J}{4\mu} r_0^2$$

所以

$$u = \frac{\rho g J}{4\mu} (r_0^2 - r^2) \tag{4.15}$$

式(4.15)表明圆管层流运动过水断面上流速分布形状是一个以管轴为中心线的旋转抛物面,即在层流的情况下,圆管过水断面上流速分布服从抛物线律。

当 $r = 0$ 时,可得

$$u = u_{\max} = \frac{\rho g J}{4\mu} r_0^2 \tag{4.16}$$

即过水断面上的最大流速在管轴上。

因为流量 $Q = \displaystyle\int_A u \mathrm{d}A = vA$,在过水断面上选取宽为 $\mathrm{d}r$ 的环形断面,面积为微元面积 $\mathrm{d}A = 2\pi r \mathrm{d}r$,如图 4.7 所示,则圆管层流的断面平均流速为

$$v = \frac{Q}{A} = \frac{\int_A u\mathrm{d}A}{A} = \frac{1}{\pi r_0^2}\int_0^{r_0}\frac{\rho gJ}{4\mu}(r_0^2 - r^2)2\pi r\mathrm{d}r = \frac{\rho gJ}{8\mu}r_0^2 \qquad (4.17)$$

比较式(4.16)和式(4.17)得

$$v = \frac{1}{2}u_{\max} \qquad (4.18)$$

即圆管层流中的断面平均流速为过水断面上最大流速的一半。

在第3章中曾提出过动能修正系数 $\alpha$ 和动量修正系数 $\beta$,它们的值均与过水断面上的流速分布有关。根据 $\alpha$ 及 $\beta$ 的定义式以及流速分布函数式(4.15)可得圆管层流的动能修正系数

$$\alpha = \frac{1}{v^3 A}\int_A u^3\mathrm{d}A = 2.0$$

动量修正系数

$$\beta = \frac{1}{v^2 A}\int_A u^2\mathrm{d}A = 1.33$$

### 3)圆管层流的沿程水头损失计算公式

由式(4.17)得

$$J = \frac{h_\mathrm{f}}{l} = \frac{8\mu}{\rho gr_0^2}v = \frac{32\mu}{\rho gd^2}v$$

因此
$$h_\mathrm{f} = \frac{32\mu l}{\rho gd^2}v \qquad (4.19)$$

式(4.19)说明了圆管层流运动的水头损失 $h_\mathrm{f}$ 与断面平均流速 $v$ 成线性正比关系,如图4.4中的 $ab$ 段所示。将式(4.19)转化为达西公式的形式

$$h_\mathrm{f} = \frac{2\times 32\times\mu}{v\cdot\rho\cdot d}\cdot\frac{l}{d}\cdot\frac{v^2}{2g} = \frac{64}{\dfrac{vd}{\nu}}\cdot\frac{l}{d}\cdot\frac{v^2}{2g} = \frac{64}{Re}\cdot\frac{l}{d}\cdot\frac{v^2}{2g}$$

将上式与式(4.15)比较可得**圆管层流的沿程阻力系数**为

$$\lambda = \frac{64}{Re} \qquad (4.20)$$

**例 4.3** 利用管径 $d = 75$ mm 的管道输送重油,如图4.8所示。已知重油的密度 $\rho_油 = 901$ kg/m³,运动黏性系数 $\nu_油 = 0.9$ cm²/s,如在管轴上安装了带有水银压差计的毕托管,读得水银液面高差 $h_\mathrm{p} = 20$ mm,求重油每小时流量及每米长的沿程水头损失($\rho_{水银} = 13\ 600$ kg/m³)。

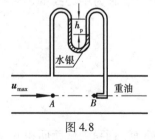
图4.8

**解** ①欲求重油每小时流量,须先求得流速。从图4.8所示装置看,可以测得 $A$ 点的流速,取测速管前的滞止点 $B$,沿流线写出 $A\rightarrow B$ 的伯诺里方程为

$$\frac{p_A}{\rho_油 g} + \frac{u_{\max}^2}{2g} = \frac{p_B}{\rho_油 g} + \frac{0}{2g}$$

由于 $A,B$ 两点靠得很近,因此,略去了沿程水头损失 $h_f$。由上式可得

$$\frac{u_{max}^2}{2g} = \frac{p_B - p_A}{\rho_{油} g} = \frac{\rho_{汞} g - \rho_{油} g}{\rho_{油} g} h_p = \frac{\rho_{汞} - \rho_{油}}{\rho_{油}} h_p$$

于是

$$u_{max} = \sqrt{2 \times 9.8 \text{ m/s}^2 \times \frac{13\,600 \text{ kg/m}^3 - 901 \text{ kg/m}^3}{901 \text{ kg/m}^3} \times 0.02 \text{ m}} = 2.35 \text{ m/s}$$

若重油的流动为层流,则断面平均流速为 $v = \frac{1}{2} u_{max} = 1.175 \text{ m/s}$。是否为层流运动还须校核。

用 $v = 1.175 \text{ m/s}$ 估算雷诺数

$$Re = \frac{vd}{\nu} = \frac{1.175 \text{ m/s} \times 0.075 \text{ m}}{0.9 \times 10^{-4} \text{ m}^2/\text{s}} = 979 < 2\,000$$

即 $Re < Re_c$,故为层流,所求断面平均流速正确。重油每小时流量为

$$Q = v \times \frac{1}{4} \pi d^2 = 1.175 \text{ m/s} \times \frac{1}{4} \times 3.141\,6 \times 0.075^2 \text{ m}^2 \times 3\,600 \text{ s/h}$$

$$= 0.005\,188 \text{ m}^3/\text{s} \times 3\,600 \text{ s/h} = 18.68 \text{ m}^3/\text{h}$$

②求每米长管道层流的沿程水头损失。

层流的沿程阻力系数

$$\lambda = 64/Re = 64/979 = 0.065\,4$$

每米长度上的沿程水头损失为

$$\frac{h_f}{l} = \lambda \cdot \frac{1}{d} \cdot \frac{v^2}{2g} = 0.065\,4 \times \frac{1}{0.075 \text{ m}} \times \frac{1.175^2 \text{ m}^2/\text{s}^2}{19.6 \text{ m/s}^2} = 0.061\,4 \text{ m 油柱/m}$$

## 4.5　液体的紊流运动　紊流沿程水头损失的分析与计算

### 1)液体的紊流运动

#### (1)紊流运动要素的脉动及时均化的研究方法

紊流运动的基本特征是在运动中大量微小漩涡不断产生、发展,相互混掺着前进,并衰减和消失,使得液体质点不断地随机混掺,各空间点上液体质点的流速、压强等运动要素在时间变化过程中都随机地变化,形成不规则的脉动。

例如,在恒定流流场中选定某一空间定点 $A$,可测得液体质点通过 $A$ 的各方向瞬时流速分量 $u_x,u_y,u_z$ 和压强 $p$ 随时间变化的关系曲线如图4.9所示。从这些曲线可以看出,虽然空间点 $A$ 处的各流速分量和压强 $p$ 均随时间不断地变化,但始终围绕着某一平均值而随机变化,这种现象称为液体质点运动要素的**紊流脉动现象**。

在工程实践中,一般不讨论各运动要素的精确变化过程,而仅关心一定时段内它们的平均值,用 $\bar{u}_x, \bar{u}_y, \bar{u}_z$ 和 $\bar{p}$ 分别表示某空间点处流速及压强的时间平均值,定义运动要素的时间平均值(简称**时均值**)为

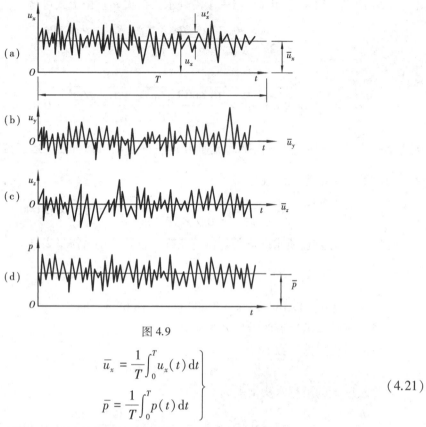

图 4.9

$$\left.\begin{array}{l} \bar{u}_x = \dfrac{1}{T}\displaystyle\int_0^T u_x(t)\,\mathrm{d}t \\[3mm] \bar{p} = \dfrac{1}{T}\displaystyle\int_0^T p(t)\,\mathrm{d}t \end{array}\right\} \tag{4.21}$$

式中，$T$ 是足够长的时段。在足够长的时间过程中，运动要素的时均值不变。

液流某空间点的瞬时流速与时均流速之差称为**脉动流速**，记为 $u_x'$，$u_y'$，$u_z'$，于是，瞬时流速为

$$\left.\begin{array}{l} u_x = \bar{u}_x + u_x' \\ u_y = \bar{u}_y + u_y' \\ u_z = \bar{u}_z + u_z' \end{array}\right\} \tag{4.22}$$

同理，瞬时压强为 $p=\bar{p}+p'$，$p'$ 称为脉动压强。

水力学中将紊流运动看作为一个时间平均流动和一个脉动流动的叠加，并分别加以研究，这种研究方法称为**时均化的研究方法**。

由于紊流的脉动特性，因此严格地说，紊流总是非恒定的。但是，在工程实际问题中，一般只讨论紊流时均运动，并且根据运动要素的时均值是否随时间而变化，将紊流划分为恒定流与非恒定流。在第 3 章中根据恒定流导出的基本方程，对于恒定的时均流动仍适用。以后各章所讨论的紊流运动，运动要素都指时均值而言，并略去表达时均值的字母上的横画线。

（2）**紊流沿程阻力**

紊流中的沿程阻力不仅仅与液体黏性有关，还与紊流的运动特点（即质点随机混掺及运动物理量的脉动）有关。由液体的黏性以及质点之间的相对运动而引起的切应力，称为**黏性阻力或黏滞切应力**，记为 $\bar{\tau}$，根据牛顿内摩擦定律

$$\bar{\tau} = \mu \frac{\mathrm{d}\bar{u}_x}{\mathrm{d}y} \tag{4.23}$$

$x$ 轴的正向为主流流动方向；由液体质点随机紊动所产生的切应力，称为**紊流附加阻力**或**紊流附加切应力**，记为 $\tau'$，其值与液体密度及脉动流速有关。紊流沿程阻力 $\tau$ 由这两种阻力组成，即

$$\tau = \bar{\tau} + \tau' \tag{4.24}$$

紊流运动的机理非常复杂，关于脉动运动迄今仍在继续探讨研究中。对于工程中的水力计算问题，目前只能采用经验或半经验理论计算紊流附加应力，其中较广泛采用的半经验理论是德国科学家普朗特(Prandtl)提出的混合长度理论。普朗特采用时均流速梯度来计算与脉动流速有关的紊流附加应力，他提出了以下计算公式

$$\tau' = \rho l^2 \left(\frac{\mathrm{d}\bar{u}_x}{\mathrm{d}y}\right)^2 \tag{4.25}$$

式中，$\rho$ 为液体密度；$l$ 为混合长度，由尼古拉兹实验研究得 $l = ky\sqrt{1 - \dfrac{y}{r_0}}$，$y$ 为自固壁边界沿其法线方向到所讨论质点的距离，$k$ 是一无量纲常数，称为卡门常数，由实验得 $k = 0.4$。

若采用式(4.25)计算紊流附加应力，则紊流沿程阻力 $\tau$ 为

$$\tau = \bar{\tau} + \tau' = \mu \frac{\mathrm{d}\bar{u}_x}{\mathrm{d}y} + \rho l^2 \left(\frac{\mathrm{d}\bar{u}_x}{\mathrm{d}y}\right)^2 \tag{4.26}$$

### 2)圆管中液体的紊流

#### (1)紊流流核与黏性底层

在紊流运动中，由于液体黏性及固体边壁的约束作用，紧靠边壁一厚度为 $\delta_L$ 的液层，其脉动流速很小，附加切应力也很小，流速梯度却很大，因此黏性阻力很大，其流态基本上为层流。通常将紊流中靠近固壁附近这一薄层称为**黏性底层**(viscous sublayer)。因为在黏性底层内液流流态为层流，所以黏性底层又称为**层流底层**。在黏性底层之外，通常有一极薄的过渡层，在其后的液流才是紊流，但是过渡层的意义不大，一般，将黏性底层之外的液流统称为**紊流流核**(core region of turbulent flow)。在紊流流核内的流态为紊流，流动阻力以流动附加阻力为主。

黏性底层很薄，一般只有零点几毫米，然而它的厚薄对紊流阻力和水头损失的影响却是重大的。

如图 4.10 所示为管道中紊流，其中，黏性底层的厚度被放大了比例画出。由实验资料表

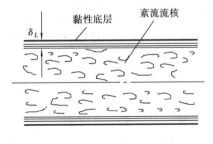

图 4.10

明黏性底层的厚度 $\delta_L$ 可用以下经验公式计算

$$\delta_L = 11.6 \frac{\nu}{v_*} \tag{4.27}$$

式中，$v_* = \sqrt{\dfrac{\tau_0}{\rho}}$，为一个具有速度量纲而与边壁上的剪切应力有关的量，称为**剪切流速**。

由总流的均匀流基本方程式(4.10)$h_f = \dfrac{\tau_0 l}{\rho g R}$，及计算有压管流沿程水头损失的达西公式(4.3)$h_f = \lambda \dfrac{l}{4R} \dfrac{v^2}{2g}$，可得

$$\tau_0 = \frac{\lambda \rho v^2}{8}$$

所以

$$v_* = \sqrt{\frac{\tau_0}{\rho}} = v\sqrt{\frac{\lambda}{8}} \tag{4.28}$$

将式(4.28)代入式(4.27)可得

$$\delta_L = 11.6 \frac{\nu}{v\sqrt{\dfrac{\lambda}{8}}} = \frac{32.8d}{\dfrac{vd}{\nu}\sqrt{\lambda}}$$

故

$$\delta_L = \frac{32.8d}{Re\sqrt{\lambda}} \tag{4.29}$$

式中，$Re$ 为管内流动的雷诺数；$\lambda$ 为沿程阻力系数。

式(4.29)为有压管流中紊流黏性底层厚度 $\delta_L$ 的计算式。由此式可知，黏性底层的厚度与雷诺数有关。雷诺数越大，紊动越强烈，黏性底层的厚度就越小。

**(2)紊流沿程阻力的变化规律　紊流三区的划分准则**

紊流沿程阻力及沿程水头损失的变化受黏性底层的厚度和流动固体边壁粗糙程度的影响。任何流动边壁都是粗糙不平的，并且粗糙凸起的分布是不均匀的。以 $\Delta$ 表示壁面粗糙凸起的平均高度，称为**绝对粗糙度**，$\Delta$ 与流动边界的某一特征尺寸 $R$（例如管流中 $R$ 可为管径或管半径）的比值 $\Delta/R$ 称为**相对粗糙度**。如前文所述，黏性底层的厚度 $\delta_L$ 与流动的雷诺数 $Re$ 有关。当 $Re$ 数较小，$\delta_L$ 值较大，以至于壁面粗糙凸起完全被黏性底层所淹没时，如图4.11(a)所示，紊流流核被黏性底层与粗糙凸起完全隔开，紊流阻力不受壁面粗糙影响，沿程阻力系数 $\lambda$ 仅与雷诺数有关，即 $\lambda = f(Re)$，这样的紊流称为**紊流光滑**，这时的流动边壁称为**水力光滑壁**，管道则称为**水力光滑管**；若 $Re$ 数很大，$\delta_L$ 值很小，以至于壁面粗糙凸起深入紊流流核中（见图4.11(b)），成为紊流漩涡的重要策源地，粗糙凸起成为阻碍液流运动的最主要因素，紊流沿程阻力和沿程水头损失与雷诺数无关，只与壁面的粗糙度有关，沿程阻力系数 $\lambda = f(\Delta/R)$，这样的紊流称为**紊流粗糙**，这时的边壁称为**水力粗糙壁**，管道则称为**水力粗糙管**。介于以上两者之间的情况，如图4.11(c)所示，黏性底层不能完全掩盖住边壁粗糙凸起的影响，紊流沿程阻力及沿程水头损失与雷诺数及壁面粗糙都有关，沿程阻力系数 $\lambda = f(Re, \Delta/R)$，这样的紊流称为紊流过渡（指紊流光滑与紊流粗糙之间的过渡区）。

综上所述，紊流沿程阻力及沿程水头损失，随着流动的雷诺数及壁面粗糙的不同，其变化规律分为 3 个不同的区域。根据尼古拉兹等科学家们的实验研究，这 3 个区域的划分准

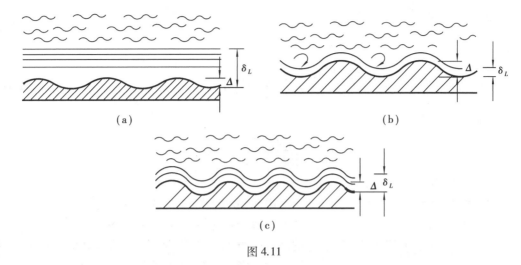

图 4.11

则为:

　　紊流光滑区:$\Delta < 0.4\delta_L$,或 $Re_* < 5$

　　过渡区:$0.4\delta_L < \Delta < 6\delta_L$,或 $5 < Re_* < 70$

　　紊流粗糙区:$\Delta > 6\delta_L$,或 $Re_* > 70$

其中,$Re_* = \dfrac{\Delta v_*}{\nu}$ 称为**粗糙雷诺数**。

　　判别流动边壁属于水力光滑还是水力粗糙取决于紊流阻力规律属于哪一个区域,而不单纯取决于壁面的粗糙度,即对于同一流动边壁,在某一雷诺数值时,它可能是水力光滑壁;在另一雷诺数值时,它可能变为水力粗糙壁,反之亦然。

　　**(3)紊流过水断面上的流速分布**

　　紊流过水断面包括黏性底层及紊流流核两部分。在这两部分液流中,由于流态不同,流速分布规律也不同。黏性底层内的液流流态为层流,因此其流速分布服从抛物线律。由于黏性底层厚度 $\delta_L$ 一般很小,因此黏性底层内的流速分布可近似按线性律考虑。在紊流流核中,流动阻力以紊动附加阻力为主,黏性切应力与附加切应力比较可以忽略不计,由式(4.26)得

$$\tau = \rho l^2 \left(\frac{\mathrm{d}\bar{u}_x}{\mathrm{d}y}\right)^2 = \rho k^2 y^2 \left(1 - \frac{y}{r_0}\right)\left(\frac{\mathrm{d}u}{\mathrm{d}y}\right)^2$$

又知均匀流过水断面上的切应力呈直线分布,对于有压管流

$$\tau = \tau_0 \frac{r}{r_0} = \tau_0\left(1 - \frac{y}{r_0}\right)$$

于是

$$\tau_0\left(1 - \frac{y}{r_0}\right) = \rho k^2 y^2 \left(1 - \frac{y}{r_0}\right)\left(\frac{\mathrm{d}u}{\mathrm{d}y}\right)^2$$

整理得

$$\mathrm{d}u = \sqrt{\frac{\tau_0}{\rho}} \frac{1}{ky}\mathrm{d}y = \frac{v_*}{ky}\mathrm{d}y$$

积分得

$$u = v_* \frac{1}{k} \ln y + C \tag{4.30}$$

或采用变换式

$$\frac{u}{v_*} = \frac{1}{k}\ln\left(\frac{v_* y}{\nu}\right) + C' \tag{4.31}$$

换为常用对数可以写为

$$u = v_* \left[\frac{2.3}{k}\lg\left(\frac{v_* y}{\nu}\right) + C'\right] \tag{4.32}$$

式中,$C$ 和 $C'$ 均为积分常数。

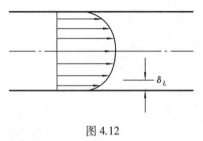

图 4.12

由式(4.30)和式(4.31)可见过水断面上紊流流核的流速分布规律为对数律,如图 4.12 所示。对数律的流速分布较为均匀,因此,紊流运动的动能修正系数与动量修正系数的计算值都接近于 1.0,断面平均流速 $v$ 约为 $0.8 u_{max}$。

(4)**紊流光滑和紊流粗糙的流速分布规律**
①**紊流光滑的流速分布**

紊流光滑的黏性底层较厚,$\delta_L > 2.5\Delta$,黏性底层中的流速分布近似为线性分布

$$\frac{u}{v_*} = \frac{v_* y}{\nu}$$

光滑管中紊流流核的流速分布可由式(4.32)确定,由尼古拉兹人工粗糙管(尼古拉兹在圆管内壁黏胶上经过筛分的具有同粒径 $\Delta$ 的砂粒,制成人工均匀颗粒粗糙,用以测定不同流态下 $\lambda$ 与 $Re$ 和 $\Delta$ 关系的管道)实验资料得积分常数:$C' = 5.5$,$k = 0.4$,故

$$u = v_* \left[5.75 \lg \left(\frac{v_* y}{\nu}\right) + 5.5\right] \tag{4.33}$$

②**紊流粗糙的流速分布**

紊流粗糙的黏性底层厚度非常小,可认为整个过水断面上的流速分布均符合式(4.32),卡门和普兰特根据尼古拉兹实验资料,得出紊流粗糙的过水断面上的对数流速分布公式为

$$u = v_* \left[5.75 \lg \frac{y}{\Delta} + 8.5\right] \tag{4.34}$$

③**紊流流速分布的指数律经验公式**

普朗特和卡门根据实验资料又提出了紊流流速分布的指数律公式

$$\frac{u}{u_{max}} = \left(\frac{y}{r_0}\right)^n \tag{4.35}$$

式(4.35)中的指数随雷诺数而变化,当 $Re < 10^5$ 时,$n$ 约等于 $1/7$,即

$$\frac{u}{u_{max}} = \left(\frac{y}{r_0}\right)^{1/7} \tag{4.36}$$

称为紊流流速分布中的**七分之一次方定律**。

3）紊流沿程水头损失的分析与计算

由 4.1 节的讨论知，圆管有压流的沿程水头损失可用达西公式计算，即 $h_f = \lambda \dfrac{l}{d} \dfrac{v^2}{2g}$，因此，沿程水头损失 $h_f$ 的计算问题归结为求不同流态下的沿程阻力系数 $\lambda$ 值。

**（1）$\lambda$ 的变化规律　尼古拉兹实验**

为确定沿程阻力系数 $\lambda$ 的变化规律，尼古拉兹采用如图 4.13 所示实验装置，管内为恒定有压流，以不同粗糙度的人工粗糙管进行了一系列试验，并将试验结果以 $\lg Re$ 为横坐标，$\lg(100\lambda)$ 为纵坐标绘出，得曲线如图 4.14 所示。该曲线称为尼古拉兹实验曲线。由该曲线可看出：$\lambda$ 和 $Re$ 及 $\Delta/d$ 的关系有 5 个不同的区域，图中分别以 Ⅰ，Ⅱ，Ⅲ，Ⅳ，Ⅴ 表示。

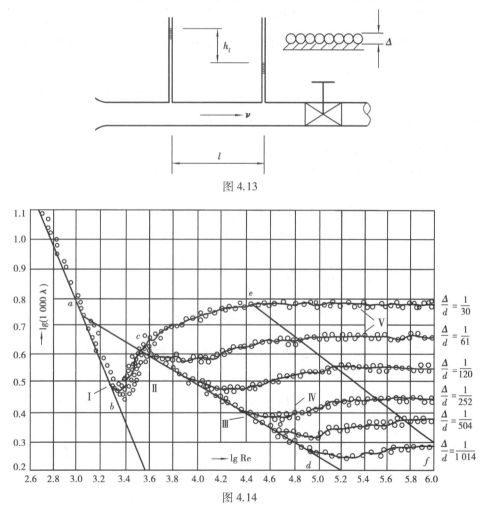

图 4.13

图 4.14

第Ⅰ区：层流区，$Re < 2\,000$，所有不同 $\dfrac{\Delta}{d}$ 值的管子的试验点均聚集在一条直线 $ab$ 上，说明 $\lambda$ 与粗糙度无关，而只与 $Re$ 数有关，并且 $\lambda$ 与 $Re$ 的关系基本符合理论公式：$\lambda = \dfrac{64}{Re}$，该试验同时指出 $\Delta$ 不影响临界雷诺数 $Re_c = 2\,000$ 的数值。

第Ⅱ区:$bc$ 线,该区 $Re$ 从 2 000 到 3 000,液流为层流到紊流过渡,该区称为层流转变为紊流的过渡区,在该区中 $\lambda$ 值只与 $Re$ 数有关:$\lambda = \lambda(Re)$,而基本上与 $\Delta/d$ 无关。

第Ⅲ区:$cd$ 线,该区 $Re>3\,000$,此时水流已处于紊流状态,属于"紊流光滑"区。在该区内,不同粗糙度管道的试验点都聚集在 $cd$ 线上,$\Delta/d$ 对 $\lambda$ 仍没有影响。不同相对粗糙度的管流,实验点离开 $cd$ 线(即离开紊流光滑区)的位置不同。相对粗糙度较大的管流较早离开 $cd$ 线,而相对粗糙度小的管道,则在 $Re$ 数较高时才离开此线。

第Ⅳ区:$cd$ 线与 $ef$ 线之间的区域。该区管壁粗糙度对流动有影响,阻力系数 $\lambda$ 不仅与雷诺数 $Re$ 有关,而且还与相对粗糙度 $\Delta/d$ 有关:$\lambda = f\left(Re, \dfrac{\Delta}{d}\right)$,为"紊流光滑"转变向"紊流粗糙"的紊流过渡区。

第Ⅴ区:$ef$ 线的右侧区域。在该区域内,阻力系数 $\lambda$ 与雷诺数无关,它只是相对粗糙度的函数 $\lambda = f\left(\dfrac{\Delta}{d}\right)$,水流处于充分发展的紊流状态,水流阻力与流速的平方成正比。该区为紊流粗糙区,又称为阻力平方区。

**尼古拉兹实验**的意义在于全面揭示了不同流态情况下沿程阻力系数 $\lambda$ 和雷诺数 $Re$ 及相对粗糙度 $\dfrac{\Delta}{d}$ 的关系,并说明确定 $\lambda$ 的各种经验公式和半经验公式有一定的适用范围。

**(2)圆管有压紊流 $\lambda$ 值的计算**

①人工粗糙管的沿程阻力系数的半经验公式

a.紊流光滑区($Re_* < 5$)

由紊流光滑管的流速分布公式(4.30)和式(4.31)

$$u = v_* \left[ 5.75 \lg \left( \frac{v_* y}{\nu} \right) + 5.5 \right]$$

对过水断面积分,可得断面平均流速

$$v = \frac{Q}{A} = \frac{\int_0^{r_0} u 2\pi r \, dr}{\pi r_0^2} \tag{4.37}$$

考虑到黏性底层很薄,解上述积分时可认为整个断面上流速分布服从对数律,将式(4.33)代入上式,积分得平均流速公式

$$v = v_* \left[ 5.75 \lg \left( \frac{v_* r_0}{\nu} \right) + 1.75 \right] \tag{4.38}$$

将式(4.28):$v_* = \sqrt{\dfrac{\tau_0}{\rho}} = v \sqrt{\dfrac{\lambda}{8}}$ 代入式(4.38),并与尼古拉兹试验资料比较,进行修正后得

$$\frac{1}{\sqrt{\lambda}} = 2 \lg \left( Re \sqrt{\lambda} \right) - 0.8 \tag{4.39}$$

该式称为**尼古拉兹光滑管公式**。

b.紊流粗糙区($Re_* > 70$)

将紊流粗糙管的流速分布公式(4.34):$u = v_* \left[ 5.75 \lg \dfrac{y}{\Delta} + 8.5 \right]$ 代入式(4.37),积分得断面平均流速公式

$$v = v_* \left[ 5.75 \lg \left( \frac{r_0}{\Delta} \right) + 4.75 \right] \tag{4.40}$$

将式(4.28)代入式(4.40),整理并由实验资料修正后得

$$\frac{1}{\sqrt{\lambda}} = 2 \lg \left( \frac{r_0}{\Delta} \right) + 1.74 \tag{4.41}$$

该式称为**尼古拉兹粗糙管公式**。

②工业管道的沿程阻力系数的经验公式

a.当量粗糙高度

前面所讨论的半经验公式都是在尼古拉兹人工粗糙管实验基础上得到的,但工业管道和实验用人工粗糙管两种管道的粗糙情况并不相同。工业管道的粗糙高度、粗糙形状及其分布都是随机性的,为将尼古拉兹粗糙管公式用于工业管道,须引入"**当量粗糙高度**"的概念进行计算,"当量粗糙高度"是指与工业管道粗糙区 $\lambda$ 值相等的同直径人工粗糙管的粗糙高度,以 $\Delta$ 表示。表 4.1 列出了部分常用工业管道的当量粗糙高度 $\Delta$ 值。

表 4.1　当量粗糙高度

| 管材种类 | $\Delta/\mathrm{mm}$ |
|---|---|
| 新氯乙烯管、玻璃管、黄铜管 | $0 \sim 0.002$ |
| 光滑混凝土管、新焊接钢管 | $0.015 \sim 0.06$ |
| 新铸铁管、离心混凝土管 | $0.15 \sim 0.5$ |
| 旧铸铁管 | $1 \sim 1.5$ |
| 轻度锈蚀钢管 | $0.25$ |
| 清洁的镀锌铁管 | $0.25$ |

b.柯列勃洛克公式

尼古拉兹对紊流光滑到紊流粗糙之间的过渡区所作试验的实验成果不能应用于工业管道,这是由于在该区内,工业管道和人工粗糙管道 $\lambda$ 值的变化规律差别太大。柯列勃洛克根据大量工业管道试验资料,综合尼古拉兹光滑管公式和粗糙管公式,提出了工业管道紊流过渡区($5 < Re_* < 70$)$\lambda$ 值的计算公式:

$$\frac{1}{\sqrt{\lambda}} = - 2 \lg \left( \frac{\Delta}{3.7d} + \frac{2.51}{Re\sqrt{\lambda}} \right) \tag{4.42}$$

式中,$\Delta$ 为工业管道的当量粗糙高度,可由表 4.1 查得。式(4.42)称为**柯列勃洛克公式**。

试验证明,柯列勃洛克公式不仅适用于工业管道的紊流过渡区,而且还可用于紊流光滑区和粗糙区。在紊流光滑区,$Re$ 偏低,式(4.42)与式(4.39)类似;在紊流粗糙区,$Re$ 很大,式(4.42)中第二项可略去不计,式(4.42)与式(4.41)类似。因此,柯列勃洛克公式又称为**紊流沿程阻力系数 $\lambda$ 的综合计算式**。

③莫迪曲线

应用柯列勃洛克公式计算沿程阻力系数 $\lambda$ 值要经过几次迭代才能得出结果。为简化计算,莫迪以柯列勃洛克公式为基础,绘制了工业管道紊流三区沿程阻力系数 $\lambda$ 的变化曲线,即**莫迪图**(见图 4.15)。由该图可根据 $Re$ 值及相对粗糙度 $\Delta/d$ 直接查得 $\lambda$ 值。使用莫迪图时,须首先查表 4.1 求得当量粗糙高度 $\Delta$ 值。

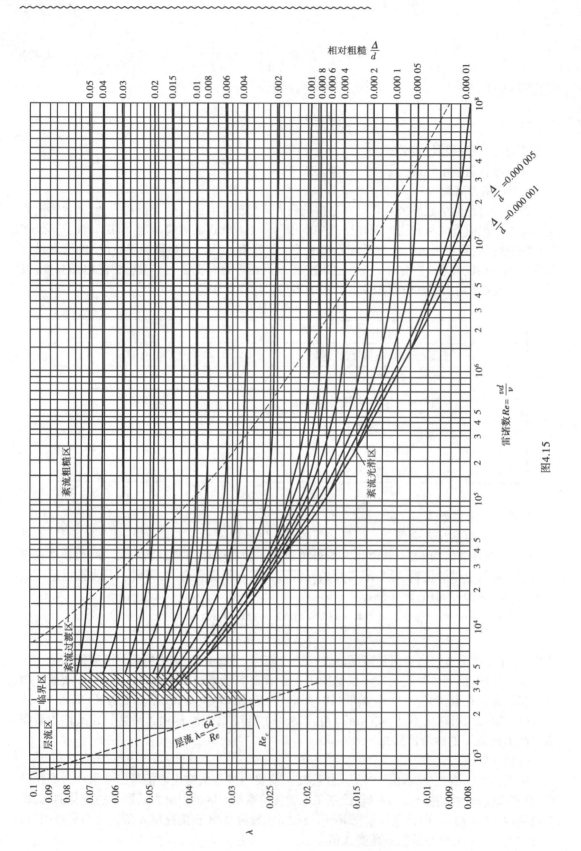

图4.15

④计算沿程阻力系数的其他常用经验公式

计算沿程阻力系数 $\lambda$ 时,除可采用尼古拉兹公式或柯列勃洛克公式以外,还有许多用于工程中的经验公式,现列举一些常用公式如下:

A.布拉休斯公式

布拉休斯总结光滑管实验资料提出

$$\lambda = \frac{0.316\,4}{Re^{1/4}} \tag{4.43}$$

式(4.43)的适用条件为 $Re<10^5$ 及 $\Delta<0.4\delta_L$。式(4.39)、(4.41)、(4.42)和(4.43)为计算沿程阻力系数 $\lambda$ 的一般公式。

B.舍维列夫公式

对于自来水管,1953 年,舍维列夫(Ф.А.Шевелев)根据他对旧钢管和旧铸铁管的水力实验,提出计算紊流过渡区及紊流粗糙区的沿程阻力系数 $\lambda$ 的经验公式。由于钢管和铸铁管在使用过程中常常发生锈蚀,管壁粗糙突起高度逐渐增大,沿程阻力系数也增大,因此工程中一般按旧管计算。

当管道流速 $v<1.2$ m/s 时(紊流过渡区)

$$\lambda = \frac{0.017\,9}{d^{0.3}}\left(1 + \frac{0.867}{v}\right)^{0.3} \tag{4.44}$$

当管道流速 $v>1.2$ m/s 时(紊流粗糙区)

$$\lambda = \frac{0.021\,0}{d^{0.3}} \tag{4.45}$$

以上各式中管径 $d$ 均以米(m)计,流速 $v$ 以米/秒(m/s)计。各式都是在水温为 10 ℃,运动黏性系数 $\nu = 1.31 \times 10^{-6}$ m²/s 条件下导出的。

C.谢才公式

1775 年,法国工程师谢才(Chezy)根据大量的渠道实测数据,归纳出了断面平均流速与水力半径的关系式——谢才公式

$$v = C\sqrt{RJ} \tag{4.46}$$

式中,$v$ 为断面平均流速,m/s;$R$ 为水力半径,m;$J$ 为水力坡度;$C$ 为谢才系数,它综合反映了各种因素对断面平均流速与水力坡度的关系的影响。

经验公式必须与理论公式一样是量纲和谐的,因此得谢才系数的单位为 $m^{0.5}/s$。

将 $J = \dfrac{h_f}{l}$ 代入式(4.46),整理得

$$h_f = J \cdot l = \frac{v^2 l}{C^2 R} = \frac{8g}{C^2}\frac{l}{4R}\frac{v^2}{2g} \tag{4.47}$$

将式(4.47)与达西公式 $h_f = \lambda \dfrac{l}{4R}\dfrac{v^2}{2g}$ 对比,得沿程阻力系数 $\lambda$ 与谢才系数 $C$ 的关系为

$$\lambda = \frac{8g}{C^2} \tag{4.48}$$

或

$$C = \sqrt{8g/\lambda} \tag{4.49}$$

由此可知,谢才系数含有阻力的因素。沿程阻力系数越大,谢才系数越小;反之亦然。沿

程阻力系数可由谢才系数确定,通常谢才系数 $C$ 值由经验公式计算。下面介绍两个常用的经验公式:

a.曼宁公式

1895 年,爱尔兰工程师曼宁提出了计算谢才系数的经验公式

$$C = \frac{1}{n}R^{1/6} \tag{4.50}$$

式中,$R$ 为水力半径,m;$n$ 为综合反映壁面对水流阻滞作用的粗糙系数,其值见表 4.2。

表 4.2　粗糙系数 $n$ 值

| 序号 | 边界种类及状况 | $n$ | $1/n$ |
|---|---|---|---|
| 1 | 仔细刨光的木板,新制的清洁的生铁和铸铁管,铺设平整,接缝光滑 | 0.011 | 90 |
| 2 | 未刨光的但连接很好的木板,正常情况下的给水管,极清洁的排水管,很光滑的混凝土面 | 0.012 | 83.3 |
| 3 | 正常情况下的排水管,略有污秽的给水管,很好的砖砌 | 0.013 | 76.9 |
| 4 | 污秽的给水和排水管,一般混凝土表面,一般砖砌 | 0.014 | 71.4 |
| 5 | 陈旧的砖砌面,相当粗糙的混凝土面,光滑、仔细开挖的岩石面 | 0.017 | 58.8 |
| 6 | 坚实黏土的土渠。有不连接淤泥层的黄土,或砂砾石中的土渠。维修良好的大土渠 | 0.022 5 | 44.4 |
| 7 | 一般的大土渠。情况良好的小土渠。情况极其良好的天然河流(河床清洁顺直,水流通畅,没有浅滩深槽) | 0.025 | 40.0 |
| 8 | 情况较坏的土渠(如部分地区有杂草或砾石,部分的岸坡倒塌等)。情况良好的天然河流 | 0.030 | 33.3 |
| 9 | 情况极坏的土渠(剖面不规则,有杂草、块石,水流不畅等)。情况比较良好的天然河流,但有不多的块石和野草 | 0.035 | 28.6 |
| 10 | 情况特别不好的土渠(深槽或浅滩,杂草众多,渠底有大块石等)。情况不甚良好的天然河流(野草、块石较多,河床不甚规则且有弯曲,有不少的倒塌和深潭等) | 0.040 | 25.0 |

曼宁公式的适用范围:$n<0.020$,$R<0.5$ m。在该范围内使用式(4.50)进行管道或较小渠道的水力计算,结果与实验资料吻合较好。

b.巴甫洛夫斯基公式

1925 年,巴甫洛夫斯基根据灌溉渠道实测资料及实验资料提出了计算谢才系数的经验公式

$$C = \frac{1}{n}R^{y} \tag{4.51}$$

式中,$n$ 和 $R$ 的意义与曼宁公式相同,$y$ 为与 $n$ 及 $R$ 有关的指数,其值由下式计算

$$y = 2.5\sqrt{n} - 0.13 - 0.75\sqrt{R}(\sqrt{n} - 0.10) \tag{4.52}$$

巴甫洛夫斯基公式的适用范围:$0.1\text{ m} \leqslant R \leqslant 3.0\text{ m}$,$0.011 \leqslant n \leqslant 0.04$。

显然,巴甫洛夫斯基公式比曼宁公式的适用范围要宽。

应说明的是,谢才公式适用于有压或无压流的紊流三区。但上述计算谢才系数 $C$ 的两个经验公式均只适用于紊流粗糙,因此采用以上两个经验公式计算 $C$ 值时,谢才公式也就仅适用于紊流粗糙区(阻力平方区)。

**例 4.4** 某水管长 $l = 500$ m,直径 $d = 200$ mm,管壁粗糙突起高度 $\Delta = 0.1$ mm,如输送流量 $Q = 0.01$ m³/s,水温 $t = 10$ ℃,试计算沿程水头损失。

**解** 断面平均流速

$$v = \frac{Q}{\frac{1}{4}\pi d^2} = \frac{10\ 000\text{ cm}^3/\text{s}}{\frac{1}{4} \times \pi \times (20\text{ cm})^2} = 31.83\text{ cm/s}$$

当 $t = 10$ ℃时,水的运动黏性系数 $\nu = 0.013\ 10$ cm²/s,雷诺数为

$$Re = \frac{vd}{\nu} = \frac{31.83\text{ cm/s} \times 20\text{ cm}}{0.013\ 10\text{ cm}^2/\text{s}} = 48\ 595 > 2\ 000$$

管中水流为紊流。$Re < 10^5$,故可先采用布拉休斯公式计算 $\lambda$

$$\lambda = \frac{0.316}{Re^{1/4}} = \frac{0.316}{48\ 595^{1/4}} = 0.021\ 3$$

再计算黏性底层厚度

$$\delta_L = \frac{32.8d}{Re\sqrt{\lambda}} = \frac{32.8 \times 200\text{ mm}}{48\ 595\sqrt{0.021\ 3}} = 0.92\text{ mm}$$

因为 $Re = 48\ 595 < 10^5$,$\Delta = 0.1\text{ mm} < 0.4\delta_L = 0.4 \times 0.92\text{ mm} = 0.37\text{ mm}$,所以流态是紊流光滑区,布拉休斯公式适用。沿程水头损失为

$$h_f = \lambda\frac{l}{d}\frac{v^2}{2g} = 0.021\ 3 \times \frac{500\text{ m}}{0.2\text{ m}} \times \frac{(0.318\ 3\text{ m/s})^2}{2 \times 9.8\text{ m/s}^2} = 0.275\text{ m 水柱}$$

或者按式(4.39)计算 $\lambda$

$$\frac{1}{\sqrt{\lambda}} = 2\lg(Re\sqrt{\lambda}) - 0.8$$

为求解上式需要通过试算,为此,首先假设 $\lambda = 0.021$,则

$$\frac{1}{\sqrt{0.021}} = 2\lg(48\ 595\sqrt{0.021}) - 0.8$$

得 $\qquad\qquad 6.9 = 2 \times 3.848 - 0.8 = 6.896$

所以 $\lambda = 0.021$ 满足此式。

也可查莫迪图(见图 4.15),当 $Re = 48\ 595$ 时,按光滑管查得

$$\lambda = 0.021\ 1$$

由此可知,在上面所得雷诺数范围内,计算和查表所得的 $\lambda$ 值是一致的。

**例 4.5** 铸铁管(按旧管计算)直径 $d = 25$ cm,长 700 m,通过自来水流量为 0.056 m³/s,水温度为 10 ℃,求通过这段管道的水头损失。

**解** 断面平均流速

$$v = \frac{Q}{\frac{1}{4}\pi d^2} = \frac{56\ 000\ \text{cm}^3/\text{s}}{\frac{1}{4} \times \pi \times (25\ \text{cm})^2} = 114.1\ \text{cm/s}$$

雷诺数

$$Re = \frac{vd}{\nu} = \frac{114.1\ \text{cm/s} \times 25\ \text{cm}}{0.013\ 10\ \text{cm}^2/\text{s}} = 217\ 748$$

查表 4.1 可得当量粗糙高度,采用 $\Delta = 1.25$ mm,则 $\Delta/d = 1.25$ mm/250 mm $= 0.005$,由 $Re$ 和 $\Delta/d$ 的值,查莫迪图(见图 4.15)得 $\lambda = 0.030\ 4$。

沿程水头损失

$$h_f = \lambda \frac{l}{d} \frac{v^2}{2g} = 0.030\ 4 \times \frac{700\ \text{m}}{0.25\ \text{m}} \times \frac{(1.14\ \text{m/s})^2}{2 \times 9.8\ \text{m/s}^2} = 5.64\ \text{m 水柱}$$

对于自来水管道也可采用舍维列夫经验公式计算 $\lambda$。因为 $v = 1.14$ m/s $< 1.2$ m/s,故应采用公式(4.44)计算,即

$$\lambda = \frac{0.017\ 9}{d^{0.3}}\left(1 + \frac{0.867}{v}\right)^{0.3} = \frac{0.017\ 9}{(0.25\ \text{m})^{0.3}}\left(1 + \frac{0.867}{1.14\ \text{m/s}}\right)^{0.3} = 0.032$$

$$h_f = \lambda \frac{l}{d} \frac{v^2}{2g} = 0.032 \times \frac{700\ \text{m}}{0.25\ \text{m}} \times \frac{(1.14\ \text{m/s})^2}{2 \times 9.8\ \text{m/s}^2} = 5.94\ \text{m 水柱}$$

**例 4.6** 水在直径 900 mm 的铸铁管中作有压流动,水温 10 ℃,流速 $v = 1.5$ m/s,试求:

①用莫迪图估计 $\lambda$ 值,并由 $\lambda$ 推算 $C$ 值。

②用曼宁公式计算 $C$ 值。

③用巴甫洛夫斯基公式计算 $C$ 值。

**解** ①由水温 $t = 10$ ℃知 $\nu = 0.013\ 1$ cm²/s

$$Re = 150\ \text{cm/s} \times \frac{90\ \text{cm}}{0.013\ 1\ \text{cm}^2/\text{s}} = 1\ 030\ 000 \approx 10^6$$

查表 4.1,按新铸铁管取当量粗糙高度 $\Delta = 0.3$ mm

$$\Delta/d = \frac{0.3\ \text{mm}}{900\ \text{mm}} = 0.000\ 333$$

从求得的雷诺数 $Re$ 和 $\Delta/d$ 的值查莫迪图(见图 4.15),可知液流在过渡区,$\lambda = 0.016$。代入式(4.47)中计算 $C$

$$C = \sqrt{8g/\lambda} = \sqrt{8 \times \frac{9.8\ \text{m/s}^2}{0.016}} = 70\ \text{m}^{1/2}/\text{s}$$

②采用曼宁公式求 $C$

查表 4.2,得铸铁管粗糙系数 $n = 0.013$;水力半径

$$R = d/4 = 0.225\ \text{m}$$

$$R^{1/6} = 0.78$$

$$C = \frac{1}{n}R^{1/6} = \frac{1}{0.013} \times 0.78\ \text{m}^{1/2}/\text{s} = 60\ \text{m}^{1/2}/\text{s}$$

③采用巴甫洛夫斯基公式求 $C$

$$R = 0.225\ \text{m}, \qquad n = 0.013, \qquad C = \frac{1}{n}R^y$$

$$y = 2.5\sqrt{n} - 0.13 - 0.75\sqrt{R}(\sqrt{n} - 0.10)$$
$$= 2.5\sqrt{0.013} - 0.13 - 0.75\sqrt{0.225}(\sqrt{0.013} - 0.10) = 0.15$$

$$C = \frac{1}{0.013}R^{0.15} = \frac{1}{0.013} \times 0.225^{0.15}\,\mathrm{m^{1/2}/s} = 61.5\ \mathrm{m^{1/2}/s}$$

3 种答案比较:①的结果偏大,②和③相差不大;①的计算结果是考虑液流在紊流过渡区,而②和③按公式计算使用条件都是在阻力平方区。

若查表 4.1,按旧铸铁管取当量粗糙高度 $\Delta = 1$ mm,则

$$\Delta/d = 0.001\ 1$$

$Re = 10^6$,再查图 4.15 得 $\lambda \approx 0.02$,液流已接近阻力平方区

$$C = \sqrt{\frac{8g}{\lambda}} = \sqrt{\frac{8 \times 9.8}{0.02}}\ \mathrm{m^{1/2}/s} = 62.5\ \mathrm{m^{1/2}/s}$$

①、②、③三种计算结果已较为接近,最大相对误差约为 4%。

从以上计算可以看出,粗糙系数 $n$ 和当量粗糙高度 $\Delta$ 对计算结果的精确度影响较大,故在实际应用时应慎选。

## 4.6  局部水头损失的分析和计算

在工程问题的水力计算中,通常把局部水头损失表示为以下通用公式(4.6):

$$h_j = \zeta \frac{v^2}{2g}$$

因此,局部水头损失的计算问题就转换成求局部阻力系数 $\zeta$。局部阻力系数 $\zeta$ 值因局部障碍不同而异。

在产生局部水头损失的流段上,流态一般为紊流粗糙。局部障碍的形状繁多,水力现象极其复杂,因此,在各种局部水头损失的计算中只有少数局部水头损失可以通过理论分析得出计算公式,其余的都由实验测定。下面首先对圆管过水断面突然扩大的水头损失进行分析计算。

### 1)圆管有压流过水断面突然扩大的局部水头损失和局部阻力系数

如图 4.16 所示表示圆管水流流经管径从 $d_1$ 到 $d_2$ 突然扩大的流段,这种情况的局部水头损失可由理论分析结合实验求得。

当水流从管径为 $d_1$ 的小管道流入管径为 $d_2$ 的大管时,在过水断面突然扩大处将与边界发生分离,并形成漩涡区,在大管中水流前进至距离为$(5\sim 8)d_2$ 处,即图 4.16 的断面 2-2 处,主流才充满管路,在这过程中不断调整流速分布,至 2-2 断面成为渐变流。设 1-1 过水断面和2-2 过水断面的断面平均流速分别为 $v_1$ 和 $v_2$,断面平均压强分别为 $p_1$ 和 $p_2$,列出从 1-1 断面到 2-2 断面的伯诺里方程

$$z_1 + \frac{p_1}{\rho g} + \frac{\alpha_1 v_1^2}{2g} = z_2 + \frac{p_2}{\rho g} + \frac{\alpha_2 v_2^2}{2g} + h_j$$

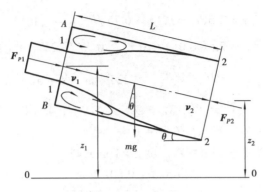

图 4.16

该式中的 $h_j$ 为急变流段 1-1 断面到 2-2 断面间的局部水头损失,从该式可得

$$h_j = (z_1 - z_2) + \left(\frac{p_1}{\rho g} - \frac{p_2}{\rho g}\right) + \frac{\alpha_1 v_1^2}{2g} - \frac{\alpha_2 v_2^2}{2g} \tag{4.53}$$

为将式(4.53)变为 $h_j$ 与流速 $v$ 的关系式,须消去压强项 $p$,为此,取控制体 $AB22$ 中的液流分析其受力并列动量方程。控制体内液体所受的力有:作用在 1-1 和 2-2 过水断面上的总压力分别为 $F_{p1}$ 和 $F_{p2}$,$F_{p1} = p_1 A_1$,$F_{p2} = p_2 A_2$;$AB$ 断面上环形面积(漩涡区)管壁的作用力,等于涡漩区水作用于环形面积上的力 $F_p$,由实验知 $AB$ 断面上的压强基本符合静水压强分布规律,因此,$F_p = p_1(A_2 - A_1)$;控制体内水体的重力 $mg = \rho g A_2 l$;略去了相对于其他力较小的管壁阻力,列出动量方程在流动方向上的投影式为

$$p_1 A_1 - p_2 A_2 + \rho g A_2 l \sin\theta + p_1(A_2 - A_1) = \rho Q(\beta_2 v_2 - \beta_1 v_1) \tag{4.54}$$

从图 4.16 中可以看出几何关系:$\sin\theta = \dfrac{z_1 - z_2}{l}$,代入式(4.54)中得

$$(z_1 - z_2) + \left(\frac{p_1}{\rho g} - \frac{p_2}{\rho g}\right) = \frac{v_2}{g}(\beta_2 v_2 - \beta_1 v_1) \tag{4.55}$$

在紊流状态下,可假设动能及动量修正系数 $\alpha_1 = \alpha_2 = 1$,$\beta_1 = \beta_2 = 1$,将式(4.55)代入式(4.53)中得

$$h_j = \frac{(v_1 - v_2)^2}{2g} \tag{4.56}$$

式(4.56)即为断面突然扩大的局部水头损失的理论计算式,它表明断面突扩的水头损失等于所减小的平均流速水头。又由连续性方程 $v_1 A_1 = v_2 A_2$ 得:$v_1 = \dfrac{A_2}{A_1} v_2$,代入式(4.56)得

$$h_j = \left(\frac{A_2}{A_1} - 1\right)^2 \frac{v_2^2}{2g} = \zeta_2 \frac{v_2^2}{2g} \tag{4.57}$$

或

$$h_j = \left(1 - \frac{A_1}{A_2}\right)^2 \frac{v_1^2}{2g} = \zeta_1 \frac{v_1^2}{2g} \tag{4.58}$$

式中,$\zeta_2 = \left(\dfrac{A_2}{A_1} - 1\right)^2$,$\zeta_1 = \left(1 - \dfrac{A_1}{A_2}\right)^2$ 均为断面突然扩大的局部阻力系数。

当液流从管道流入很大容器的液体中或气流流入大气时,$A_2 \gg A_1$,$\dfrac{A_1}{A_2} = 0$,则 $\zeta = 1$,这是断面突然扩大的局部阻力系数的特殊情况,称为**出口局部阻力系数**。

必须注意,用不同断面的流速水头计算 $h_j$ 时 $\zeta$ 值也可能不同。

**2)各种管路配件及明渠的局部阻力系数**

局部阻力系数 $\zeta$ 一般与雷诺数 $Re$ 和边界情况都有关。但由于局部障碍的强烈干扰,水流在较小的雷诺数($Re=10^4$)就进入了阻力平方区。因此,在一般的工程计算中,认为 $\zeta$ 只取决于局部障碍的不同类型,而与 $Re$ 无关。对于不同形态的局部阻力,其局部阻力系数常由实验确定。表4.3给出一些典型的阻力平方区的局部阻力系数 $\zeta$ 值。

**表4.3　管路局部水头损失 $\zeta$ 值**

| 计算局部水头损失的公式: $h_j = \zeta \dfrac{v^2}{2g}$ ,式中 $v$ 如图说明 | | |
|---|---|---|
| 名　称 | 简　图 | $\zeta$ 值 |
| 断面突然扩大 | 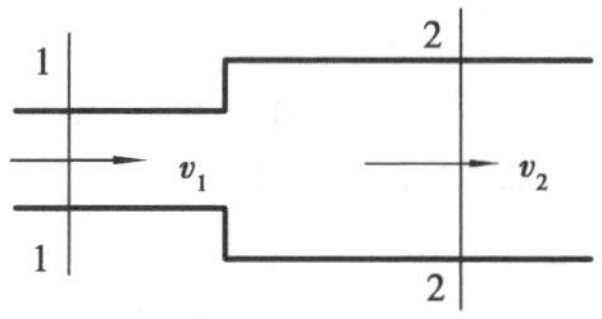 | $\zeta_2 = \left( \dfrac{A_2}{A_1} - 1 \right)^2$ (用 $v_2$ 计算) <br> $\zeta_1 = \left( 1 - \dfrac{A_1}{A_2} \right)^2$ (用 $v_1$ 计算) |
| 断面突然缩小 | 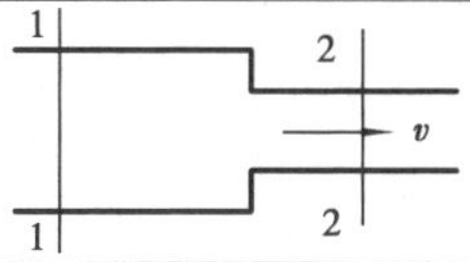 | $\zeta = 0.5 \left( 1 - \dfrac{A_2}{A_1} \right)$ |
| 进　口 | 完全修圆 | $0.05 \sim 0.10$ |
| | 稍微修圆 | $0.20 \sim 0.25$ |
| 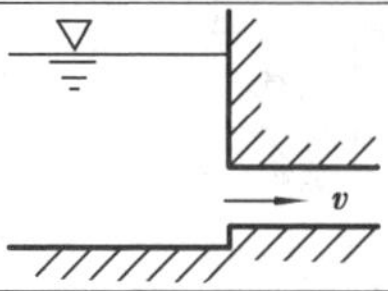 | 直角进口 | 0.5 |
| 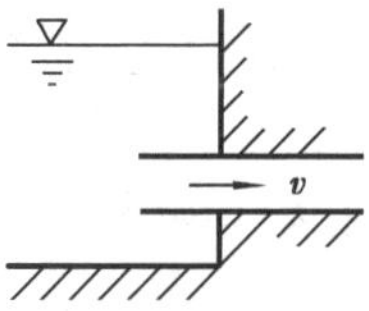 | 内插进口 | 1.0 |
| 出　口 | 流入水库(池) | 1.0 |

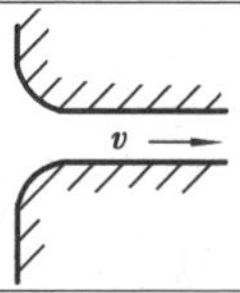

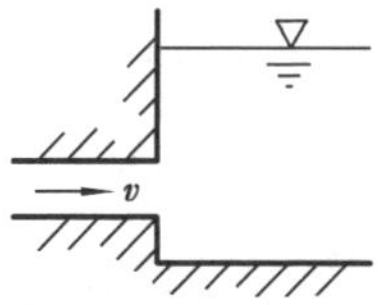

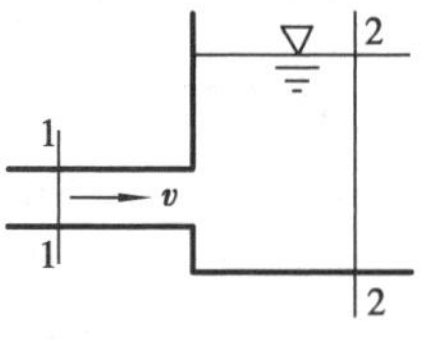

| | | 流入明渠 | $A_1/A_2$ | 0.1 | 0.2 | 0.3 | 0.4 | 0.5 |
|---|---|---|---|---|---|---|---|---|
| | | | $\zeta$ | 0.81 | 0.64 | 0.49 | 0.36 | 0.25 |
| | | | $A_1/A_2$ | 0.6 | 0.7 | 0.8 | 0.9 | |
| | | | $\zeta$ | 0.16 | 0.09 | 0.04 | 0.01 | |

续表

| 计算局部水头损失的公式：$h_j = \zeta \dfrac{v^2}{2g}$，式中 $v$ 如图说明 |||||||||
|---|---|---|---|---|---|---|---|---|

| 名　称 | 简　图 | $\zeta$ 值 |||||||
|---|---|---|---|---|---|---|---|---|
| 渐放管 | 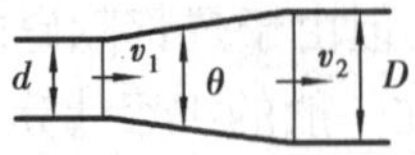 | 当 $\theta = 2° \sim 5°$ 时，$h_j = 0.2\dfrac{(v_1 - v_2)^2}{2g}$ |||||||
| 缓弯管 90° | 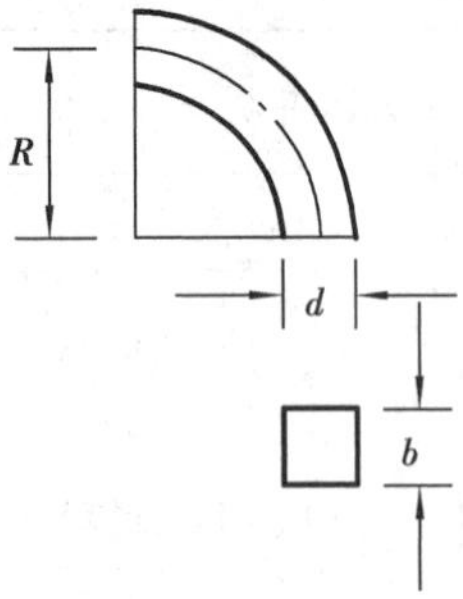 | 圆管 | $d/R$ | 0.2 | 0.4 | 0.6 | 0.8 | 1.0 |
| | | | $\zeta$ | 0.132 | 0.138 | 0.158 | 0.206 | 0.294 |
| | | | $d/R$ | 1.2 | 1.4 | 1.6 | 1.8 | 2.0 |
| | | | $\zeta$ | 0.440 | 0.660 | 0.976 | 1.406 | 1.975 |
| | | 矩形管 | $b/R$ | 0.2 | 0.4 | 0.6 | 0.8 | 1.0 |
| | | | $\zeta$ | 0.12 | 0.14 | 0.18 | 0.25 | 0.40 |
| | | | $b/R$ | 1.2 | 1.4 | 1.6 | 2.0 | |
| | | | $\zeta$ | 0.64 | 1.02 | 1.55 | 3.23 | |

| 名称 | 简图 | | $\zeta$ 值 |||||||
|---|---|---|---|---|---|---|---|---|---|
| 弯管 | 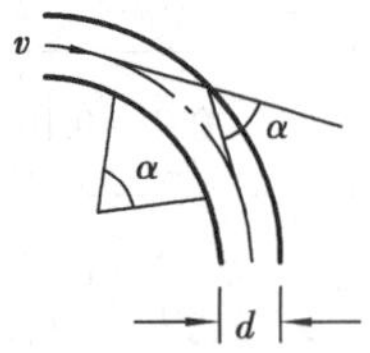 | 任意角度 | $\alpha(°)$ | 20 | 30 | 40 | 50 | 60 | 70 | 80 |
| | | | $\zeta$ | 0.40 | 0.55 | 0.65 | 0.75 | 0.83 | 0.88 | 0.95 |
| | | | $\alpha(°)$ | 90 | 100 | 120 | 140 | 160 | 180 | |
| | | | $\zeta$ | 1.00 | 1.05 | 1.13 | 1.20 | 1.27 | 1.33 | |
| 折管 |  | 圆管 | $\alpha(°)$ | 30 | 40 | 50 | 60 | 70 | 80 | 90 |
| | | | $\zeta$ | 0.20 | 0.30 | 0.40 | 0.55 | 0.70 | 0.90 | 1.10 |
| | | 方管 | $\alpha(°)$ | 15 | 30 | 45 | 60 | 90 | | |
| | | | $\zeta$ | 0.025 | 0.11 | 0.26 | 0.49 | 1.20 | | |
| 文丘里管 | 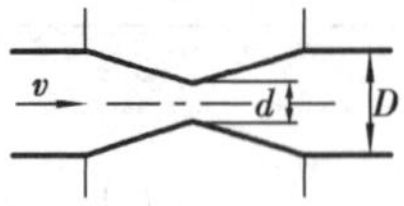 | $\dfrac{\text{收缩截面直径 } d}{\text{进水管直径 } D}$ | | 0.30 | 0.40 | 0.45 | 0.50 | 0.55 | |
| | | $\zeta$ | | 19 | 5.3 | 3.06 | 1.9 | 1.15 | |
| | | $\dfrac{\text{收缩截面直径 } d}{\text{进水管直径 } D}$ | | 0.60 | 0.65 | 0.70 | 0.75 | 0.80 | |
| | | $\zeta$ | | 0.69 | 0.42 | 0.20 | — | — | |
| 平板门槽 | 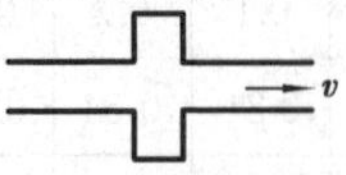 | $0.05 \sim 0.20$ |||||||

| 计算局部水头损失的公式: $h_j = \zeta \dfrac{v^2}{2g}$ ,式中 $v$ 如图说明 | | | | | | | |
|---|---|---|---|---|---|---|---|
| 名　称 | 简　图 | $\zeta$ 值 | | | | | |
| 明渠突缩 | 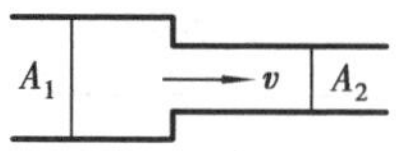 | $A_2/A_1$ | 0.1 | 0.2 | 0.4 | 0.6 | 0.8　1.0 |
| | | $\zeta$ | 1.49 | 1.36 | 1.14 | 0.84 | 0.46　0 |
| 明渠突扩 | 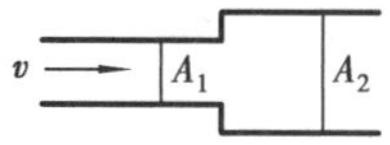 | $A_1/A_2$ | 0.01 | 0.1 | 0.2 | 0.4 | 0.6　0.8 |
| | | $\zeta$ | 0.98 | 0.81 | 0.64 | 0.36 | 0.16　0.04 |

| 渠道入口 | 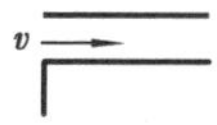 直角 | 0.40 |
|---|---|---|
| 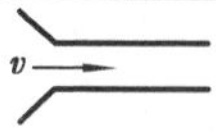 | 曲面 | 0.10 |

格栅

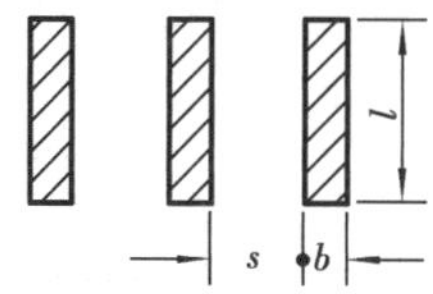

$$\zeta = k\left(\frac{b}{b+s}\right)^{1.6}\left(2.3\frac{l}{s}+8+2.9\frac{s}{l}\sin\alpha\right)$$

式中　$k$——格栅杆条横断面形状系数矩形 $k=0.504$ ,圆弧形 $k=0.318$ ,流线型 $k=0.182$ ;
$\alpha$——水流与栅杆的夹角。

| 截止阀 | 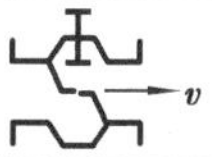 全开 | 4.3~6.1 | 等径三通 | 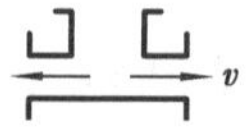 0.1 |
|---|---|---|---|---|
| 蝶阀 | 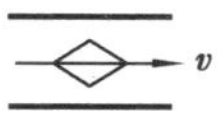 全开 | 0.1~0.3 | 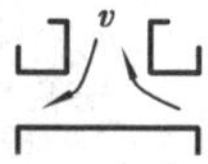 | 1.5 |
| 闸门 | 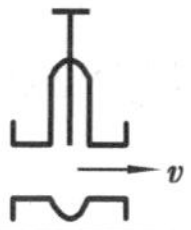 全开 | 0.12 | 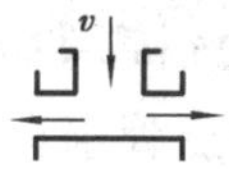 | 1.5 |
| 无阀滤水网 | 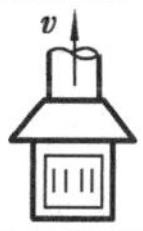 2~3 | | | 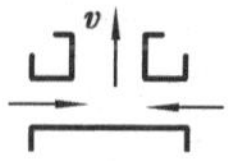 3.0 |
| 有网底阀 | 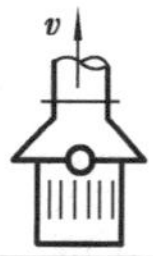 3.5~10 $(d=600\sim50\ \text{mm})$ | | | 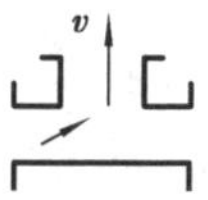 2.0 |

例 4.7　水从上部封闭的水箱流入一管径不同的管道,管道连接情况如图 4.17(a)所示。已知: $H=1$ m $Q=0.025$ m³/s, $d_1=150$ mm, $l_1=25$ m, $\lambda_1=0.037$ ; $d_2=125$ mm, $l_2=10$ m, $\lambda_2=0.039$ ,局部水头损失系数:进口 $\zeta_1=0.5$ ,逐渐收缩管 $\zeta_2=0.15$ ,阀门 $\zeta_3=2.0$ (以上 $\zeta$ 值相应的流速均采用发生局部水头损失后的流速)。试计算:

①沿程水头损失 $\sum h_f$ 。

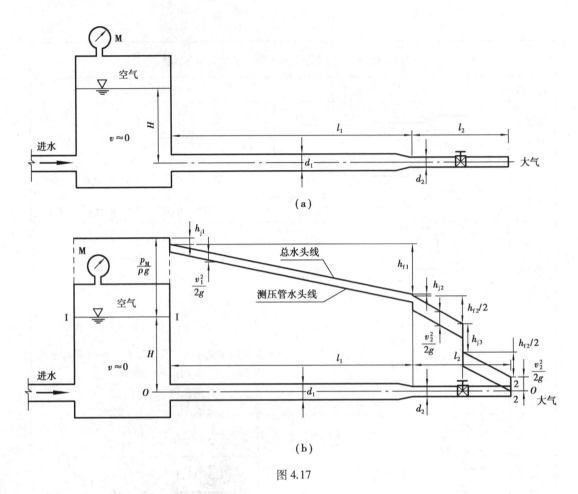

图 4.17

②局部水头总损失 $\sum h_f$。

③保持流量 $Q$ 为 0.025 $\mathrm{m}^3/\mathrm{s}$ 时,封闭水箱上部压力表 M 的读数为多少 Pa?

④画出总水头线和测压管水头线。

**解**　①求沿程水头损失 $\sum h_f$。

第一管段:

$$v_1 = \frac{Q}{\frac{1}{4}\pi d_1^2} = \frac{0.025 \ \mathrm{m}^3/\mathrm{s}}{\frac{1}{4} \times \pi \times (0.15 \ \mathrm{m})^2} = 1.415 \ \mathrm{m/s}$$

$$h_{f1} = \lambda_1 \frac{l_1}{d_1} \frac{v_1^2}{2g} = 0.037 \times \frac{25 \ \mathrm{m}}{0.15 \ \mathrm{m}} \times \frac{(1.415 \ \mathrm{m/s})^2}{2 \times 9.8 \ \mathrm{m/s}^2} = 0.630 \ \mathrm{m}$$

第二管段:

$$v_2 = \frac{Q}{\frac{1}{4}\pi d_2^2} = \frac{0.025 \ \mathrm{m}^3/\mathrm{s}}{\frac{1}{4} \times \pi \times (0.125 \ \mathrm{m})^2} = 2.04 \ \mathrm{m/s}$$

$$h_{f2} = \lambda_2 \frac{l_2}{d_2} \frac{v_2^2}{2g} = 0.039 \times \frac{10 \ \mathrm{m}}{0.125 \ \mathrm{m}} \times \frac{(2.04 \ \mathrm{m/s})^2}{2 \times 9.8 \ \mathrm{m/s}^2} = 0.662 \ \mathrm{m}$$

故
$$\sum h_f = h_{f1} + h_{f2} = 0.630\ \text{m} + 0.662\ \text{m} = 1.292\ \text{m}$$

②求局部水头损失。

进口水头损失

$$h_{j1} = \zeta_1 \frac{v_1^2}{2g} = 0.5 \times \frac{(1.415\ \text{m/s})^2}{2 \times 9.8\ \text{m/s}^2} = 0.5 \times 0.102\ 15\ \text{m} = 0.051\ \text{m}$$

逐渐收缩水头损失

$$h_{j2} = \zeta_2 \frac{v_2^2}{2g} = 0.15 \times \frac{(2.04\ \text{m/s})^2}{2 \times 9.8\ \text{m/s}^2} = 0.15 \times 0.212\ 33\ \text{m} = 0.032\ \text{m}$$

阀门水头损失

$$h_{j3} = \zeta_3 \frac{v_2^2}{2g} = 2 \times \frac{(2.04\ \text{m/s})^2}{2 \times 9.8\ \text{m/s}^2} = 0.425\ \text{m}$$

故
$$\sum h_j = h_{j1} + h_{j2} + h_{j3} = 0.051\ \text{m} + 0.032\ \text{m} + 0.424\ \text{m} = 0.508\ \text{m}$$

③保持 $Q$ 为 $0.025\ \text{m}^3/\text{s}$ 时,封闭水箱上部压力表 M 的读数 $P_M$。

以 0-0 为基准面,写从 1-1 断面(水箱液面上)到 2-2 断面(管子出口处)的伯诺里方程,得

$$H + \frac{P_M}{\rho g} + 0 = 0 + 0 + \frac{v_2^2}{2g} + h_w$$

因 $h_w = \sum h_f + \sum h_j = 1.292\ \text{m} + 0.508\ \text{m} = 1.800\ \text{m}$

故封闭水箱上部压力表 M 的读数

$$P_M = \rho g \left( \frac{v_2^2}{2g} + h_w - H \right) = 9.8\ \text{kN/m}^3 \times \left( \frac{(2.04\ \text{m/s})^2}{2 \times 9.8\ \text{m/s}^2} + 1.800\ \text{m} - 1\ \text{m} \right)$$
$$= 9.921\ \text{kPa}$$

④画出总水头线和测压管水头线,如图 4.17(b)所示。

**例 4.8**　水流从上游水箱经变截面管道流入下游水箱,已知:$d_1 = 0.15\ \text{m}$,$d_2 = 0.25\ \text{m}$,$d_3 = 0.15\ \text{m}$;$l_1 = 15\ \text{m}$,$l_2 = 25\ \text{m}$,$l_3 = 15\ \text{m}$,如图 4.18(a)所示,$n = 0.013$。求管中流量并绘制水头线。

**解**　由于各管段较短,中间边界变化较多,因此,由经验知水流阻力在紊流粗糙区。

要求流量,首先须求出流速,取如图 4.18(b)所示渐变流断面 1-1 和 2-2,以 0-0 为基准面,写断面 1-1 到断面 2-2 的伯诺里方程

$$H_0 = H + h_{w1-2}$$

$h_{w1-2}$ 为从断面 1-1 到 2-2 的总水头损失,它等于各段管道的沿程水头损失以及各局部障碍处的局部水头损失的总和。

$$h_{w1-2} = h_{f1} + h_{f2} + h_{f3} + h_{j进口} + h_{j扩大} + h_{j缩小} + h_{j出口}$$

采用曼宁公式计算谢才系数,用它求沿程阻力系数,即

$$C_1 = C_3 = \frac{1}{n} R^{1/6} = \frac{1}{n} \left( \frac{d_1}{4} \right)^{1/6} = \frac{1}{0.013} \left( \frac{0.15}{4} \right)^{1/6}\ \text{m}^{1/2}/\text{s} = 44.5\ \text{m}^{1/2}/\text{s}$$

$$C_2 = \frac{1}{n} \left( \frac{d_2}{4} \right)^{1/6} = \frac{1}{0.013} \left( \frac{0.25}{4} \right)^{1/6}\ \text{m}^{1/2}/\text{s} = 48.5\ \text{m}^{1/2}/\text{s}$$

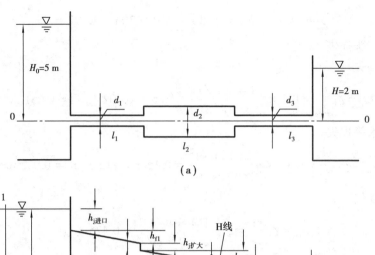

（a）

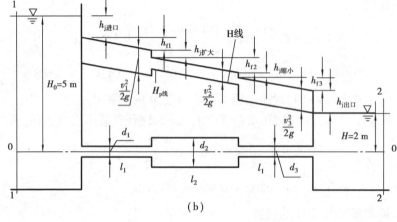

（b）

图 4.18

$$\lambda_1 = \lambda_3 = \frac{8g}{C_1^2} = \frac{8 \times 9.8 \text{ m/s}^2}{44.5^2 \text{ m/s}^2} = 0.039\ 6$$

$$\lambda_2 = \frac{8g}{C_2^2} = \frac{8 \times 9.8 \text{ m/s}^2}{48.5^2 \text{ m/s2}} = 0.033\ 3$$

由表 4.3 查得各局部阻力系数：

$$\zeta_{进口} = 0.5$$

$$\zeta_{突扩} = \left(\frac{A_2}{A_1} - 1\right)^2 = \left(\frac{d_2^2}{d_1^2} - 1\right)^2 = \left(\frac{0.25^2 \text{ m}^2}{0.15^2 \text{ m}^2} - 1\right)^2 = 3.16$$

$$\xi_{缩小} = 0.5\left[1 - \frac{A_3}{A_2}\right] = 0.5 \times \left[1 - \frac{d_3^2}{d_2^2}\right] = 0.5 \times \left[1 - \frac{0.15^2 \text{ m}^2}{0.25^2 \text{ m}^2}\right] = 0.32$$

$$\zeta_{出口} = 1.0$$

将以上各系数代入总水头损失表达式中得

$$h_{w1-2} = \left(\zeta_{进口} + \lambda_1 \frac{l_1}{d_1}\right) \frac{v_1^2}{2g} + \left(\zeta_{突扩} + \lambda_2 \frac{l_2}{d_2}\right) \frac{v_2^2}{2g} + \left(\zeta_{缩小} + \zeta_{出口} + \lambda_3 \frac{l_3}{d_3}\right) \frac{v_3^2}{2g}$$

$$= \left(0.5 + 0.039\ 6 \times \frac{15 \text{ m}}{0.15 \text{ m}}\right) \frac{v_1^2}{2g} + \left(3.16 + 0.033\ 3 \times \frac{25 \text{ m}}{0.25 \text{ m}}\right) \frac{v_2^2}{2g} +$$

$$\left(0.32 + 1.0 + 0.039\ 6 \times \frac{15 \text{ m}}{0.15 \text{ m}}\right) \frac{v_3^2}{2g}$$

又 $$h_{w1-2} = H_0 - H = 3 \text{ m}$$

由连续性方程知：$v_1 = v_3$，$v_2 = v_3 \left(\dfrac{d_3}{d_2}\right)^2 = v_3 \left(\dfrac{0.15 \text{ m}}{0.25 \text{ m}}\right)^2 = 0.36 v_3$，代入 $h_{w1-2}$ 的计算式中，可以解出

$$v_1 = v_3 = 2.36 \text{ m/s}, \qquad v_2 = 0.85 \text{ m/s}$$

流量 $$Q = v_3 A_3 = v_3 \times \frac{\pi d_3^2}{4} = 2.36 \text{ m/s} \times \frac{3.14 \times 0.15^2 \text{ m}^2}{4} = 0.042 \text{ m}^3/\text{s}$$

为绘制水头线，计算各管段的流速水头、沿程水头损失和各局部水头损失

$$\frac{v_1^2}{2g} = \frac{v_3^2}{2g} = \frac{(2.36 \text{ m/s})^2}{2 \times 9.8 \text{ m/s}^2} = 0.284 \text{ m 水柱}$$

$$\frac{v_2^2}{2g} = \frac{(0.85 \text{ m/s})^2}{2 \times 9.8 \text{ m/s}^2} = 0.037 \text{ m 水柱}$$

$$h_{f1} = h_{f3} = 0.039\,6 \times \frac{15 \text{ m}}{0.15 \text{ m}} \times \frac{v_1^2}{2g} = 1.125 \text{ m 水柱}$$

$$h_{f2} = 0.033\,3 \times \frac{25 \text{ m}}{0.25 \text{ m}} \times \frac{v_2^2}{2g} = 0.123 \text{ m 水柱}$$

$$h_{j进口} = 0.5 \times \frac{v_1^2}{2g} = 0.142 \text{ m 水柱}$$

$$h_{j扩大} = 3.16 \times \frac{v_2^2}{2g} = 0.116 \text{ m 水柱}$$

$$h_{j缩小} = 0.32 \times \frac{v_3^2}{2g} = 0.091 \text{ m 水柱}$$

$$h_{j出口} = 1.0 \times \frac{v_3^2}{2g} = 0.284 \text{ m 水柱}$$

局部水头损失发生在急变流段上。断面突变的急变流段较短，绘水头线时，通常把这种局部水头损失视为集中发生在突变断面处，因而水头线成阶梯形，如图 4.20(b) 所示。

## 思 考 题

4.1　如图思考题 4.1 所示管路系统中有哪些水头损失？

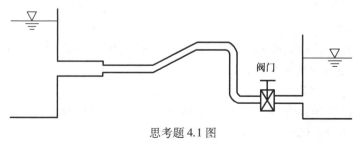

思考题 4.1 图

4.2 （1）试述雷诺数的物理意义。（2）为什么判别流态时采用下临界流速而不采用上临界流速？（3）黏性不同的流体通过相同管径的管道，其雷诺数是否相同？（4）黏性相同的流体通过不同管径的管道，其雷诺数是否相同？（5）不同黏性的流体通过不同管径的管道，其雷诺数是否相同？

4.3 两个不同管径的管道，对通过的不同黏滞性的液体，它们的临界雷诺数是否相同？

4.4 试述均匀流沿程水头损失 $h_f$ 与边壁切应力 $\tau_0$ 之间的关系。

4.5 层流中，沿程水头损失与速度的一次方成正比，但为什么圆管层流沿程水头损失也可采用达西公式 $h_f = \lambda \dfrac{l}{d} \dfrac{v^2}{2g}$？

4.6 层流与紊流的切应力各由什么因素引起？

4.7 紊流中是否存在恒定流？为什么？

4.8 紊流的黏性底层厚度 $\delta_L$ 与哪些因素有关？$\delta_L$ 在紊流运动中的作用是什么？

4.9 什么是水力光滑管？什么是水力粗糙管？如何判别？

4.10 什么是管壁的当量粗糙度和粗糙系数？

4.11 直径为 $d$，长度为 $l$ 的管路，通过恒定流量 $Q$，试问：当流量 $Q$ 增大时，沿程阻力系数 $\lambda$ 如何变化？

4.12 有两根管道，直径 $d$、长度 $l$ 和绝对粗糙度 $\Delta$ 均相同，一根输送水，另一根输送油。试问：

（1）当两管道中液流的流速相等，其沿程水头损失 $h_f$ 是否相等？

（2）两管道中液流的 $Re$ 相等，其沿程水头损失 $h_f$ 是否相等？

4.13 谢才公式和达西公式之间有何联系？它们之间的区别是什么？

4.14 如何判断紊流阻力变化的 3 个不同的区域？

4.15 水流从小管径断面突然扩大流入大管与水流从大管径断面突然缩小而流入小管的局部水头损失的计算公式是否相同？

# 习　题

4.1 某管道直径 $d = 50$ mm，通过温度为 10 ℃的中等燃料油，其运动黏滞系数 $\nu = 5.16 \times 10^{-6}$ m²/s。试求保持层流状态的最大流量。

4.2 有一直径 $d = 25$ mm 的室内上水管，如管中流速 $v = 1$ m/s，水温 $t = 10$ ℃。（1）试判别管中水的流态；（2）管内保持层流状态的最大流速为多少？

4.3 有一矩形断面的小排水沟，水深 $h = 15$ cm，底宽 $b = 20$ cm，流速 $v = 0.15$ m/s，水温为 15 ℃，试判别其流态。

4.4 一输水管直径 $d = 250$ mm，管长 $l = 200$ m，测得管壁的切应力 $\tau_0 = 46$ N/m²，试求：

（1）在 200 m 管长上的水头损失；

（2）在圆管中心和半径 $r = 100$ mm 处的切应力。

4.5 一垂直放置的管道，水自上而下满管流动，管中压强不变，运动黏性系数 $\nu = 1.01 \times 10^{-6}$ m²/s，雷诺数 $Re = 1\,600$。求确定水管的内径。

4.6　某塑料管,内径 $d = 107$ mm,内壁当量粗糙凸出高为 0.01 mm,流速为 1.2 m/s,水温 $t = 10$ ℃,要求判别流态,求出阻力系数 $\lambda$。

4.7　如题 4.7 图所示,油的流量 $Q = 7.7$ cm³/s,通过直径 $d = 6$ mm 的细管,在 $l = 2$ m 长的管段两端接水银差压计,差压计读数 $h = 15$ cm,水银密度 $\rho_汞 = 13\ 600$ kg/m³,油的密度 $\rho_油 = 860$ kg/m³,试求油的运动黏性系数 $\nu$(管中油的流动为层流)。

4.8　有一直径 $d = 200$ mm 的新的铸铁管,其当量粗糙度 $\Delta = 0.35$ mm,水温 $t = 15$ ℃,试求:

（1）维持紊流光滑的最大流量;

（2）维持紊流粗糙的最小流量。

4.9　用一直径 $d = 200$ mm,管长 $l = 1\ 000$ m 的旧铸铁管输水($\Delta = 0.6$ mm),测得管中心处最大流速 $u_{max} = 3$ m/s,水温为 20 ℃,$\nu = 1.003 \times 10^{-6}$ m²/s,设管中流态为紊流粗糙,试求:

（1）管中流量 $Q$;

（2）水头损失 $h_f$。

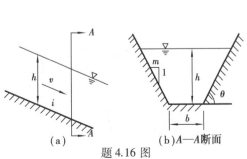

题 4.7 图

4.10　有一水管,直径 $d$ 为 20 cm,管壁绝对粗糙度 $\Delta = 0.2$ mm,已知液体的运动黏度 $\nu$ 为 0.015 cm²/s。试求 $Q$ 为 5 000 cm³/s,4 000 cm³/s,2 000 cm³/s 时,管道的沿程阻力系数 $\lambda$ 各为多少?

4.11　有一旧的生锈铸铁管路,直径 $d = 300$ mm,长度 $l = 200$ m,流量 $Q = 0.25$ m³/s,取当量粗糙度 $\Delta = 0.6$ mm,水温 $t = 10$ ℃,试分别用公式法和查图法求沿程水头损失 $h_f$。

4.12　一压力钢管的当量粗糙度 $\Delta = 0.19$ mm,水温 $t = 10$ ℃,试求下列各种情况下的流态及沿程水头损失 $h_f$:

（1）管长 $l = 5$ m,管径 $d = 25$ mm,流量 $Q = 0.15 \times 10^{-3}$ m³/s 时;

（2）其他条件不变,如果管径改为 $d = 75$ mm 时;

（3）管径保持不变,但流量增加至 $Q = 0.05$ m³/s 时。

4.13　一旧铸铁管,内径 $d = 200$ mm,长 1 000 m,流量为 0.03 m³/s,水温为 10 ℃,要求采用舍维列夫公式求沿程阻力系数 $\lambda$ 和沿程水头损失 $h_f$。

4.14　一条新的钢管输水管道,管径 $d = 150$ mm,管长 $l = 1\ 200$ m,测得沿程水头损失 $h_f = 37$ m 水柱,水温为 20 ℃,试求管中的流量 $Q$。

4.15　铸铁输水管长 $l = 1\ 000$ m,内径 $d = 300$ mm,通过流量 $Q = 0.1$ m³/s。试按舍维列夫公式计算水温为 10 ℃ 的阻力系数 $\lambda$ 及水头损失 $h_f$。又如水管水平放置,水管始末端压强降落为多少?

4.16　如题 4.16 图所示的某梯形断面土渠中的水流为均匀流,已知:底宽 $b = 2$ m,边坡系数 $m = \cot \theta = 1.5$,水深 $h = 1.5$ m,水力坡度 $J = 0.000\ 4$,土壤的粗糙系数 $n = 0.022\ 5$,试求:(1)渠中流速 $v$;(2)渠中流量 $Q$。

4.17　一混凝土输水管,内径 $d = 300$ mm,

（a）

（b）$A—A$ 断面

题 4.16 图

流速 $v = 1.4$ m/s,水温 $t = 10$ ℃,要求用莫迪图和曼宁公式分别计算其水力坡度。

4.18 如题 4.18 图所示,水流自压力罐流入水箱,水箱水位比压力罐水位高 24 m;管径 $d = 100$ mm,流量 $Q = 0.01$ m³/s,用镀锌钢管,$\lambda = 0.020$,管路中有闸门两个,$\zeta_{闸} = 0.25$,每弯头的 $\zeta_{弯} = 0.15$,管长 48 m。试确定压力罐中的最小气压。

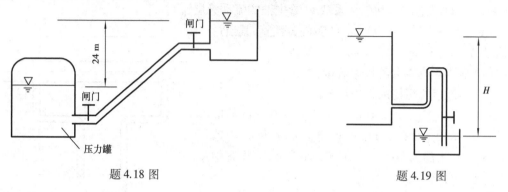

题 4.18 图            题 4.19 图

4.19 如题 4.19 图所示,水池水位恒定,已知管道直径 $d = 10$ cm,管长 $l = 20$ m,沿程阻力系数 $\lambda = 0.042$,局部水头损失系数 $\zeta_{弯} = 0.8$,$\zeta_{闸} = 0.26$,通过流量 $Q = 0.065$ m³/s,试求水池水面高差 $H$。

4.20 有一如题 4.20 图所示管路,首先由直径 $d_1$ 缩小到 $d_2$,然后又突然扩大到 $d_1$,已知直径 $d_1 = 20$ cm,$d_2 = 10$ cm,U 形压差计读数 $\Delta h = 50$ cm。试求管中流量 $Q$。

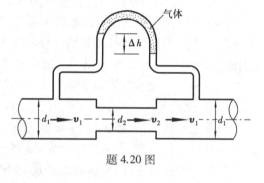

题 4.20 图

4.21 如题 4.21 图所示,A,B,C 三个水箱由两段普通钢管相连接,经过调节,管中为恒定流动。已知:A,C 箱水面差 $H = 10$ m,$l_1 = 50$ m,$l_2 = 40$ m,$d_1 = 250$ mm,$d_2 = 200$ mm,$\zeta_b = 0.25$,假设流动流态在阻力平方区,管壁的当量粗糙度 $\Delta = 0.2$ mm,试求:(1)管中流量 $Q$;(2)图中 $h_1$ 及 $h_2$。

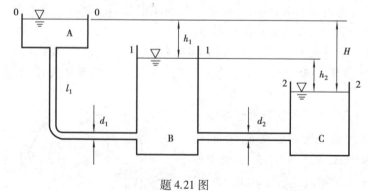

题 4.21 图

4.22 如题 4.22 图所示一水平放置的水管自水池引水流入大气。已知 $H = 4.0$ m,管径

$d = 20$ cm, 由 1-1 断面至 2-2 断面的水头损失 $h_{w1} = 0.5 \dfrac{v^2}{2g}$, 自 2-2 断面至 3-3 断面的水头损失 $h_{w2} = 0.3 \dfrac{v^2}{2g}$, $v$ 为管的断面平均流速。试求 2-2 断面至 3-3 断面间的管壁所受的水平总作用力。

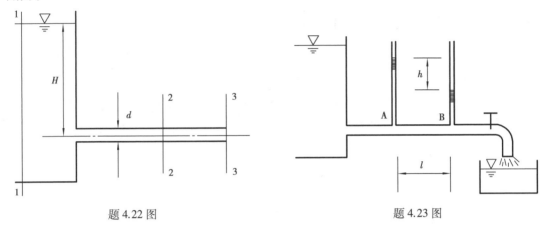

题 4.22 图　　　　　　　　　　　　　题 4.23 图

4.23  为了测定 AB 管段的沿程阻力系数 $\lambda$ 或粗糙系数 $n$, 可采用如题 4.23 图所示装置。已知 AB 段的管长 $l$ 为 10 m, 管径 $d$ 为 50 mm。今测得实验数据:(1)A,B 两测压管的水头差为 0.8 m;(2)经 90 s 流过的水量为 0.247 m$^3$, 试求该管段的沿程阻力系数 $\lambda$ 的值, 并用曼宁公式求其粗糙系数 $n$。

4.24  有一管路系统如题 4.24 图所示, 设 $\zeta_1 = 0.5$, $\zeta_2 = 0.5\left(1 - \dfrac{A_2}{A_1}\right)$ (用突然收缩后的流速水头计算突然收缩局部水头损失, 式中 $A_1$, $A_2$ 分别表示收缩前后的管道面积), $\zeta_3 = \zeta_4 = 0.3$, $\zeta_5 = 1.0$, 管道粗糙系数 $n = 0.013$, $d_1 = 0.4$ m, $d_2 = d_3 = d_4 = 0.2$ m, 其他尺寸如图, 试求:(1)流量 $Q$;(2)作用在第一个弯头上的动水总作用力(注意水管轴线在铅直平面上);(3)第一根管道周界上的内摩擦切应 $\tau_0$。

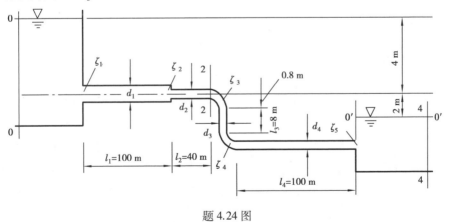

题 4.24 图

4.25 有一输油管,如题图 4.25 所示,管长 $l=50$ m,作用水头 $H=2$ m,油的运动黏度 $\nu=0.2$ cm$^2$/s,下临界雷诺数 $Re_c=2\,000$,求管中油能维持层流状态的最大管径 $d_{max}$(流速水头和局部水头损失可忽略不计)。

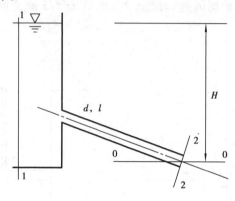

题 4.25 图

# 第5章

# 孔口、管嘴出流和有压管流

前面各章阐述了液流运动的基本规律,本章及以后各章将研究如何运用前面得出的基本理论对工程中所涉及的各类典型的液流问题进行分析。本章讨论液体经孔口、管嘴的出流问题和有压管流的水力计算。

## 5.1 薄壁孔口的恒定出流

在盛有液体的容器侧壁上开一孔口,液体经过孔口流出的水力现象称为**孔口出流**。

### 1)孔口出流的分类

按照孔口壁面厚度和形状对出流的影响,孔口出流可分为薄壁孔口出流和厚壁孔口出流。如果孔口的壁厚对液体出流无影响,出流水股与孔壁仅在一条周线上接触,这种孔口出流称为**薄壁孔口出流**,如图 5.1 所示。如果孔口的壁厚影响到液体出流,则为**厚壁孔口出流**。

按照孔径 $d$ 与孔口形心在水面下的深度 $H$ 的比值,可将孔口出流分为小孔口出流和大孔口出流。若 $d/H \leqslant 0.1$,这种孔口称为小孔口;若 $d/H > 0.1$,则称为大孔口。孔口上下缘在液面以下的深度不同,孔口断面上各点的流速也不相同。但对于小孔口,由于孔径与作用水头相比很小,可忽略其差异,而认为孔口断面上各点的水头近似相等;大孔口断面上压强分布不均匀,各点的流速也不相等。

按照孔口的出流量及其他水力要素是否随时间而变化,可将孔口出流分为恒定出流和非恒定出流。若在孔口出流过程中不断有水流补充流入容器,且流入与流出容器的流量相等,则容器中的水位不变,且孔口的出流量及其他水力要素均不随时间而变化,这种情况称为孔口恒定出流。否则即为孔口非恒定出流。

如果液体经孔口流入大气,则称为**自由出流**,如图 5.1 所示;如果液体经孔口流入另一部分液体中,则称为**淹没出流**,如图 5.2 所示。

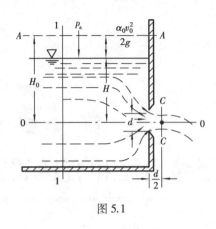

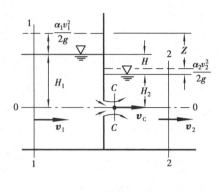

图 5.1 图 5.2

### 2) 薄壁小孔口恒定自由出流

以如图 5.1 所示水箱中小孔口自由出流为例。水箱中的水自上游从水箱的各个方向流向孔口,水流的流线向孔口汇集,由于水的惯性作用,流线不能突然改变方向,有一个连续的变化过程,因此,孔口断面的流线并不平行,流出孔口的水流流束继续收缩,直至距孔口约为 $d/2$ 的 $C\text{-}C$ 断面处收缩完毕,流线趋于平行,该断面称为收缩断面。1-1 到 $C\text{-}C$ 断面间的流段称为孔口出流段,孔口出流段较短,且流线急剧变化,在该流段的沿程水头损失远远小于局部水头损失,因此,在孔口出流的水力计算中,仅考虑局部水头损失。

以通过孔口形心的水平面 0-0 为基准面,取孔口前渐变流断面 1-1 至收缩断面 $C\text{-}C$ 之间的流段,建立能量方程

$$H + \frac{p_1}{\rho g} + \frac{\alpha_1 v_1^2}{2g} = 0 + \frac{p_C}{\rho g} + \frac{\alpha_C v_C^2}{2g} + h_{\mathrm{j}}$$

其中,$H$ 是断面 $C\text{-}C$ 的形心处距水箱液面的水深。记孔口局部阻力系数 $\zeta_0$,则

$$h_{\mathrm{j}} = \zeta_0 \frac{v_C^2}{2g}$$

水箱水面为自由液面时,$p_1$ 为大气压强,小孔口自由出流 $C\text{-}C$ 断面上各点压强可以近似认为均为大气压强,考虑相对压强,则 $p_1 = p_C = 0$,能量方程可整理为

$$H + \frac{\alpha_1 v_1^2}{2g} = (\alpha_C + \zeta_0) \frac{v_C^2}{2g} \tag{5.1}$$

令 $H_0 = H + \dfrac{\alpha_1 v_1^2}{2g}$,代入式(5.1)整理得收缩断面 $C\text{-}C$ 的断面平均流速

$$v_C = \frac{1}{\sqrt{\alpha_C + \zeta_0}} \sqrt{2gH_0} = \varphi \sqrt{2gH_0} \tag{5.2}$$

式中,$H_0$ 为作用水头,$\varphi$ 为 **流速系数**,若流速 $v_1 \approx 0$,则 $H_0 \approx H$。

$$\varphi = \frac{1}{\sqrt{\alpha_C + \zeta_0}} \approx \frac{1}{\sqrt{1 + \zeta_0}} \tag{5.3}$$

由式(5.2)看出,若不计水头损失,则 $\zeta_0 = 0$,取 $\alpha = 1.0$,则 $\varphi = 1$,故流速系数 $\varphi$ 的物理意义为实际流速 $v_C$ 与理论流速 $\sqrt{2gH_0}$ 之比。由实验得薄壁小孔口流速系数 $\varphi = 0.97 \sim 0.98$,从而

可求得水流经过薄壁小孔口的局部阻力系数 $\zeta_0 \approx 0.06$。

设孔口断面面积为 $A$，收缩断面面积为 $A_c$，由实验可得出 $A_c$ 与 $A$ 之比值 $\varepsilon = A_c/A$，称为收缩系数，则通过孔口的水流流量为

$$Q = A_c v_C = \varphi \varepsilon A \sqrt{2gH_0} = \mu A \sqrt{2gH_0} \tag{5.4}$$

式(5.4)为**薄壁小孔口自由出流水力计算的基本公式**。式中 $\mu = \varepsilon \varphi$ 称为**孔口流量系数**。它综合反映水流收缩及水头损失等因素对孔口出流能力的影响。

### 3)薄壁小孔口恒定淹没出流

如图 5.2 所示为小孔口淹没出流，水流同样在距孔口约为 $d/2$ 处形成收缩断面 $C$-$C$，然后再扩散至下游水箱的整个过水断面。

选通过孔口形心的水平面为基准面，取上、下游渐变流过水断面 1-1、2-2 之间的水流建立能量方程

$$H_1 + \frac{p_1}{\rho g} + \frac{\alpha_1 v_1^2}{2g} = H_2 + \frac{p_2}{\rho g} + \frac{\alpha_2 v_2^2}{2g} + \zeta_0 \frac{v_C^2}{2g} + \zeta_{se} \frac{v_C^2}{2g} \tag{5.5}$$

令 $H_0 = (H_1 - H_2) + \dfrac{p_1 - p_2}{\rho g} + \dfrac{\alpha_1 v_1^2 - \alpha_2 v_2^2}{2g}$，代入式(5.5)得

$$H_0 = (\zeta_0 + \zeta_{se}) \frac{v_C^2}{2g} \tag{5.6}$$

式中，$H_0$ 为淹没出流的作用水头；$\zeta_0$ 为水流经孔口处的局部阻力系数；$\zeta_{se}$ 为水流自收缩断面后突然扩大的局部阻力系数，由式(4.56)知，当 $A_2 \gg A_C$ 时，$\zeta_{se} \approx 1$。

当容器的上下游液面为自由液面时，有 $p_1 = p_2 = p_a$。并且，通常可忽略断面 1-1 及 2-2 的流速水头差，则作用水头便简化为

$$H_0 = H_1 - H_2 = H \tag{5.7}$$

式中，$H$ 为孔口上下游液面的高差。

将局部阻力系数代入式(5.6)，经整理得收缩断面流速

$$v_C = \frac{1}{\sqrt{\zeta_0 + \zeta_{se}}} \sqrt{2gH_0} = \varphi \sqrt{2gH_0} \tag{5.8}$$

其中

$$\varphi = \frac{1}{\sqrt{\zeta_0 + \zeta_{se}}} \approx \frac{1}{\sqrt{1 + \zeta_0}} \tag{5.9}$$

可见，小孔口淹没出流的流速系数的表达式与自由出流的流速系数的表达式略有不同，但它们的数值近似相等。孔口淹没出流流量为

$$Q = A_C v_C = \varphi \varepsilon A \sqrt{2gH_0} = \mu A \sqrt{2gH_0} \tag{5.10}$$

对比孔口自由出流的流量公式(5.4)可以看出，两式的形式完全相同，各项系数的取值也相同。但作用水头 $H_0$ 的表达式不相同。

### 4)孔口收缩系数和流量系数

收缩系数 $\varepsilon$ 的值与孔口在容器壁上的位置有关。如图 5.3 所示，孔口 $a$ 四周的流线全部发生收缩，液流从各方向流向孔口，这种孔口称为**全部收缩孔口**。图中孔口 $c$ 和 $d$ 只有部分

边界处流线发生收缩,这种孔口称为非全部收缩孔口。全部收缩孔口又有完善收缩和不完善收缩之分:当孔口离侧壁的距离大于同方向孔口尺寸的 3 倍($l>3a$ 或 $l>3b$)时,孔口出流流线弯曲率最大,收缩得充分,称为**完善收缩**,如孔口 $a$,否则为**非完善收缩**,如孔口 $b$。根据实验结果,对于薄壁小孔口在全部完善收缩情况下,其**收缩系数** $\varepsilon=0.62\sim0.64$,**流量系数** $\mu=0.60\sim0.62$。

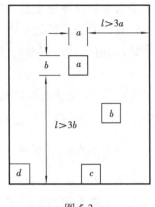

图 5.3

### 5)大孔口出流

大孔口(如闸孔等)出流断面上流速分布不均匀,流速系数 $\varphi$ 较小,且大多属于不完善的非全部收缩,流量系数较大。工程实际中,大孔口出流水力计算可近似采用小孔口出流公式(5.4),式中 $H_0$ 为大孔口形心的水头,大孔口出流流量系数 $\mu$ 的参考值由表 5.1 给出。

表 5.1　大孔口的流量系数值

| 孔口形状和水流收缩情况 | 流量系数 $\mu$ |
| --- | --- |
| 全部、不完善收缩 | 0.7 |
| 底部无收缩但有适度侧收缩 | 0.65~0.70 |
| 底部无收缩侧向收缩很小 | 0.70~0.75 |
| 底部无收缩侧向收缩极小 | 0.80~0.90 |

## 5.2　液体经管嘴的恒定出流

### 1)管嘴及管嘴出流特点

当孔壁厚 $\delta$ 等于 3~4 倍孔径 $d$,或者在孔口处外接一段长度 $l=(3\sim4)d$ 的短管时(见图 5.4),液体流经短管的出流称为**管嘴出流**,此短管称为**管嘴**。管嘴出流的特点是水流进入管嘴以前的流动情况与孔口出流相同,进入管嘴后,先形成收缩断面 $C\text{-}C$,在收缩断面附近水流与管壁分离,并形成漩涡区,之后水流逐渐扩大,直至完全充满整个断面,管嘴出口断面上水流为满管流动。管嘴出流流段的水头损失包括经孔口的局部水头损失和由于水流扩大所引起的局部损失(略去沿程水头损失),即 $h_w=h_{j孔口}+h_{j扩大}$。

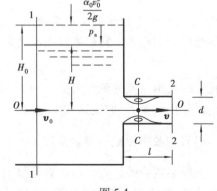

图 5.4

### 2)圆柱形外管嘴的恒定出流

以图 5.4 所示的水箱外接圆柱形管嘴为例。

设水箱的水面压强为大气压强,管嘴为自由出流,同样也仅考虑局部阻力。以过管轴线的水平面

为基准面,写出水箱中过水断面 1-1 至管嘴出口断面 2-2 间液流的能量方程

$$H + \frac{\alpha_0 v_0^2}{2g} = \frac{\alpha v^2}{2g} + h_j$$

式中,$h_j = \zeta_n \frac{v^2}{2g}$,其中,$\zeta_n$ 称为**管嘴出流的阻力系数**,根据实验资料,其值约为 0.5。

令

$$H_0 = H + \frac{\alpha_0 v_0^2}{2g}$$

将以上两式代入能量方程,可解得管嘴出口断面平均流速

$$v = \frac{1}{\sqrt{\alpha + \zeta_n}} \sqrt{2gH_0} = \varphi_n \sqrt{2gH_0} \tag{5.11}$$

及管嘴流量

$$Q = \varphi_n \varepsilon A \sqrt{2gH_0} = \mu_n A \sqrt{2gH_0} \tag{5.12}$$

式中,$\varphi_n$ 为管嘴的流速系数,$\varphi_n = \frac{1}{\sqrt{\alpha + \zeta_n}} = \frac{1}{\sqrt{1 + 0.5}} = 0.82$。$\mu_n$ 为管嘴的流量系数,由于管嘴出口断面处为满管流动,即 $\varepsilon = 1.0$,从而 $\mu_n = \varepsilon \varphi_n = 0.82$。

比较式(5.12)与式(5.4)可知,对于同样的作用水头 $H_0$,圆柱形外管嘴的流量是孔口流量的 1.32 倍($Q_{管嘴}/Q_{孔口} = \mu_n/\mu = 0.82/0.62 = 1.32$)。

当作用水头相同、直径相同时,管嘴出流中阻力较之孔口出流时要大,但是管嘴出流流量反而比孔口出流流量要大,这是由于在收缩断面处出现真空的原因。

以图 5.4 所示为例,讨论管嘴水流在收缩断面处真空值的大小,为此以通过管嘴轴线的水平面为基准面,对收缩断面 C-C 和出口断面 2-2 间的液流建立能量方程,式中采用绝对压强

$$\frac{p_{Cabs}}{\rho g} + \frac{\alpha_C v_C^2}{2g} = \frac{p_a}{\rho g} + \frac{\alpha v^2}{2g} + \zeta_{se} \frac{v^2}{2g}$$

则

$$\frac{p_a - p_{Cabs}}{\rho g} = \frac{\alpha_C v_C^2 - \alpha v^2}{2g} - \zeta_{se} \frac{v^2}{2g}$$

其中,$v_C = \frac{A}{A_C} v = \frac{v}{\varepsilon}$,局部损失主要发生在水流扩大流段上,计算水头损失时采用出口处的流速,而

$$\zeta_{se} = \left(\frac{A}{A_C} - 1\right)^2 = \left(\frac{1}{\varepsilon} - 1\right)^2$$

得到

$$\frac{p_v}{\rho g} = \frac{p_a - p_{Cabs}}{\rho g} = \left[\frac{\alpha_C}{\varepsilon^2} - \alpha - \left(\frac{1}{\varepsilon} - 1\right)^2\right] \frac{v^2}{2g}$$

再由

$$v = \varphi_n \sqrt{2gH_0}, \qquad \frac{v^2}{2g} = \varphi_n^2 H_0$$

故得

$$\frac{p_v}{\rho g} = \left[\frac{\alpha_C}{\varepsilon^2} - \alpha - \left(\frac{1}{\varepsilon} - 1\right)^2\right] \varphi_n^2 H_0$$

将各项系数 $\alpha_C = \alpha = 1$,$\varepsilon = 0.64$,$\varphi_n = 0.82$,代入上式,得

$$\frac{p_v}{\rho g} = 0.75 H_0$$

即断面 $C\text{-}C$ 处出现负压,真空值可达作用水头 $H_0$ 的 0.75 倍。

整理能量方程,得管嘴收缩断面的断面平均流速

$$v_C = \frac{1}{\sqrt{1 + \zeta_0}} \sqrt{2g\left(H_0 + \frac{p_v}{\rho g}\right)} = \varphi\sqrt{2g \times 1.75H_0}$$

于是,管嘴流量为

$$Q = v_C A_C = \mu A\sqrt{2g \times 1.75H_0}$$

可见,由于管嘴中收缩断面上出现真空,使管嘴出流的有效作用水头比孔口出流增大 75%,因此在相同作用水头下,相同直径的圆柱形外管嘴的出流量反而比孔口出流量大。

### 3)保证管嘴正常工作的条件

从以上讨论看出,收缩断面的真空度和作用水头成正比,作用水头 $H_0$ 越大,收缩断面的真空度就越大,即出流量就越大。但实际上,当收缩断面的真空度超过 7 m 水柱时,由于绝对压强过低,空气将会从管嘴出口断面"吸入",使得收缩断面的真空被破坏,管嘴中水流不能保持满管出流,而如同孔口出流一样,因此就达不到增大流量的目的。为了保证管嘴正常出流,真空度必须控制在 7 m 水柱以下,从而,作用水头 $H_0$ 的允许最大值为

$$[H_0] \leqslant \frac{7}{0.75} = 9 \text{ m}$$

同样,对管嘴长度 $l$ 也有一定限制。若 $l > (3 \sim 4)d$,则沿程阻力变大,沿程水头损失不容忽略,应视为有压流管;若 $l$ 过短,水流收缩后来不及扩大到整个管口断面便出流,收缩断面不能形成真空,而不能发挥管嘴作用。因此,圆柱形外管嘴的正常工作条件是:

①作用水头 $H_0 \leqslant 9$ m。

②管嘴长度 $l = (3 \sim 4)d$。

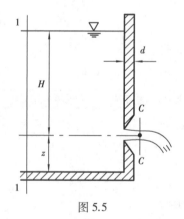

图 5.5

还有其他形式的管嘴,如扩散管嘴、收缩管嘴和流线型管嘴等,限于篇幅,不再一一讨论。

**例 5.1** 一薄壁锐缘圆形孔口,直径 $d = 10$ mm,水头 $H = 2$ m,自由出流,如图 5.5 所示。行近流速水头很小,可略去不计。现测得收缩断面处流束直径 $d_C = 8$ mm;在 32.8 s 时间内经孔口流出的水量为 $10 \times 10^{-3} \text{m}^3$。试求该孔口的收缩系数 $\varepsilon$、流量系数 $\mu$、流速系数 $\varphi$(实际流速与理想流速之比)和阻力系数 $\zeta_0$。

**解** ① $\varepsilon = \dfrac{A_C}{A} = \left(\dfrac{d_C}{d}\right)^2 = \dfrac{8^2}{10^2} = 0.64$

②因为 $p_1 = p_C = 0$,及 $v_0^2/2g \approx 0$,所以 $H_0 = H$,由式(5.10)得

$$\mu = \frac{Q}{A\sqrt{2gH_0}} = \frac{10 \times 10^{-3}\text{m}^3/32.8 \text{ s}}{\dfrac{\pi}{4} \times (0.01 \text{ m})^2\sqrt{2 \times 9.8 \text{ m/s}^2 \times 2 \text{ m}}} = 0.62$$

③ $\varphi = \mu/\varepsilon = 0.62/0.64 = 0.97$

也可由下式求出

$$\varphi = \frac{v_C}{v'_C} = \frac{Q/A_C}{\sqrt{2gH_0}} = \frac{10 \times 10^{-3} \, \text{m}^3/32.8 \, \text{s}}{\frac{\pi}{4} \times (0.008 \, \text{m})^2 \sqrt{2 \times 9.8 \, \text{m/s}^2 \times 2 \, \text{m}}} = 0.97$$

④由公式知 $\varphi = \frac{1}{\sqrt{\alpha + \zeta_0}} = \frac{1}{\sqrt{1 + \zeta_0}}$，因此 $\zeta_0 = \frac{1}{\varphi^2} - 1 = \frac{1}{0.97^2} - 1 = 0.063$。

**例 5.2**　一大水池的侧壁开有一直径 $d = 10 \, \text{mm}$ 的小圆孔,水池水面比孔口中心高 $H = 5 \, \text{m}$,求:出口流速及流量。假设:①若池壁厚度 $\delta = 3 \, \text{mm}$;②若池壁厚度 $\delta = 40 \, \text{mm}$。

**解**　首先分析壁厚 $\delta$ 对出流的影响:若 $\delta \in l$,其中,$l = (3 \sim 4) d = (30 \sim 40) \, \text{mm}$,则为管嘴出流;若 $\delta < l$,便为孔口出流。

①$\delta = 3 \, \text{mm}$ 时,为薄壁孔口出流

$$v_C = \varphi \sqrt{2gH_0} = 0.97 \sqrt{2 \times 9.8 \, \text{m/s}^2 \times 5 \, \text{m}} = 9.61 \, \text{m/s}$$

$$Q = \mu A \sqrt{2gH_0} = 0.62 \times \frac{\pi}{4} \times 10^{-4} \, \text{m}^2 \sqrt{2 \times 9.8 \, \text{m/s}^2 \times 5 \, \text{m}} = 0.482 \times 10^{-3} \, \text{m/s}$$

②$\delta = 40 \, \text{mm}$ 时,为圆柱形外管嘴出流

$$v = \varphi_n \sqrt{2gH_0} = 0.82 \sqrt{2 \times 9.8 \, \text{m/s}^2 \times 5 \, \text{m}} = 8.15 \, \text{m/s}$$

$$Q = \mu_n A \sqrt{2gH_0} = 0.82 \times \frac{\pi}{4} \times 10^{-4} \, \text{m}^2 \sqrt{2 \times 9.8 \, \text{m/s}^2 \times 5 \, \text{m}} = 0.638 \times 10^{-3} \, \text{m}^3/\text{s}$$

## 5.3　孔口、管嘴的非恒定出流

在孔口(或管嘴)出流过程中,如果容器水面随时间变化(降低或者升高),孔口(或管嘴)出流流速和流量必然随时间变化,形成非恒定流动(例如容器放水、船闸泄水和充水等)。但当容器中的水位变化非常缓慢时,可把整个非恒定出流的过程划分为许多微小时段,在每个微小时段 $\mathrm{d}t$ 内的流动仍可按恒定流动处理,即可以采用孔口恒定出流的公式,计算瞬时流量 $Q(t)$,其中,$H_0$ 是相应瞬时的作用水头 $H_0(t)$。

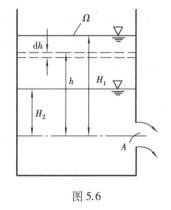

以图 5.6 所示等截面柱形容器为例,设容器的横截面面积为 $\Omega$,水流经孔口作非恒定自由出流。求容器中液面由 $H_1$ 变到 $H_2$ 所需要的时间。

设某时刻 $t$,孔口的水头为 $H(t)$。忽略容器液面变化的流速水头,即令 $H_0(t) = H(t)$,则在微小时段 $\mathrm{d}t$ 内,经孔口流出的水体体积为

图 5.6

$$Q\mathrm{d}t = \mu A \sqrt{2gH(t)} \, \mathrm{d}t$$

在此时间过程中,容器液面降低了微小高度 $-\mathrm{d}H$(采用负号是因为 $H$ 随时间减小),液体体积改变量为 $(-\Omega \mathrm{d}H)$。由于在同一时段内从孔口流出的液体体积应和容器中液体体积的变化数量相等,即

$$\mu A \sqrt{2gH} \, \mathrm{d}t = - \Omega \mathrm{d}H$$

故 
$$\mathrm{d}t = -\frac{\Omega}{\mu A \sqrt{2gH}}\mathrm{d}H \tag{5.13}$$

式(5.13)表示了液面高程变化与出流时间变化的关系。对式(5.13)积分,得到水头由 $H_1$ 降到 $H_2$ 所需要的时间

$$t = \int_{H_1}^{H_2} -\frac{\Omega}{\mu A \sqrt{2gH}}\mathrm{d}H = \frac{2\Omega}{\mu A \sqrt{2g}}(\sqrt{H_1} - \sqrt{H_2})$$

若求容器放空(即水面降到孔口中心线高度)所需时间 $T$,可取 $H_2 = 0$,则得

$$T = \frac{2\Omega\sqrt{H_1}}{\mu A \sqrt{2g}} = \frac{2\Omega H_1}{\mu A \sqrt{2gH_1}} = \frac{2V}{Q_{\max}} \tag{5.14}$$

式(5.14)中 $V = \Omega H_1$ 为 $T$ 时间内由容器中流出的液体体积,而 $Q_{\max} = \mu A \sqrt{2gH_1}$ 为相当于作用水头 $H_1$ 维持不变时孔口恒定出流的流量。因此,在变水头情况下,容器放空所需的时间等于在恒定水头 $H_1$ 作用下流出等量液体所需时间的两倍。

## 5.4 短管的水力计算

本节讨论有压管流。有压管流分为短管流和长管流两种。

**短管是指在管路系统中既有均匀流,又有非均匀流,甚至有急变流,在管道流的总水头损失中,局部水头损失与沿程水头损失均占相当比例,水力计算时两者均不能忽略的管路系统。** 如水泵的吸水管及压水管、虹吸管、路基涵管等,管道不太长,但局部变化较多,这样的管道一般均按短管计算。

### 1)短管自由出流

液体经短管流动流入大气后,流束四周受到大气压的作用,这种流动称为**短管自由出流**。如图 5.7 所示为一短管自由出流。液流从水箱进入管径为 $d$,装有一个阀门并带有两个弯头管路,管路总长度为 $l$。取出口断面中心点所在的水平面为基准面 0-0,断面 1-1 取在管道入口上游水流满足渐变流条件处,2-2 断面则取在管流出口处,对断面 1-1 至断面 2-2 间的水流建立能量方程

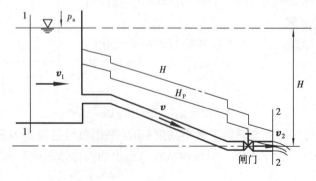

图 5.7

$$H + \frac{p_a}{\rho g} + \frac{\alpha_1 v_1^2}{2g} = 0 + \frac{p_a}{\rho g} + \frac{\alpha_2 v_2^2}{2g} + h_w$$

令

$$H + \frac{\alpha_1 v_1^2}{2g} = H_0$$

可得

$$H_0 = \frac{\alpha_2 v_2^2}{2g} + h_w \tag{5.15}$$

$$h_w = \sum h_f + \sum h_j \tag{5.16}$$

式中，$v_1$ 为水池中断面 1-1 的流速，称为行近流速；$H_0$ 为包括行近流速在内的水头，称为作用水头。

式(5.15)说明短管水流在自由出流的情况下，其作用水头 $H_0$ 一部分消耗于水流的沿程水头损失和局部水头损失，另一部分转化为管道 2-2 断面的流速水头。

对于等直径管，管中流速为常数 $v$，$v_2 = v$，将式(5.16)代入式(5.15)，取 $\alpha_2 = \alpha$，得

$$v = \frac{1}{\sqrt{\alpha + \lambda \dfrac{l}{d} + \sum \zeta}} \sqrt{2gH_0} \tag{5.17}$$

由此得到管道的流量为

$$Q = \frac{A}{\sqrt{\alpha + \lambda \dfrac{l}{d} + \sum \zeta}} \sqrt{2gH_0} \tag{5.18}$$

由式(5.18)知，管道的流量取决于 $H_0$，$A$ 和 $h_w$，其中，$A$ 由管径的大小决定，$h_w$ 按第 4 章水头损失计算方法求得。若 $\alpha = 1.0$，代入式(5.17)得

$$v = \frac{1}{\sqrt{1 + \lambda \dfrac{l}{d} + \sum \zeta}} \sqrt{2gH_0} = \varphi_C \sqrt{2gH_0} \tag{5.19}$$

而

$$Q = v \cdot A = \mu_C A \sqrt{2gH_0} = \varphi_C \varepsilon A \sqrt{2gH_0} \tag{5.20}$$

式中，

$$\varphi_C = \frac{1}{\sqrt{1 + \lambda \dfrac{l}{d} + \sum \zeta}}, \tag{5.21}$$

为短管的**流速系数**，$\mu_C = \varphi_C \cdot \varepsilon (\varepsilon = 1.0)$ 为短管的**流量系数**。

### 2)短管淹没出流

液体经短管流入相同液体中的流动称为**短管淹没出流**。如图 5.8 所示为一短管淹没出流。取下游水池水面为基准面 0-0，并在上、下游水池符合渐变流条件处取过水断面 1-1 和 2-2，列能量方程

$$H + \frac{p_a}{\rho g} + \frac{\alpha_1 v_1^2}{2g} = 0 + \frac{p_a}{\rho g} + \frac{\alpha_2 v_2^2}{2g} + h_w$$

令

$$H_0 = H + \frac{\alpha_1 v_1^2}{2g} - \frac{\alpha_2 v_2^2}{2g}$$

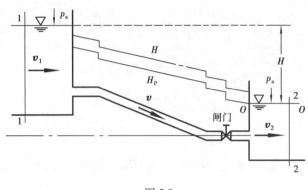

图 5.8

由于 $A_2 \gg A$, 通常下游水池的水流速度比管中流速小得多, 计算时一般可认为 $\frac{v_2^2}{2g} = 0$。则 $H_0 = H + \frac{\alpha_1 v_1^2}{2g}$, 由能量方程得

$$H_0 = h_w \tag{5.22}$$

式(5.22)说明短管水流在淹没出流的情况下, 其作用水头完全消耗在克服水流的沿程阻力和局部阻力上。水头损失为

$$h_w = \sum h_f + \sum h_j = \left( \lambda \frac{l}{d} + \sum \zeta \right) \frac{v^2}{2g} \tag{5.23}$$

从管道出口断面到断面 2-2, 水流突然扩大, 在这个过程中产生局部水头损失。因此, 式(5.23)的总局部阻力系数 $\sum \zeta$ 中, 应包括出口后局部阻力系数(在自由出流时是不包括这一项的), 同时忽略行近流速水头 $\frac{\alpha_1 v_1^2}{2g}$。由式(5.22)和式(5.23)得

$$H_0 = \left( \lambda \frac{l}{d} + \sum \zeta \right) \frac{v^2}{2g}$$

故

$$v = \frac{1}{\sqrt{\lambda \frac{l}{d} + \sum \zeta}} \sqrt{2gH_0} = \varphi_C \sqrt{2gH} \tag{5.24}$$

$$Q = v \cdot A = \mu_C A \sqrt{2gH_0} = \varphi_C \varepsilon A \sqrt{2gH_0} \tag{5.25}$$

式中, $\mu_C$ 为短管流量系数, $\mu_C = \varphi_C \cdot \varepsilon (\varepsilon = 1.0)$。

因此

$$\mu_C = \varphi_C = \frac{1}{\sqrt{\lambda \frac{l}{d} + \sum \zeta}} \tag{5.26}$$

式(5.26)与式(5.21)比较, 其右侧在分母中少了代表出口动能的修正系数 1.0, 但在 $\sum \zeta$ 中却增加了代表出口断面突然扩大的局部阻力系数 1.0。可见, 同一短管在自由出流和淹没出流的情况下, 其流量计算公式的形式及 $\mu_C$ 的数值均相同, 但作用水头 $H_0$ 的计量基准不同, 淹没出流时作用水头以下游水面为基准, 自由出流时以通过管道出口断面中心点的水平面为基准。

### 3)短管的水力计算问题

短管的水力计算包括以下几类问题:

①已知作用水头、断面尺寸和局部阻碍的组成,计算管道输水能力,求流量。

②已知管线的布置和必需输送的流量(设计流量),求所需水头(如设计水箱、水塔的水位标高 $H$、水泵的扬程 $H$ 等)。

③已知管线布置,设计流量及作用水头,求管径 $d$。

④分析计算沿管道各过水断面的压强。

以上各类问题都能通过建立能量方程求解,也可直接用基本公式(5.20)或式(5.25)求解。

### 4)虹吸管的水力计算

虹吸管是一种压力输水管道,较多弯曲管道部分,一般属于短管。如图 5.9 所示为一虹吸管的实例,顶部高程高于上游供水水面。虹吸管的工作原理是:将管内空气排出,在管内形成一定的真空,使作用在上游水面的大气压强与虹吸管内压强之间产生压差,水将能够由上游通过虹吸管流向下游。应用虹吸管输水,可以跨越高地,减少挖方,避免埋设管道工程,并便于自动操作,在水利工程中应用普遍。

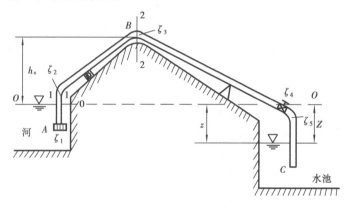

图 5.9

由于虹吸管工作时,管内必然存在真空断面,随着真空高度的增大,溶解在水中的空气分离出来,并在虹吸管顶部聚集,挤压有效的过水断面,阻碍水流运动,直至造成断流。为了保证虹吸管正常过流,工程上限制管内最大真空高度不超过允许值 $[h_v] = 7 \sim 8$ m 水柱。可见,有真空区段是虹吸管的特点,其最大真空高度不超过允许值则是虹吸管正常过流的工作条件。

虹吸管水力计算的主要任务是确定虹吸管输水量或管径,以及虹吸管顶部的允许安装高度 $h_s$(安装高度指虹吸管顶部高于上游水面的高度)。

**例 5.3** 用虹吸管将河水引入水池,如图 5.9 所示。已知河道与水池间的恒定水位高差为 $z = 2.6$ m,选用铸铁管,其粗糙系数 $n = 0.012\ 5$,直径为 $d = 350$ mm,每个弯头的局部阻力系数 $\zeta_2 = \zeta_3 = \zeta_5 = 0.2$,阀门局部阻力系数 $\zeta_4 = 0.15$,入口网罩的局部阻力系数 $\zeta_1 = 5.0$,出口淹没在水面下,管线上游 $AB$ 段长 15 m,下游段 $BC$ 长 20 m,虹吸管顶部的安装高度 $h_s = 4.5$ m,试确定虹吸管的输水量并校核管顶断面的安装高度是否不大于允许值。

**解** 本题属于短管淹没出流问题。

①确定输水量：忽略行近流速水头的影响，用式(5.25)计算。

$$R = d/4 = 0.35 \text{ m}/4 = 0.087\ 5 \text{ m}, \quad C = \frac{1}{n}R^{1/6} = \frac{1}{0.012\ 5} \times (0.087\ 5)^{1/6} \text{m}^{1/2}/\text{s} = 53.4 \text{ m}^{0.5}/\text{s}$$

$$\lambda = \frac{8g}{C^2} = \frac{8 \times 9.8 \text{ m/s}^2}{(53.4)^2 \text{ m/s}^2} = 0.027\ 5$$

$$A = \frac{\pi}{4}d^2 = 0.875 \times (0.35 \text{ m})^2 = 0.096 \text{ m}^2$$

$$\mu_c = \frac{1}{\sqrt{\lambda \dfrac{l}{d} + \sum \zeta}} = \frac{1}{\sqrt{0.027\ 5 \times \dfrac{35 \text{ m}}{0.35 \text{ m}} + 5 + 3 \times 0.2 + 0.15 + 1}} = 0.325$$

因此

$$Q = \mu_c A \sqrt{2gH_0} = 0.325 \times 0.096 \text{ m}^2 \sqrt{19.6 \text{ m/s}^2 \times 2.6 \text{ m}} = 0.22 \text{ m}^3/\text{s}$$

②计算管顶断面 2-2 的真空高度：

取上游河面 1-1，列断面 1-1 至 2-2 的水流的能量方程，采用绝对压强

$$z_1 + \frac{p_{1\text{abs}}}{\rho g} + \frac{\alpha_1 v_1^2}{2g} = z_2 + \frac{p_{2\text{abs}}}{\rho g} + \frac{\alpha_2 v_2^2}{2g} + h_{\text{w}1-2}$$

以 1-1 断面为基准，则 $z_1 = 0, z_2 = h_s$。取 $\alpha_1 = \alpha_2 = 1.0$，河面水位恒定，因此，$\dfrac{\alpha_1 v_1^2}{2g} = 0, \dfrac{p_{1\text{abs}}}{\rho g} = \dfrac{p_a}{\rho g}$，各值代入能量方程中得

$$\frac{p_a - p_{2\text{abs}}}{\rho g} = z_2 + \frac{v_2^2}{2g} + h_{\text{w}1-2}$$

又已求得流量 $Q = 0.22 \text{ m}^3/\text{s}$，故流速为

$$v_2 = \frac{Q}{A} = \frac{0.22 \text{ m}^3/\text{s}}{0.096 \text{ m}^2} = 2.30 \text{ m/s}$$

流速水头为

$$\frac{v_2^2}{2g} = \frac{(2.3 \text{ m/s})^2}{19.6 \text{ m/s}^2} = 0.27 \text{ m}$$

则

$$h_{\text{w}1-2} = \left(\lambda \frac{l_{AB}}{d} + \zeta_1 + \zeta_2 + \zeta_3\right)\frac{v_2^2}{2g} = \left(0.027\ 5 \times \frac{15 \text{ m}}{0.35 \text{ m}} + 5 + 2 \times 0.2\right) \times 0.27 = 1.78 \text{ m}$$

故 2-2 断面的真空度

$$h_v = \frac{p_a - p_{2\text{abs}}}{\rho g} = h_s + \frac{v_2^2}{2g} + h_{\text{w}1-2} = 4.5 \text{ m} + 0.27 \text{ m} + 1.78 \text{ m} = 6.55 < [h_v] = 7 \sim 8 \text{ m}$$

在允许限值内，即管顶安装高度 $h_s = 4.5 \text{ m}$，在允许范围内。

### 5) 水泵的水力计算

水泵抽水是通过水泵转轮转动的作用，在水泵入口处形成真空，使水流在水源水面大气压力作用下沿吸水管上升。水流从吸水管入口至水泵入口的一段内，其流速水头差、位置水头差及克服沿流阻力所损失的能量，均由吸水管进口与水泵入口之间的压强水头差转化得来。水流流经水泵时从水泵取得能量，再经压水管进入水塔或用水地区。

水泵管路系统的吸水管一般属于短管,压水管则视管道具体情况而定。水泵的水力计算任务主要是确定水泵的安装高度 $h_s$ 及水泵的扬程 $H$。**扬程**是指水泵对单位重量液体提供的总能量,可使水提升一定的几何高度和补偿管路的水头损失。确定安装高度需要进行吸水管水力计算,确定水泵扬程必须进行压水管水力计算。

**例 5.4** 欲从水池取水,离心泵管路系统布置如图 5.10 所示。水泵流量 $Q = 25$ m³/h。吸水管长 $l_1 = 3.5$ m,$l_2 = 1.5$ m。压水管长 $l_3 = 20$ m。吸水管和压水管管径均取为 $d_a = d_p = 75$ mm,水泵提水高度 $z = 18$ m,水泵最大真空度不超过 6 m。试确定水泵的允许安装高度并计算水泵的扬程。

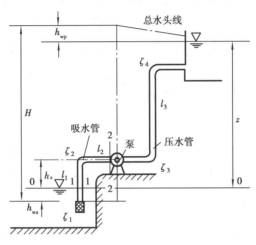

图 5.10

**解** ①确定水泵的允许安装高度 $h_s$

由连续性方程,可得吸水管和压水管中水流的流速为

$$v_a = v_p = \frac{Q}{\frac{1}{4}\pi d_a^2} = \frac{Q}{\frac{1}{4}\pi d_p^2} = \frac{4 \times 25 \text{ m}^3}{3.14 \times 3\,600 \text{ s} \times 0.075 \text{ m}^2} = 1.57 \text{ m/s}$$

取水池水面 1-1 过水断面和水泵入口前 2-2 过水断面这两渐变流过水断面间的液流建立能量方程,采用绝对压强,基准面与 1-1 过水断面重合,忽略水池水面流速,即 $v_1 = 0$,得

$$0 + \frac{p_a}{\rho g} + 0 = h_s + \frac{p_{2abs}}{\rho g} + \frac{\alpha_2 v_a^2}{2g} + h_{w1-2}$$

$$h_s = \frac{p_a - p_{2abs}}{\rho g} - \left(\frac{\alpha_2 v_a^2}{2g} + h_{w1-2}\right)$$

水泵管路系统属短管,水流流态通常为紊流粗糙,可用舍维列夫旧管公式计算沿程阻力系数 $\lambda$

$$\lambda = \frac{0.021}{d^{0.3}} = \frac{0.021}{(0.075)^{0.3}} = 0.045\,5$$

各个局部障碍处的局部阻力系数可查表 4-4 得:有网底阀进口 $\zeta_1 = 8.5$,弯头 $\zeta_2 = \zeta_3 = \zeta_4 = 0.294$,出口 $\zeta_5 = 1.0$,取 $\alpha = 1.0$,由水泵真空高度的限制条件,取 $\frac{p_a - p_{2abs}}{\rho g} = h_v = 6.0$ m,将已知数

141

据代入能量方程

$$h_s = h_v - \left(1 - \lambda \frac{l_1 + l_2}{d_a} + \zeta_1 + \zeta_2\right) \frac{v_a^2}{2g}$$

$$= 6.0 - \left(1 + 0.046 \times \frac{5.0 \text{ m}}{0.075 \text{ m}} + 8.5 + 0.294\right) \times \frac{(1.57 \text{ m/s})^2}{19.5 \text{ m/s}^2} = 4.38 \text{ m}$$

由计算结果可知,要保证水泵正常工作,则水泵的安装高度应小于 4.38 m。

②计算水泵的扬程

设水泵的总扬程为 $H$,吸水管水头损失为 $h_{wa}$,压水管水头损失为 $h_{wp}$,则

$$H = z + h_{wa} + h_{wp}$$

$$h_{wp} = \left(\lambda \frac{l_3}{d_p} + \sum \zeta\right) \frac{v_p^2}{2g} = \left(0.045\,5 \times \frac{20.0 \text{ m}}{0.075 \text{ m}} + 0.294 \times 2 + 1.0\right) \frac{(1.57 \text{ m/s})^2}{19.6 \text{ m/s}} = 1.75 \text{ m}$$

$$h_{wa} = \left(\lambda \frac{l_1 + l_2}{d_a} + \sum \zeta\right) \frac{v_a^2}{2g} = \left(0.045\,5 \times \frac{5.0 \text{ m}}{0.075 \text{ m}} + 8.5 + 0.294\right) \frac{(1.57 \text{ m/s})^2}{19.6 \text{ m/s}} = 1.49 \text{ m}$$

已知 $z = 18$ m,故水泵的总扬程

$$H = 18.0 \text{ m} + 1.75 \text{ m} + 1.49 \text{ m} = 21.24 \text{ m}$$

根据计算出的水泵扬程 $H$ 与水泵抽水量 $Q$ 可以选择适当型号的水泵。

### 6)倒虹吸管的水力计算

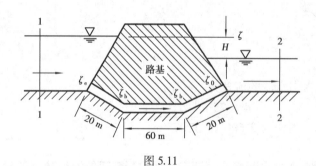

图 5.11

倒虹吸管是穿越道路、河渠等障碍物的一种输水管道,如图 5.11 所示。倒虹吸管中的水流并无虹吸作用,由于它的外形像倒置的虹吸管,故称为倒虹吸管。倒虹吸管的水力计算主要是计算流量和确定管径。

**例 5.5** 一穿越路堤的排水管道如图 5.11 所示,上下游水位差 $H = 0.7$ m,通过流量为 3.5 m³/s。求所需的圆管直径。假设管长如图 5.11 所示,$\zeta_e = 0.45$,$\zeta_b = 0.3$(两处),$\zeta_0 = 1.0$,$\lambda = 0.025$。

**解** 因倒虹吸管出口在下游水面以下,为淹没出流。若忽略行近流速水头的影响,应按式(5.25)计算。

由 $Q = \mu_c A \sqrt{2gH_0}$ 及 $\mu_c = \dfrac{1}{\sqrt{\lambda \dfrac{l}{d} + \sum \zeta}}$ 可得

$$H = \frac{Q^2}{2g(\mu_c A)^2} = \frac{Q^2}{2gA^2}\left(\lambda \frac{l}{d} + \sum \zeta\right) = \frac{8Q^2}{g(\pi d^2)^2}\left(\lambda \frac{l}{d} + \sum \zeta\right)$$

代入已知数据得:$0.7 = \dfrac{0.082\,8 \times (3.5 \text{ m}^3/\text{s})^2}{d^4}\left(0.025 \times \dfrac{100 \text{ m}}{d} + 0.45 + 2 \times 0.3 + 1.0\right)$

整理可得 $\qquad\qquad\qquad\qquad d^5 - 2.97d - 3.62 = 0$

上式为高次方程,可利用试算法求解,求得所需管径 $d = 1.52$ m。

## 5.5 长管的水力计算

**长管是指管流的局部水头损失与流速水头之和同沿程水头损失相比,所占比例很小(一般小于沿程水头损失的 5%~10%),因此可忽略不计或将它按沿程水头损失的某一百分数估计的管路系统**。由于不计流速水头,因此,长管的测压管水头就等于总水头,测压管水头线与总水头线重合。城镇的给水管道系统通常按长管考虑。

长管分为简单管路、串联管路及并联管路。

### 1)简单管路

管径及流量均沿程不变的长直管路称为**简单管路**。如图 5.12 所示,在水池壁上安装的一长为 $l$,直径为 $d$ 的长直简单管,水池水面距管道出口高度为 $H$,自由出流,分析其水力特点和计算方法。

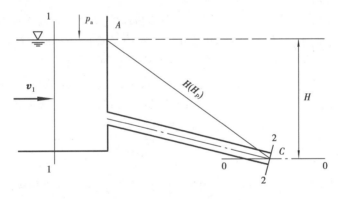

图 5.12

以通过管路出口断面 2-2 形心的水平面为基准面,在水池中离管路进口前某一距离处,取渐变流过水断面 1-1,对断面 1-1 至断面 2-2 的水流写出能量方程,忽略行近流速水头 $\dfrac{\alpha_1 v_1^2}{2g}$,得

$$H + \frac{p_a}{\rho g} = 0 + \frac{p_a}{\rho g} + \frac{\alpha_2 v_2^2}{2g} + h_w$$

按长管计算,则 $h_j$ 和 $\dfrac{\alpha_2 v_2^2}{2g}$ 均忽略不计,上式简化为

$$H = h_w = h_f \tag{5.27}$$

对于淹没出流,取断面 2-2 及基准面如图 5.13 所示,由能量方程同样可得式(5.27)。式(5.27)为**简单长管水力计算的基本方程**。该式说明,简单长管的作用水头 $H$ 全部消耗于沿程水头损失 $h_f$ 上。对于自由出流,若从水池自由表面与池壁的交点 $A$ 到断面 2-2 形心 $C$ 作一连线,便得到简单长管自由出流的测压管水头线,如图 5.12 所示。由于忽略了流速水头,因此总水头线与测压管水头线重合,对于淹没出流,$H$ 及 $H_p$ 线也同样重合,如图 5.13 所示。但是,自

由出流的作用水头 $H$ 为上游水位至管道出口断面形心的高差,淹没出流的作用水头 $H$ 为上、下游的水位差。

常用以下两种方法计算长管的沿程水头损失以及流量、管径等水力计算问题。

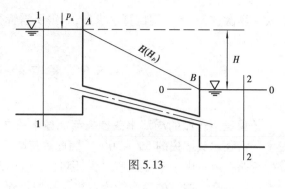

图 5.13

**(1)按水力坡度计算**

式(5.27)可以写成

$$H = h_f = \lambda \frac{l}{d} \frac{v^2}{2g} \qquad (5.28)$$

由谢才公式和连续方程

$$Q = v \cdot A = A \cdot C\sqrt{RJ} = K\sqrt{J} \qquad (5.29)$$

所以

$$J = h_f / l = Q^2 / K^2 \qquad (5.30)$$

于是

$$H = h_f = \frac{Q^2}{K^2} \cdot l \qquad (5.31)$$

式中,$K = A \cdot C\sqrt{R}$。由 $Q = K\sqrt{J}$ 可知,当水力坡度 $J = 1$ 时,$Q = K$,且 $K$ 具有和流量相同的单位,称为**流量模数**。它综合反映管道断面形状、大小和粗糙度等特性对输水流量的影响。在水力坡度相同的情况下,输水流量和流量模数成正比。$K$ 值是管径 $d$ 及粗糙系数 $n$ 的函数。

计算流量模数 $K$ 值时,涉及谢才系数 $C$,在工程问题的水力计算中,通常采用曼宁公式或巴甫洛夫斯基公式计算 $C$ 值,但要注意,这两个公式都只适用于紊流粗糙。

表 5.2 中对不同的管径及粗糙系数给出了按曼宁公式计算谢才系数时的流量模数 $K$ 值。

表5.2　管道的流量模数 $K = A \cdot C\sqrt{R}$ 值

| 直径 $d$/mm | $K$/(m³·s⁻¹) | | |
|---|---|---|---|
| | 清洁管 $\frac{1}{n} = 90$ ($n = 0.011$) | 正常管 $\frac{1}{n} = 80$ ($n = 0.012\ 5$) | 污秽管 $\frac{1}{n} = 70$ ($n = 0.014\ 3$) |
| 50 | 0.009 624 | 0.008 460 | 0.007 403 |
| 75 | 0.028 370 | 0.024 910 | 0.021 830 |
| 100 | 0.061 110 | 0.053 720 | 0.047 010 |
| 125 | 0.110 800 | 0.097 400 | 0.085 230 |
| 150 | 0.180 200 | 0.158 400 | 0.138 600 |
| 175 | 0.271 800 | 0.238 900 | 0.209 000 |
| 200 | 0.388 000 | 0.341 100 | 0.298 500 |
| 225 | 0.531 200 | 0.467 000 | 0.408 660 |
| 250 | 0.703 500 | 0.618 500 | 0.541 200 |

续表

| 直径 d/mm | $K/(\mathrm{m}^3 \cdot \mathrm{s}^{-1})$ | | |
|---|---|---|---|
| | 清洁管 $\dfrac{1}{n}=90$<br>（ $n=0.011$ ） | 正常管 $\dfrac{1}{n}=80$<br>（ $n=0.012\,5$ ） | 污秽管 $\dfrac{1}{n}=70$<br>（ $n=0.014\,3$ ） |
| 300 | 1.144 | 1.006 | 0.880 000 |
| 350 | 1.726 | 1.517 | 1.327 |
| 400 | 2.464 | 2.166 | 1.895 |
| 450 | 3.373 | 2.965 | 2.594 |
| 500 | 4.467 | 3.927 | 3.436 |
| 600 | 7.264 | 6.386 | 5.587 |
| 700 | 10.96 | 9.632 | 8.428 |
| 750 | 13.17 | 11.58 | 10.13 |
| 800 | 15.64 | 13.57 | 12.03 |
| 900 | 21.42 | 18.83 | 16.47 |
| 1 000 | 28.36 | 24.93 | 21.82 |
| 1 200 | 46.12 | 40.55 | 35.48 |
| 1 400 | 69.57 | 61.16 | 53.52 |
| 1 600 | 99.33 | 87.32 | 76.41 |
| 1 800 | 136.00 | 119.50 | 104.60 |
| 2 000 | 180.10 | 158.30 | 138.50 |

（2）按比阻计算

将式（5.27）写成：$H=h_{\mathrm{f}}=\lambda\dfrac{l}{d}\dfrac{v^2}{2g}$，将 $v=\dfrac{4Q}{\pi d^2}$ 代入该式得

$$H=\frac{8\lambda}{g\pi^2 d^5}lQ^2=S_0 lQ^2 \tag{5.32}$$

其中 $$S_0=8\lambda/(g\pi^2 d^5) \tag{5.33}$$

$S_0$ 称为管段的**比阻**，表示单位流量通过单位长度管道所需的水头。$S_0$ 的值与管壁粗糙、雷诺数及管径 $d$ 有关，单位为 $\mathrm{s}^2/\mathrm{m}^6$。

①通用公式

对于紊流粗糙可用曼宁公式计算谢才系数，再用 $\lambda=8g/C^2$ 代入式（5.33），得

$$S_0 = \frac{10.3n^2}{d^{5.33}} \tag{5.34}$$

表 5.3 给出了由不同管径 $d$ 及粗糙系数 $n$ 所算出的 $S_0$ 值。

表 5.3 不同管径 $d$ 及粗糙系数 $n$ 的 $S_0$ 值

| 水管直径/mm | 比阻 $S_0$(流量以 $m^3 \cdot s^{-1}$ 计) | | | |
|---|---|---|---|---|
| | 曼宁公式($C=\frac{1}{n}R^{1/6}$) | | | 舍维列夫公式(粗糙区) |
| | $n=0.012$ | $n=0.013$ | $n=0.014$ | |
| 75 | 1 480 | 1 740 | 2 010 | 1 709 |
| 100 | 319 | 375 | 434 | 365.3 |
| 150 | 36.7 | 43.0 | 49.9 | 41.85 |
| 200 | 7.92 | 9.30 | 10.8 | 9.029 |
| 250 | 2.42 | 2.83 | 3.28 | 2.752 |
| 300 | 0.911 | 1.07 | 1.24 | 1.025 |
| 350 | 0.401 | 0.471 | 0.545 | 0.452 9 |
| 400 | 0.196 | 0.230 | 0.267 | 0.223 2 |
| 450 | 0.105 | 0.123 | 0.143 | 0.119 5 |
| 500 | 0.059 8 | 0.070 2 | 0.081 5 | 0.068 39 |
| 600 | 0.022 6 | 0.026 5 | 0.030 7 | 0.026 02 |
| 700 | 0.009 93 | 0.011 7 | 0.013 5 | 0.011 50 |
| 800 | 0.004 87 | 0.005 73 | 0.006 63 | 0.005 665 |
| 900 | 0.002 60 | 0.003 05 | 0.003 54 | 0.003 034 |
| 1 000 | 0.001 48 | 0.001 74 | 0.002 01 | 0.001 736 |

②专用公式

对于旧钢管、旧铸铁管中的清洁水流,采用舍维列夫公式(4.45)及式(4.46),将其分别代入式(5.33)得阻力平方区($v \geqslant 1.2$ m/s)

$$S_0 = \frac{0.001\ 736}{d^{5.3}} \tag{5.35}$$

过渡区($v < 1.2$ m/s)

$$S_0' = 0.852\left(1 + \frac{0.867}{v}\right)^{0.3}\left(\frac{0.001\ 736}{d^{5.3}}\right) = kS_0 \tag{5.36}$$

式中，$k=0.852\left(1+\dfrac{0.867}{v}\right)^{0.3}$ 为修正系数。

式(5.36)表明过渡区的比阻可用阻力平方区的比阻乘上修正系数 $k$ 来计算。表 5.4 给出当水温为 10 ℃时在各种流速下的 $k$ 值。

**表 5.4　对钢管、铸铁管的修正系数 $k$**

| $v/(\text{m}\cdot\text{s}^{-1})$ | $k$ | $v/(\text{m}\cdot\text{s}^{-1})$ | $k$ | $v/(\text{m}\cdot\text{s}^{-1})$ | $k$ |
| --- | --- | --- | --- | --- | --- |
| 0.20 | 1.41 | 0.50 | 1.15 | 0.80 | 1.06 |
| 0.25 | 1.33 | 0.55 | 1.13 | 0.85 | 1.05 |
| 0.30 | 1.28 | 0.60 | 1.115 | 0.90 | 1.04 |
| 0.35 | 1.24 | 0.65 | 1.10 | 1.00 | 1.03 |
| 0.40 | 1.20 | 0.70 | 1.085 | 1.10 | 1.015 |
| 0.45 | 1.175 | 0.75 | 1.07 | ≥1.20 | 1.00 |

**例 5.6**　如图 5.14 所示，水塔的水面标高为 24 m 保持不变，由 $d=300$ mm，$l=3\,500$ m 的旧铸铁管向工厂输水，出水口的标高为 2 m，管道粗糙系数 $n=0.012\,5$，视为简单管道恒定自由出流，试求管道中通过的流量。

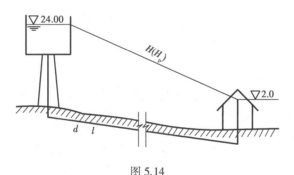

图 5.14

**解**　据题意可知作用水头 $H=24-2=22$ m，由 $n=0.012\,5$，$d=300$ mm，查表 5.2 得流量模数 $K=1.006$ m³/s，而 $J=H/l=22/3\,500=0.006\,29$，由式(5.29)可求得通过管道的流量为

$$Q=K\sqrt{J}=1.006\ \text{m}^3/\text{s}\times\sqrt{0.006\,29}=0.079\,76\ \text{m}^3/\text{s}=79.76\times10^{-3}\text{m}^3/\text{s}$$

此题也可由求得比阻的方法进行求解。由 $d=300$ mm，查 5.3 表得比阻 $S_0=1.025$ s²/m⁶，由式(5.32)得 $H=S_0lQ^2$，即：$22=1.025\times35\,00Q^2$

$$Q=\sqrt{\frac{22\ \text{m}}{1.025\ \text{s}^2/\text{m}^6\times3\,500\ \text{m}}}=0.078\,3\ \text{m}^3/\text{s}$$

验算阻力区　　$v=\dfrac{4Q}{\pi d^2}=\dfrac{4\times0.078\,3\ \text{m}^3/\text{s}}{3.14\times(0.3\ \text{m})^2}=1.108\ \text{m/s}<1.2\ \text{m/s}$

管中水流属于过渡区，比阻需要修正，由 5.4 表得 $v=1.11$ m/s 时，$k=1.014$。修正后流量为

$$Q = \sqrt{\frac{H}{kS_0l}} = \sqrt{\frac{22 \text{ m}}{1.014 \times 1.025 \text{ s}^2/\text{m}^6 \times 3\ 500 \text{ m}}} = 0.077\ 76 \text{ m}^3/\text{s}$$

**例5.7** 在上例中,如果要保证工厂供水量 $Q = 0.085 \text{ m}^3/\text{s}$,则水塔水面标高 $H_1$ 应为多少?

**解** 此时, $v = \dfrac{4Q}{\pi d^2} = \dfrac{4 \times 0.085 \text{ m}^3/\text{s}}{3.14 \times (0.3 \text{ m})^2} = 1.203 \text{ m/s} > 1.2 \text{ m/s}$,故比阻不需修正。

$$H = h_f = S_0lQ^2 = 1.025 \text{ s}^2/\text{m}^6 \times 3\ 500 \text{ m} \times (0.085 \text{ m}^3/\text{s})^2 = 25.9 \text{ m}$$

相应标高为 $\qquad\qquad\qquad H_1 = H + 2 = 26 \text{ m} + 2 \text{ m} = 28 \text{ m}$

用水力坡度进行校核:已查得 $d = 300 \text{ mm}$ 时, $K = 1.006 \text{ m}^3/\text{s}$,故

$$H = \frac{Q^2}{K^2} \cdot l = \frac{(0.085 \text{ m}^3/\text{s})^2}{(1.006 \text{ m}^3/\text{s})^2} \times 3\ 500 \text{ m} = 25 \text{ m}$$

**2)串联管路**

由不同直径的简单管顺次首尾相连接而成的管路系统称为**串联管路**。在两简单管的连接点(称为节点)处可能有流量输出管路系统外部,如图5.15所示。

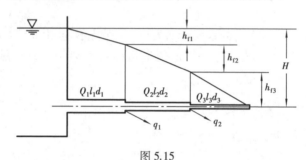

图 5.15

因为各段管径不同,通常流速也不相同,所以,应分段计算其水头损失。串联管路系统的总水头损失等于各简单管水头损失的总和

$$H = \sum_{i=1}^{n} h_{fi} = \sum_{i=1}^{n} S_{0i} \cdot l_i Q_i^2 \qquad (5.37a)$$

$$H = \sum_{i=1}^{n} h_{fi} = \sum_{i=1}^{n} \frac{Q_i^2}{K_i^2} \cdot l_i \qquad (5.37b)$$

式中, $n$ 为简单管的总数目。

串联管道的流量计算应满足连续性方程,因此,流入节点的流量应等于流出节点的流量,即

$$Q_i = q_i + Q_{i+1} \qquad (5.38)$$

式(5.37)和式(5.38)是串联管路水力计算的基本公式,可用于计算 $Q, d, H$ 等各类问题。串联管道中各管段的水力坡度通常不同,因此,全管的测压管水头线呈折线形,如图5.15所示。

**例5.8** 内壁涂水泥砂浆的铸铁管输水,已知作用水头 $H = 20 \text{ m}$, $n = 0.012$,管长 $l = 2\ 000 \text{ m}$,通过流量 $Q = 0.2 \text{ m}^3/\text{s}$,试选择铸铁管直径 $d$;若选用两种管径的管道串联,求每段管道的长度。

**解** ①求管径 $d$

按长管计算,用式(5.32)$H=h_f=S_0lQ^2$,而 $Q=0.2\ \mathrm{m^3/s}$

$$S_0=\frac{H}{lQ^2}=\frac{20\ \mathrm{m}}{2\ 000\ \mathrm{m}\times(0.2\ \mathrm{m^3/s})^2}=0.25\ \mathrm{s^2/m^6}$$

由 $S_0$ 及 $n$ 查表5.3,对相近于算得的 $S_0$ 值有

$$d_1=350\ \mathrm{mm}\qquad S_0=0.401\ \mathrm{s^2/m^6}$$
$$d_2=400\ \mathrm{mm}\qquad S_0=0.196\ \mathrm{s^2/m^6}$$

可见合适的管径在 $d_1$ 与 $d_2$ 之间,但无此种规格的产品。只能选用管径 $d_2=400\ \mathrm{mm}$。

为节省管材,也可采用两段不同直径的管道(350 mm 和 400 mm)串联。

②采用两段不同直径的管道(350 mm 和 400 mm)串联时,求各管段长度

设直径 $d_2=400\ \mathrm{mm}$ 的管长为 $l_2$,比阻为 $S_{02}$,直径 $d_1=350\ \mathrm{mm}$ 的管长为 $l_1$,比阻为 $S_{01}$。管段的流速分别为

$$v_1=\frac{4Q}{\pi d_1^2}=\frac{4\times0.2\ \mathrm{m^3/s}}{\pi\times0.35^2\ \mathrm{m^2}}=2.01\ \mathrm{m/s}>1.2\ \mathrm{m/s}$$

$$v_2=\frac{4Q}{\pi d_2^2}=\frac{4\times0.2\ \mathrm{m^3/s}}{\pi\times0.4^2\ \mathrm{m^2}}=1.59\ \mathrm{m/s}>1.2\ \mathrm{m/s}$$

故两段的比阻 $S_0$ 都不需修正,$S_{01}=0.196\ \mathrm{s^2/m^6}$,$S_{02}=0.401\ \mathrm{s^2/m^6}$,将 $S_{01}$ 和 $S_{02}$ 代入式 $H=(S_{01}l_1+S_{02}l_2)Q^2$ 得

$$20=(0.196\ \mathrm{s^2/m^6}\times l_1+0.401\ \mathrm{s^2/m^6}\times l_2)\times(0.2\ \mathrm{m^3/s})^2 \tag{1}$$

又
$$l_1+l_2=2\ 000\ \mathrm{m} \tag{2}$$

联解(1)、(2)两式得 $l_1=1\ 474\ \mathrm{m}$,$l_2=526\ \mathrm{m}$。

例5.9　如图5.16所示,两水池间的水位差保持为 $H=66\ \mathrm{m}$,被一长 4 000 m,直径为 225 mm 的管道连通。在距上游水池出口 1 600 m 处管道有一分流流出,分流量 $q=0.042\ 5\ \mathrm{m^3/s}$。若沿程阻力系数 $\lambda=0.036$,不计局部阻力,求进入下游水池的流量,并绘出测压管水头线。

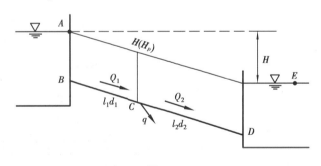

图 5.16

**解**　设 $C$ 点为分流点,$Q_1$ 为 $BC$ 段流量、$Q_2$ 为 $CD$ 段流量、$q$ 为分流量。由连续性方程有
$$Q_1=Q_2+q=Q_2+0.042\ 5 \tag{1}$$

由式(5.37)有
$$H=\sum_{i=1}^n h_{fi}=\frac{8\lambda}{g\pi^2 d^5}(l_1Q_1^2+l_2Q_2^2)$$

即
$$66=\frac{8\times0.036}{9.8\pi^2\times0.225^5}(1\ 600Q_1^2+2\ 400Q_2^2)$$

化简得
$$Q_1^2+1.5Q_2^2=7.99\times10^{-3} \tag{2}$$

联解(1)、(2)两式得流入下游水池的流量为 $Q_2=0.035\ 4\ \mathrm{m^3/s}$。

再由式(1)可解得 $BC$ 段流量 $Q_1=Q_2+q=0.035\ 4+0.042\ 5=0.077\ 9\ \mathrm{m^3/s}$。

为了绘制水头线,需计算各段的水头损失:

BC 段损失  $h_{fBC} = \dfrac{8\lambda}{g\pi^2 d^5}l_1 Q_1^2 = \dfrac{8\times0.036\times1\ 600\ \text{m}}{9.8\ \text{m/s}^2\pi^2\times(0.225\ \text{m})^5}(77.9\times10^{-3}\ \text{m}^3/\text{s})^2 = 50.49\ \text{m}$

CD 段损失  $h_{fCD} = \dfrac{8\lambda}{g\pi^2 d^5}l_2 Q_2^2 = \dfrac{8\times0.036\times2\ 400\ \text{m}}{9.8\ \text{m/s}^2\pi^2\times(0.225\ \text{m})^5}(35.4\times10^{-3}\ \text{m}^3/\text{s})^2 = 15.51\ \text{m}$

以下水池水面为基准面,各点的总水头为:

$A$ 点:66 m

$C$ 点:$H - h_{fBC} = 66 - 50.49 = 15.51$ m

$E$ 点:$H - h_{fBC} - h_{fCD} = 66 - 50.49 - 15.51 = 0$

按相同的长度比例尺用铅垂线段长度表示各点总水头,即可绘出总水头线如图 5.16 所示。

### 3)并联管路

在两节点之间并列设置两条或两条以上的简单管组成的管路系统称为**并联管路**,并联管路节点间可能有流量输出。

如图 5.17 所示为在节点 $A,B$ 之间并设 3 条管道构成的一并联管路系统。如在节点 $A,B$ 处分别安置测压管,则在每一节点处都只可能测出一个测压管水头,因此两点的测压管水头差就是 $A,B$ 之间任一简单管水流的水头损失,即水流通过并联管道系统中任何一条简单管道的水头损失都相等

$$h_{f2} = h_{f3} = h_{f4} = h_{fAB} \tag{5.39a}$$

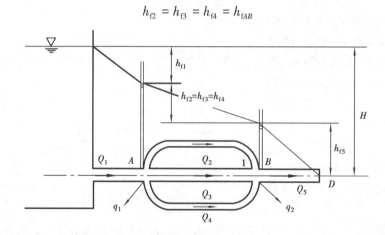

图 5.17

由用比阻表示 $h_f$ 的简单管公式,上式可写成

$$S_{02}l_2 Q_2^2 = S_{03}l_3 Q_3^2 = S_{04}l_4 Q_4^2 \tag{5.39b}$$

由于各管的长度、直径、粗糙度可能不同,因此流量也不会相等,但各管流量应满足连续性条件,即流入节点的流量等于由节点流出的流量

$$\left.\begin{aligned}\text{对节点 } A: Q_1 &= q_1 + Q_2 + Q_3 + Q_4 \\ \text{对节点 } B: Q_2 + Q_3 + Q_4 &= Q_5 + q_2\end{aligned}\right\} \tag{5.40}$$

将节点 $A$ 到节点 $B$ 之间的并联管路视为一根简单管 $AB$,其比阻抗为 $S_{0p}l_p$,流量为 $Q$。水

头损失

$$h_{fAB} = S_{0p}l_pQ^2$$

则

$$Q = \sqrt{\frac{h_{fAB}}{S_{0p}l_p}}$$

又因为

$$Q = \sum_i Q_i$$

所以

$$\sqrt{\frac{h_{fAB}}{S_{0p}l_p}} = \sum \sqrt{\frac{h_{fi}}{S_{0i}l_i}} \tag{5.41}$$

即

$$\frac{1}{\sqrt{S_{0p}l_p}} = \sum \frac{1}{\sqrt{S_{0i}l_i}} \tag{5.42}$$

即所假设的简单管 $AB$ 的比阻抗的平方根的倒数等于各并联支管的比阻抗平方根的倒数之和。将 $S_{0p}l_p$ 称为等效比阻抗或等效阻抗。

式(5.41)又可改写为

$$\frac{Q_i}{Q} = \frac{\sqrt{h_{fi}/S_{0i}l_i}}{\sqrt{h_{fAB}/S_{0p}l_p}}$$

因此,可得并联管路流量分配公式

$$Q_i = Q\sqrt{\frac{S_{0p}l_p}{S_{0i}l_i}} \tag{5.43}$$

必须指出,各并联支管水头损失相等,只表明并联管道中各简单管的单位重量液体机械能损失相同,由于各支管的流量不同,故通过各支管的水流所损失的机械能总量不相等,流量大的,总能量损失大。如果已知主管流量 $Q_1$ 及并联的各简单管的直径、长度(和粗糙系数),即可利用式(5.39)及式(5.43)计算各支管的流量和水头损失 $h_f$。

**例 5.10**  以旧铸铁管在 $A$ 处用 4 条并联管道供水至 $B$ 处。粗糙系数 $n=0.013$,直径 $d_1 = 300$ mm,$d_2 = d_3 = 350$ mm,$d_4 = 250$ mm;管长 $l_1 = 200$ m,$l_2 = 400$ m,$l_3 = 350$ m,$l_4 = 300$ m;总流量 $Q = 0.4$ m³/s,求各管流量 $Q_1$、$Q_2$、$Q_3$ 和 $Q_4$。

**解**  比阻的数值直接查表 5.3,得 $S_{01} = 1.07$ s²/m⁶,$S_{02} = S_{03} = 0.471$ s²/m⁶,$S_{04} = 2.83$ s²/m⁶,由式(5.39b)得

$$S_{01}l_1Q_1^2 = S_{02}l_2Q_2^2 = S_{03}l_3Q_3^2 = S_{04}l_4Q_4^2$$

$$1.07 \times 200Q_1^2 = 0.471 \times 400Q_2^2 = 0.471 \times 350Q_3^2 = 2.83 \times 300Q_4^2$$

$$Q_1^2 = \frac{0.471 \times 400}{1.07 \times 200}Q_2^2 = 0.88Q_2^2, \quad Q_1 = 0.938\ 2Q_2$$

$$Q_3^2 = \frac{0.471 \times 400}{0.471 \times 350}Q_2^2 = 1.143Q_2^2, \quad Q_3 = 1.069Q_2$$

$$Q_4^2 = \frac{0.471 \times 400}{2.83 \times 300}Q_2^2 = 0.222Q_2^2, \quad Q_4 = 0.471Q_2$$

再由连续性方程  $Q_1+Q_2+Q_3+Q_4=Q$  得

$$0.938\ 2Q_2 + Q_2 + 1.069Q_2 + 0.471Q_2 = Q = 0.4 \text{ m}^3/\text{s}$$

解得

$$Q_2 = \frac{400}{3.478} = 0.115 \text{ m}^3/\text{s}$$

$$Q_1 = 0.938\,2Q_2 = 0.107 \text{ m}^3/\text{s}$$

$$Q_3 = 1.069Q_2 = 0.122\,9 \text{ m}^3/\text{s}$$

$$Q_4 = 0.471Q_2 = 0.054\,2 \text{ m}^3/\text{s}$$

**例 5.11** 管道系统如图 5.18 所示，已知上、下游水池水位差 $H = 10$ m、1、2、3、4 及 5 管均为简单管。粗糙系数 $n = 0.013$，各管长 $l$ 及管径 $d$ 见表 5.5。求流入下游水池的流量及各管段流量 $Q_1$、$Q_2$、$Q_3$、$Q_4$ 及 $Q_5$。

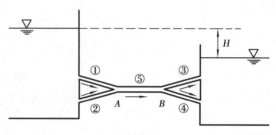

图 5.18

**解** 整个管道系统的流动为：水流从上游水池经①、②管段流至⑤管段，再流经③、④管段流至下游水池，淹没出流。①、②管段和③、④管段又分别并联于水池、节点 $A$ 和 $B$，它们又分别先后与 $AB$ 管串联。故计算时，可先按并联管道计算出①、②管及③、④管的等效阻抗，再将①、②管段、$AB$ 管段和③、④管段按串联管道计算。

因为已知粗糙系数 $n$，可查表 5.3 得各管段比阻 $S_{oi}$，列入表 5.5。

表 5.5

| 管段号 $i$ | ① | ② | ③ | ④ | ⑤ |
|---|---|---|---|---|---|
| 管径 $d$/mm | 200 | 300 | 300 | 300 | 500 |
| 管长 $l$/m | 300 | 300 | 600 | 800 | 300 |
| 比阻 $S_0$ | 9.30 | 1.07 | 1.07 | 1.07 | 0.070 2 |
| 比阻抗 $S_0 l$ | 279 0 | 321 | 642 | 856 | 21.06 |

（1）①、②管并联，其等效阻抗为

$$\frac{1}{\sqrt{(S_{0p}l_p)_{1-2}}} = \frac{1}{\sqrt{S_{01}l_1}} + \frac{1}{\sqrt{S_{02}l_2}} = \frac{1}{\sqrt{2\,790}} + \frac{1}{\sqrt{321}} = 0.075$$

因此

$$(S_{0p}l_p)_{1-2} = 178.985$$

（2）③、④管并联，其等效阻抗为

$$\frac{1}{\sqrt{(S_{0p}l_p)_{3-4}}} = \frac{1}{\sqrt{S_{03}l_3}} + \frac{1}{\sqrt{S_{04}l_4}} = \frac{1}{\sqrt{642}} + \frac{1}{\sqrt{856}} = 0.074$$

因此

$$(S_{0p}l_p)_{3-4} = 184.374$$

（3）**按三段串联管道计算流量**

由公式(5.37a)，得

$$H = h_{f1-2} + h_{f5} + h_{f3-4}$$

因为三段流量相等，故上式可写成

$$H = [(S_{0p}l_p)_{1-2} + S_{05}l_5 + (S_{0p}l_p)_{3-4}]Q^2$$

$$10 = \left[ 178.985 + 21.06 + 184.374 \right] Q^2 = 384.42 Q^2$$

$$Q^2 = \frac{10}{384.42} = 0.026$$

$$Q = 0.161\ 3\ \text{m}^3/\text{s}$$

由式(5.43)可得各管段流量分别为

$$Q_1 = Q \sqrt{\frac{(S_{0p} l_p)_{1-2}}{S_{01} l_1}} = 0.161\ 3\ \text{m}^3/\text{s} \sqrt{\frac{178.985\ \text{s}^2/\text{m}^5}{2\ 790\ \text{s}^2/\text{m}^5}} = 0.040\ 85\ \text{m}^3/\text{s}$$

$$Q_2 = Q \sqrt{\frac{(S_{0p} l_p)_{1-2}}{S_{02} l_2}} = 0.161\ 3\ \text{m}^3/\text{s} \sqrt{\frac{178.985\ \text{s}^2/\text{m}^5}{321\ \text{s}^2/\text{m}^5}} = 0.120\ 45\ \text{m}^3/\text{s}$$

$$Q_3 = Q \sqrt{\frac{(S_{0p} l_p)_{3-4}}{S_{03} l_3}} = 0.161\ 3\ \text{m}^3/\text{s} \sqrt{\frac{184.374\ \text{s}^2/\text{m}^5}{642\ \text{s}^2/\text{m}^5}} = 0.086\ 44\ \text{m}^3/\text{s}$$

$$Q_4 = Q - Q_3 = 0.161\ 3\ \text{m}^3/\text{s} - 0.086\ 44\ \text{m}^3/\text{s} = 0.074\ 86\ \text{m}^3/\text{s}$$

$$Q_5 = Q = 0.161\ 3\ \text{m}^3/\text{s}$$

## 5.6　管网水力计算基础

对区域性用水,需将通向诸用户的许多管道组合成统一的供水系统,称为管网。管网按其形状可分为**枝状管网**和**环状管网**两种。管道像树枝一样分叉的管网为枝状管网,如图 5.19 所示;环状管网是管道各首尾端连接起来所形成的闭合管路,如图 5.20 所示。

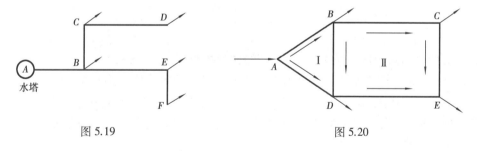

图 5.19　　　　　　　　　　　　　　　　　图 5.20

管网内各管段的管径是根据流量 $Q$ 及流速 $v$ 两者来决定的,在流量 $Q$ 一定的条件下,不同的流速对应不同的管径$\left( Q = A \cdot v = \frac{\pi d^2}{4} \cdot v,\ \text{可得}\ d = \sqrt{\frac{4Q}{\pi v}} = 1.13 \sqrt{\frac{Q}{v}} \right)$。如果流速大,则管径小,管道造价低,但流速大所造成的水头损失也大,从而需增加水塔高度及抽水费用。反之,采用较大管径可使流速减小,降低了运转费用,却又增加了管材用量,管道造价高。因此,选用管径同整个工程的经济性和运转费用等有关。目前给水工程上采用的办法是通过综合考虑各种因素的影响对每一种管径定出一定的流速,使得供水的总成本最小。这种流速称为经济流速 $v_e$。综合实际设计经验及技术经济资料,对于中、小直径的给水管道:当管径 $d = 100 \sim 400$ mm,采用 $v_e = 0.6 \sim 1.0$ m/s,当管径 $d > 400$ mm,采用 $v_e = 1.0 \sim 1.4$ m/s。

以上规定供初学者参考,但要注意 $v_e$ 是因时因地而变动的。

### 1)枝状管网水力计算

枝状管网水力计算分为两种情况,即新建给水系统和扩建原有给水系统。

#### (1)新建给水系统的水力计算

在这种情况下,通常是已知管道长度 $l$,通过的流量 $Q$ 和**自由水头** $H_z$(即给水管道出口断面上的剩余水头,对于不同的楼层其 $H_z$ 值分别为:一层 $H_z = 10$ m,二层 $H_z = 12$ m,三层 $H_z = 16$ m,以后每上升一层增加 4 m;对消火栓 $H_z = 10$ m)。要求确定各段管道的直径 $d$ 及水塔的高度 $H_t$。

计算时,首先按经济流速在已知流量下先定标准管径,由管径确定出比阻 $S_0$ 值,利用公式

$$h_f = S_0 l Q^2$$

计算各段的水头损失。然后按串联管道系统计算出从水塔到控制点(管网的控制点是指在管网中水塔至该点的水头损失、地形标高和所需自由水头 3 项之和为最大值之点)的总水头损失 $\sum h_f$。最后,按长管考虑,由能量方程可得水塔高度 $H_t$ 为

$$H_t = \sum h_f + H_z + z_0 - z_t$$

式中,$H_z$ 为控制点的自由水头;$z_t$ 为水塔外的地面标高;$z_0$ 为控制点的地面标高;$\sum h_f$ 为从水塔到管网控制点的总水头损失。

#### (2)扩建给水系统的水力计算

当水塔已经建成,需要扩大供水范围,就要增加管道,水力计算是在已知水塔高度 $H_t$ 及 $z_t$、管道长度 $l$、用水点的自由水头 $H_z$ 及通过的流量 $Q$ 的情况下,确定给水管道各管段的管径 $d$。

计算方法:根据枝状管网各管线的已知条件,算出各管线各自的平均水力坡度

$$\bar{J}_i = \frac{H_t - H_z - (z_0 - z_t)}{\sum l_i} \tag{5.44}$$

然后选择其中平均水力坡度最小($J_{min}$)的管线作为控制干线进行设计。

一般在计算中,控制干线上按水头损失均匀分配,即各管段水力坡度相等的条件,由式(5.32)计算各管段比阻:$S_{0i} = J/Q_i^2$。式中 $Q_i$ 为某一管段通过的流量。由求得的 $S_{0i}$ 值就可选择各管段的直径 $d_i$,当控制干线确定后,再算出各节点的水头,并以此为支管起点的水头,分别设计各支线管径。

**例5.12** 一支状管网从水塔 0 向 0-1 干线输送用水,各节点要求供水量如图5.21所示。各管段长度见表5.6。此外,水塔处的地面标高和点 4、点 7 的地面标高见图示。点 4 和点 7 要求的自由水头均为 $H_z = 12$ m。求各管段的管径、水头损失及水塔应有的高度。

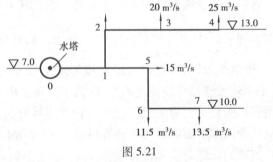

图 5.21

**解** ①各管段流量计算

根据连续性条件从各支线末端开始,向上游对每一个节点依次计算各管段的流量,结果列在表 5.6 中第 4 栏。

②各管段直径计算

可根据经济流速选择各管段的直径:采用经济流速 $v_e = 1.0$ m/s,对于管 3~4,$Q = 0.025$ m³/s,则管径 $d_{3\sim4} = 1.13\sqrt{Q/v} = 1.13\sqrt{0.025/1.0} = 0.179$ m,取 $d_{3\sim4} = 200$ mm。管中实际流速为 $v = \dfrac{4Q}{\pi d^2} = \dfrac{4\times0.025}{\pi\times0.2^2} = 0.80$ m/s(在 0.6~1.0 m/s 范围内)。其他各管段计算直径及最后选取的直径如下:

$$d_{2\sim3} = 0.253 \text{ m} \qquad \text{实选 } d_{2\sim3} = 250 \text{ mm}$$
$$d_{1\sim2} = 0.337 \text{ m} \qquad \text{实选 } d_{1\sim2} = 350 \text{ mm}$$
$$d_{6\sim7} = 0.138 \text{ m} \qquad \text{实选 } d_{6\sim7} = 150 \text{ mm}$$
$$d_{5\sim6} = 0.179 \text{ m} \qquad \text{实选 } d_{5\sim6} = 200 \text{ mm}$$
$$d_{1\sim5} = 0.238 \text{ m} \qquad \text{实选 } d_{1\sim5} = 250 \text{ mm}$$
$$d_{0\sim1} = 0.413 \text{ m} \qquad \text{实选 } d_{0\sim1} = 400 \text{ mm}$$

实选直径列在表 5.6 中第 5 栏。

③各管段内水头损失计算

采用铸铁管,用公式 $\left(\lambda = \dfrac{0.021}{d^{0.3}}\right)$ 计算 $\lambda$,查表 5.3 得管段 3~4 的比阻 $S_0 = 9.029$,因为平均流速 $v = 0.80$ m/s $< 1.2$ m/s,水流在紊流过渡区范围,故 $S_0$ 值需要加以修正。查表 5.4 得修正系数 $k = 1.06$,则管段 3~4 的水头损失为

$$h_{f3\sim4} = kS_0lQ^2 = 1.06 \times 9.029 \times 350 \times 0.025^2 = 2.09 \text{ m}$$

各管段的水头损失计算结果列在表 5.6 中第 9 栏。

表 5.6　各管段内水头损失计算

| 已知数据 | | | 计算数值 | | | | | | |
|---|---|---|---|---|---|---|---|---|---|
| 1 | 2 | 3 | 4 | 5 | 6 | 7 | 8 | 9 | 10 |
| 管线 | 管段 | 管段长度 /mm | 管中流量 /(m³·s⁻¹) | 管径 /mm | 流速 /(m·s⁻¹) | 修正系数 $k$ | 比阻 $S_0$ /(s²·m⁻⁶) | 水头损失 /m | 累积水头损失/m |
| 左侧支线 | 3-4 | 350 | 0.025 | 200 | 0.80 | 1.060 | 9.029 | 2.09 | 4.72 |
| | 2-3 | 350 | 0.045 | 250 | 0.92 | 1.038 | 2.752 | 2.02 | |
| | 1-2 | 200 | 0.080 | 350 | 0.83 | 1.054 | 0.454 | 0.61 | |
| 右侧支线 | 6-7 | 500 | 0.013 5 | 150 | 0.76 | 1.068 | 41.85 | 4.07 | 6.67 |
| | 5-6 | 200 | 0.025 | 200 | 0.80 | 1.060 | 9.029 | 1.20 | |
| | 1-5 | 300 | 0.040 | 250 | 0.82 | 1.056 | 2.752 | 1.40 | |
| 水塔至分水点 | 0-1 | 400 | 0.120 | 400 | 0.96 | 1.034 | 0.223 2 | 1.33 | 1.033 |

④水塔高度计算

从水塔到最远的用水点 4 和点 7 的沿程水头损失分别为

沿 0-1-2-3-4 线:$\sum h_{f0\sim4} = 2.09$ m $+ 2.02$ m $+ 0.61$ m $+ 1.33$ m $= 6.05$ m

沿 0-1-5-6-7 线：$\sum h_{f0\sim7}$ = 4.07 m + 1.20 m + 1.40 m + 1.33 m = 8 m

满足点 4 用水要求时水塔水面高程为

$$H = z_4 + \sum h_{f0\sim4} + H_{z4} = 13 \text{ m} + 6.05 \text{ m} + 12 \text{ m} = 31.05 \text{ m}$$

满足点 7 用水要求时水塔水面高程为

$$H = z_7 + \sum h_{f0\sim7} + H_{z7} = 10 \text{ m} + 8 \text{ m} + 12 \text{ m} = 30.0 \text{ m}$$

可见点 4 为控制点，0-1-2-3-4 为干管，0-1-5-6-7 为支线。故水塔高度为

$$H_t = H - z_0 = 31.05 \text{ m} - 7 \text{ m} = 24.05 \text{ m}$$

### 2)环状管网水力计算

如图 5.20 所示表示一环状管网。通常管网的布置及各管段的长度 $l$ 和各节点流出的流量为已知。因此，环状管网水力计算的任务是确定各管段通过的流量 $Q$ 和管径 $d$，其中需要求出各段水头损失 $h_f$。

环状管网中的每一闭合环路应按并联管道考虑，在每一环的水力计算中均要求符合两条水力学原则：

①根据连续性条件，在各个节点上，流向节点的流量应等于由此节点流出的流量。若以流向节点的流量为正值，离开节点的流量为负值，则两者的总和应等于零。即在每一个节点上有

$$\sum Q_i = 0 \qquad (5.45)$$

②在任一闭合环路内，由某一节点沿两支管流至另一节点的水头损失应相等。设在一个环内如以顺时针水流方向管段的水头损失为正值，逆时针水流方向管段的水头损失为负值，则两者的总和应等于零。即在每一环内，均应满足

$$\sum h_f = \sum S_{0i} l_i Q_i^2 = 0 \qquad (5.46)$$

具体计算时可按下列步骤进行：

①先初拟各管段的水流方向（用箭头标在图上）并根据各节点上应满足 $\sum Q_i = 0$，初拟各管段的流量。

②根据经济流速和各管段的流量选择管径 $d_i$。

③计算各管段的水头损失，校核各环是否满足式(5.46)。以顺时针流向的水头损失为正值，逆时针流向的水头损失为负值，计算每一环的沿程水头损失的总和 $\sum h_f = \sum S_{0i} l_i Q_i^2$。这一 $\sum h_f$ 值在首次试算时是不会等于零的。记 $\sum h_f = \Delta h$，称 $\Delta h$ 为环路的闭合差。在工程实际中通常只要求环路闭合差满足一定精度要求便可。如果 $\Delta h$ 不满足精度要求，则需对流量分配进行修正，直至各环水流情况均满足闭合差 $\Delta h = \sum h_f$ 小于规定值为止。对流量逐步修正的水力计算称为管网平差。

④求出使某一环的 $\sum S_{0i} l_i Q_i^2 = 0$ 的校正流量 $\Delta Q$，$\Delta Q$ 的计算式为

$$\Delta Q = - \frac{\sum h_{fi}}{2\sum (h_{fi}/Q_i)} \qquad (5.47)$$

式中的分子是各管段水头损失的代数和，可正可负，而分母的 $h_f$ 和 $Q$ 总是同号的，因此分母

为正。校正后的流量为某一环在第一次校正后,还会受到相邻另一个环校正流量的影响。相邻两环的公共管段(如图 5.22 中的管段 FC)的校正流量是把邻环的 $\Delta Q$ 改变正、负号之后,与本环的校正量叠加。

⑤按修正后的流量重新计算水头损失,求闭合差,若不满足精度要求,则再进行流量校正。重复以上步骤,一般要求一个环的 $\sum h_f$ 在 0.5 m 以下便可。这时各管段的管径、流量、水头损失就可作为最后的计算结果。

**例 5.13** 包含两环的水平管网如图 5.22 所示,已知各节点流量 $Q_a = 0.08$ m³/s,$Q_b = 0.01$ m³/s,$Q_c = 0.015$ m²/s,$Q_d = 0.055$ m³/s。各管段均为铸铁管,长度如图中所示。试确定各管段的直径及所通过的流量(闭合差小于 0.5 m 即可)。

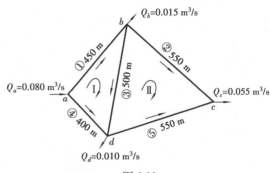

图 5.22

**解** 为了便于计算,列表进行(见表 5.7):

①初拟流向、第一次分配流量:初拟各管段流向如图 5.22 所示。根据节点流量平衡公式 $\sum Q_i = 0$,流量的初分配值如下

$$ab \text{ 段} \quad Q_1 = 0.05 \text{ m}^3/\text{s}$$
$$bd \text{ 段} \quad Q_2 = 0.015 \text{ m}^3/\text{s}$$
$$bd \text{ 段} \quad Q_3 = 0.020 \text{ m}^3/\text{s}$$
$$ad \text{ 段} \quad Q_4 = 0.030 \text{ m}^3/\text{s}$$
$$dc \text{ 段} \quad Q_5 = 0.040 \text{ m}^3/\text{s}$$

②根据初分流量,按经济流速选择标准管径(并查出相应比阻值)。

③计算各管段水头损失。按分配流量,根据式 $h_{fi} = S_{0i} l_i Q_i^2$,代入 $S_{0i}$(考虑修正),$l_i$,$Q_i$ 值,算得各管段的水头损失,将 $Q_i$,$d_i$,$h_{fi}$ 均写入表 5.6 中。

再计算环路的闭合差

$$\sum h_{fI} = 3.096 + 1.806 - 3.250 = 1.652 \text{ m}$$
$$\sum h_{fI} = 4.708 - 2.422 - 1.806 = 0.48 \text{ m}$$

闭合差大于规定值,说明流量分配的比例不恰当,按式(5.47)计算校正流量 $\Delta Q$。

④调整分配流量,对于 I 环,第一次校正流量为:$\Delta Q_I = -0.003\ 17$ m³/s,校正后的流量 $Q = Q + \Delta Q$。以 I 环为例,①和③管为顺时针流向,$Q$ 为正,加上校正流量 $\Delta Q$(负值)后,流量减小,而④管反时针流向,$Q$ 为负,加上校正流量 $\Delta Q$(负值)后,流量加大。对于相邻环的公共管段③,其校正流量为:对 I 环来说,是 I 环计算所得校正值 $\Delta Q = -0.003\ 17$ 与 II 环所计算得的校正值的负值 $-\Delta Q_{II} = 0.000\ 52$ 之和;对 II 环来说,校正值为 $\Delta Q = \Delta Q_{II} + (-\Delta Q_I) = -0.000\ 52 + 0.003\ 17$。

⑤重复②、③及④步骤计算,直至满足闭合差精度要求。本例按两次分配流量计算,各环卫满足闭合差要求,故第二次校正后的流量即为各管段的通过流量。

表 5.7

| 次数 | 计算项目 | 环 号 | I环 | | | II环 | | |
|---|---|---|---|---|---|---|---|---|
| | | 管段号 | ① | ③ | ④ | ② | ⑤ | ③ |
| | | 管长/m | 450 | 500 | 500 | 500 | 550 | 500 |
| 初步流量分配计算 | | $D/\text{mm}$ | 250 | 200 | 200 | 150 | 250 | 200 |
| | | $S_0/(\text{s}^2 \cdot \text{m}^{-6})$ | 2.752 | 9.029 | 9.029 | 41.84 | 2.752 | 9.029 |
| | | $Q/(\text{m}^3 \cdot \text{s}^{-1})$ | 0.050 | 0.020 | -0.030 | 0.015 | -0.040 | -0.020 |
| | | $h_f/\text{m}$ | 3.096 | 1.806 | -3.25 | 4.708 | -2.422 | -1.806 |
| | | $h_f/Q$ | 61.92 | 90.30 | 108.33 | 313.87 | 60.55 | 90.30 |
| | 计算 $\Delta Q$ | | $\sum h_f = 1.652$ $\sum \dfrac{h_f}{Q} = 260.55$ $\Delta Q_{\text{I}} = \dfrac{-\sum h_f}{2\sum h_f/Q} = \dfrac{-1.652}{2\times 260.55} = -0.003\ 17$ | | | $\sum h_f = 0.48$ $\sum \dfrac{h_f}{Q} = 464.72$ $\Delta Q_{\text{II}} = \dfrac{-\sum h_f}{2\sum h_f/Q} = \dfrac{-0.48}{2\times 0.465} = -0.000\ 516$ | | |
| 第一次修正计算 | | $\Delta Q/(\text{m}^3 \cdot \text{s}^{-1})$ | -0.003 177 | -0.003 177 +0.000 516 | -0.003 177 | -0.000 516 | -0.000 516 | +0.003 177 -0.000 516 |
| | | $Q'/(\text{m}^3 \cdot \text{s}^{-1})$ | 0.046 825 | 0.017 34 | -0.033 18 | 0.014 484 | -0.040 52 | -0.017 34 |
| | | $h_f/\text{m}$ | 2.712 | 1.36 | -3.976 | 4.387 | -2.485 | -1.357 |
| | | $h_f/Q$ | 57.92 | 78.43 | 119.83 | 302.89 | 61.33 | 78.26 |
| | 计算 $\Delta Q'$ | | $\sum h_f = 0.096$ $\sum \dfrac{h_f}{Q} = 256.18$ $\Delta Q'_{\text{I}} = \dfrac{-0.096}{2\times 256.18} = -0.000\ 188$ | | | $\sum h_f = 0.545$ $\sum \dfrac{h_f}{Q} = 442.48$ $\Delta Q'_{\text{II}} = \dfrac{-0.545}{2\times 442.48} = -0.000\ 617$ | | |
| 第二次修正计算 | | $\Delta Q'/(\text{m}^3 \cdot \text{s}^{-1})$ | -0.000 188 | -0.000 188 +0.000 617 | -0.000 188 | -0.000 617 | -0.000 617 | +0.000 188 -0.000 617 |
| | | $Q''/(\text{m}^3 \cdot \text{s}^{-1})$ | 0.046 635 | 0.017 77 | -0.033 37 | 0.013 87 | -0.041 15 | -0.017 77 |
| | | $h_f/\text{m}$ | 2.689 | 1.430 | -4.029 | 4.043 | -2.560 | -1.430 |
| | | $h_f/Q$ | 57.66 | 80.47 | 120.74 | 291.49 | 62.21 | 80.47 |
| | 计算 $\Delta Q''$ | | $\sum h_f = 0.09$ $\sum \dfrac{h_f}{Q} = 258.87$ $\Delta Q_{\text{I}} = \dfrac{-1.652}{2\times 0.26} = -0.000\ 174$ | | | $\sum h_f = 0.053$ $\sum \dfrac{h_f}{Q} = 434.17$ $\Delta Q_{\text{II}} = \dfrac{-0.053}{2\times 434.17} = -0.000\ 061$ | | |
| 最终各管流量 /$(\text{m}^3 \cdot \text{s}^{-1})$ | | | 0.046 461 | 0.017 66 | -0.033 54 | 0.013 81 | 0.041 08 | 0.017 66 |

## 思 考 题

**5.1** 写出薄壁小孔口出流的收缩系数 $\varepsilon$、流速系数 $\varphi$ 及流量系数 $\mu$ 的表达式,并简述 $\varepsilon$, $\varphi$ 及 $\mu$ 的物理意义。

**5.2** 试导出在容器底壁上开孔,且容器内液面压强不等于大气压强时,孔口出流计算公式中的作用水头的表达式。

**5.3** 简述管嘴出流的水力特点,并说明管嘴出流的流速、流量计算与孔口出流的流速、流量计算有何不同。

**5.4** 若管嘴出口面积和孔口面积相等,且作用水头 $H$ 也相等,试比较孔口与管嘴的出流量,并写出圆柱形外管嘴的正常工作条件。

**5.5** 简述有压管流的水力特点。

**5.6** 试解释比阻的物理意义。

**5.7** 何谓短管和长管?判别标准是什么?

**5.8** 如图所示虹吸管,当泄流时 $B$ 点高出上游水面最大允许高度 $h$ 为多大? $h$ 值与下游水位有无关系? 与 $BC$ 段管长有无关系?

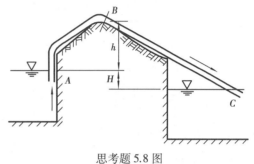

思考题 5.8 图

## 习 题

**5.1** 如题 5.1 图所示,水从 $A$ 箱通过直径为 10 cm 的薄壁孔口流入 $B$ 水箱,流量系数为 0.62,设上游水箱中水面高程 $H_1 = 3$ m 保持不变。试分别求:(1)$A$ 水箱敞开,$B$ 水箱中无水时;(2)$A$ 水箱敞开,$B$ 水箱中的水深 $H_2 = 2$ m 时;(3)$A$ 水箱水面压强为 2 kPa,$H_2 = 2$ m 时,通过孔口的流量。

**5.2** 如题 5.2 图所示,储水箱中水深保持为 $h = 1.8$ m,水面上相对压强 $p_0 = 70$ kN/m$^2$,箱底开一孔口,直径 $d = 50$ mm。若流量系数 $\mu = 0.62$,试求用此底孔排水时的作用水头及出流量。

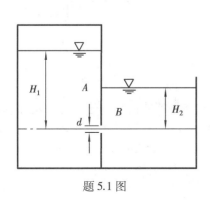

题 5.1 图

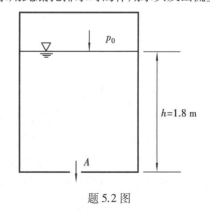

题 5.2 图

5.3 如题5.3图所示有一直径 $d = 0.2$ m 的圆形锐缘薄壁孔口,其中心在上游水面下的深度 $H = 5.0$ m,孔口前的来流流速$v_0 = 0.5$ m/s,孔口出流为全部完善收缩的自由出流,求孔口出流量 $Q$。

5.4 在混凝土坝中设置一泄水管如题5.4(a)图所示,管长 $l = 4$ m,管轴处的水头 $H = 6$ m,现需通过流量 $Q = 10$ m³/s,若流量系数 $\mu = 0.82$,试决定所需管径 $d$,并求管中水流收缩断面处的真空度。又,若 $d = 0.8$ m,$l = 3$ m,上游水头 $H_1 = 10$ m,下游水头 $H_2 = 4.5$ m,如题5.4(b)图所示,试求通过泄水管的流量。

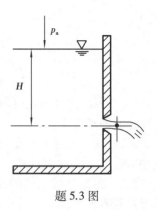

题 5.3 图

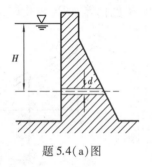

题 5.4(a)图

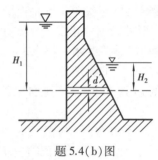

题 5.4(b)图

5.5 水从封闭的立式容器中经管嘴流入开口水池(见题5.5图),管嘴直径 $d = 8$ m,容器液面与水池液面的高差恒为 $h = 3$ m,要求流量为 $5 \times 10^{-2}$ m³/s,试求容器内液面上的压强为多少?

5.6 两敞口水箱用一直径 $d_1 = 40$ mm 的薄壁孔口连通,如题5.6图所示,右侧水箱的底部接一直径 $d_2 = 30$ mm 的圆柱形管嘴,长 $l = 0.1$ m,孔口的上游水深 $H_1 = 3$ m,两个水箱的水流均保持恒定,求管嘴流量 $Q_2$ 和下游水深 $H_2$。

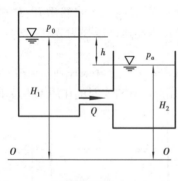

题 5.5 图

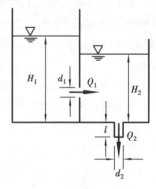

题 5.6 图

5.7 为了使水流均匀地进入平流式沉淀池,通常在平流式沉淀池进口造一道穿孔墙(见题5.7图)。设某沉淀池需要通过穿孔墙的流量为 0.125 m³/s,穿孔墙上设若干孔口,每一孔口尺寸均为 15 cm×15 cm,通过孔口断面的平均流速 $v$ 不大于 0.4 m/s(孔口出流后收缩断面流速 $v_c = v/\varepsilon = 0.4/0.64 = 0.625$ m/s),试计算应设孔口总数,并核算穿孔墙上、下游水位差 $\Delta H$ 应为多少?

5.8　水从封闭水箱上部经直径 $d_1 = 30$ mm 的孔口流至下部,然后经 $d_2 = 20$ mm 的圆柱形管嘴排向大气中,流动恒定后,水深 $h_1 = 1.985$ m, $h_2 = 2.92$ m,上水箱顶部的压力表读数 $H_1 = 3$ m,求流量 $Q$ 和下水箱水面上的空气压强 $p_x$(管嘴长 $l = 4d_2$)。

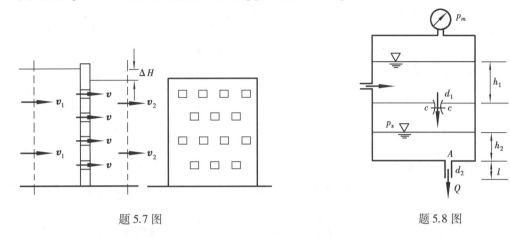

题 5.7 图　　　　　　　　　　题 5.8 图

5.9　上下两圆柱形敞口容器,大小相等,直径 $D_1 = D_2 = 10$ cm,上容器充满着液体,下容器中无液体。现利用虹吸管,直径 $d = 0.8$ cm,长 $l = 72$ cm,将部分液体吸至下容器中(见题 5.9 图)。虹吸管插入液体中的深度 $h_0 = 10$ cm,管进口断面离下容器底面的高度差 $z = 25$ cm,管道沿程阻力系数 $\lambda = 0.035$,各个局部阻力系数之和 $\sum \zeta = 3$。直到吸完液深 $h_0$ 为止,求所需时间。

5.10　用一根直径为 $d$,长为 $l$ 的管子将两个圆柱容器连接起来,如题 5.10 图所示。两容器的直径均为 $D$,开始时两容器间的水位差为 $H$,设沿程阻力系数为 $\lambda$。求水位差减小到 $H/2$ 所需的时间。

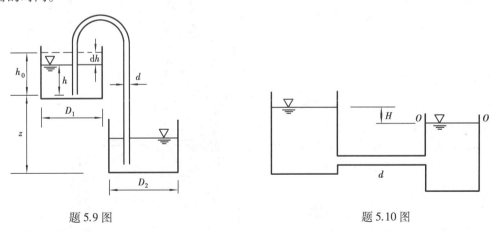

题 5.9 图　　　　　　　　　　题 5.10 图

5.11　圆锥形容器如题 5.11 图所示,内充液体,液面直径 $D_1 = 20$ cm,容器底部直径 $D_2 = 10$ cm,液体深 $h_0 = 10$ cm,经底部孔口出流,孔口直径 $d = 0.5$ cm,流量系数 $\mu = 0.6$,求液体全部放空及放出液体深度的一半(即 $h = 0.5h_0$)时各需要多少时间?

5.12　用虹吸管将河道中的水引入水池,如题 5.12 图所示。钢管总长为 30 m,直径 $d = 400$ mm,设每一弯头的局部阻力系数为 $\zeta_w = 0.7$,又 $\lambda = 0.02$。求管中流量和最大真空值。

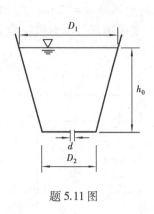

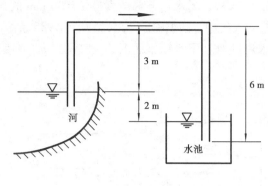

题 5.11 图                               题 5.12 图

5.13　圆形有压涵管如题 5.13 图所示,管长 $l = 50$ m。上、下游水位差 $H = 3$ m,各项阻力系数:沿程 $\lambda = 0.03$,进口 $\zeta_1 = 0.5$,弯头 $\zeta_w = 0.65$,出口 $\zeta_2 = 1$。试求当涵管通过流量为 $Q = 3$ m³/s时,有压涵管的管径。

5.14　用虹吸管自钻井输水至集水池如题 5.14 图所示。虹吸管 $l = l_{AB} + l_{BC}$(即 $30 + 40 = 70$ m),直径 $d = 200$ mm。钻井至集水池间的恒定水位高差 $H = 1.60$ m。又已知沿程阻力系数 $\lambda = 0.03$,管道进口、120°弯头、90°弯头及出口处局部阻力系数分别为 $\zeta_1 = 0.5$,$\zeta_2 = 0.2$,$\zeta_3 = 0.5$,$\zeta_4 = 1.0$。求:(1)流经虹吸管的流量 $Q$;(2)如虹吸管顶部 $B$ 点安装高度 $h_s = 4.5$ m,校核其真空度。

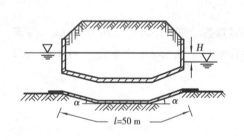

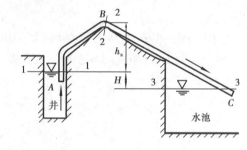

题 5.13 图                               题 5.14 图

5.15　用虹吸管自钻井输水至集水井如题 5.15 图所示。虹吸管长 $l = l_1 + l_2 + l_3 = 60$ m,直径 $d = 200$ mm,钻井与集水井间的恒定水位高差 $H = 1.5$ m。试求虹吸管的流量。已知选用钢管 $n = 0.012\ 5$ 管道进口、弯头及出口的局部阻力系数分别为 $\zeta_1 = 0.5$,$\zeta_2 = \zeta_3 = 0.5$,$\zeta_4 = 1.0$。

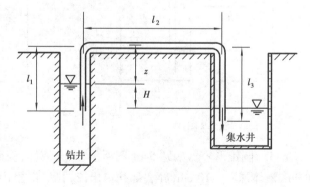

题 5.15 图

5.16　如题 5.16 图所示,某工厂用直径 $d = 600$ mm 的钢管从大江中取水至集水井,设江水水位和井水水位高差 $H = 1.5$ m,虹吸管全长 $l = 100$ m,已知管道粗糙系数 $n = 0.012\ 5$。管道有带滤网的进口 $\zeta_{\text{进口}} = 2.0$;90°弯头两个,$\zeta_{w1} = 0.6$,45°弯头两个,$\zeta_{w2} = 0.4$,

$\zeta_{出口}=1.0$。进口断面到断面 2-2 间管长 $l'=96$ m，断面 2-2 的管轴高出上游水面 $z=1.5$ m。求 (1) 通过虹吸管的流量;(2) 断面 2-2 的真空度。

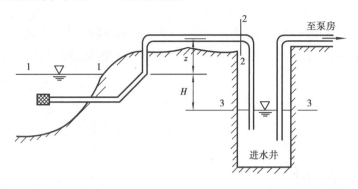

题 5.16 图

5.17　水泵将水源处的水抽进水塔，装置如图 5.10 所示。已知:吸水管直径 $d_a=250$ mm，长 $l_a=8$ m，其局部阻力系数总和 $\sum\zeta_a=5.5$，安装高度 $h_s=5$ m;压水管直径 $d_p=200$ mm，长 $l_p=200$ m，其局部阻力系数总和 $\sum\zeta_a=3.0$，吸水管和压水管的沿程阻力系数 $\lambda=0.025$。若抽水高度需达到 $Z=40$ m，供水量 $Q=0.06$ m³/s;泵的效率 $\eta_p=0.75$，允许真空度 $[h_v]\leqslant6.0$ m。求该水泵的轴功率 $N_p$ 需要多少 kW。

5.18　水泵抽水系统如题 5.18 图所示，流量 $Q=0.062\,8$ m³/s，管径均为 $d=200$ mm，$h_1=3$ m，$h_2=17$ m，$h_3=15$ m，$l_2=12$ m，各处局部阻力系数 $\zeta_1=3$，$\zeta_2=0.21$，$\zeta_3=0.073$，$\zeta_4=1$，沿程阻力系数 $\lambda=0.023$。求水泵的扬程 $H$。

5.19　欲从水池取水，离心泵管路系统布置如题 5.19 图所示。水泵流量 $Q=25$ m³/h。吸水管长 $l_1=3.5$ m，$l_2=1.5$ m。压水管长 $l_3=20$ m。水泵提水高度 $z=18$ m，水泵最大真空度不超过 6 m。试确定水泵的允许安装高度 $h_s$ 并计算水泵的扬程 $H$。

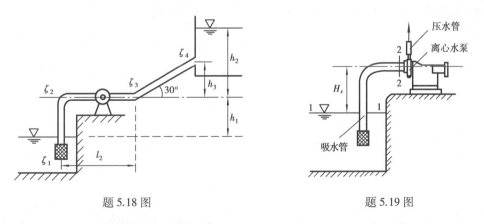

题 5.18 图　　　　　　　　　题 5.19 图

5.20　如题 5.20 图所示，用离心泵将湖水抽到水池，流量 $Q=0.2$ m³/s，湖面标高 $\nabla_1=85.0$ m，水池水面标高 $\nabla_3=105.0$ m，吸水管长 $l_1=10$ m，水泵的允许真空值为 4.5 m，吸水管底阀局部水头损失系数 $\zeta_e=2.5$，90° 弯头局部阻力系数 $\zeta_w=0.3$，水泵入口前的渐变收缩段局部阻水系数 $\zeta=0.1$，吸水管沿程阻力系数 $\lambda=0.022$，压力管道采用铸铁管，其直径 $d_2=400$ mm，

长度 $l_2 = 1\ 000$ m, $n = 0.013$, 试确定:(1)若采用经济流速 $v = 1.0$ m/s 时,吸水管的直径 $d_1$;(2)水泵的安装高程 $\nabla_2$。

5.21  水池 $A$ 和 $B$ 的水位保持不变,用一直径变化的管道系统相连接,如题 5.21 图所示。管道直径 $d_1 = 150$ mm, $d_2 = 225$ mm,管长 $l_1 = 6$ m, $l_2 = 15$ m,两水池水面高差为 6 m,两管道沿程阻力系数 $\lambda = 0.04$,试求通过管道的流量? 并绘制总水头线及测压管水头线。

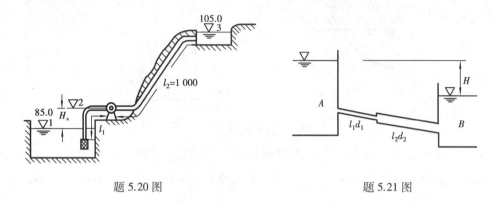

题 5.20 图                                              题 5.21 图

5.22  有一管路,长 $l = 60$ m,原设计管径为 0.3 m,其输水量原定为 0.8 m³/s,但加工后测得实有管径只有 0.29 m,管壁粗糙系数 $n = 0.01$,问:(1)当水头不变时,其实际输水量是多少?(2)若仍欲通过 0.8 m³/s 的流量,所需水头是多少?

5.23  一水泵向如题 5.23 图所示水平串联管路的 $B,C,D$ 三处供水。$D$ 点要求自由水头 $h_z = 10$ m。已知:流量 $q_B = 0.015$ m³/s, $q_C = 0.01$ m³/s, $q_D = 0.005$ m³/s;管径 $d_1 = 200$ mm, $d_2 = 150$ mm, $d_3 = 100$ mm;管长 $l_1 = 500$ m, $l_2 = 400$ m, $l_3 = 300$ m。试求:水泵出口 $A$ 点的压强水头 $p_A/\rho g$。

5.24  如题 5.24 图所示串联供水管路,各段管道尺寸为 $d_1 = 300$ mm, $d_2 = 200$ mm, $d_3 = 100$ mm, $l_1 = 150$ m, $l_2 = 100$ m, $l_3 = 50$ m,各段管道流量为 $Q_1 = 0.16$ m³/s, $Q_2 = 0.08$ m³/s, $Q_3 = 0.03$ m³/s,管道为正常铸铁管, $n = 0.012\ 5$。试求水塔高度 $H$。

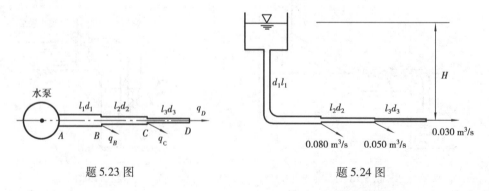

题 5.23 图                                              题 5.24 图

5.25  水塔供水管路上有并联管路 1 及 2,如题 5.25 图所示。铸铁管输水,在 $C$ 点的自由水头 $H_z = 5$ m,在 $B$ 点有 $q_B = 0.005$ m³/s 的流量分出,其余已知数据见下表,试决定并联管路的流量分配并求所需水塔高度。

| 管道 | 1 | 2 | 3 | 4 |
|---|---|---|---|---|
| $d/\text{mm}$ | 150 | 100 | 200 | 150 |
| $l/\text{m}$ | 300 | 400 | 500 | 500 |
| $Q/(\text{m}^3 \cdot \text{s}^{-1})$ | | | 15 | 10 |

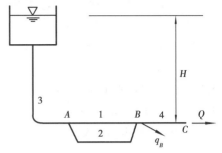

题 5.25 图

5.26　在长为 $2l$,直径为 $d$ 的管路上,并联一根直径相同,长为 $l$ 的支管(如题 5.26 图中虚线所示)。若上下游水位差 $H$ 不变,求加并联管前、后的流量比值(不计局部水头损失)。

5.27　如题 5.27 图所示,3 根并联铸铁管,液流由节点 $A$ 分出,并在节点 $B$ 重新汇合。已知 $Q = 0.28 \ \text{m}^3/\text{s}, l_1 = 500 \ \text{m}, l_2 = 800 \ \text{m}, l_3 = 1\ 000 \ \text{m}, d_1 = 300 \ \text{mm}, d_2 = 250 \ \text{mm}, d_3 = 200 \ \text{mm}$,求并联管道中每一管段的流量及水头损失。

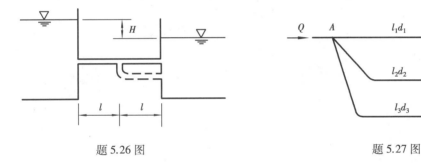

题 5.26 图　　　　　　　　　　　　　　题 5.27 图

5.28　设并联管路如题 5.28 图所示。已知干管流量 $Q = 0.10 \ \text{m}^3/\text{s}$;长度 $l_1 = 1\ 000 \ \text{m}, l_2 = l_3 = 500 \ \text{m}$;直径 $d_1 = 250 \ \text{mm}, d_2 = 300 \ \text{mm}, d_3 = 200 \ \text{mm}$,如采用铸铁管,试求各支管的流量及 $AB$ 两点间的水头损失。

5.29　如题 5.29 图所示一枝状管网。已知 1,2,3,4 点与水塔地面标高相同,点 5 较各点高 5 m,各点要求自由水头均为 10 m,管长 $l_{1-2} = 200 \ \text{m}$, $l_{2-3} = 350 \ \text{m}, l_{1-4} = 300 \ \text{m}, d_{4-5} = 200 \ \text{m}$, $l_{0-1} = 400 \ \text{m}$,各管段均采用普通铸铁管,各点要求的流量见图,试求:各段管径及水塔高度。

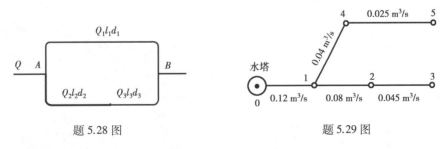

题 5.28 图　　　　　　　　　　　　　　题 5.29 图

5.30　将一根直径 $d = 800 \ \text{mm}$ 的输水管的流量用两根直径相等的管道来取代,假设水管的性质相同,求所需管径。

5.31　如题 5.31 图所示,有一压力罐供水给 $A, B$ 两个用水设备。已知 $p_0 = 4$ 个工程大气压,水面标高为 0.7 m,$A$ 点标高 12 m,$B$ 点标高 14 m,$A$、$B$ 两设备所需自由水头均为 10 m,

$Q_A = 0.006 \text{ m}^3/\text{s}, Q_B = 0.008 \text{ m}^3/\text{s}$,各管段长度为 $l_{1-2} = 40 \text{ m}, l_{2-4} = 12 \text{ m}, l_{2-3} = l_{3-5} = 14 \text{ m}$,要求设计各管段管径,设水管为铸铁管,且不计局部阻力。

5.32  某工厂供水管道如题 5.32 图所示,由水塔 $A$ 向 $B,C,D,E$ 及 $F$ 各处供水。已知各点流 $Q_B = 0.01 \text{ m}^3/\text{s}, Q_C = 0.024 \text{ m}^3/\text{s}, Q_D = 0.012 \text{ m}^3/\text{s}, Q_E = 0.01 \text{ m}^3/\text{s}, Q_F = 0.012 \text{ m}^3/\text{s}$,各点地形标高为 $\nabla_A = 120 \text{ m}, \nabla_B = 102 \text{ m}, \nabla_C = 110 \text{ m}, \nabla_D = 108 \text{ m}, \nabla_E = 105 \text{ m}, \nabla_F = 106 \text{ m}$;各点所需的自由水头 $H_{zC} = 20 \text{ m}, H_{zD} = 20 \text{ m}, H_{zE} = 16 \text{ m}$;各管段长分别为 $l_{AB} = 400 \text{ m}, l_{BC} = 200 \text{ m}, l_{BD} = 300 \text{ m}, l_{DE} = 150 \text{ m}, l_{DF} = 180 \text{ m}$,试确定水塔高度。

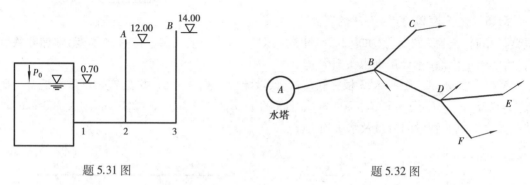

题 5.31 图　　　　　　　　　题 5.32 图

# 第 **6** 章
# 明渠恒定流

## 6.1 概　述

**明渠流动指具有自由液面的流动**。天然河道和人工渠道(如路基排水沟、无压涵洞和下水道等,如图 6.1,图 6.2 所示)中的水流都是明渠流。工程实际中,有很多明渠流动的例子,例如,作为世界文化遗产的京杭大运河的全长有 1 747 km,京杭大运河对南北的交通和农业文明以及社会发展,起到了巨大作用。又如,南水北调中线工程总干渠长度 1 432 km,建成后年均调水量达 100 多亿 $m^3$,重点解决南水北调中线工程沿线的——河南、河北、北京、天津 4 省市,20 多座大中城市的生产生活用水,兼顾农业和生态用水,受益人口达 3 800 万。

图 6.1

图 6.2

明渠流动液面上各点的压强都等于大气压强,相对压强为零,因此,明渠流动又称为**无压流动**。

若明渠水流各运动要素不随时间变化则为**明渠恒定流**,否则为**明渠非恒定流**。本章仅讨论明渠恒定流。

渠道断面形状、尺寸及底坡均对明渠水流运动有很大影响。在水力学中,按照这些因素的不同情况把明渠分成以下几种类型：

（1）**棱柱形渠道与非棱柱形渠道**

渠道横断面的形状及尺寸均沿程保持不变的长直渠道，称为棱柱形渠道，棱柱形渠道中水流过水断面的面积 $A$ 只随水深变化，即 $A=f(h)$。断面形状或尺寸沿程改变的渠道称为**非棱柱形渠道**，非棱柱形渠道的过水断面面积不仅是水深 $h$ 的函数，还是水流流程 $s$ 的函数，即 $A=f(h,s)$。

人工明渠的横断面，通常呈对称的几何形状，常见的有梯形、矩形或半圆形等。天然河道的横断面常呈不规则的形状，如图 6.3 所示。

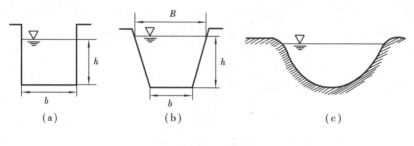

图 6.3

（2）**顺坡、平坡和逆坡渠道**

渠底高程沿水流方向的变化用**底坡 $i$** 表示。设两断面的渠底高程分别为 $z_1$ 和 $z_2$，两断面

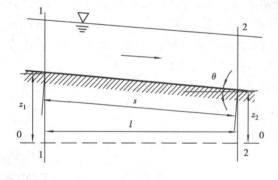

图 6.4

之间的渠长为 $s$（见图 6.4），则底坡定义为

$$i = \sin\theta = \frac{z_1 - z_2}{s} \qquad (6.1)$$

若渠道的底坡 $i$ 很小（即 $\theta \leqslant 6°$），有 $\sin\theta = \tan\theta$，则可用两断面之间的水平距离 $l$ 代替流程长度 $s$ 来定义底坡

$$i = \tan\theta = \frac{z_1 - z_2}{l} = \frac{\Delta z}{l} \qquad (6.2)$$

在明渠底坡很小的情况下，水流的过水断面可以用水流的铅垂断面代替，过水断面的水深 $h$ 也可以沿铅垂方向量取。

当渠底高程沿程下降时，$i>0$（见图 6.5（a）），称为**顺坡渠道**；当渠底高程沿程不变时，$i=0$（见图 6.5（b）），称为**平坡渠道**；当渠底高程沿程抬高时，$i<0$（见图 6.5（c）），称为**逆坡渠道**。天然河道的河底凹凸不平，其坡度可取一定长度河段的平均底坡计算。

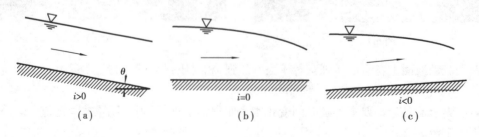

图 6.5

本章只讨论明渠恒定流中的 3 个问题:明渠均匀流的水力计算、明渠渐变流水面线及水跃。

## 6.2　明渠均匀流动

**1)明渠均匀流的形成及其特点**

**明渠均匀流是指水深、断面平均流速都沿流程不变的流动**。在明渠中发生均匀流的条件是:只能发生在底坡 $i$ 及糙率 $n$ 均沿程不变的棱柱形长直顺坡渠道的恒定流中。即:在平坡和逆坡渠道中不可能产生均匀流;在长直棱柱形渠道中无分、汇流,无弯道、无构筑物或闸阀等局部障碍对水流运动的干扰;水力要素不随时间而变化。若这些条件中任一条件不满足都只能形成非均匀流。

明渠均匀流的特点:各过水断面的水深相等,断面平均流速也相等,流线为平行直线,流动为匀速直线流动。水面线(测压管水头线)、总水头线及渠底线相互平行(见图 6.4),坡度相等,即

$$J = J_P = i \tag{6.3}$$

作用在控制体 ABCD 中的水体上的诸力平衡。如图 6.6 所示,取控制体 ABCDA 中的水体分析,作用在该水体上的力有重力 $G$,边壁摩擦力 $F$,以及过水断面 AB 及 CD 上的动水压力 $F_1$,$F_2$。沿流动方向的平衡方程为

$$F_1 + G \sin \theta - F - F_2 = 0$$

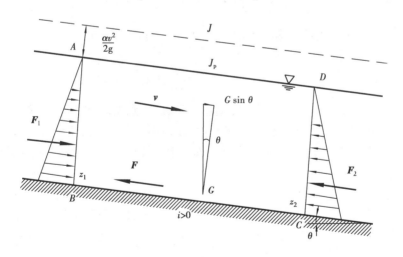

图 6.6

明渠均匀流各过水断面的动水压强分布服从静水压强分布规律(见第 3 章),因此,过水断面 AB 及 CD 上的动水压力 $F_1 = F_2$,故得

$$G \sin \theta - F = 0 \tag{6.4}$$

式(6.4)说明:明渠均匀流中,重力在流动方向的分力与流动阻力相平衡。

明渠均匀流的水深称为正常水深,用 $h_0$ 表示。

### 2)明渠均匀流的水力计算公式

明渠水流一般属紊流粗糙区,其流速的计算公式可由谢才公式演变得到。

谢才公式 $\qquad\qquad v = C\sqrt{R \cdot J}$

由式(6.3),谢才公式可以写为

$$v = C\sqrt{R \cdot i} \qquad\qquad (6.5)$$

可以采用曼宁公式(4.48)或巴甫洛夫斯基公式(4.49)和式(4.50)来确定式(6.5)中的谢才系数 $C$。

根据连续性方程和谢才公式,可得到计算明渠均匀流的流量公式

$$Q = A \cdot v = A \cdot C\sqrt{R \cdot i} = K\sqrt{i} \qquad\qquad (6.6)$$

式中 $\qquad\qquad K = A \cdot C\sqrt{R} \qquad\qquad (6.7)$

$K$ 称为流量模数,单位为 $\mathrm{m^3/s}$,$K$ 综合反映明渠过水断面形状、尺寸和粗糙度对输水能力的影响。当渠道过水断面形状及粗糙系数 $n$ 一定时,$K$ 是正常水深 $h_0$ 的函数。

### 3)水力最优断面及允许流速

#### (1)水力最优断面

由式(6.6)可知,明渠均匀流的流量取决于渠道底坡 $i$,渠壁的粗糙系数 $n$ 及过水断面的大小和形状。一般底坡随地形而定,粗糙系数则取决于渠壁材料。在渠道底坡和粗糙系数已定的前提下,渠道输水能力 $Q$ 只取决于过水断面的大小和形状。

**水力最优断面**指当渠道过水断面面积 $A$、粗糙系数 $n$ 及渠道底坡 $i$ 一定时,过水能力最大的断面形状。应用曼宁公式计算谢才系数 $C = \dfrac{1}{n}R^{\frac{1}{6}}$,式(6.6)可写为

$$Q = \frac{1}{n} \cdot A \cdot R^{2/3} \cdot i^{1/2} = \frac{\sqrt{i}}{n} \cdot A^{5/3} \cdot \chi^{-2/3} \qquad\qquad (6.8)$$

可见,在 $i$,$n$ 以及 $A$ 一定的条件下,要使输水能力 $Q$ 最大,则要求水力半径 $R$ 最大,即湿周 $\chi$ 最小,渠壁的阻力也最小。可以说水力最优断面,就是湿周最小的断面形状。当给定面积 $A$ 时,半圆形断面具有最小的湿周,是水力最优断面。但为施工方便,工程上渠道断面多采用梯形断面。

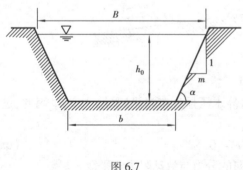

图 6.7

下面讨论梯形断面的水力最优条件。梯形断面面积取决于底宽 $b$、水深 $h_0$ 及边坡系数 $m$。如图 6.7 所示的梯形断面渠道,其过水断面面积:$A = (b + mh_0)h_0$,底宽:$b = \dfrac{A}{h_0} - mh_0$,

湿周:$\chi = b + 2h_0\sqrt{1+m^2}$,$m = \cot\alpha$,$m$ 称为边坡系数。将 $b$ 的表达式代入湿周公式得

$$\chi = \frac{A}{h_0} - mh_0 + 2h_0\sqrt{1+m^2} \qquad (6.9)$$

式(6.9)说明,梯形断面的水力最优条件主要与边坡系数 $m$ 和水深 $h_0$ 有关。边坡系数的值由土壤稳定性条件及施工条件决定。若将式(6.9)中 $A$, $m$ 视为常数,对式(6.9)求 $\chi = f(h_0)$ 的极小值,可求出梯形断面的水力最优条件

$$\frac{\mathrm{d}\chi}{\mathrm{d}h_0} = -\frac{A}{h_0^2} - m + 2\sqrt{1+m^2} = -\frac{bh_0 + mh_0^2}{h_0^2} - m + 2\sqrt{1+m^2} = -\frac{b}{h_0} - 2m + 2\sqrt{1+m^2} = 0$$

又因为　$\dfrac{\mathrm{d}\chi}{\mathrm{d}h_0} = -\dfrac{(-b)}{h_0^2} > 0$ ,故有极小值。即湿周最小时,梯形断面的宽深比为

$$\beta = \frac{b}{h_0} = 2(\sqrt{1+m^2} - m) \tag{6.10}$$

$\beta$ 为梯形渠道水力最优断面的宽深比条件。对于各种边坡系数,梯形渠道的水力最优宽深比可查表6.1。

表6.1　梯形渠道的水力最优宽深比

| $m$ | 0 | 0.50 | 0.75 | 1.00 | 1.50 | 1.75 | 2.00 | 2.50 | 3.00 |
|---|---|---|---|---|---|---|---|---|---|
| $b/h_0$ | 2.00 | 1.56 | 1.00 | 0.83 | 0.61 | 0.53 | 0.47 | 0.385 | 0.325 |

由式(6.10)可得水力最优梯形断面的水力半径为

$$R = \frac{A}{\chi} = \frac{(b+mh_0)h_0}{b + 2h_0\sqrt{1+m^2}}$$

将水力最优条件 $b = 2(\sqrt{1+m^2} - m)h_0$ 代入上式,得

$$R = \frac{h_0}{2} \tag{6.11}$$

即水力最优梯形断面的水力半径等于正常水深的一半,它与渠道的边坡系数无关。

对于矩形断面,边坡系数 $m=0$,故水力最优宽深比为

$$\beta = \frac{b}{h_0} = 2 \tag{6.12}$$

或 $$b = 2h_0 \tag{6.13}$$

可知矩形渠道水力最优断面的底宽 $b$ 为水深 $h_0$ 的两倍。

水力最优只是从水力学的角度去考虑的渠道断面,但不一定是工程设计中的最佳断面。在工程实际中还需综合考虑渠道的输水、通航等使用要求以及造价、施工技术和维修养护等因素,确定工程设计的最佳断面。

**(2)允许流速**

在渠道设计中,除了要考虑水力最优断面这一因素外,还须限制流速。流速过大,将使渠道受冲刷或塌方;流速过小,将使渠道发生淤积。因此,渠道中的流速应是不冲不淤流速。设渠道中最大允许流速 $v_{max}$ 为**不冲流速**,最小允许流速 $v_{min}$ 为**不淤流速**,则渠道中设计流速应满足 $v_{min} < v < v_{max}$。

$v_{max}$ 的值与渠道表面土壤类别或衬砌材料有关,由实验确定。各种渠道的 $v_{max}$ 参考值列入表6.2、表6.3及表6.4中。

表 6.2 坚硬岩石和人工护面渠道的最大允许不冲流速　　单位:m/s

| 岩石或护面的种类 | 渠道流量/(m³·s⁻¹) | | |
|---|---|---|---|
| | <1 | 1~10 | >10 |
| 软质水成岩(泥灰岩、页岩、软砾岩) | 2.5 | 3.0 | 3.5 |
| 中等硬质水成岩(致密砾岩、多孔石灰岩、层状石灰岩、白云石灰岩、灰质砂岩) | 3.5 | 4.25 | 5.0 |
| 硬质水成岩(白云石灰岩、硬质水石灰岩) | 5.0 | 6.0 | 7.0 |
| 结晶岩、火成岩 | 8.0 | 9.0 | 10.0 |
| 单层块石铺砌 | 2.5 | 3.5 | 4.0 |
| 双层块石铺砌 | 3.5 | 4.5 | 5.0 |
| 混凝土护面(水流中不含砂和砾石) | 6.0 | 8.0 | 10.0 |

表 6.3　均匀黏性土质渠道的最大允许不冲流速　　单位:m/s

| 土　质 | 最大允许不冲流速 |
|---|---|
| 轻壤土 | 0.6~0.8 |
| 中壤土 | 0.65~0.85 |
| 重壤土 | 0.75~1.0 |
| 黏土 | 0.75~0.95 |

表 6.4　均匀无黏性土质渠道的最大允许不冲流速　　单位:m/s

| 土　质 | 粒径/mm | 最大允许不冲流速 |
|---|---|---|
| 极细砂 | 0.05~0.1 | 0.35~0.45 |
| 细砂和中砂 | 0.25~0.5 | 0.45~0.60 |
| 粗砂 | 0.5~2.0 | 0.60~0.75 |
| 细砾石 | 2.0~5.0 | 0.75~0.90 |
| 中砾石 | 5.0~10.0 | 0.90~1.10 |
| 粗砾石 | 10.0~20.0 | 1.10~1.30 |

说明:①土质渠道表中所列的 $v_{max}$ 是属于水力半径 $R=1.0$ m 的情况,当 $R\neq1.0$ m 时,表中所列的数值乘以 $R^\alpha$,即得

相应的 $v_{max}$。对于各种粒径的砂、砾石和卵石以及疏松的壤土、黏土,$\alpha=\dfrac{1}{3}\sim\dfrac{1}{4}$;对于密实的壤土、黏土,$\alpha=\dfrac{1}{4}\sim\dfrac{1}{5}$。

②对于流量大于 50 m³/s 的渠道,$v_{max}$ 应专门研究决定。

渠道中的最小允许流速视水中含砂量、含砂粒径及水深而定,一般不小于 0.5 m/s。

#### 4)明渠均匀流水力计算基本问题

明渠均匀流的水力计算,主要有以下 3 种基本类型:

**(1)验算渠道的输水能力**

这一类问题是校核已建成渠道的过水能力。一般已知渠道过水断面的形状及尺寸、渠壁粗糙系数、渠道底坡及水深,即已知 $m,b,n,i,h_0$,求其输水能力 $Q$,在这种情况下,可根据已知值求出 $A,\chi,R$ 及 $C$ 后,直接按式(6.6)求出流量 $Q$。

**例 6.1**　如图 6.7 所示,有一梯形断面路基排水土渠,长 1 000 m,底宽 3 m,正常水深 $h_0=0.8$ m,边坡系数 $m=1.5$ m,粗糙系数 $n=0.03$,底坡 $i=0.000\,5$,试验算渠道的输水能力和流速。

**解**　因渠道较长、断面规则、顺坡,故可按均匀流计算。由图示几何关系可得:

过水断面面积　　$A=(b+mh_0)h_0=(3+1.5\times0.8)\times0.8=3.36$ m²

湿周　　$\chi=b+2h_0\sqrt{1+m^2}=3+2\times0.8\sqrt{1+1.5^2}=5.88$ m

水力半径　　$R=\dfrac{A}{\chi}=\dfrac{3.36\text{ m}^2}{5.88\text{ m}}=0.57$ m

谢才系数 $C$ 按曼宁公式计算

$$C=\frac{1}{n}R^{\frac{1}{6}}=\frac{1}{0.03}\times(0.57\text{ m})^{\frac{1}{6}}=30.352\text{ m}^{0.5}/\text{s}$$

因此渠道输水能力为

$$Q=A\cdot C\sqrt{Ri}=3.36\text{ m}^2\times30.352\text{ m}^{0.5}/\text{s}\sqrt{0.57\text{ m}\times0.000\,5}=1.72\text{ m}^3/\text{s}$$

渠中流速为

$$v=\frac{Q}{A}=\frac{1.72\text{ m}^3/\text{s}}{3.36\text{ m}^2}=0.512\text{ m/s}$$

**(2)确定渠道底坡**

设计新渠时要求确定渠道的底坡。一般是已知渠道断面形状及尺寸、粗糙系数、通过的流量或流速,求所需的渠道底坡。这类问题的解法与第一类问题相似,即由已知的参数依次计算 $A,\chi,R,C$ 和 $K$,然后按式(6.6)求 $i$,即

$$i=\frac{Q^2}{K^2} \tag{6.14}$$

**例 6.2**　某钢筋混凝土矩形渠道($n=0.014$),全长 $l=880$ m,通过流量 $Q=25.6$ m³/s,过水断面宽 $b=5.1$ m,水深 $h_0=3.08$ m,求该渠道的底坡及流速。

**解**　可由式(6.14)求得底坡 $i$,为此先计算流量模数 $K,K=A\cdot C\sqrt{R}$,式中谢才系数 $C$ 按曼宁公式计算。

水力半径　　$R=\dfrac{A}{\chi}=\dfrac{5.1\text{ m}\times3.086\text{ m}}{5.1\text{ m}+2\times3.08\text{ m}}=1.395$ m

谢才系数　　$C=\dfrac{1}{n}R^{\frac{1}{6}}=\dfrac{1}{0.014}\times(1.395\text{ m})^{\frac{1}{6}}=75.5\text{ m}^{0.5}/\text{s}$

流量模数　　$K=A\cdot C\sqrt{R}=5.1\text{ m}\times3.08\text{ m}\times75.5\text{ m}^{0.5}/\text{s}\sqrt{1.395}\text{ m}=1\,400.73\text{ m}^3/\text{s}$

故渠道底坡为　　$i=\dfrac{Q^2}{K^2}=\left(\dfrac{25.6\text{ m}^3/\text{s}}{1\,400.73\text{ m}^3/\text{s}}\right)^2=0.000\,334$

流速 
$$v=\frac{Q}{A}=\frac{25.6 \text{ m}^3/\text{s}}{5.1 \text{ m}\times3.08 \text{ m}}=1.63 \text{ m/s}$$

### (3)确定渠道断面尺寸

在已知设计流量 $Q$、底坡 $i$、边坡系数 $m$ 及粗糙系数 $n$ 的情况下,要设计一条新渠,则需求出渠道断面尺寸 $b$ 和 $h_0$。这类问题的未知量有两个,利用式(6.9)求解时,可选出许多组能满足式(6.9)的 $b$ 和 $h$,因此,必须结合工程技术和经济要求,再附加一个条件才能得到唯一的解。一般工程中有以下 3 种情况:

①由工程要求或地形选定 $b$ 值,求相应的水深 $h_0$。

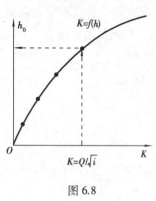

图 6.8

直接解方程(6.9)往往太复杂,因此常用试算法,即先假定若干个水深 $h_0$ 值,计算得若干个 $K$ 值,作 $h_0$—$K$ 曲线,再由已知 $K$ 值在曲线上查得相应的 $h_0$ 值,即为所求的水深(见图6.8)。

**例** 6.3 有一梯形渠道,用大块石干砌护面($n=0.02$)。已知底宽 $b=5.70$ m,边坡系数 $m=1.5$,底坡 $i=0.0015$,需要通过的流量 $Q=18$ m³/s。试决定此渠道的正常水深 $h_0$($C$ 按曼宁公式计算)。

**解** 已知计流量 $Q$、底坡 $i$,计算 $K$

$$K=\frac{Q}{\sqrt{i}}=\frac{18 \text{ m}^3/\text{s}}{\sqrt{0.00015}}=464.76 \text{ m}^3/\text{s}$$

又 
$$K=A\cdot C\sqrt{R}=A\left(\frac{1}{n}R^{\frac{1}{6}}\right)R^{\frac{1}{2}}=\frac{A}{n}R^{\frac{2}{3}}$$

式中 
$$A=(b+mh_0)h_0=(5.7+1.5h_0)h_0$$
$$\chi=b+2h_0\sqrt{1+m^2}=5.7+2h_0\sqrt{1+1.5^2}$$
$$R=\frac{A}{\chi}$$

假定不同的 $h_0$ 值,按 $K=\frac{A}{n}R^{\frac{2}{3}}$ 计算 $K$,计算结果见表6.5。

表 6.5

| $h_0$/m | $A$/m² | $\chi$/m | $R$/m | $R^{2/3}$ | $K$/(m³·s⁻¹) |
|---|---|---|---|---|---|
| 1.20 | 9 | 10.027 | 0.898 | 0.931 | 418.95 |
| 1.25 | 9.469 | 10.208 | 0.928 | 0.950 | 450.32 |
| 1.27 | 9.658 | 10.280 | 0.942 | 0.961 | 463.92 |
| 1.275 | 9.706 | 10.298 | 0.943 | 0.962 | 466.67 |

作 $K=f(h)$ 曲线如图 6.9 所示,可见 $K=464.76$ m³/s 时,$h_0=1.27$ m。

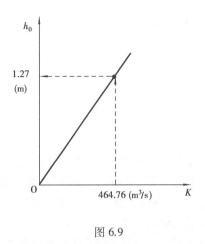

图 6.9

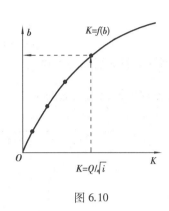

图 6.10

②设渠中水深 $h_0$ 为已知,求底宽 $b$。这类问题的解法,与上述①类似,仅仅是用 $b$ 值代替 $h_0$ 而已。作 $b$—$K$ 曲线,再由已知 $K$ 值在曲线上查得相应的 $b$ 值(见图 6.10)。

③给定宽深比 $\beta$,求相应的 $b$ 和 $h_0$。

这类问题可根据给定 $m$ 值,按水力最优断面的宽深比 $\beta = \dfrac{b}{h_0} = 2\left(\sqrt{1+m^2} - m\right)$ 计算,或直接查表 6.1 得 $\beta$ 值,然后与上题类似,先计算 $Q/\sqrt{i} = K$ 值。设定若干个 $h_0$ 值(或 $b$ 值),作 $h_0$—$K$ 曲线(或 $b$—$K$ 曲线)。从已得的 $K$,即可求出 $h_0$(或 $b$)值。再求 $b = \beta h_0$(或 $h_0 = b/\beta$),渠道断面便可确定。

**例 6.4**　一梯形引水渠道,经过黏土地区,若取定 $m = 1.0$,粗糙系数 $n = 0.020$,底坡 $i = 0.000\,4$,要求通过流量 $Q = 1$ $\text{m}^3/\text{s}$,求水力最优断面的尺寸。又根据土壤要求的最大容许流速 $v_{\max} = 0.75$ m/s,最小容许流速 $v_{\min} = 0.4$ m/s,该最优断面能否达到流速要求?

**解**　已知梯形断面的边坡系数 $m = 1.0$,需要确定满足水力最优断面的底宽 $b$ 和水深 $h_0$。由表 6.1 查得:$\beta = b/h_0 = 0.83$,即 $b = 0.83 h_0$

$$A = (b + m h_0) h_0 = (0.83 h_0 + h_0) h_0 = 1.83 h_0^2$$

由式(6.11)知,水力最优时:$R = 0.5 h_0$,因此流量

$$Q = A \cdot C \sqrt{Ri} = 1.83 h_0^2 \cdot \frac{1}{n}(R)^{2/3}\sqrt{i} = 1.83 h_0^2 \cdot \frac{1}{n}\left(\frac{h_0}{2}\right)^{2/3}\sqrt{i}$$

$$= 1.83 h_0^2 \cdot \frac{1}{0.02}\left(\frac{h_0}{2}\right)^{2/3}\sqrt{0.000\,4} = 1.15 h_0^{8/3}$$

又已知 $Q = 1$ $\text{m}^3/\text{s}$,代入上式,得

$$h_0 = \left(\frac{1}{1.15}\right)^{3/8} = 0.95 \text{ m}$$

$$b = 0.83 h_0 = 0.83 \times 0.95 = 0.78 \text{ m}$$

故所求最优过水断面尺寸为

$$h_0 = 0.95 \text{ m}, b = 0.78 \text{ m}$$

断面平均流速

$$v = \frac{Q}{A} = \frac{1}{1.83 \times 0.95^2} = 0.61 \ \text{m/s}$$

由题目给出条件 $\qquad v_{\min} = 0.4 \ \text{m/s}, v_{\max} = 0.75 \ \text{m/s}$

可知 $\qquad\qquad\qquad v_{\min} < v < v_{\max}$

因此,该过水断面能满足流速要求。

### 5)圆管中无压均匀流的水力计算

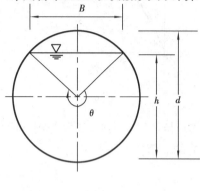

图 6.11

在工程上常采用圆形管道输送液体(如下水道),它既是水力最优断面,又具有受力性能良好、制作方便、节省材料等优点。下面介绍圆形管道中无压均匀流的水力计算。

讨论如图 6.11 所示圆管中无压均匀流。设管中水深为 $h$,它与直径的比值 $\alpha = h/d$,称为充满度;图中 $\theta$ 称为充满角。根据几何关系,过水断面面积、湿周及水力半径等都是充满角 $\theta$ 的函数,即

$$A = \frac{d^2}{8}(\theta - \sin \theta) \tag{6.15}$$

$$\chi = \frac{d}{2}\theta \tag{6.16}$$

$$R = \frac{d}{4}\left(1 - \frac{\sin \theta}{\theta}\right) \tag{6.17}$$

若采用曼宁公布计算谢才系数 $C = \frac{1}{n}R^{\frac{1}{6}}$,则:$Q = A \cdot C\sqrt{Ri} = \frac{\sqrt{i}}{n}A^{5/3}\chi^{-2/3}$,将 $A$,$\chi$ 代入上式,当 $i$,$n$ 及

$d$ 一定时,得:$Q = f(A, \chi) = f(\theta)$,这说明此时流量 $Q$ 仅为过水断面充满角 $\theta$ 的函数。令 $\frac{\mathrm{d}Q}{\mathrm{d}\theta} = 0$,有

$$\frac{\mathrm{d}Q}{\mathrm{d}\theta} = \frac{\mathrm{d}}{\mathrm{d}\theta}\left(\frac{\sqrt{i}}{n} \cdot \frac{A^{5/3}}{\chi^{2/3}}\right) = \frac{\mathrm{d}}{\mathrm{d}\theta}\left[\frac{(\theta - \sin \theta)^{5/3}}{\theta^{2/3}}\right] = 0$$

从而有

$$1 - \frac{5}{3}\cos \theta + \frac{2}{3}\frac{\sin \theta}{\theta} = 0$$

式中的 $\theta$ 便是水力最优过水断面(此时 $Q = Q_{\max}$)的充满角,解上式得

$$\theta \approx 308° \tag{6.18}$$

相应的水力最优充满度

$$\alpha = \frac{h}{d} = \sin^2\frac{\theta}{4} = \left(\sin\frac{308°}{4}\right)^2 = 0.95 \tag{6.19}$$

可见,在无压圆管均匀流中,水深 $h = 0.95d$ 时,输水能力最优。

依照上述类似的分析方法,当 $i$,$n$ 及 $d$ 一定时,求水力半径 $R$ 的最大值,可知无压圆管均匀流的平均流速最大值 $v_{\max}$ 发生在 $\theta = 257.5°$ 处,而相应的水深 $h = 0.81d$(即充满度 $\alpha = 0.81$)。

由以上分析可知,无压圆管均匀流的最大流量和最大流速,都不发生于满管流动时,而是

发生在一定的充满度条件下,即当 $h/d = 0.95$ 时,流量最大;当 $h/d = 0.81$ 时,流速最大(见图 6.12)。

设以 $Q_0, v_0, C_0$ 及 $R_0$ 分别代表满管流动时的流量、流速、谢才系数及水力半径,不同充满度的相应值用 $Q, v, C$ 及 $R$ 表示,再令 $A = Q/Q_0, B = v/v_0$,则有

$$A = \frac{Q}{Q_0} = \frac{AC\sqrt{Ri}}{A_0 C_0 \sqrt{R_0 i}} = \frac{A}{A_0}\left(\frac{R}{R_0}\right)^{2/3} = f\left(\frac{h}{d}\right) \tag{6.20}$$

$$B = \frac{v}{v_0} = \frac{C\sqrt{Ri}}{C_0\sqrt{R_0 i}} = \left(\frac{R}{R_0}\right)^{2/3} = f\left(\frac{h}{d}\right) \tag{6.21}$$

利用式(6.15)和式(6.17),计算出任一充满度 $\alpha = h/d$ 时的过水断面面积和水力半径,同时求出满管流动时的对应值,则根据式(6.20)和式(6.21)即可求出流量比 $A$ 和流速比 $B$ 的值,可绘出 $\alpha = h/d$ 与 $A = Q/Q_0$ 和 $\alpha$ 与 $B = v/v_0$ 的关系曲线,如图 6.12 所示。

有了如图 6.12 所示的曲线,只要算出满管流动时的流量 $Q_0$ 和流速 $v_0$,就可以由已知水深 $h$,计算 $\alpha = h/d$,从而求得 $A, B$ 的值,则该水深时的流量 $Q = AQ_0$,流速 $v = Bv_0$。

**例 6.5**　直径为 0.6 m 的钢筋混凝土排水管,底坡 $i = 0.005$,粗糙系数 $n = 0.013$,充满度 $\alpha = h/d = 0.75$,求管中流量和流速。

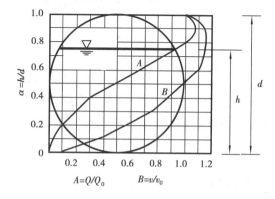

图 6.12

**解**　先求满管流动时的流量和流速。

$$R_0 = \frac{d}{4} = \frac{0.6 \text{ m}}{4} = 0.15 \text{ m}$$

$$C_0 = \frac{1}{n}R^{\frac{1}{6}} = \frac{1}{0.013} \times (0.015)^{\frac{1}{6}} = 56.067 \text{ m}^{0.5}/\text{s}$$

$$v_0 = C_0\sqrt{R_0 i} = 56.067 \text{ m}^3/\text{s} \times \sqrt{0.15 \text{ m} \times 0.005} = 1.54 \text{ m/s}$$

$$Q_0 = Av_0 = \frac{\pi}{4} \times 0.6^2 \text{ m}^2 \times 1.54 \text{ m/s} = 0.434 \text{ m}^3/\text{s}$$

当 $\alpha = h/d = 0.75$ 时,查图 6.12 得 $A = 0.91, B = 1.14$,则管中流量和流速为

$$Q = AQ_0 = 0.91 \times 0.432 \text{ m}^3/\text{s} = 0.395 \text{ m}^3/\text{s}$$

$$v = Bv_0 = 1.14 \times 1.54 \text{ m/s} = 1.76 \text{ m/s}。$$

## 6.3　明渠非均匀流的断面单位能和临界水深

明渠均匀流只是明渠流动的一类特例,要求渠道中没有任何对水流流动形成干扰的障碍物,才能形成匀速等深直线流动的均匀流。一般渠道中的液流,都可能受到障碍物的影响,只能形成非均匀流。

明渠中障碍物对水流的不同影响,使得明渠水流有两种不同的流动形态。在山区河道或底坡陡峻的渠中的水流,流速较大,若有大块孤石或其他障碍物阻水,水面隆起,激成浪花,这种水流状态称为急流。在底坡平坦,水流徐缓的平原河道中,如遇桥墩等障碍,则桥墩上游水面的壅高可以延伸到上游较远处,这种水流状态称为缓流。

无论是急流还是缓流,其流速和水深都沿程变化,因此是非均匀流动。

明渠非均匀流中,水流重力在流动方向上的分力与阻力不平衡,水面线一般为曲线,水力坡度 $J$、水面坡度 $J_p$,以及底坡 $i$ 互不相等,如图 6.13 所示。

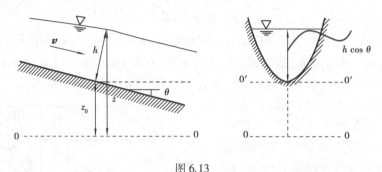

图 6.13

明渠非均匀流的水力计算包括各断面水深和水面曲线的计算,为了解明渠非均匀流水面曲线的变化规律及计算方法,首先介绍有关的基本概念。

### 1) 断面单位能

**断面单位能**是对于明渠渐变流的任一过水断面,以该断面的最低点为基准面 $0'$-$0'$,所写出的单位质量液体的总机械能,以符号 $E_S$ 表示,又称为**断面比能**。

$$E_S = h \cos \theta + \frac{\alpha v^2}{2g} = h \cos \theta + \frac{\alpha Q^2}{2gA^2} \qquad (6.22)$$

当 $\sin \theta = i < \dfrac{1}{10}$ 时,$\cos \theta \approx 1$,则式(6.22)可写成

$$E_S = h + \frac{\alpha v^2}{2g} = h + \frac{\alpha Q^2}{2gA^2} \qquad (6.23)$$

注意:某断面的比能是以该断面的最低点为基准的,不同断面最低点的位置高程不同,因此写出不同断面的比能时,其基准面是取得不同的。

从式(6.23)可知,当断面形状、尺寸以及流量一定时,断面单位能仅仅是水深的函数,即 $E_S = f(h)$。如果以纵坐标表示水深 $h$,以横坐标表示断面单位能 $E_S$,则一定流量下断面单位能随水深的变化规律可以用 $h$—$E_S$ 曲线表示出来(见图 6.14)。

### 2) 临界水深

式(6.23)表明:当 $h \to 0$ 时,因 $A \to 0$,$v \to \infty$,$\dfrac{\alpha v^2}{2g} \to \infty$,则 $E_S \to \infty$,比能曲线必以横坐标为渐近线;当 $h \to \infty$ 时,$v \to 0$,$\dfrac{\alpha v^2}{2g} \to 0$,则 $E_S \to \infty$,比能曲线必以 45° 直线 $ON$ 为渐近线。由此可看出水

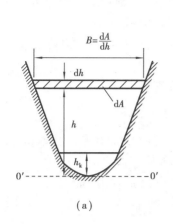

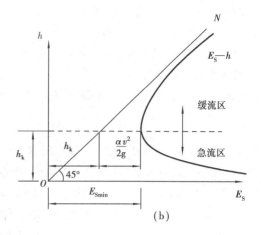

图 6.14

深由零至无穷大之间,比能函数必有极小值存在。相应于断面单位能量最小值的水深,称为**临界水深**,用符号 $h_k$ 表示。$h_k$ 值可由 $\dfrac{dE_S}{dh}=0$ 求得

$$\frac{dE_S}{dh}=\frac{d}{dh}\left(h+\frac{\alpha Q^2}{2gA^2}\right)=1-\frac{\alpha Q^2}{gA^3}\frac{dA}{dh}=0 \tag{6.24}$$

式中,$dA$ 是水深变化 $dh$ 引起的过水断面的面积变化,以 $B$ 表示相应于水深为 $h$ 时的水面宽度,则 $\dfrac{dA}{dh}=B$。式(6.24)可写为

$$\frac{dE_S}{dh}=1-\frac{\alpha Q^2}{g}\cdot\frac{B}{A^3}=0 \tag{6.25}$$

如以 $A_k$,$B_k$ 分别表示水深为临界水深 $h_k$ 时相应的过水断面面积和水面宽度,则从式(6.25)可解得临界水深的普遍计算式

$$\frac{A_k^3}{B_k}=\frac{\alpha Q^2}{g} \tag{6.26}$$

式中,等号左边的 $A_k$,$B_k$ 均为 $h_k$ 的函数,故可用此式计算通过一定流量时所对应的 $h_k$。对于任意形状的断面,上式为 $h_k$ 的隐函数形式,常用试算或作图的方法求解。

对于矩形断面 $A_k=B_k h_k$,总流量 $Q$ 可以写成单宽流量 $q$ 与水面宽的乘积,$Q=qB_k$。代入式(6.26),经整理后可得临界水深计算式为

$$h_k=\sqrt[3]{\frac{\alpha q^2}{g}} \tag{6.27}$$

由图 6.14 可知:函数的极小值 $E_{Smin}$ 将曲线分为上、下两支。在上支,断面单位能 $E_S$ 随水深 $h$ 的增大而增大($\dfrac{dE_S}{dh}>0$);而在下支 $E_S$ 则随水深 $h$ 的增大而减小($\dfrac{dE_S}{dh}<0$),因此,与上、下两支曲线相应的水流的特性是不同的。当 $E_S=E_{Smin}$ 时,水流状态是缓流与急流之间的临界状态,称为临界流,相应的水深就是临界水深 $h_k$,相应的流速称为临界流速 $v_k$。当明渠中通过某一流量时,如果实际水深 $h$ 大于临界水深 $h_k$,则其比能函数对应于比能曲线的上支,水流状态

179

为缓流,断面平均流速 $v<v_k$;若实际水深 $h$ 小于临界水深 $h_k$,则对应于比能曲线下支,为急流 $v>v_k$。因此,临界水深是判别水流缓、急状态的一个重要的特性水深。

**例** 6.6　有一棱柱形渠道,其过水断面形状为梯形,底宽 $b=12$ m,边坡系数 $m=1.5$,流量 $Q=18$ m³/s,求临界水深。

**解**　本题可利用式(6.26)求解 $h_k$。对于梯形断面有

$$A=(b+mh)h, \quad B=b+2mh$$

当 $m$ 及 $b$ 一定时,$A^3/B=f(h)$。现先假定 $h=0.4$ m,0.5 m,0.6 m,0.7 m,计算相应的 $A^3/B$ 值,计算结果列入表 6.6 中,再根据表中数值,绘制 $h$—$A^3/B$ 关系曲线。

当 $h=0.4$ m 时,$A=(b+mh)h=(12\text{ m}+1.5\times0.4\text{ m})\times0.4\text{ m}=5.04\text{ m}^2$

$$B=b+2mh=12\text{ m}+2\times1.5\times0.4\text{ m}=13.2\text{ m}$$

$$\frac{A^3}{B}=\frac{(5.04\text{ m}^2)^3}{13.2\text{ m}}=9.1\text{ m}^5$$

表 6.6

| $h/\text{m}$ | 0.4 | 0.5 | 0.6 | 0.7 |
|---|---|---|---|---|
| $A/\text{m}^2$ | 5.04 | 6.83 | 7.74 | 9.14 |
| $B/\text{m}$ | 13.20 | 13.50 | 13.80 | 14.10 |
| $A^3/B/\text{m}^5$ | 9.70 | 19.24 | 33.60 | 54.15 |

其余类推,计算结果见表 6.6,由此即可得 $h$—$A^3/B$ 关系曲线(见图 6.15)。

$Q=18$ m³/s, 取 $\alpha=1$,因此

$$\frac{A_k^3}{B_k}=\frac{\alpha Q^2}{g}=\frac{1\times18^3\text{m}^6/\text{s}^2}{9.8\text{ m}/\text{s}^2}=33.06\text{ m}^5$$

由此值在图 6.15 中查得 $h_k=0.596$ m。

**例** 6.7　一矩形断面渠道,流量 $Q=30$ m³/s,底宽 $b=8$ m,试计算最小断面单位能和临界水深。

**解**　取 $\alpha=1$,

$$h_k=\sqrt[3]{\frac{Q^2}{gb^2}}=\sqrt[3]{\frac{30^2\text{m}^6/\text{s}^2}{9.8\text{ m}/\text{s}^2\times8^2\text{ m}^2}}=1.13\text{ m}$$

$$v_k=\frac{Q}{h_k b}=\frac{30\text{ m}^3/\text{s}}{1.13\text{ m}\times8\text{ m}}=3.3\text{ m}/\text{s}$$

$$E_{S\min}=h_k+\frac{\alpha v_k^2}{2g}=1.13\text{ m}+\frac{(3.3\text{ m}/\text{s})^2}{19.6\text{ m}/\text{s}^2}=1.69\text{ m}$$

最小断面单位能和临界水深的关系如图 6.16 所示。

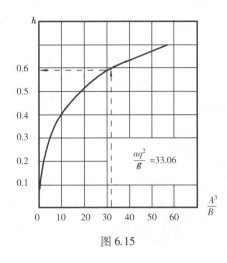

图 6.15

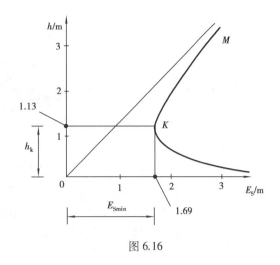

图 6.16

## 6.4　临界底坡、陡坡、缓坡

由 6.2 节知道,在断面形状、尺寸和渠壁粗糙度一定的棱柱形渠道中,通过某一流量为 $Q$ 并作均匀流动的水流时,正常水深 $h_0$ 的大小取决于渠底底坡 $i$。当正常水深恰好等于临界水深时,所对应的渠道底坡称为临界底坡,以 $i_k$ 表示。即当 $i=i_k$ 时,渠道中的均匀流又是临界流。因此,临界底坡 $i_k$ 可通过联解均匀流基本方程及临界水深的计算式求得。即

$$\left.\begin{array}{l} Q = A_k C \sqrt{R_k i_k} \\[2mm] \dfrac{\alpha Q^2}{g} = \dfrac{A_k^3}{B_k} \end{array}\right\}$$

式中,下标 k 表示临界流的有关值。

因此 
$$i_k = \frac{Q^2}{A_k^2 \cdot C_k^2 \cdot R_k} = \frac{g}{\alpha C_k^2} \cdot \frac{\chi_k}{B_k} \tag{6.28}$$

对宽浅的矩形断面, $\chi_k \approx B_k$ ,则

$$i_k = \frac{g}{\alpha C_k^2} \tag{6.29}$$

由式(6.28)可知,临界底坡 $i$ 与断面形状、尺寸、流量及粗糙度有关,与渠道的底坡 $i$ 无关,它只是为了分析明渠水流运动而引入的一个概念。当渠道底坡小于某一流量下的临界底坡,即 $i<i_k$ 时, $h_0>h_k$ ,此时渠底坡度称为缓坡,渠中均匀流为缓流;若 $i>i_k$ ,则 $h_0<h_k$ ,此时渠底坡度称为急坡或陡坡,渠中均匀流为急流;若 $i=i_k$ ,则 $h_0=h_k$ ,渠底坡度称为临界坡,渠中均匀流称为临界流。可见,临界底坡 $i_k$ 是用来判别渠道底坡的陡、缓的一个判别准则。

在已知流量、断面形状、尺寸和粗糙度的棱柱形渠道中,若以 N-N 线表示渠中的正常水深线, K-K 线表示渠中的临界水深线,则上述 3 类渠道中,此二线具有不同的相对位置(见图 6.17)。

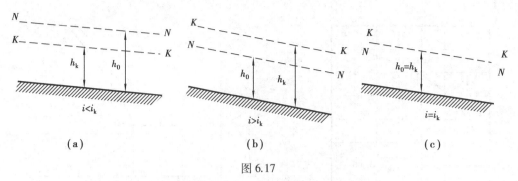

图 6.17

在平坡($i=0$)及逆坡($i<0$)的渠道中，不可能发生均匀流，因此仅有 $K\text{-}K$ 线而无 $N\text{-}N$ 线。

必须注意：明渠非均匀流的水深 $h$ 是沿程变化的，因此在缓坡上可能出现水深 $h$ 小于临界水深 $h_k$ 的急流，在陡坡上也可能出现水深 $h$ 大于临界水深 $h_k$ 的缓流。因此，不能用底坡的陡缓来判别明渠非均匀流属急流或缓流。

**例 6.8**　梯形断面渠道，已知底宽 $b=1$ m，边坡系数 $m=1$，粗糙系数 $n=0.017\,0$，底坡 $i=0.005\,5$。试问在通过均匀流流量 $Q=0.31$ m$^3$/s 和 $Q=0.98$ m$^3$/s 时该渠道为陡坡还是缓坡。

**解**　为了判断通过该流量时渠道为陡坡或缓坡，必须计算临界底坡。由式(6.28)得

$$i_k = \frac{g}{C_k^2}\frac{\chi_k}{B_k}$$

式中，$C_k$，$B_k$ 及 $\chi_k$ 均为临界水深 $h_k$ 的函数，因此必须先计算 $h_k$。取 $\alpha=1$，由式(6.26)有

$$\frac{Q^2}{g} = \frac{A_k^3}{B_k}$$

①$Q=0.31$ m$^3$/s，根据已知的 $Q$，$m$ 及 $b$ 值，利用试算法可求得 $h_k=0.20$ m，因此

$$A_k = (b + mh_k)h_k = (1\text{ m} + 1 \times 0.2\text{ m}) \times 0.2\text{ m} = 0.24\text{ m}^2$$

$$B_k = b + 2mh_k = 1\text{ m} + 2 \times 1 \times 0.2\text{ m} = 1.4\text{ m}$$

$$\chi_k = b + 2h_k\sqrt{1\text{ m} + m^2} = 1\text{ m} + 2 \times 0.2\text{ m}\sqrt{1 + 1^2} = 1.566\text{ m}$$

$$R_k = \frac{A_k}{\chi_k} = \frac{0.24\text{ m}^2}{1.566\text{ m}} = 0.153\text{ m}$$

$$C_k = \frac{1}{n}R_k^{\frac{1}{6}} = \frac{1}{0.017} \times (0.153)^{\frac{1}{6}} = 43.02\text{ m}^{\frac{1}{2}}/\text{s}$$

$$i_k = \frac{g}{C_k^2}\frac{\chi_k}{B_k} = \frac{9.8\text{ m/s}^2 \times 1.566\text{ m}}{(43.02\text{m}^{0.5}/\text{s})^2 \times 1.4\text{ m}} = 0.005\,92$$

因为 $i=0.005\,5<i_k$，故渠道在 $Q=0.31$ m$^3$/s 时为缓坡渠道。

②$Q=0.98$ m$^3$/s，同理，由试算法可求得 $h_k=0.40$ m。相应地：

$$A_k = (b + mh_k)h_k = (1\text{ m} + 1 \times 0.4\text{ m}) \times 0.4\text{ m} = 0.56\text{ m}^2$$

$$B_k = b + 2mh_k = 1\text{ m} + 2 \times 1 \times 0.4\text{ m} = 1.8\text{ m}$$

$$\chi_k = b + 2h_k\sqrt{1 + m^2} = 1\text{ m} + 2 \times 0.4\text{ m}\sqrt{1 + 1^2} = 2.13\text{ m}$$

$$R_k = \frac{A_k}{\chi_k} = \frac{0.56\text{ m}^2}{2.13\text{ m}} = 0.263\text{ m}$$

$$C_k = \frac{1}{n} R_k^{\frac{1}{6}} = \frac{1}{0.017} \times (0.263)^{\frac{1}{6}} = 47.0 \ \text{m}^{\frac{1}{2}}/\text{s}$$

则临界底坡　　　$i_k = \dfrac{g \chi_k}{C_k^2 B_k} = \dfrac{9.8 \ \text{m/s}^2 \times 2.13 \ \text{m}}{(47.0 \ \text{m/s})^2 \times 1.8 \ \text{m}} = 0.005 \ 26$

因为 $i = 0.005 \ 5 > i_k = 0.005 \ 26$，故渠道在 $Q = 0.98 \ \text{m}^3/\text{s}$ 时为陡坡渠道。

## 6.5　明渠非均匀流的急流、缓流的判别准则

缓流与急流的判别在明渠流的分析和计算中，具有重要意义，除了可用临界水深或断面单位能的变化趋势作为判别外，还可用一个更简便的判别准则——**佛汝德数** $Fr$ (Froude number)来判别。

将式(6.25)改写为

$$\frac{\mathrm{d}E_S}{\mathrm{d}h} = 1 - \frac{\alpha Q^2}{g} \cdot \frac{B}{A^3} = 1 - \frac{\alpha (Q/A)^2}{g(A/B)} = 1 - \frac{\alpha v^2}{g(A/B)} = 1 - \frac{\alpha v^2}{g h_m} = 1 - Fr^2 \qquad (6.30)$$

式中，$h_m = \dfrac{A}{B}$ 为过水断面上的平均水深；$Fr = \dfrac{v}{\sqrt{g h_m}}$（取 $\alpha = 1$）是一个无量纲数，称为佛汝德数。

由 $Fr^2 = \dfrac{\alpha v^2}{g h_m} = 2 \cdot \dfrac{\alpha v^2}{2g} \cdot \dfrac{1}{h_m}$ 可知，佛汝德数的平方等于水流的流速水头与平均水深之比的

两倍。这说明：$Fr$ 值大，则动能较大；$Fr$ 小，则势能较大。若 $Fr < 1$，由式(6.30)得 $\dfrac{\mathrm{d}E_S}{\mathrm{d}h} > 0$，则水

流为缓流；若 $Fr > 1$，则 $\dfrac{\mathrm{d}E_S}{\mathrm{d}h} < 0$，水流为急流；若 $Fr = 1$，则 $\dfrac{\mathrm{d}E_S}{\mathrm{d}h} = 0$，$E_S = E_{Smin}$，水流为临界流。因此，综合反映水流流速和水深大小的佛汝德数 $Fr$ 可以作为判别明渠水流是急流还是缓流的标准。$Fr$ 判别准则既适用于明渠均匀流，也适用于明渠非均匀流。

为了对缓流、急流、临界流的特征及其判别有清晰的概念，特将其归纳于表 6.7 中。

表 6.7

| 均匀流或非均匀流 | 判别指标　　　　　缓、急流 | 缓流 | 临界流 | 急流 |
|---|---|---|---|---|
| | 断面单位能变化率 $\dfrac{\mathrm{d}E_S}{\mathrm{d}h}$ | $\dfrac{\mathrm{d}E_S}{\mathrm{d}h} > 0$ | $\dfrac{\mathrm{d}E_S}{\mathrm{d}h} = 0$ | $\dfrac{\mathrm{d}E_S}{\mathrm{d}h} < 0$ |
| | 水深 $h$（或 $h_0$） | $h > h_k$ | $h = h_k$ | $h < h_k$ |
| | 佛汝德数 $Fr$ | $Fr < 1$ | $Fr = 1$ | $Fr > 1$ |
| 均匀流 | 底坡 | $i < i_k$ | $i = i_k$ | $i > i_k$ |

**例 6.9**　有一浆砌石矩形断面渠道，已知：粗糙系数 $n = 0.017$，底坡 $i = 0.000 \ 3$，底宽 $b = 5 \ \text{m}$，当渠中均匀流的正常水深 $h_0 = 1.85 \ \text{m}$ 时通过流量为 $Q = 0.98 \ \text{m}^3/\text{s}$，试分别用临界水深、佛汝德数及临界坡度来判别渠中均匀流是急流还是缓流？

**解** 对于矩形断面渠道有

①临界水深

$$h_k = \sqrt[3]{\frac{\alpha Q^2}{gb^2}} = \sqrt[3]{\frac{1 \times (30 \text{ m}^3/\text{s})^2}{9.8 \times 5^2}} = 0.74 \text{ m}$$

因为 $h_0 = 1.85$ m$> h_k$，故渠中均匀流为缓流。

②佛汝德数（矩形断面 $h_m = h$）

$$Fr^2 = \frac{\alpha v^2}{gh_m} = \frac{\alpha v^2}{gh} \qquad\qquad (a)$$

式中 $\qquad\qquad h = h_0 = 1.85$ m, $\qquad v = \frac{Q}{A} = \frac{Q}{bh_0} = \frac{10 \text{ m}^3/\text{s}}{5 \text{ m} \times 1.85 \text{ m}} = 1.08$ m/s

将 $h, v$ 代入式（a）中得 $\qquad Fr^2 = \frac{\alpha v^2}{gh} = \frac{1 \times 1.08^2 \text{m}^2/\text{s}^2}{9.8 \text{ m/s}^2 \times 1.85 \text{ m}} = 0.064$

因为 $Fr < 1$，所以渠中均匀流为缓流。

③临界底坡

$$i_k = \frac{g}{\alpha C_k^2} \cdot \frac{\chi_k}{B_k}$$

式中 $\qquad A_k = bh_k = 5 \text{ m} \times 0.74 \text{ m} = 3.7 \text{ m}^2$

$\qquad\qquad B_k = b = 5 \text{ m}$

$\qquad\qquad \chi_k = b + 2h_k = 5 \text{ m} + 2 \times 0.74 \text{ m} = 6.48 \text{ m}$

$$R_k = \frac{A_k}{\chi_k} = \frac{3.7 \text{ m}^2}{6.48 \text{ m}} = 0.57 \text{ m}$$

$$C_k = \frac{1}{n} R_k^{\frac{1}{6}} = \frac{1}{0.017} \times (0.57)^{\frac{1}{6}} = 53.56 \text{ m}^{\frac{1}{2}}/\text{s}$$

因此 $\qquad i_k = \frac{g}{\alpha C_k^2} \frac{\chi_k}{B_k} = \frac{9.8 \text{ m/s}^2 \times 6.48 \text{ m}}{1 \times 53.56^2 \text{ m/s}^2 \times 5 \text{ m}} = 0.004\ 4$

$i = 0.000\ 3 < i_k$，为缓坡渠道，渠中均匀流为缓流。

## 6.6 棱柱形渠道渐变流水面曲线类型

在工程实际中，明渠非均匀流的水力计算问题主要是探求水深的沿程变化，即确定水面曲线。水面曲线的计算，首先要求建立描述水深沿程变化规律的微分方程并以此方程为基础对水面曲线的类型作定性分析。

如图 6.18 所示为一段底坡为 $i$ 的棱柱形渠道，渠中渐变流流量为 $Q$。选 0-0 为基准面，在渠道中任取两断面 1-1 和 2-2，其间距为 $\text{d}s$，水深相差 $\text{d}h$，断面平均流速相差 $\text{d}v$，渠底高程相差 $\text{d}z$。设两断面间的水头损失为 $\text{d}h_w$，两断面的动能修正系数 $\alpha_1 = \alpha_2 = \alpha$，列能量方程如下

$$z + h\cos\theta + \frac{\alpha v^2}{2g} = (z + \text{d}z) + (h + \text{d}h)\cos\theta + \frac{\alpha(v + \text{d}v)^2}{2g} + \text{d}h_w \qquad (6.31)$$

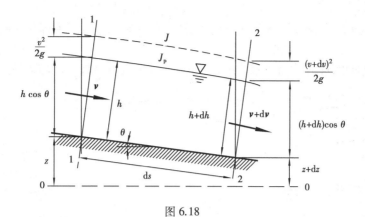

图 6.18

当 $\theta$ 很小时, $\cos\theta=1$。式中

$$\frac{\alpha(v+dv)^2}{2g} = \frac{\alpha}{2g}\left[v^2 + 2vdv + (dv)^2\right] \approx \frac{\alpha v^2}{2g} + d\left(\frac{\alpha v^2}{2g}\right)$$

$dh_w$ 为所取两断面间的水头损失, $dh_w=dh_f+dh_j$, 因为水流为渐变流, 局部水头损失 $dh_j$ 可忽略不计, 即 $dh_w=dh_f$, 将以上条件代入式(6.31), 整理后得

$$dz + dh + d\left(\frac{\alpha v^2}{2g}\right) + dh_f = 0 \tag{6.32}$$

式(6.32)除以 $ds$, 得

$$\frac{dz}{ds} + \frac{dh}{ds} + \frac{d}{ds}\left(\frac{\alpha v^2}{2g}\right) + \frac{dh_w}{ds} = 0 \tag{6.33}$$

现分别讨论式(6.33)中的各项, 因    $i = \dfrac{z-(z+dz)}{ds} = -\dfrac{dz}{ds}$

所以

$$\frac{dz}{ds} = -i \tag{6.34}$$

$$\frac{d}{ds}\left(\frac{\alpha v^2}{2g}\right) = \frac{d}{ds}\left(\frac{\alpha Q^2}{2gA^2}\right) = -\frac{\alpha Q^2}{gA^3}\frac{dA}{ds}$$

由图 6.14(a)知, $dA=Bdh$, 则

$$\frac{d}{ds}\left(\frac{\alpha v^2}{2g}\right) = -\frac{\alpha Q^2}{gA^3}\frac{dh}{ds}\cdot B = -\frac{\alpha v^2}{g(A/B)}\cdot\frac{dh}{ds} = -Fr^2\cdot\frac{dh}{ds} \tag{6.35}$$

$\dfrac{dh_f}{ds}$ 表示单位流程的水头损失, 即水力坡度 $J$, 因此

$$\frac{dh_f}{ds} = J \tag{6.36}$$

将式(6.36)、式(6.35)、式(6.34)代入式(6.33)中得

$$-i + \frac{dh}{ds} - Fr^2\cdot\frac{dh}{ds} + J = 0$$

故

$$\frac{dh}{ds} = \frac{i-J}{1-Fr^2} \tag{6.37}$$

式(6.37)为棱柱形明渠渐变流水面曲线的微分方程,它表示了水深沿程变化的规律。若$\dfrac{\mathrm{d}h}{\mathrm{d}s}>0$时,水深沿程增加,水面线称为壅水曲线;若$\dfrac{\mathrm{d}h}{\mathrm{d}s}<0$时,水深沿程减小,水面线称为降水曲线。

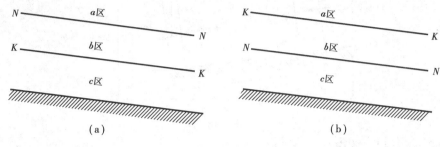

图 6.19

用正常水深线 $N\text{-}N$ 及临界水深线 $K\text{-}K$ 可将渠底上部空间划分为 3 个区间,分别称为 $a$ 区、$b$ 区和 $c$ 区,如图 6.19 所示。

若水面曲线以其所在的区间命名,则明渠渐变流水面曲线的类型共有 12 种,即 $a_1$ 型、$b_1$ 型、$c_1$ 型……(见图 6.20)。现分述如下:

**(1)顺坡($i>0$)渠道**

在顺坡渠道中有下面 3 种情况:

①缓坡 $i<i_k,h_0>h_k$,如图 6.20(a)所示。

正常水深线和临界水深线把渠底以上的空间划分的 3 个区域,记为 $a_1,b_1,c_1$。根据水面线位于不同的区域,可分为 3 种不同的水面线:

位于 $a$ 区的水面线,其水深大于正常水深和临界水深,即 $h>h_0>h_k$。在式(6.37)中,因为 $h>h_k,Fr<1,1-Fr>0$;又 $h>h_0,J<i,i-J>0$,所以$\dfrac{\mathrm{d}h}{\mathrm{d}s}>0$,水深沿程增加,水面线称为 $a_1$ 型壅水曲线。

从式(6.37)还可以分析 $a_1$ 型水面线两端的趋势:该水面线的上游水深逐渐减小,最后趋近于 $h_0$,即 $h\to h_0,J\to i,\dfrac{\mathrm{d}h}{\mathrm{d}s}\to i$,渐变流水面线与均匀流水面线衔接;下游水深 $h$ 逐渐增大,当 $h\to\infty,J\to0,Fr\to0,\dfrac{\mathrm{d}h}{\mathrm{d}s}\to i$,单位流程上的水深增加等于渠底高程降低,水面线趋近于水平线,因此,$a_1$ 型水面线的一端以正常水深线 $N\text{-}N$ 为渐近线,另一端以水平线为渐近线。在缓坡渠道上修建闸、坝等挡水建筑物时,都可能在其上游出现 $a_1$ 型水面曲线(见图 6.20(a))。

位于 $b_1$ 区的水面线,水深小于正常水深,而大于临界水深,即 $h_0>h>h_k$。在式(6.37)中,$h>h_k,Fr<1,1-Fr>0$;$h<h_0,J<i,i-J<0$,因此$\dfrac{\mathrm{d}h}{\mathrm{d}s}<0$,水深沿程减小,称为 $b_1$ 型降水曲线。其上游水深逐渐增大,当 $h\to h_0$ 时,渐变流水面线以 $N\text{-}N$ 线为渐近线与均匀流衔接;下游水深逐渐减小,当 $h\to h_k$ 时,$Fr\to1$,于是$\dfrac{\mathrm{d}h}{\mathrm{d}s}\to-\infty$,水面曲线下游端垂直于 $K\text{-}K$ 线,说明在这局部的区域里,水面线的曲率很大,水流已经不是渐变流,而是急变流了,整个曲线变化的趋势如图 6.20(a)所示。

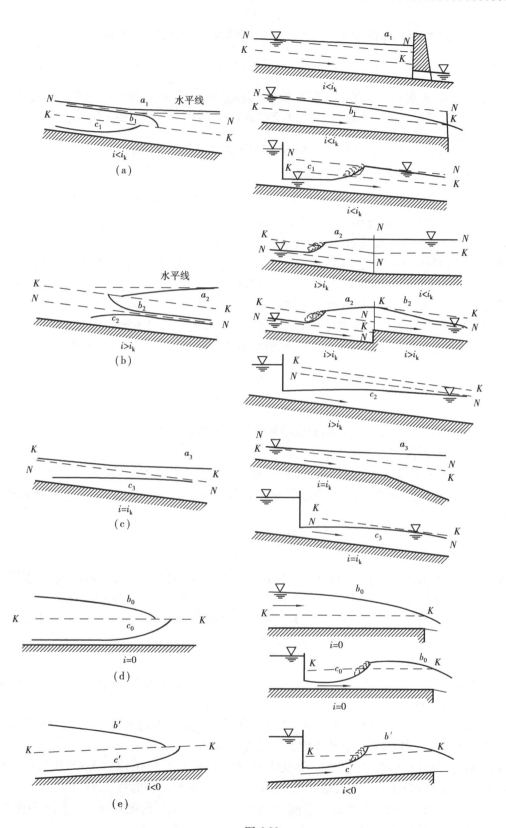

图 6.20

位于 $c_1$ 区的水面线,水深既小于正常水深,又小于临界水深,即 $h<h_k<h_0$。在式(6.37)中,$h<h_0,J>i,i-J<0,h<h_k,Fr>1,1-Fr<0$,因此 $\dfrac{dh}{ds}>0$,水面线称为 $c_1$ 型壅水曲线。在缓坡渠道上闸门部分开启时,若闸门后水深小于临界水深,形成急流,在流动过程中由于阻力作用,流速减小,水深增加,即形成 $c_1$ 型水面线(见图6.20(a))。$c_1$ 型水面线的下游水深以 $h_k$ 为界限,当 $h \to h_k$ 时,$Fr \to 1,\dfrac{dh}{ds} \to \infty$,水面垂直于 $K$-$K$ 线,此处水流已不是渐变流了。

②陡坡 $i<i_k$,$h_0<h_k$,如图6.20(b)所示。

$N$-$N$ 线与 $K$-$K$ 线将渠底线以上空间分成3个区域,分别称为 $a_2$ 区($h>h_k>h_0$),$b_2$ 区($h_k>h>h_0$)和 $c_2$ 区($h_k>h_0>h$)。经分析,$a_2$,$c_2$ 型水面曲线均是水深沿程增加,形状上凸的壅水曲线(见图6.20(b))。$a_2$ 型水面线的上游端与 $K$-$K$ 线垂直,下游端以水平线为渐近线。$c_2$ 型水面曲线的上游端由具体条件决定,下游端以 $N$-$N$ 线为渐近线。$b_2$ 型水面曲线是形状下凹的降水曲线,其上游端与 $K$-$K$ 线垂直,下游端以 $N$-$N$ 线为渐近线(见图6.20(b))。在陡坡渠道中筑坝,若坝前水深 $h>h_k$,则上游形成的就 $a_2$ 型水面线;在陡坡渠道上的闸门部分开启时,若闸门开度小于正常水深,则在闸门下游形成 $c_2$ 型水面线;水流从陡坡渠道流入另一段渠底抬高的陡坡渠道时,在上游渠道上将形成 $a_2$ 型壅水曲线,在下游陡坡渠道上将形成 $b_2$ 型降水曲线(见图6.20(b))。

③临界坡($i=i_k$)

因为 $h_0=h_k$,$N$-$N$ 线与 $K$-$K$ 线重合,可认为 $b$ 区为零,只有 $a$ 区和 $c$ 区,记为 $a_3$ 区($h>h_0=h_k$)和 $c_3$ 区($h<h_0=h_k$)。$a_3$,$c_3$ 型水面曲线均是水深沿程增加的壅水曲线(见图6.20(c))。

(2)平坡($i=0$)渠道

因平坡渠道中不可能发生均匀流,故无正常水深线,只有临界水深线 $K$-$K$。可认为 $a$ 区在渠底以上无穷远处,渠底线以上只有两个区,即 $b_0$ 区($h>h_k$)和 $c_0$ 区($h<h_k$)。平坡渠道水面线的基本公式为

$$\frac{dh}{ds} = \frac{-J}{1-Fr^2} \tag{6.38}$$

经分析,$b_0$ 型水面线是水深沿程减小,形状上凸,其上游端以水平线为渐近线,下游端为与 $K$-$K$ 线垂直的降水曲线,平坡渠道末端跌坎上游形成的就是 $b_0$ 型水面曲线;$c_0$ 型水面曲线是水深沿程增加,形状下凹,其下游端与 $K$-$K$ 线垂直的壅水曲线,如图6.20(d)所示,平底渠上闸门开度小于 $h_k$ 时,闸门下游形成 $c_0$ 型水面线。

(3)逆坡($i<0$)渠道

逆坡渠道中也不可能形成均匀流,故无 $N$-$N$ 线。$K$-$K$ 线把渠底以上的空间分成 $b'$ 和 $c'$ 两个区,如图6.20(e)所示。

在 $b'$ 区,水面线是 $b'$ 型降水曲线,在 $c'$ 区是 $c'$ 型壅水曲线。在逆坡渠中,当闸门的开度 $e<h_k$ 时,闸门下游为 $c'$ 型水面线,跌坎上游为 $b'$ 型降水曲线。

综上所述,在棱柱形渠道的非均匀渐变流中,水面曲线的形状有12种类型,从图6.20中可以看出它们之间有共同的规律,又有各自的特点。水面曲线类型的判别方法如下:

①绘出 $N$-$N$ 线和 $K$-$K$ 线,将流动空间分成 $a,b,c$ 三区,每个区域只相应一种水面曲线。位于 $a,c$ 区的水面线均为壅水曲线,位于 $b$ 区的水面线均为降水曲线。

②在分析水面线时,先从水深已知的断面(称为控制断面)开始,由控制断面水深(称为控制水深)判断水面曲线所在区间,并由底坡确定水面曲线类型。其中应注意到当水深接近正常水深时,渐变流的各种水面线均以正常水深线 $N$-$N$ 为渐近线,从而与均匀流衔接。当水深接近临界水深 $h_k$ 时,各种水面线均垂直于临界水深线 $K$-$K$,此时已不再符合渐变流条件。沿着水流方向,从缓流过渡到急流,水深由 $h>h_k$ 降到 $h<h_k$,中间经过临界水深线(见图6.24)时称为跌水;从急流向缓流过渡,水深由 $h<h_k$ 增大到 $h>h_k$,经过 $K$-$K$ 线时,水深急剧增大,称为水跃现象(见图6.25)。

**例** 6.10  一棱柱形渠道(见图6.21)底宽 $b$ 为 10 m,边坡系数 $m$ 为 1.5,$n$ 为 0.022,$i$ 为 0.000 9,当通过流量 $Q$ 为 45 m³/s 时,渠道末端水深 $h$ 为 3.4 m。试判别渠中水面曲线属于哪种类型。

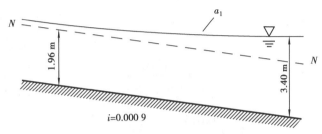

图 6.21

**解** 为了绘出 $N$-$N$ 及 $K$-$K$ 线,需分别求出正常水深 $h_0$ 和临界水深 $h_k$。

①计算 $h_0$

因为

$$Q = \frac{1}{n} A^{\frac{5}{3}} \cdot \chi^{-\frac{2}{3}} \cdot i^{\frac{1}{2}} \qquad 或 \qquad \frac{Qn}{\sqrt{i}} = A^{\frac{5}{3}} \cdot \chi^{-\frac{2}{3}}$$

式中

$$A = (b+mh_0)h_0 = (10+1.5h_0)h_0$$

$$\chi = b+2\sqrt{1+m^2}\,h_0 = 10+2\sqrt{1+1.5^2}\,h_0$$

所以

$$\frac{45\times0.022n}{\sqrt{0.000\,9}} = \left[(10+1.5h_0)h_0\right]^{\frac{5}{3}} \times (10+3.61h_0)^{-\frac{2}{3}}$$

经试算解得    $h_0 = 1.96$ m

②求 $h_k$

取 $\alpha=1$,由式(6.26)有

$$\frac{Q^2}{g} = \frac{A_k^3}{B_k} = \frac{\left[(10+1.5h_k)h_k\right]^3}{10+2\times1.5h_k}$$

即

$$\frac{45^2}{9.8} = \frac{\left[(10+1.5h_k)h_k\right]^3}{10+2\times1.5h_k}$$

经试算求得    $h_k = 1.2$ m

因为 $h_0 = 1.96$ m$>h_k = 1.2$ m,故渠道属缓坡渠道,又因渠末水深 $h>h_0>h_k$,故水面曲线属于 $a_1$ 型壅水曲线(见图6.21)。

**例** 6.11  有一矩形断面长直棱柱形渠道,底宽 2 m,在 1-1 断面处由上游渠底坡度 $i_1 = 0.001$ 变成为下游渠底坡度 $i_2 = 0.002\,5$,如图6.22所示。已知粗糙度 $n=0.015$,通过流量 $Q = 5$ m³/s,试定性分析坡度变化对水面线的影响。

**解** 先计算 $h_k$ 及 $h_0$，从而判别渠道底坡的陡、缓性质：

渠内单宽流量 $\qquad q=\dfrac{Q}{b}=\dfrac{5\ \text{m}^3/\text{s}}{2\ \text{m}}=2.5\ \text{m}^3/\text{s}$

临界水深按式（6.27）计算，令 $\alpha=1.0$

$$h_k=\sqrt[3]{\dfrac{q^2}{g}}=\sqrt[3]{\dfrac{2.5^2\ \text{m}^6/(\text{s}^2\cdot\text{m}^2)}{9.8\ \text{m/s}}}=0.862\ \text{m}$$

正常水深由下式计算

$$Q=\dfrac{1}{n}A^{\frac{5}{3}}\cdot\chi^{-\frac{2}{3}}\cdot i^{\frac{1}{2}} \tag{a}$$

其中 $\qquad\qquad A=bh_0=2h_0$

$$\chi=b+2h_0=2(1+h_0)$$

$i_1=0.001$ 时，由式（a）有

$$\dfrac{Qn}{\sqrt{i_1}}=\dfrac{(2h_0)^{\frac{5}{3}}}{(2+2h_0)^{\frac{2}{3}}}$$

即 $\qquad\qquad\dfrac{5\times0.015}{\sqrt{0.001}}=\dfrac{(2h_0)^{\frac{5}{3}}}{(2+2h_0)^{\frac{2}{3}}}$

$$2.372=\dfrac{(2h_0)^{\frac{5}{3}}}{(2+2h_0)^{\frac{2}{3}}}$$

试算得 $h_0=1.63\ \text{m}>h_k$，故 $i_1<i_k$。

当 $i_2=0.0025$ 时，由试算可得 $h_0=1.15\ \text{m}>h_k$，故 $i_2<i_k$。因此，$i_1$ 和 $i_2$ 均为缓坡，绘出相应的 $K\text{-}K$ 线和 $N\text{-}N$ 线，如图 6.22 所示，$i_1<i_2$，$h_{01}>h_{02}$。

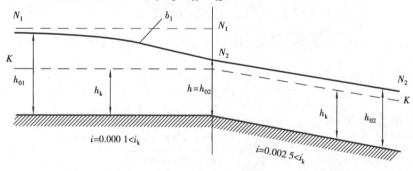

图 6.22

棱柱形、顺坡、长直渠道中，如无构筑物的干扰，渠中恒定水流便为均匀流。现在某断面处渠道底坡发生变化，因此在该处前、后一流段内均匀流被破坏而变为非均匀流。非均匀流水深由 $h_{01}$ 变为 $h_{02}<h_{01}$，为降水过程，水面线为 $b_1$ 型降水曲线（因为 $0<i_1,i_2<i_k$）。又由于降水曲线只可能发生在 $b$ 区，因此，变坡断面的水深既不能大于 $h_{02}$，也不可能小于 $h_{02}$，而只能等于 $h_{02}$。变坡对水面线的影响发生在上游渠段，如图 6.22 所示。

## 6.7　棱柱形渠道中恒定渐变流水面曲线的计算

前面分析了棱柱形明渠中恒定渐变流各种水面曲线的变化规律及形状。本节将进一步讨论棱柱形明渠中渐变流水面线的计算。明渠渐变流水面曲线的定量计算(即绘制水面曲线)的方法很多,本节只介绍分段求和法。

分段求和法:首先将整个流动分为若干流段,由已知水深的断面开始,逐段计算,从而可绘出整个明渠的水面曲线。下面由能量方程推导分段的计算公式,由式(6.32)

$$\mathrm{d}z + \mathrm{d}h + \mathrm{d}\left(\frac{\alpha v^2}{2g}\right) + \mathrm{d}h_\mathrm{f} = 0$$

式中

$$\mathrm{d}z = -i\mathrm{d}s$$

$$\mathrm{d}\left(h + \frac{\alpha v^2}{2g}\right) = \mathrm{d}E_\mathrm{S}$$

又因为非均匀流的水力坡度 $J$ 是沿程变化的,但对于一较短流段来说,可用该流段的平均水力坡度 $\bar{J}$ 代替变化的水力坡度 $J$。即 $\mathrm{d}h_\mathrm{f} = \bar{J}\mathrm{d}s$。将上述关系代入能量方程式(6.37)得

$$-i\mathrm{d}s + \mathrm{d}E_\mathrm{S} + \bar{J}\mathrm{d}s = 0 \tag{6.39}$$

$$\frac{\mathrm{d}E_\mathrm{S}}{\mathrm{d}s} = i - \bar{J} \tag{6.40}$$

$$E_\mathrm{S} = h + \frac{\alpha v^2}{2g}$$

式中,$E_\mathrm{S}$ 为断面单位能量;$S$ 为流程;$h$ 为水深;$v$ 为断面平均流速。

将式(6.40)改写为差分形式

$$\frac{\Delta E_\mathrm{S}}{\Delta s} = i - \bar{J} \tag{6.41}$$

则

$$\Delta s = \frac{\Delta E_\mathrm{S}}{i - \bar{J}} = \frac{E_\mathrm{S2} - E_\mathrm{S1}}{i - \bar{J}} \tag{6.42}$$

式(6.42)为棱柱形明渠水面曲线的计算式。设每一分段的两端断面水深已知,用这计算式计算出该段的长度。式中的 $\bar{J}$ 可用均匀流的方法计算,即应用谢才公式 $v = C\sqrt{RJ}$,可得 $\bar{J} = \dfrac{\bar{v}^2}{\bar{C}^2\bar{R}}$,

其中 $\bar{v}, \bar{C}$ 和 $\bar{R}$ 分别为断面 1 和断面 2 的流速、谢才系数和水力半径的平均值,即

$$\begin{cases} \bar{v} = \dfrac{1}{2}(v_1 + v_2) \\[2mm] \bar{C} = \dfrac{1}{2}(C_1 + C_2) \\[2mm] \bar{R} = \dfrac{1}{2}(R_1 + R_2) \end{cases} \tag{6.43}$$

依次计算各段,得 $\Delta s_i$,直到各分段的长度之和 $\sum \Delta s_i \approx s$(流动的总长度)为止。

**例 6.12** 某水电站的引水土渠,渠道断面为梯形,底宽 $b=10$ m,边坡系数 $m=1.5$,粗糙系数 $n=0.025$,底坡 $i=0.000\ 2$。引水流量 $Q=50$ m³/s,渠末水深 $h_{\text{末}}=5.5$ m 时,试计算渠中水面曲线及渠长 $s=15$ km 处的水深。

**解** ①判别水面曲线类型

渠道是顺坡渠($i>0$)。为确定渠道是缓坡还是陡坡,需先求正常水深 $h_0$。

$$K=\frac{Q}{\sqrt{i}}=\frac{50 \text{ m}^3/\text{s}}{\sqrt{0.000\ 2}}=3\ 535.534 \text{ m}^3/\text{s}$$

$$K=AC\sqrt{R}=\frac{A^{5/3}}{n\chi^{2/3}}=\frac{[(10+1.5h_0)h_0]^{5/3}}{0.025\times(10+2h_0\sqrt{1+1.5^2})^{2/3}} \text{ m}^3/\text{s}$$

经试算解得 $h_0=3.4$ m

再求临界水深 $h_k$,由式(6.26)

$$\frac{\alpha Q^2}{g}=\frac{A_k^3}{B_k}=\frac{[(b+mh_k)h_k]^3}{b+2mh_k}$$

当 $m$ 及 $b$ 一定时,$\frac{A_k^3}{B_k}=f(h_k)$。代入已知数据,经试算求得 $h_k=1.28$ m。

因为 $h_k<h_0$,渠道为缓坡渠道。控制断面在渠末,其水深 $h_{\text{末}}=5.5$ m$>h_0=1.28$ m,因此,渠道中水面线为 $a_1$ 型壅水曲线。在图中标出线(见图 6.23)。

②水面曲线计算

将自渠道末控制断面到上游 $h=h_0$ 处的水流分段:设各段起始断面的水深分别为 5.5,5.4,5.2,5.0,4.8,4.6,4.4,4.2,4.0,3.8,3.6 和 3.4 m。应用式(6.42)自控制断面开始,向上游依次计算每一流段的长度 $\Delta S_i$,然后再根据已知的渠道长度 $s=15\ 000$ m,求渠首的水深 $h_{\text{首}}$。

第一段:两端水深为 $h_1=5.5$ m,$h_2=5.4$ m,则

$A_1=(10 \text{ m}+1.5\times5.5 \text{ m})\times5.5 \text{ m}=100.375 \text{ m}^2$;$A_2=(10 \text{ m}+1.5\times5.4 \text{ m})\times5.4 \text{ m}=97.74 \text{ m}^2$;

$\chi_1=10 \text{ m}+2\times5.5 \text{ m}\sqrt{1+1.5^2}=29.83 \text{ m}$;$\chi_2=10 \text{ m}+2\times5.4 \text{ m}\sqrt{1+1.5^2}=29.47 \text{ m}$;

$R_1=\dfrac{A_1}{\chi_1}=\dfrac{100.375 \text{ m}^2}{29.83 \text{ m}}=3.365 \text{ m}$; $\qquad R_2=\dfrac{A_2}{\chi_2}=\dfrac{97.74 \text{ m}^2}{29.47 \text{ m}}=3.317 \text{ m}$;

$C_1=\dfrac{R_1^{1/6}}{n}=\dfrac{(3.365)^{1/6}}{0.025}=48.97 \text{ m}^{0.5}/\text{s}$; $\qquad C_2=\dfrac{R_2^{1/6}}{n}=\dfrac{(3.317)^{1/6}}{0.025}=48.85 \text{ m}^{0.5}/\text{s}$;

$v_1=\dfrac{Q}{A_1}=\dfrac{50 \text{ m}^3/\text{s}}{100.375 \text{ m}^2}=0.498 \text{ m}/\text{s}$; $\qquad v_2=\dfrac{Q}{A_2}=\dfrac{50 \text{ m}^3/\text{s}}{97.74 \text{ m}^2}=0.512 \text{ m}/\text{s}$;

$\dfrac{v_1^2}{C_1^2 R_1}=\dfrac{0.498^2}{48.97^2\times3.365}=3.07\times10^{-5}$; $\qquad \dfrac{v_2^2}{C_2^2 R_2}=\dfrac{0.512^2}{48.85^2\times3.317}=3.30\times10^{-5}$;

$\overline{J}=\dfrac{1}{2}\left(\dfrac{v_1^2}{C_1^2 R_1}+\dfrac{v_2^2}{C_2^2 R_2}\right)=\dfrac{1}{2}(3.07+3.30)\times10^{-5}=3.185\times10^{-5}$;

$\dfrac{\alpha v_1^2}{2g}=\dfrac{1\times0.498^2 \text{ (m/s)}^2}{2\times9.8 \text{ (m/s)}^2}=0.012\ 65 \text{ m}$; $\qquad \dfrac{\alpha v_2^2}{2g}=\dfrac{1\times0.512^2 \text{ (m/s)}^2}{2\times9.8 \text{ m/s}^2}=0.013\ 38 \text{ m}$

因此

$$\Delta s_1 = \frac{E_{S2} - E_{S1}}{i - \overline{J}} = \frac{(5.5 + 0.012\ 65)\text{m} - (5.4 + 0.013\ 38)\text{m}}{0.000\ 2 - 3.185 \times 10^{-5}} = 590\ \text{m}$$

用同样的方法依次计算其余各流段,各段的计算结果列于表6.8中。

求 $s = 15\ 000$ m 处的水深 $h_{首}$。根据表6.8所列的计算结果,用内插法求 $s = 15\ 000$ m 的水深 $h_{首}$,由比例关系:

$$\frac{3.8 - 3.6}{16\ 498 - 13\ 119} = \frac{h_{首} - 3.6}{16\ 498 - 15\ 000}$$

求得 $h_{首} = 3.69$ m。

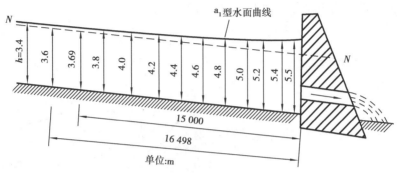

图6.23

表6.8

| 断面 | 水深 $h$/m | 面积 $A$/m² | 湿周 $\chi$/m | 水力半径 $R$/m | $CR^{1/2}$ /(m·s⁻¹) | $v$ /(m·s⁻¹) | $J = \dfrac{V^2}{C^2 R} \times 10^{-6}$ | $J \times 10^{-6}$ | $\dfrac{\alpha v^2}{2g}$/m | $E_S$/m | $\Delta E_S$/m | $\Delta s$/m | $\sum \Delta s$ /m |
|---|---|---|---|---|---|---|---|---|---|---|---|---|---|
| 1 | 5.5 | 100.38 | 29.83 | 3.365 | 89.857 | 0.498 | 30.7 | 31.85 | 0.012 65 | 5.513 | 0.099 0 | 590 | 590 |
| 2 | 5.4 | 97.74 | 29.47 | 3.317 | 89.001 | 0.512 | 33.0 | 35.65 | 0.013 75 | 5.413 | | | |
| 3 | 5.2 | 92.56 | 28.75 | 3.220 | 87.249 | 0.540 | 38.3 | 41.50 | 0.014 88 | 5.215 | 0.198 4 | 1 208 | 1 798 |
| 4 | 5.0 | 87.50 | 28.03 | 3.120 | 85.470 | 0.570 | 44.7 | 48.55 | 0.016 58 | 5.017 | 0.198 3 | 1 251 | 3 049 |
| 5 | 4.8 | 82.56 | 27.31 | 3.023 | 83.667 | 0.610 | 52.4 | 57.10 | 0.018 74 | 4.819 | 0.197 8 | 1 306 | 4 355 |
| 6 | 4.6 | 77.74 | 26.59 | 2.924 | 81.824 | 0.640 | 61.8 | 67.60 | 0.021 09 | 4.621 | 0.197 7 | 1 383 | 5 738 |
| 7 | 4.4 | 73.74 | 25.86 | 2.824 | 79.940 | 0.690 | 73.3 | 80.5 | 0.023 94 | 4.424 | 0.197 2 | 1 489 | 7 227 |
| 8 | 4.2 | 68.46 | 25.14 | 2.722 | 78.020 | 0.730 | 87.6 | 96.8 | 0.027 20 | 4.227 | 0.196 8 | 1 646 | 8 873 |
| 9 | 4.0 | 64.00 | 24.42 | 2.620 | 76.070 | 0.780 | 105.5 | 116.8 | 0.031 04 | 4.031 | 0.196 2 | 1 900 | 10 773 |
| 10 | 3.8 | 59.66 | 23.70 | 2.520 | 74.040 | 0.840 | 128.0 | 142.0 | 0.035 83 | 3.836 | 0.195 2 | 2 346 | 13 119 |
| 11 | 3.6 | 55.44 | 22.98 | 2.410 | 71.970 | 0.900 | 156.0 | 174.4 | 0.041 51 | 3.642 | 0.194 3 | 3 379 | 16 498 |
| 12 | 3.4 | 51.34 | 22.26 | 2.306 | 69.850 | 0.970 | 192.8 | | 0.048 00 | 3.448 | 0.194 0 | 7 461 | 23 959 |

## 6.8 跌水和水跃

### 1) 跌水

明渠中的缓流,由于渠底坡度突然变为陡坡($i>i_k$)或下游明渠断面形状突然改变,水面突然跌落,水流通过这个突变的断面时,水深降到临界水深之后,水流转变为急流。这种从缓流向急流过渡的局部水力现象称为跌水,如图 6.24 所示。

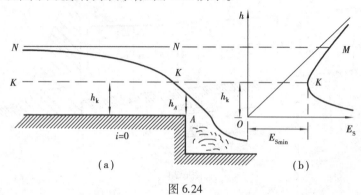

图 6.24

以图 6.24(a)所示明渠中的缓流在 $A$ 处有一跌坎为例来说明跌水现象。由于 $A$ 处有跌坎,这意味着突然减少跌坎下游水流的阻力,在重力作用下,水流做加速运动,水深不断减小,当水深降至 $h<h_k$ 后,水流变为急流,即发生跌水。

根据本章 6.3 节的分析,在缓流状态下,水深减小时,断面单位能 $E_S$ 将随之减小。用已知流量计算 $E_S$—$h$ 曲线如图 6.24(b)所示,则跌坎上水面降落时,水流的断面单位能将沿 $E_S$—$h$ 曲线的上支自 $M$ 点向 $K$ 点减小。如果以渠底 $AA$ 为基准面,显然,在重力作用下,坎上水面最低只能降至 $K$ 点,即水流断面单位能量为最小的临界情况。因此,已知流量在跌坎上的极限水深是断面单位能量最小的临界水深。

上面是根据渐变流条件分析得到的结果。在实践中,由于跌坎上水流流线的曲率较大,水流变为急变流,过水断面上的压强分布不符合静水压强分布规律,水深 $h$ 不代表断面上的平均单位势能。跌坎上的坎端水深 $h_A$ 小于按渐变流计算的临界水深 $h_k$,$h_k \approx 1.4 h_A$。$h_k$ 值的水深发生在坎端上游距离坎端 $A$ 3 ~ 4 倍 $h_k$ 处。但一般的水面分析和计算仍取坎端 $A$ 断面的水深为控制水深。

### 2) 水跃

水跃是明渠水流从急流状态过渡到缓流状态时水面突然跃升的局部水力现象。如图 6.25所示,从闸孔、溢流坝或其他水工构筑物下泄的水流往往为急流,而下游河渠中的水流,因底坡一般较缓、流速较小,多属缓流,因此过流时必然发生水跃。水跃发生在较短的流段内,水深及流速都发生急剧的变化,因此是一种明渠急变流。

水跃的上部是急流冲入缓流所激起的表面漩滚,漩滚之下为急剧扩散的主流。由于水跃

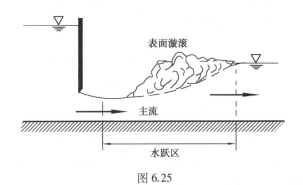

图 6.25

段内水力要素急剧变化,水流发生强烈的回旋运动及掺混,漩滚与主流之间不断产生动量交换,故水跃段内常引起较大的能量损失。工程中常利用水跃作为泄水建筑物与下游水流衔接的一种有效的消能方式。

水跃漩滚区始端称为跃首或跃前断面,该断面的水深称为跃前水深 $h'$;漩滚末端的断面称为跃尾或跃后断面,其水深称为跃后水深 $h''$,跃前水深与跃后水深称为共轭水深。跃后与跃前水深之差$(h''-h')$称为水跃高度。跃前、跃后两断面间的距离称为水跃长度,以 $l_j$ 表示。

水跃的水力计算主要是根据已知的 $h'$(或 $h''$)求 $h''$(或 $h'$),以及计算水跃长度 $l_j$。

**(1)水跃的基本方程**

跃前水深与跃后水深之间存在一定的关系,只有满足这一共轭水深条件,水跃才能发生。下面推求反映共轭水深相互关系的方程——水跃方程。由于水跃引起的能量损失是未知量,因此不能应用能量方程,只能用动量定理来探讨共轭水深之间的关系。

如图 6.26 表示一平底棱柱形明渠,当通过恒定流量 $Q$ 时发生水跃,跃前断面 1-1 的水深为 $h'$,断面平均流速为 $v_1$,跃后断面 2-2 的水深为 $h''$,断面平均流速为 $v_2$,水跃长度为 $l_j$。

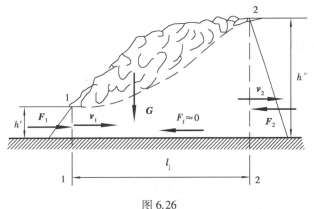

图 6.26

应用恒定总流的动量方程进行分析。取跃前断面 1-1 和跃后断面 2-2 之间的水体为控制体,为简化研究,作下列几个假设:

①由于控制体的长度不太长,明渠壁面对水流的摩擦阻力 $F$ 较小可忽略不计。

②在跃前、跃后两断面上水流具有渐变流条件,因此动水压强分布可以按静水压强分布规律计算。

③在跃前、跃后两断面上,流速的动量校正系数 $\beta_1 = \beta_2 = 1$。

在上述假设下,沿水流方向写动量方程

$$\rho Q(v_2 - v_1) = P_1 - P_2$$

其中
$$P_1 - P_2 = \rho g(y_{C1}A_1 - y_{C2}A_2)$$

式中，$y_{C1}$ 和 $y_{C2}$ 分别为过水断面 $A_1$ 和 $A_2$ 的形心在水面以下的深度。以 $Q/A_1$ 代 $v_1$，$Q/A_2$ 代 $v_2$，经整理后得

$$\frac{Q^2}{gA_1} + y_{C1}A_1 = \frac{Q^2}{gA_2} + y_{C2}A_2 \tag{6.44}$$

这就是平底棱柱形渠道中水跃基本方程。它说明在水跃区内，单位时间内流入跃前断面的单位重量液体的动量与该断面上动水总压力之和与单位时间从跃后断面流出的单位重量液体动量与该断面上动水总压力之和相等。

当 $Q$ 已给定，对于一定形状和尺寸的断面，$\left(\dfrac{Q^2}{gA} + y_C A\right)$ 是水深 $h$ 的函数。这个函数称为水跃函数，用 $\theta(h)$ 表示。即

$$\theta(h) = \frac{Q^2}{gA} + y_C A \tag{6.45}$$

这样，式（6.44）可简写为

$$\theta(h') = \theta(h'') \tag{6.46}$$

式（6.46）表明，在平底棱柱形明渠中发生水跃时，其共轭水深的水跃函数相等。因此，根据水跃基本方程，当已知共轭水深中的一个，可求出另一个水深。

**（2）矩形断面的棱柱形平底渠道共轭水深的计算**

在宽度为 $b$ 的矩形断面的平底明渠中，将 $A = bh$，$y_C = h/2$，$q = Q/b$ 和 $\dfrac{q^2}{g} = h_k^3$ 等关系代入式（6.44），消去 $b$ 得

$$\frac{q^2}{gh''} + \frac{h''^2}{2} = \frac{q^2}{gh'} + \frac{h'^2}{2}$$

经整理后，得二次方程式

$$h'h''(h' + h'') = 2\frac{q^2}{g} = 2h_k^3 \tag{6.47}$$

分别以跃前水深 $h'$ 或跃层后水深 $h''$ 为未知数，解式（6.47）得

$$h'' = \frac{h'}{2}\left(\sqrt{1 + \frac{8q^2}{gh'^3}} - 1\right)$$

$$h' = \frac{h''}{2}\left(\sqrt{1 + \frac{8q^2}{gh''^3}} - 1\right) \tag{6.48}$$

这就是平底矩形明渠中的水跃共轭水深的计算式。

考虑到 $\quad \dfrac{q^2}{gh'^3} \approx \dfrac{v_1^2}{gh'} = Fr_1^2$，$\dfrac{q^2}{gh''^3} \approx \dfrac{v_2^2}{gh''} = Fr_2^2$

上两式也可写成

$$h'' = \frac{h'}{2}\left(\sqrt{1 + 8Fr_1^2} - 1\right)$$

$$h' = \frac{h''}{2}\left(\sqrt{1 + 8Fr_2^2} - 1\right) \tag{6.49}$$

式中,$Fr_1$ 及 $Fr_2$ 分别为跃前和跃后断面水流的佛汝德数。从上式知两共轭水深之比 $h''/h'$,主要取决于跃前断面急流的佛汝德数 $Fr_1$(即跃前急流的动能与势能的比值),$Fr_1$ 越大,形成水跃所需要的跃后与跃前水深的比值也越大。

**例6.13**　有一矩形断面渠道,渠宽 $b = 4$ m,通过渠道流量 $Q = 13.6$ m³/s。当渠中发生水跃时,测得跃前水深 $h' = 0.6$ m,求跃后水深 $h''$。

**解**　利用式(6.49)计算。渠道单宽流量 $q = Q/b = 13.6/4 = 3.4$ m³/s,跃前断面平均流速 $v_1 = q/h' = 3.4/0.6 = 5.65$ m/s,则跃前断面的佛汝德数为

$$Fr_1^2 = \frac{v_1^2}{gh'} = \frac{(5.65 \text{ m/s})^2}{9.8 \text{ m/s}^2 \times 0.6 \text{ m}} = 5.43$$

由式(6.49)可求得跃后水深为

$$h'' = \frac{h'}{2}(\sqrt{1 + 8Fr_1^2} - 1) = \frac{0.6 \text{ m}}{2}(\sqrt{1 + 8 \times 5.43} - 1) = 1.7 \text{ m}$$

**(3)水跃发生的位置**

以溢流坝为例说明水跃的位置与形式(见图6.27)。设下游为缓坡棱柱形渠道,并认为下游水深 $h_t$ 大致不变(即下游渠道近似均匀流)。水跃的位置与坝趾收缩断面水深 $h_c$ 的共轭水深 $h_c''$ 和下游水深 $h_t$ 的相对大小有关。可能出现下列3种情况:

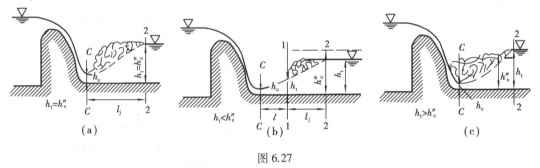

图6.27

①当 $h_t = h_c''$,水跃恰好在收缩断面处发生,称为临界式水跃。临界水跃是不稳定的,只要水流稍有变化,水跃位置即会改变。

②当 $h_t < h_c''$,水流从收缩断面起经过一段距离后,水深由 $h_c$ 增至 $h_t'$(下游水深 $h_t$ 的共轭水深)才发生水跃,称为远驱式水跃。

③当 $h_t > h_c''$,尾水淹没了收缩断面,称为淹没式水跃。

上面所述的溢流坝下游水跃位置的判别方法,对闸孔或其他形式的泄水构筑也同样适用。如图6.28所示是平底闸孔下游3种水跃衔接形式的示意图,如图6.29所示是变坡处发生水跃的示意图。

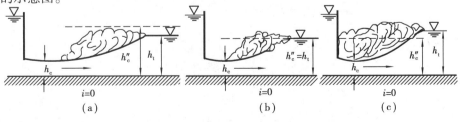

图6.28

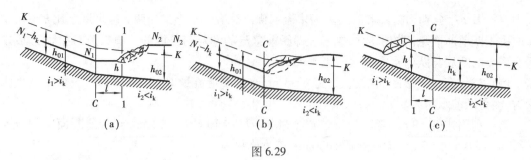

图 6.29

### (4)水跃长度、水跃的能量损失

水跃长度是设计水工构筑物中消能段长度以及有关河段应加固的长短的主要依据之一，由于水跃运动复杂，目前水跃长度仍只是用经验公式来估算。对于平底矩形断面棱柱形渠道的水跃长度可用以下几个公式计算：

①吴持恭公式

$$l_j = 10(h'' - h')Fr_1^{-0.16} \tag{6.50}$$

②Elevototorski 公式

$$l_j = 6.9(h'' - h') \tag{6.51}$$

水跃区内水流的冲刷力较大，该区的渠底必须加固，以防发生冲刷破坏。水跃之后的一定距离（$l_0$）内，冲刷仍然比较厉害。因此，渠段加固长度 $l$ 应包括水跃长度 $l_j$ 及跃后段长度 $l_0$，即

$$l = l_j + l_0$$

其中
$$l_0 = (2.5 \sim 3.0)l_j \tag{6.52}$$

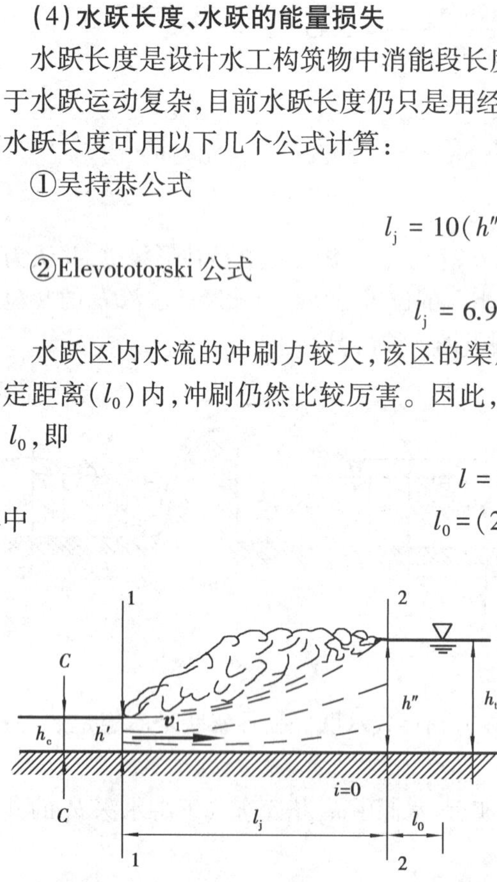

如前所述，水跃是由急流过渡到缓流的一种水力现象。由于水跃的运动要素变化得很剧烈，水跃主流区的水流沿纵向急剧扩散，表面漩滚的水体剧烈旋转和紊动，以及漩滚区和主流区之间频繁的动量交换，加剧了水跃区内水流质点的摩擦和碰撞，使跃前断面水流的部分动能在水跃区中转化为热能而损失掉。计算跃前和跃后断面的能量差即可求得水跃的能量损失。以如图 6.30 所示平底矩形明渠为例，以渠底为基准面，对跃前和跃后两断面列出能量方程，则水跃区单位重量液体的能量损失 $\Delta h_w$ 为

图 6.30

$$\Delta h_w = H_1 - H_1 = \left(h' + \frac{\alpha_1 v_1^2}{2g}\right) - \left(h'' + \frac{\alpha_2 v_2^2}{2g}\right) \tag{6.53}$$

利用式（6.47），并设 $\alpha_1 = \alpha_2 = \alpha$，可得

$$\frac{\alpha_1 v_1^2}{2g} = \frac{\alpha q^2}{2gh'^2} = \frac{h''}{4h'}(h' + h'')$$

$$\frac{\alpha_2 v_2^2}{2g} = \frac{\alpha q^2}{2gh''^2} = \frac{h'}{4h''}(h' + h'')$$

将以上两式代入式(6.53),化简后得

$$\Delta h_w = \frac{(h'' - h')^3}{4h'h''} \qquad (6.54)$$

上式为矩形断面明渠中水跃水头损失的计算式。由于设 $\alpha_1 = \alpha_2$,故用式(6.54)计算的水头损失比实际水跃中的水头损失稍大些。由式(6.54)可知,在流量一定时,水跃越高,即 $h''-h'$ 越大,则水跃中的水头损失 $\Delta h_w$ 也越大。

**例6.14** 某矩形断面水渠在水平底板上设平板闸门,当局部开启时,通过流量 $Q = 20.4 \text{ m}^3/\text{s}$,出闸后水深 $h_1 = 0.62 \text{ m}$,闸门下游水面宽度 $b = 5.0 \text{ m}$。试求:①设在闸后水深 $h_1$ 处发生水跃,求跃后水深 $h''$;②计算水跃长度;③求水跃中的水头损失。

**解** ①跃后水深 $h''$(取 $\alpha = 1.0$)

单宽流量 $\qquad q = \dfrac{Q}{b} = \dfrac{20.4 \text{ m}^3/\text{s}}{5 \text{ m}} = 4.08 \text{ m}^3/(\text{s} \cdot \text{m})$

临界水深 $\qquad h_k = \sqrt[3]{\dfrac{q^2}{g}} = \sqrt[3]{\dfrac{4.08^2 \text{m}^6/(\text{s}^2 \cdot \text{m}^2)}{9.8 \text{ m}/\text{s}^2}} = 1.19 \text{ m}$, $h_1 = 0.62 \text{ m} < h_k$,因此闸后是急流。

取 $h' = h_1 = 0.62 \text{ m}$,佛汝德数 $Fr_1^2 = (h_k/h')^3 = (1.19/0.62) = 7.07$,故跃后水深

$$h'' = \frac{h'}{2}\left(\sqrt{1 + 8Fr_1^2} - 1\right) = \frac{0.6}{2}\left(\sqrt{1 + 8 \times 7.07} - 1\right) = 2.04 \text{ m}$$

②水跃长度

用式(6.50)计算

$$l_j = 10(h'' - h')Fr_1^{-0.16} = 10(2.04 \text{ m} - 0.62 \text{ m}) \times (7.07)^{-0.16} = 10.38 \text{ m}$$

用式(6.51)计算 $\qquad l_j = 6.9(h'' - h') = 6.9(2.04 \text{ m} - 0.62 \text{ m}) = 9.8 \text{ m}$

③水跃的水头损失

$$\Delta h_w = \left(h' + \frac{\alpha_1 v_1^2}{2g}\right) - \left(h'' + \frac{\alpha_2 v_2^2}{2g}\right)$$

$$v_1 = \frac{q}{h'} = \frac{4.08 \text{ m}^3/(\text{s} \cdot \text{m})}{0.62 \text{ m}} = 6.58 \text{ m/s}$$

$$v_2 = \frac{q}{h''} = \frac{4.08 \text{ m}^3/(\text{s} \cdot \text{m})}{2.04 \text{ m}} = 2.0 \text{ m/s}$$

因此 $\qquad \Delta h_w = \left(0.62 + \dfrac{1 \times 6.58^2}{19.6}\right) - \left(2.04 + \dfrac{1 \times 2^2}{19.6}\right) = 0.585 \text{ m} = 0.21 E_{s1}$

即水跃的水头损失 $\Delta h_w$ 相当于跃前水头的21%。

**例6.15** 有一矩形断面变坡渠道(见图6.31),由3段组成:Ⅰ,Ⅲ段为缓坡渠道,Ⅱ段为陡坡渠道。各渠段底宽相同。已知 $A\text{-}A$ 断面水深 $h_A = 3.44 \text{ m}$,$B\text{-}B$ 断面水深 $h_B = 1.0 \text{ m}$,第Ⅲ段渠道游为均匀流,其水深 $h_0 = 4.0 \text{ m}$。试求:①渠道中的单宽流量;②第Ⅲ段渠道中有无水跃发生;若有,确定水跃位置(按一段计算),断面 $B\text{-}B$ 及下游均匀流断面比能各为多少? 此流段内消耗的水头是多少($B\text{-}B$ 断面与下游均匀流断面间的渠底高差可忽略不计)? ③定性地绘出水面曲线示意图。

**解** ①计算渠道中的单宽流量

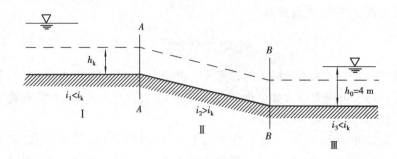

图 6.31

由 $i_1 < i_k$ 到 $i_2 > i_k$，则 $A$-$A$ 断面处发生跌水，因此 $h_A = h_k$。由矩形断面临界水深计算公式

$h_k = \sqrt[3]{\dfrac{q^2}{g}}$ 解得单宽流量

$$q = \sqrt{g h_k^{\,3}} = \sqrt{9.8 \text{ m/s}^2 \times 3.44^3 \text{ m}^3} = 20 \text{ m}^3/(\text{s} \cdot \text{m})$$

②判断水跃位置

因为 $i_2 > i_k$，$i_3 > i_k$，所以必发生水跃。如果跃前断面在 $B$-$B$ 断面处，则跃前水深 $h' = h_B = 1$ m，共轭水深相应为

$$h'' = \frac{h'}{2}\left(\sqrt{1 + \frac{8q^2}{g h'^3}} - 1\right) = \frac{10 \text{ m}}{2}\left(\sqrt{1 + 8 \times \frac{20^2 \text{ m}^6/(\text{s}^2 \cdot \text{m}^2)}{9.8 \text{ m/s}^2 \times 1^3 \text{ m}^3}} - 1\right) = 8.55 \text{ m}$$

因 $h'' > h_0 = 4$ m，故产生远驱式水跃，水跃位置在 $B$-$B$ 断面的下游。跃前必产生 $c_1$ 型壅水曲线。若能计算出 $c_1$ 型水面曲线的长度 $l$，即可以确定水跃的位置。

用 $h'' = h_0 = 4$ m，计算出跃前水深 $h'$

$$h' = \frac{h''}{2}\left(\sqrt{1 + \frac{8q^2}{g h''^3}} - 1\right) = \frac{4 \text{ m}}{2}\left(\sqrt{1 + 8 \times \frac{20^2 \text{ m}^6(\text{s}^2 \cdot \text{m}^2)}{9.8 \text{ m/s}^2 \times 4^3 \text{ m}^3}} - 1\right) = 2.94 \text{ m}$$

由此可知 $c_1$ 型水面曲线的起始水深为 $h_B = 1$ m，末端水深为 $h' = 2.94$ m。若已知 $b$，$n$，$i$ 等值，可根据水面曲线计算的公式 $l = \dfrac{E_{S2} - E_{S1}}{i - \overline{J}}$ 求出 $c_1$ 线的长度，从而可定出水跃发生的位置。

水跃段长度可由式(6.50)计算

$$l_j = 6.9(h'' - h') = 6.9(4 - 2.94) = 7.31 \text{ m}$$

③计算 $B$-$B$ 断面及下游均匀流断面比能，取 $\alpha = 1.0$。

$B$-$B$ 断面：

$$v_B = \frac{q}{h_B} = \frac{20 \text{ m}^3/(\text{s} \cdot \text{m})}{1.0 \text{ m}} = 20 \text{ m/s}$$

$$E_{SB} = h_B + \frac{v_B^2}{2g} = 1 + \frac{20^2 \text{ m}^2/\text{s}^2}{2 \times 9.8 \text{ m/s}^2} = 21.41 \text{ m}$$

渠段Ⅲ均匀流断面

$$v_0 = \frac{q}{h_0} = \frac{20 \text{ m}^3/(\text{s} \cdot \text{m})}{4.0 \text{ m}} = 5 \text{ m/s}$$

$$E_{S0} = h_0 + \frac{v_0^{\ 2}}{2g} = 4 + \frac{5^2 \mathrm{m^2/s^2}}{2 \times 9.8 \ \mathrm{m/s^2}} = 5.28 \ \mathrm{m}$$

在忽略 $B\text{-}B$ 断面与下游均匀流断面间的渠底高差的条件下,此流段内消耗的水头为

$$\Delta h_w = E_{SB} - E_{S0} = 21.41 \ \mathrm{m} - 5.28 \ \mathrm{m} = 16.13 \ \mathrm{m} = 0.75 E_{SB}$$

④渠道水面曲线示意图

渠道中 Ⅰ,Ⅲ 段为缓坡渠道,渠中水深大于临界水深,水流为缓流。Ⅱ 渠段为陡坡渠道,渠中无构筑物,水流为急流,渠中正常水深小于临界水深。水流从缓流过渡到急流将产生跌水,$A\text{-}A$ 断面上游的非均匀流段为 $b_1$ 型水面曲线,它与上游均匀流水面线 $N_1\text{-}N_1$ 衔接。在 $A\text{-}A$ 断面处水流通过 $K\text{-}K$ 线进入陡坡渠段 Ⅱ,形成 $b_2$ 型水面曲线,其下游逐渐趋近于 $N_2\text{-}N_1$ 线。水流通过 $B\text{-}B$ 断面后,形成 $c_1$ 型水面曲线,产生远驱水跃与 Ⅲ 段渠道下游均匀流衔接( 见图 6.32 )。

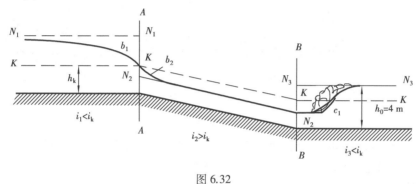

图 6.32

### 3) 明渠水流的水面线衔接

在工程实际问题中;渠道中可能有坝、闸孔等构筑物或一较长渠道用数段不同的底坡分段修建。这些构筑物干扰了水流运动,使得在其前后一流段内水面线发生了变化。因此,要了解整个渠道的水面线,就必须讨论构筑物前、后的水流与渠道上、下游水流相互衔接的问题。前面所讨论的跌水及水跃就是水流衔接问题中的一种。下面着重讨论棱柱形长直渠道中,上、下游为均匀流、中间某断面处底坡有变化,在变坡断面前后为非均匀流时,这段非均匀流与上、下游均匀流的衔接问题。

在分析变坡渠道中,上、下游水面线衔接时,首先需要根据渠道已知条件,绘出各段渠道的正常水深线 $N\text{-}N$ 和临界水深线 $K\text{-}K$,然后根据渠道上、下游的已知水深判定水深沿程的变化趋势。例如,如图 6.33 所示渠道,设 $i_1$ 和 $i_2$ 均为顺坡,$i_2<i_1$,且上、下游均为缓流,故不会发生水跃。由于两段渠道为充分长,故在 $i_1$ 渠道的上游和 $i_2$ 渠道的下游均为未受干扰的均匀流,即第一渠段上游水面线为 $N_1\text{-}N_1$ 线,第二渠段下游水面线为 $N_2\text{-}N_2$ 线。渠中变坡段水深由上游的 $h_{01}$ 变到下游的 $h_{02}$,由于 $i_2<i_1$,因此 $h_{02}>h_{01}$,非均匀流是壅水。因为壅水曲线只能发生在 $a$ 区,所以,变坡断面的水深只能为 $h_{02}$,即在第一渠段上发生 $a_1$ 型壅水曲线,在变坡断面处与第二渠段的均匀流 $N_2\text{-}N_2$ 线衔接,如图 6.33( a )所示。若两段渠道的底坡为 $i_1<i_2<i_k$,则必然在上游渠段发生 $b_1$ 型降水曲线,使水深由上游的 $h_{01}$ 逐渐减小,到变坡断面处变到等于 $h_{02}$ 而与下游渠段均匀流衔接( 见图 6.33( b ))。

由图 6.33 可知,变坡渠道水面曲线的衔接,由缓流向缓流过渡时只影响上游,下游仍

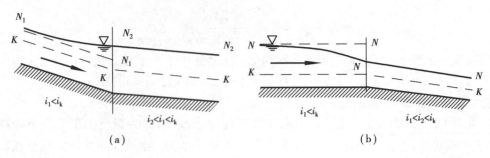

图 6.33

为均匀流。用同样的分析方法可知,由急流向急流过渡时,只影响下游,上游仍为均匀游(见图6.34)。

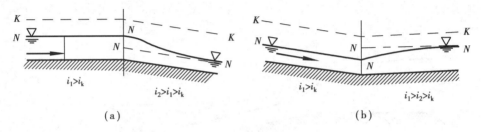

图 6.34

**例 6.16**　有一棱柱形矩形断面渠道自水库中引水,因地形变化渠道由平坡($i_1=0$)和陡坡($i_2>i_k$)两种底坡连接,如图 6.35 所示。当进口闸门部分开启($e<h_k$)时,试分析渠道中可能出现的水面曲线类型(设闸门下游两段渠道均充分长)及水面线的衔接。

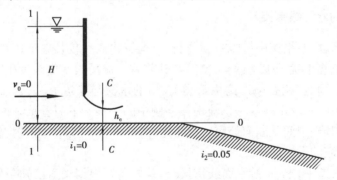

图 6.35

**解**　先画出各渠段的正常水深线 $N$-$N$ 和临界水深线 $K$-$K$;第一段平坡渠道只有 $K$-$K$ 线,第二段陡坡渠道 $i_2>i_k$,则 $K$-$K$ 线在 $N$-$N$ 线之上,如图 6.36 所示。

因闸门的开启高度 $e<h_k$,则水流出闸后呈急流状态,在 $C$-$C$ 断面后形成 $c_0$ 型壅水曲线,由于第一段渠道充分长,水流要由急流过渡到缓流,必然发生水跃。水跃后,水深 $h>h_k$,水流呈缓流,形成 $b_0$ 型降水曲线。该曲线在变坡断面处与 $K$-$K$ 线相交。第二段渠道中以 $b_2$ 型降水曲线与均匀流水面相衔接,如图 6.36 所示。

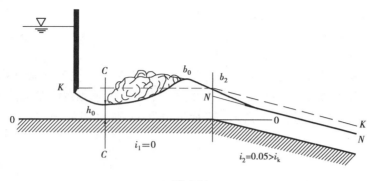

图 6.36

## 思考题

6.1　什么是水力最优断面？

6.2　试解释明渠水流中的"急流"与"缓流"，并说明判别它们的方法有哪些？

6.3　何谓临界底坡、缓坡及陡坡？试导出过水断面形状、尺寸及粗糙系数均一定的明渠中，临界底坡的计算式。

6.4　断面单位能 $E_{\mathrm{S}}$ 与单位重量液体的机械能（水头）$E$ 有何区别？

6.5　非均匀流有哪些特点？产生明渠非均匀流的原因是什么？

6.6　佛汝德数 $Fr$ 有什么物理意义？怎样应用它判别水流的状态（缓流或急流）？

6.7　在明渠非均匀流中，急流是否一定发生在陡坡渠道上？缓流是否一定发生在缓坡渠道上？

## 习　题

6.1　渠道均匀流动。已知设计流量 $Q = 10\ \mathrm{m^3/s}$，要求正常水深 $h_0$ 必须保持 1.4 m，边坡系数 $m = 1.5$，渠道修建在正常黏土上，最大允许断面平均流速 $v_{\max} = 1.4\ \mathrm{m/s}$，渠底及边坡未经加固，求此渠道所需之底宽 $b$ 及底坡 $i$。

6.2　某渠道断面为矩形，按水力最优断面设计，底宽 $b = 8$ m，渠壁用石料砌成（$n = 0.028$），底坡 $i = \dfrac{1}{8\ 000}$，试校核能否通过均匀流设计流量 $Q = 20\ \mathrm{m^3/s}$。

6.3　梯形断面渠道，通过流量 $Q = 85\ \mathrm{m^3/s}$，$i = 0.001\ 5$，$n = 0.020$，$m = 1.0$，试按水力最优断面设计断面尺寸。

6.4　如题 6.4 图所示，某水渠上拟建渡槽一座，初步确定采用钢丝网水泥喷浆薄壳渡槽，表面用水泥灰浆抹面（$n = 0.013$），断面为 U 形，底部半圆直径 $d = 2.5$ m，上部接垂直侧墙高 0.8 m（包括超高 0.3 m）。均匀流设计流量 $Q = 5.5\ \mathrm{m^3/s}$，试求渡槽底坡。

6.5　梯形断面渠道，底宽 $b = 6$ m，底坡 $i = 0.000\ 5$，边坡系数 $m = 2.0$，粗糙系数 $n = 0.025$。

试计算均匀流水深为 2.5 m 时的流量及断面平均流速。

6.6 梯形断面渠道,流量 $Q = 10\ \text{m}^3/\text{s}$,底宽 $b = 5\ \text{m}$,边坡系数 $m = 1.0$,粗糙系数 $n = 0.02$,底坡 $i = 0.000\ 4$。求均匀流时的水深为多少?

6.7 流量为 $Q = 1.0\ \text{m}^3/\text{s}$ 的梯形断面渠道,底宽 $b = 1.5\ \text{m}$,边坡系数 $m = 1.0$,粗糙系数 $n = 0.03$。当按最大不冲流速 $v_{\max} = 0.8\ \text{m/s}$ 设计时,求正常水深及底坡各为多少?

6.8 某渠道横断面如题 6.8 图所示。若底坡 $i = 0.000\ 4$,流量 $Q = 0.55\ \text{m}^3/\text{s}$,中心处水深 0.9 m,求谢才系数 $C$。

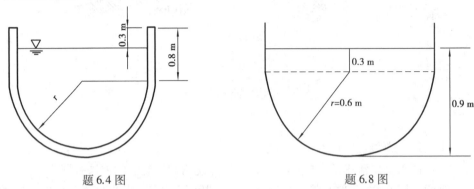

题 6.4 图            题 6.8 图

6.9 若矩形断面渠道宽 $b = 2.4\ \text{m}$,底坡 $i = 0.002\ 5$,通过流量 $Q = 8.5\ \text{m}^3/\text{s}$,谢才系数 $C = 51\ \text{m}^{0.5}/\text{s}$,求正常水深 $h$。

6.10 有一梯形断面路基排水土渠,长 1 000 m,底宽 3 m,设计水深为 0.8 m,边坡系数 $m = 1.5$,底部落差为 0.5 m,试验算渠道的过水能力和断面平均流速。

6.11 一钢筋混凝土矩形输水渡槽,底宽 $b = 5.1\ \text{m}$,水深 3.08 m,粗糙系数 $n = 0.014$,设计流量为 $Q = 25.6\ \text{m}^3/\text{s}$,试求渠底坡度和流速。

6.12 有一梯形渠道,已知 $Q = 2\ \text{m}^3/\text{s}$,$i = 0.001\ 6$,$m = 1.5$,$n = 0.020$,若允许流速 $v_{\max} = 1.0\ \text{m/s}$,试确定此渠道的断面尺寸。

6.13 已知梯形渠道底宽 $b = 1.5\ \text{m}$,边坡系数 $m = 1.0$,当流量 $Q = 1.0\ \text{m}^3/\text{s}$ 时,测得水深 $h_0 = 0.86\ \text{m}$,底坡 $i = 0.000\ 6$。试求渠道的粗糙系数 $n$。

6.14 已知一梯形渠道的设计流量 $Q = 0.5\ \text{m}^3/\text{s}$,$b = 0.5\ \text{m}$,$h_0 = 0.82\ \text{m}$,$n = 0.025$,试设计此渠道所需要的底坡 $i$。

6.15 在题 6.9 中,当 $b$,$i$ 及 $C$ 值不变,而通过流量比原设计流量减少一半时,问水深 $h$ 减少多少?

6.16 一矩形断面的污水沟渠,宽 $b = 1\ \text{m}$,$n = 0.019$,输水量 $Q = 0.80\ \text{m}^3/\text{s}$,沟中水深定为 $h_0 = 0.75\ \text{m}$,试计算所需底坡,并校核沟中流速 $v$ 是否大于最小允许不淤流速 $v_{\max} = 0.8\ \text{m/s}$。

6.17 设计流量 $Q = 10\ \text{m}^3/\text{s}$ 的矩形渠道,$i = 0.000\ 1$,采用一般混凝土护面($n = 0.014$),试按水力最优断面设计渠宽 $b$ 和水深 $h$。

6.18 直径为 0.8 m 的表面较粗糙的混凝土排水管($n = 0.017$),底坡为 $i = 0.015$,试问当管中从充满度 $\alpha = h/b = 0.3$ 增加到 $\alpha = 0.6$ 时,通过管中的流量增加多少?

6.19 直径为 1.2 m 的无压排水管,管壁为表面较粗糙的混凝土($n = 0.017$),底坡 $i = 0.008$,求通过流量 $Q = 2.25\ \text{m}^3/\text{s}$ 时管内的水深。

6.20 梯形渠道底宽 3 m,边坡系数 $m = 2$,流量 $Q = 8\ \text{m}^3/\text{s}$,求临界水深。

6.21　某梯形断面平坡渠道,底宽 $b=10$ m,边坡系数 $m=1.5$,流量 $Q=50$ m$^3$/s,试绘出断面单位能曲线,并在曲线上查出临界水深。

6.22　试推证矩形断面的明渠均匀流在临界流状态下,水深与流速水头(即单位重量液体的动能)的关系。

6.23　一矩形渠道,过水断面宽度 $b=5$ m,通过流量 $Q=17.25$ m$^3$/s,求此渠道水流的临界水深 $h_k(\alpha=1.0)$。

6.24　矩形断面渠道底宽 2 m,通过流量为 $Q=2.4$ m$^3$/s,当断面单位能为 2 m 时可能有哪两个水深?

6.25　如题 6.25 图所示渠道断面,当 $Q=3$ m$^3$/s 时,求临界水深 $h_k$。

6.26　梯形断面渠道,已知流量 $Q=45$ m$^3$/s,底宽 $b=10$ m,边坡系数 $m=1.5$ m,粗糙系数 $n=0.022$,底坡 $i=0.000\ 9$。求临界底坡 $i_k$,并判别渠道底坡的陡、缓。

6.27　某梯形渠道底宽 $b=1$ m,边坡系数 $m=1$,底坡 $i=0.005\ 5$。试问在通过流量 $Q=0.98$ m$^3$/s时,设临界水深时的谢才系数 $C_k=47$ m$^{0.5}$/s,该渠道为陡坡或缓坡。

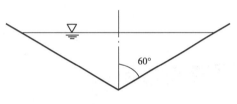

题 6.25 图

6.28　一条长直的矩形渠道,宽度 $b=5$ m,渠道的粗糙系数 $n=0.02$,正常水深 $h_0=2$ m 时,通过流量 $Q=40$ m$^3$/s。试分别用临界水深 $h_k$、佛汝德数 $Fr$ 及临界底坡 $i_k$ 判明该明渠水流的缓、急状态。

6.29　梯形断面土渠,$b=12$ m,$n=0.025$,$m=1.5$,$Q=18$ m$^3$/s,底坡 $i=0.002$。判别均匀流的急、缓,并问渠道是陡坡还是缓坡?

6.30　梯形断面渠道,$b=2.5$ m,$n=0.001\ 4$,$Q=3.5$ m$^3$/s,渠中某一断面水深为 0.8 m,试判别该断面水流的缓、急状态。若 $i=0.006$,问渠道是缓坡还是陡坡渠道?

6.31　梯形断面渠道,已知底宽 $b=10$ m,边坡系数 $m=1.5$,水深 $h=5$ m,流量 $Q=300$ m$^3$/s。试用佛汝德数判别流态。

6.32　有一陡坡渠道,如题 6.32 图所示,通过流量 $Q=3.5$ m$^3$/s,长度 $l=10$ m,沿程的过水断面均为矩形,断面宽 $b=2$ m,粗糙系数 $n=0.020$,渠底坡度 $i=0.003$。要求按分段求和法计算并绘出该陡坡渠道的水面曲线。

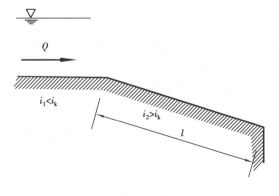

题 6.32 图

6.33 有一矩形断面平底渠道,底宽 $b = 0.3$ m,渠中流量为 $Q = 0.6$ m$^3$/s,已知在某处发生水跃,跃前水深为 0.3 m,试求:(1)跃后水深;(2)水跃的长度;(3)水跃中的能量损失。

6.34 闸门下游矩形渠道中发生水跃,已知 $b = 6$ m,$Q = 12.5$ m$^3$/s,出闸后水深 $h_1 = 0.298$ m,设在闸后水深 $h_1$ 处发生水跃,求跃后水深 $h''$、水跃的长度 $l_j$ 和水跃中所消耗的能量。

6.35 如题 6.35 图所示为某灌溉渠道,因地形变化采用两种底坡连接。已知 $i_1 < i_2 < i_k$,试分析渠道中可能出现的水面曲线类型(各段渠道为充分长)。

6.36 如题 6.36 图所示,由闸门放水进入矩形平坡渠道,若收缩断面 $C$-$C$ 的水深为 0.75 m,渠宽 $b = 2$ m(与闸门等宽),通过流量 $Q = 7$ m$^3$/s,下游水深为 1.5 m,闸下水流如何衔接?

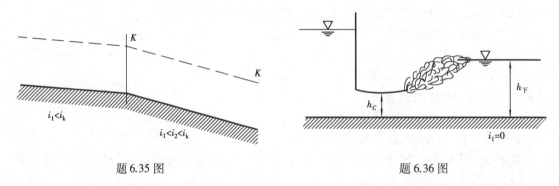

| 题 6.35 图 | 题 6.36 图 |

6.37 如题 6.37 图所示,矩形断面渠道宽 $b = 6$ m,$n = 0.025$,流量 $Q = 14.5$ m$^3$/s,底坡 $i = 0.001\ 5$,由于下游建堰后使水面抬高,若已知堰前水深 $h = 1.9$ m,求距堰 300 m 的上游断面的水深。

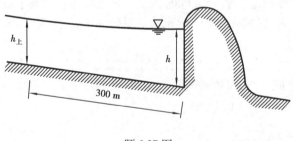

题 6.37 图

6.38 试分析如题 6.38 图所示中当渠底纵坡变化时,上、下游水面曲线的型式(设渠道较长,上、下游远端为均匀流水深或已知水深)。

6.39 试证明当断面比能 $E_s$ 以及渠道断面形式、尺寸($b,m$)一定时,最大流量相应的水深是临界水深。

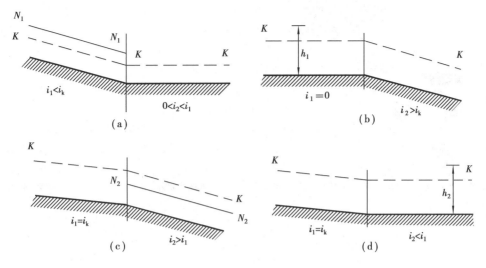

题 6.38 图

# 第 **7** 章
# 堰 流

## 7.1 堰流及其特征,堰流基本方程

**1)堰和堰流**

**(1)定义**

水利工程中,为了控制水位和流量,常在河渠中修建一种既能挡水又能泄水的构筑物,使河渠上游水位壅高,水流经过构筑物顶部溢流下泄,这种构筑物称为**堰**。水流流经堰顶下泄、溢流上表面只与大气接触、不受任何固体约束,这种水流现象称为**堰流**。例如,溢流坝溢流(见图 7.1(a))、闸门开启至闸门下缘脱离水面时的闸口出流(见图 7.1(b))等都属堰流问题。水流通过有侧墩或中墩的小桥孔、涵洞或设置使水流宽度变窄的障碍墙(见图 7.1(c))等水流现象均与堰流相同,在水力计算中也按堰流考虑。

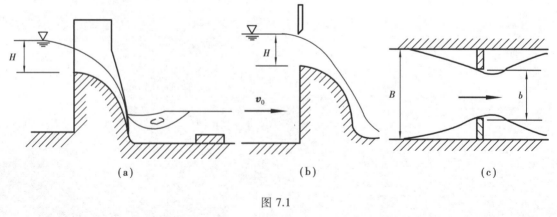

图 7.1

**(2)特征**

水流趋近堰顶的过程中流线发生收缩,流速增大,使堰顶的自由水面明显地降落。从能量守恒的观点来看,堰流过程是势能转化为动能的过程。由于水流在堰顶上流程较短,流线

变化急剧,属急变流,因此能量损失主要是局部水头损失。从受力角度来看,堰流的作用力主要是重力和局部阻力。离心惯性力对压强分布和过水能力均有一定的影响。

通常把上游最靠近堰壁的渐变流断面 1-1 称为**堰前断面**(见图 7.2)。堰前断面距上游堰壁为 $(3\sim5)H$(不受堰顶水面降落的影响)。$H$ 是 1-1 断面处水面相对于堰顶的高度,称为**堰顶水头**。堰顶水头和堰顶水深完全不同,请注意区别。堰前断面的流速 $v_0$ 称为**行近流速**。

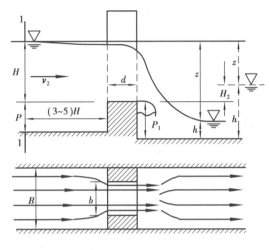

图 7.2

**上游堰高 $P$ 和下游堰高 $P'$** 分别为堰顶高程与上、下游河床高程之差。

**堰宽 $b$** 为水流溢出堰顶的宽度。**渠宽 $B$** 为溢流堰所在处的上游渠宽。**堰顶厚度 $d$** 也称为堰壁厚度、堰顶宽度、上下游堰壁之间的厚度。

**上下游水位差 $z$** 为堰前断面的水位与下游河道正常水位之差。

**堰下游水深 $h$ 及下游水位高出堰顶的高度 $H_2$**(当下游水位较高时,如图中虚线所示)如图 7.2 所示。

**(3)堰与堰流分类**

堰流的流动阻力及水头损失主要受堰顶的厚度 $d$(见图 7.3)及堰顶的形状所影响。在水力计算中,根据堰顶的相对厚度 $d/H$,把堰分为以下 3 类:

①薄壁堰(sharp-crested weir):$d/H<0.67$(见图 7.3(a))。过堰水流形成"水舌",水舌下缘先上弯后回落,落至堰顶高程时,距上游壁面约 $0.67H$。堰顶厚度 $d<0.67H$ 时,水舌下缘只与上游堰壁顶部线接触,堰顶厚度不影响水流,故称为薄壁堰。薄壁堰的水流阻力主要受堰口形状影响。

②实用堰(ogee weir):$0.67<d/H<2.5$(见图 7.3(b)及(c))。由于堰壁较厚,水舌下缘与堰顶呈面的接触,过堰水流受到堰顶的约束。为了减小堰顶对水流的阻力,增大堰的过流能力,工程上常将实用堰的剖面做成与薄壁堰的水舌下缘形状相似的曲线形或折线形。

③宽顶堰(broad-created weir):$2.5<d/H<10$(见图 7.3(d))。堰顶厚度对水流的约束作用加大。水流进入堰顶后,在堰壁的顶托作用下,水面降落后略有回升,形成收缩断面 1-1。过堰水流在堰进口与出口处形成二次跌落现象。

当堰顶厚度 $d/H>10$ 时,堰顶水流的沿程水头损失已不能忽略,水流特性不再属于堰流,而属于明渠水流了。

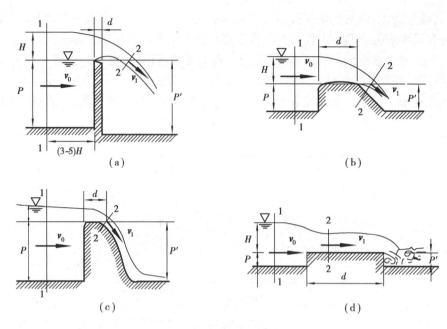

图 7.3

除了以上分类之外,堰还有其他分类方法。如根据堰口的宽度 $b$ 和渠道宽度 $B$ 是否相等,可分为**有侧收缩堰**($b<B$)(见图7.1(c)和图7.2)和**无侧收缩堰**($b=B$)。堰流,除由于堰坎存在,水流产生竖直方向的收缩外,有侧收缩堰顶水流还将出现横向收缩,因此堰顶上水流有效过水宽度小于堰宽,并使水头损失增大,堰的过流能力有所降低。也可根据下游水位是否影响到堰的过流能力,将堰流分为**自由式堰流**(自由出流)和**淹没式堰流**(淹没出流)(见图7.4)。水流从堰顶流出,继而进入下游渠道。当下游水位高于堰顶时,对堰的过流能力可能产生障碍作用,形成淹没式堰流(淹没出流)。

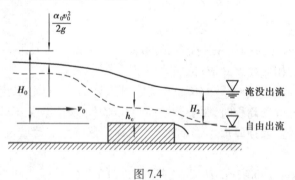

图 7.4

研究堰流的目的在于探讨过堰水流的流量与堰顶水头,堰顶形状及过水宽度等因素的关系,从而解决工程中有关的水力计算问题。

### 2)堰流基本方程

#### (1)无侧收缩堰自由出流基本公式

以如图 7.5 所示矩形堰口薄壁无侧收缩堰自由出流为例,推导堰流基本公式。

以通过堰顶的水平面为基准面,选堰前断面 1-1 和取过水面断面中心点与堰顶同高的断

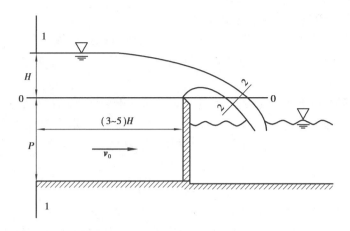

图 7.5

面 2-2,对断面 1-1 和 2-2 间的液流列出能量方程。

$$H + \frac{p_a}{\rho g} + \frac{\alpha_0 v_0^2}{2g} = 0 + \frac{p_2}{\rho g} + \alpha_2 \frac{v_2^2}{2g} + \zeta \frac{v_2^2}{2g}$$

因水舌上下游与大气接触,故式中 $p_2 = p_a$,$v_0$ 和 $v_2$ 为断面 1-1 和断面 2-2 的平均流速;$\alpha_0$ 和 $\alpha_2$ 是相应断面的动能修正系数,$\zeta$ 是局部阻力系数。

令 $H_0 = H + \dfrac{\alpha_0 v_0^2}{2g}$ 称为堰前总水头,$\varphi = \dfrac{1}{\sqrt{\alpha_2 + \zeta}}$ 为堰流流速系数,

则　　　　　　　　　　　　　$v_2 = \varphi \sqrt{2gH_0}$

设堰顶的过水宽度为 $b$;断面 2-2 的厚度用 $kH_0$ 表示,$k$ 为反映堰顶水流竖向收缩程度的系数,称为竖向收缩系数,则断面 2-2 的过水面积应为 $A = kH_0 b$。代入流量计算式得过堰水流流量公式为

$$Q = kH_0 b v_2 = kH_0 b \varphi \sqrt{2gH_0} = \varphi k b \sqrt{2g}\, H_0^{3/2}$$

令　　　　　　　　　　　　　$m = k\varphi$ 　　　　　　　　　　　　　(7.1)

式(7.1)中,$m$ 称为堰流的流量系数。将 $m$ 代入上式得矩形堰口、无侧收缩、自由出流的堰流水力计算的基本公式为

$$Q = mb\sqrt{2g}\, H_0^{3/2}$$ 　　　　　　　　　　　　　(7.2)

由式(7.2)可知,过堰的流量与堰前总水头 $H_0$ 的 3/2 次方成正比,与堰口的过水宽度成线性正比。显然,$\varphi,k$ 值都是随堰流的几何边界条件而改变的。

上述分析方法及所得流量公式对薄壁堰、实用堰和宽顶堰都是适用的,只是不同几何形状的堰,有不同的流量系数 $m$ 值。

在实际应用中,为了便于根据直接测出的水头 $H$ 来计算流量,可将行近流速水头 $\dfrac{\alpha_0 v_0^2}{2g}$ 的影响纳入流量系数中考虑,则式(7.2)可写为

$$Q = m_0 b\sqrt{2g}\, H^{3/2}$$ 　　　　　　　　　　　　　(7.3)

式中,$m_0 = m\left(1 + \dfrac{\alpha_0 v_0^2}{2g}\right)^{3/2}$,为计及行近流速水头的堰流量系数。

**（2）淹没出流与侧收缩影响的堰流公式**

当下游水位超过堰顶一定高度时，将发生淹没溢流，这时，在流量不变的情况下，上游水位受下游水位顶托而抬高，即堰的泄洪能力开始减小，式（7.3）等式右边需再乘以小于1的淹没系数 $\sigma$。

当实用堰的宽度小于河道宽度时，受堰闸墩和边墩的影响，水流流进堰口后，在侧壁发生收缩，使堰流过流断面上的有效过流宽度减小，水头损失增大，堰的过流能力降低。式（7.3）等式右边还需乘以小于1的侧收缩系数 $\varepsilon$。侧收缩系数与闸墩、边墩形状有关。

考虑淹没出流与侧收缩的影响，式（7.3）变为

$$Q = \varepsilon \sigma m_0 b \sqrt{2g} H^{3/2} \tag{7.4}$$

式（7.4）是适用于各种堰型的堰流普遍公式。

以上各式虽然是薄壁堰推导而得，但由于式中 $\sigma$，$\varepsilon$ 和 $m(m_0)$ 是与堰型及出流情况有关的系数，由实验测得，因此，以上各式对其他的堰型也普遍适用。

## 7.2　薄壁堰、实用堰、宽顶堰

### 1）薄壁堰

薄壁堰堰流的流量与堰上水头有稳定的关系，常用于实验室或野外的流量量测。

常用的薄壁堰中，堰顶溢流的断面（称为堰口）常做成矩形、三角形或梯形，分别称为矩形薄壁堰、三角形薄壁堰或梯形薄壁堰。

#### （1）矩形薄壁堰

如图7.6所示，堰口形状为矩形的薄壁堰，常用作量水设备。实验表明：无侧收缩、自由出流时，矩形薄壁堰水流最为稳定，测量精度也较高。当堰的过水宽度 $b$ 等于上游渠宽 $B$ 时，无侧收缩自由出流的矩形薄壁堰流量通常按式（7.3）计算，相应的流量系数 $m_0$ 可采用巴赞（Bazin）经验公式计算为

$$m_0 = \left(0.405 + \frac{0.002\ 7}{H}\right)\left[1 + 0.55\left(\frac{H}{H+P}\right)^2\right] \tag{7.5}$$

式中，$H$ 为堰上水头；$P$ 为上游堰高；$b$ 为堰宽；均以米计。其中，$\dfrac{0.002\ 7}{H}$ 项反映表面张力的作用；方括号项反映行近流速水头的影响。此式适用范围为 $H = 0.1 \sim 0.6$ m，堰宽 $b = 0.2 \sim 2.0$ m 及 $H \leqslant 2P$。

当堰的过水宽度 $b$ 小于上游渠宽 $B$ 时，堰顶水流将出现横向收缩，使水流有效宽度小于实际堰宽 $b$，堰的过水能力有所降低。有侧收缩的薄壁堰流量系数 $m_0$ 可用下式计算为

$$m_0 = \left(0.405 + \frac{0.0027}{H} - 0.03\frac{B-b}{B}\right)\left[1 + 0.55\left(\frac{H}{H+P}\right)^2\left(\frac{b}{B}\right)^2\right] \tag{7.6}$$

为了保证堰为自由出流，首先应满足：

①堰前水头不能过小（一般 $H > 3$ cm），否则在表面张力的作用下，溢流水舌将紧贴堰壁下游面流下，即所谓贴附溢流（见图7.7（a）），贴附溢流的流量比同样水头下自由溢流的流量

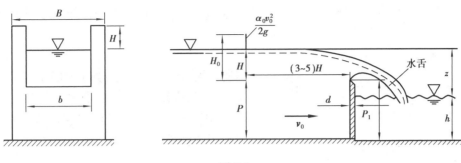

图 7.6

大,但出流不稳定。

②水舌下面的空间应与大气相通,否则该区域内空气被水舌卷吸抽去,水舌下面将形成局部真空,使 $p<p_a$,水舌被吸而趋向于贴附堰壁,并使水舌下面的水位被吸高(见图 7.7(b))。

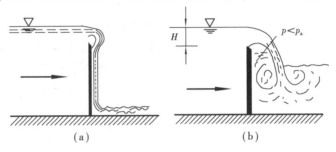

图 7.7

在上述条件下,当堰下游水位高出堰顶时,因下游水体对溢流水舌的顶托、阻挡作用,使水流不通畅,因此,可能影响堰的过流能力,形成淹没出流。

下游水位高出下游堰高 $P'$(见图 7.8)是形成淹没出流的必要条件,但不是充分条件。即使在 $h>P'$ 条件下,如果上、下游水位高差 $z$ 很大,水舌具有很大的动能,容易把下游水体推开一段距离,发生远驱水跃,临近堰壁的下游处,水深仍小于堰顶,则发生自由出流。试验表明,薄壁堰发生淹没出流的充分条件是同时满足下列两个条件:

$$h > P' \quad 及 \quad z/P' < 0.7 \tag{7.7}$$

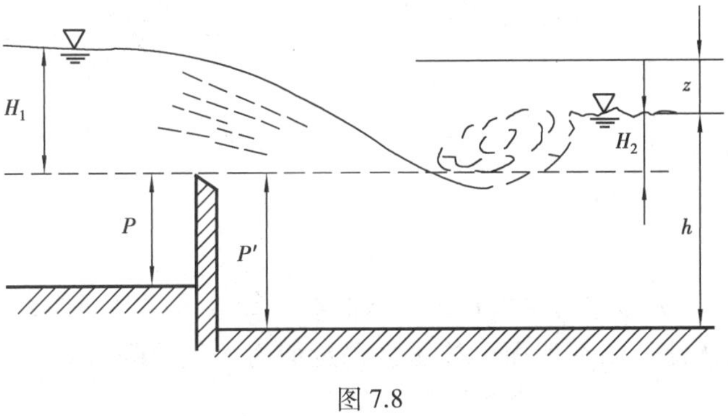

图 7.8

矩形薄壁堰淹没出流的流量 $Q'$ 可按下式近似计算为

$$Q' = Q\left[1 - \left(\frac{H_2}{H_1}\right)^n\right]^{0.385} \tag{7.8}$$

式中,$Q$ 为堰前水头为 $H_1$ 时的自由出流流量;$H_2$ 为下游水位高出堰顶的高度(见图 7.8);指数 $n=3/2$。

**(2)直角三角形薄壁堰**

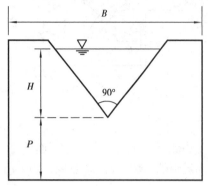

图 7.9

当所需测量的流量较小,如 $Q<0.1$ m³/s 时,采用矩形薄壁堰则因水头过小,测量水头的相对误差增大,一般改用直角三角形薄壁堰(见图 7.9),其流量计算公式常用汤普森(Thompson)经验公式

$$Q = 1.4H^{5/2} \tag{7.9}$$

式中,$Q$ 的单位为 m³/s,$H$ 的单位以 m 计,适用范围 $0.05$ m$<H<0.25$ m,$P \geqslant 2H$, $B \geqslant (3\sim4)H$。

**2)实用堰**

实用堰是水利工程中用来挡水同时又能泄水的建筑物,它的剖面形式是随着生产的发展而不断改进的。如采用不便加工成曲线的条石或其他当地材料修建的中、低溢流堰,堰顶剖面常做成折线形,称为折线形实用堰(见图 7.10(a)、(b))。如用混凝土修筑的中、高溢流堰,堰顶制成适合水流情况的曲线形,称为曲线型实用堰(见图 7.10(c)、(d))。

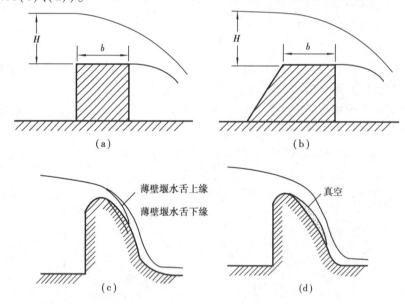

图 7.10

曲线型实用堰又可分为非真空堰和真空堰两类。如果堰的剖面曲线基本上与薄壁堰的水舌下缘外形相符,水流作用在堰面上的压强仍近似为大气压强,称为非真空堰(见图 7.10(c))。

若堰的剖面曲线低于薄壁堰的水舌的下缘,溢流水舌局部地脱离堰面,脱离处的空气被水流带走而形成真空区,这种堰称为真空堰(见图 7.10(d))。

真空堰由于堰面上真空区的存在,与管嘴的水力性质相似,增加了堰的过流能力,即增大了流量系数。但是,由于真空区的存在,水流不稳定而引起水工构筑物的振动,且易使堰面发生空蚀破坏。为了防止这种情况发生,多将实用堰剖面外形稍稍伸入薄壁堰溢流水舌下缘以内,如图 7.10(c)所示。

实用堰的流量计算公式仍然为式(7.4),但式中实用堰的流量系数 $m$,对不同堰形有不同的值。对于上游面为垂直的曲线型实用堰,其流量系数 $m$ 公式为

$$m = 0.024 \frac{H_0}{H_d} + 0.185 \sqrt{\frac{H_0}{H_d}} + 0.341 \tag{7.10}$$

当无侧收缩时 $\varepsilon = 1.0$,当有侧收缩时 $\varepsilon < 1.0$,并侧收缩系数可用下式计算

$$\varepsilon = 1 - \alpha \frac{H_0}{b + H_0} \tag{7.11}$$

其中,$\alpha$ 为考虑墩头部形状影响的系数,矩形坝墩 $\alpha = 0.20$,半圆形或尖形坝墩 $\alpha = 0.11$,流线型尖墩 $\alpha = 0.06$(见图 7.11)。

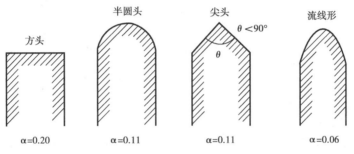

图 7.11

当自由出流时 $\sigma = 1.0$;当淹没出流时 $\sigma < 1.0$,淹没系数值与 $H_2/H$(见图 7.12)有关,可根据表 7.1 查得。

实用堰形成淹没出流的条件与薄壁堰相同。

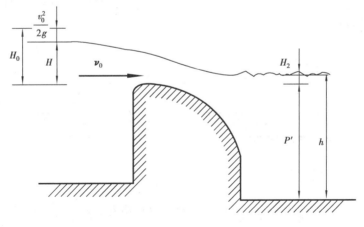

图 7.12

表 7.1

| $H_2/H$ | $\sigma$ | $H_2/H$ | $\sigma$ | $H_2/H$ | $\sigma$ | $H_2/H$ | $\sigma$ |
|---|---|---|---|---|---|---|---|
| 0.05 | 0.997 | 0.52 | 0.93 | 0.74 | 0.831 | 0.92 | 0.570 |
| 0.10 | 0.995 | 0.54 | 0.925 | 0.76 | 0.814 | 0.93 | 0.540 |
| 0.15 | 0.990 | 0.56 | 0.919 | 0.78 | 0.796 | 0.94 | 0.506 |
| 0.20 | 0.985 | 0.58 | 0.913 | 0.80 | 0.776 | 0.95 | 0.470 |
| 0.25 | 0.980 | 0.60 | 0.906 | 0.82 | 0.750 | 0.96 | 0.421 |
| 0.30 | 0.972 | 0.62 | 0.897 | 0.84 | 0.724 | 0.97 | 0.357 |
| 0.36 | 0.964 | 0.64 | 0.888 | 0.86 | 0.695 | 0.98 | 0.274 |
| 0.40 | 0.957 | 0.66 | 0.879 | 0.88 | 0.663 | 0.99 | 0.170 |
| 0.46 | 0.945 | 0.70 | 0.856 | 0.90 | 0.621 | 0.995 | 0.10 |
| 0.50 | 0.935 | 0.72 | 0.844 | 0.91 | 0.596 | 1.00 | 0.00 |

**3) 宽顶堰**

宽顶堰可分为有坎宽顶堰和无坎宽顶堰,如小桥孔和短涵洞过水,施工围堰的水流,有坎或无坎(平底)的节制闸当闸门全开时的过流等。它们自由出流时的过流特点都具有如图7.13所示的宽顶堰流典型特征,即断面变小,流速增大,堰顶自由水面有两次降落:在堰进口不远处水面发生第一次降落,堰顶形成一收缩水深,此收缩水深略低于堰顶断面的临界水深;以后形成流线近似平行于堰顶的渐变流,接着在堰尾产生水面二次降落。工程上,对明渠缓流中的过障壁水流,凡明渠缓流中的过障壁水流,凡符合宽顶堰的水流特征,且满足 $2.5H < d < 10H$ 的条件,都按宽顶堰考虑。

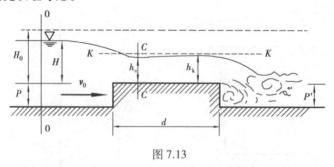

图 7.13

宽顶堰的流量计算公式仍为式(7.4),式中各系数介绍如下:

**(1) 流量系数 $m$**

宽顶堰的流量系数 $m$ 取决于堰的进口形式和堰的相对高度 $P/H$,可按下列经验公式进行计算:

堰坎进口为直角形时(见图7.14(a)):

$$m = 0.32 + 0.01 \frac{3 - P/H}{0.46 + 0.75P/H} \tag{7.12}$$

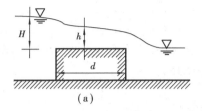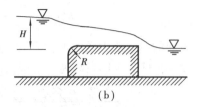

图 7.14

堰坎进口为圆弧形时(见图 7.14(b)):

$$m = 0.36 + 0.01 \frac{3 - P/H}{1.20 + 1.50P/H} \tag{7.13}$$

由以上两式可知,当 $P/H = 3$ 时, $m$ 为最小值;当 $P = 0$ 时, $m = 0.385$,为最大值。 $m$ 值的范围:对于直角进口, $m = 0.32 \sim 0.385$,当 $P/H > 3$ 时, $m = 0.32$;对圆弧形进口, $m = 0.36 \sim 0.385$,当 $P/H > 3$ 时, $m = 0.36$。

**(2)淹没出流条件及淹没系数 $\sigma$**

由实验得知:宽顶堰的淹没条件为

$$H_2 \geqslant 0.8H_0 \tag{7.14}$$

式中, $H_0$ 为堰前总水头; $H_2$ 为下游水面高出堰顶的高度(见图 7.15)。

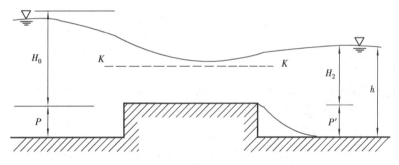

图 7.15

宽顶堰的淹没系数 $\sigma$ 值主要随相对淹没度 $H_2/H$ 的增大而减小,可查表 7.2。

表 7.2　宽顶堰的淹没系数 $\sigma$

| $\frac{H_2}{H}$ | 0.80 | 0.81 | 0.82 | 0.83 | 0.84 | 0.85 | 0.86 | 0.87 | 0.88 | 0.89 |
|---|---|---|---|---|---|---|---|---|---|---|
| $\sigma$ | 1.00 | 0.995 | 0.99 | 0.98 | 0.97 | 0.96 | 0.95 | 0.93 | 0.90 | 0.87 |
| $\frac{H_2}{H}$ | 0.90 | 0.91 | 0.92 | 0.93 | 0.94 | 0.95 | 0.96 | 0.97 | 0.98 | |
| $\sigma$ | 0.84 | 0.82 | 0.78 | 0.74 | 0.70 | 0.64 | 0.59 | 0.50 | 0.40 | |

**(3)侧收缩系数 $\varepsilon$**

可按以下经验公式计算 $\varepsilon$ 值

$$\varepsilon = 1 - \alpha_0 \sqrt[3]{\frac{H}{0.2H + P}} \cdot \sqrt[4]{\frac{b}{B}}\left(1 - \frac{b}{B}\right) \tag{7.15}$$

式中，$\alpha_0$ 为堰的边墩或中墩的形状系数，矩形墩 $\alpha_0 = 0.19$，圆形墩 $\alpha_0 = 0.1$；$b$ 为溢流孔净宽；$B$ 为上游引渠宽（见图 7.16）；$P$ 为上游堰顶高（见图 7.15）。

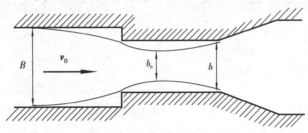

图 7.16

**例 7.1** 有一矩形无侧收缩薄壁堰。已知堰宽 $B = 0.5$ m，上、下游堰高 $P = P' = 0.5$ m，堰前水头 $H = 0.2$ m，求下游水深分别为 $h_下 = 0.4$ m 及 $h_下 = 0.6$ m 时通过薄壁堰的流量。

**解** ①求 $h_下 = 0.4$ m 时的流量 因 $h_下 < P'$，下游水面低于堰顶，故为自由出流。按式(7.5)求流量系数

$$m_0 = \left(0.405 + \frac{0.002\ 7}{H}\right)\left[1 + 0.55\left(\frac{H}{H + P}\right)^2\right]$$

$$= \left(0.405 + \frac{0.002\ 7}{0.2}\right)\left[1 + 0.55\left(\frac{0.2}{0.2 + 0.5}\right)^2\right] = 0.437\ 3$$

按式(7.3)求流量

$$Q = m_0 B\sqrt{2g}\,H^{3/2} = 0.437 \times 0.5\ \text{m}\sqrt{19.6}\ \text{m/s}^2 \times (0.2\ \text{m})^{3/2} = 0.086\ 6\ \text{m}^3/\text{s}$$

②求 $h_下 = 0.6$ m 时的流量

因 $h_下 > P'$，下游水面高于堰顶。又上下游水位差

$$z = P + H - h_下 = 0.5\ \text{m} + 0.2\ \text{m} - 0.6\ \text{m} = 0.16\ \text{m}$$

$$\frac{z}{P'} = \frac{0.1}{0.5} = 0.2 < 0.7$$

满足薄壁堰淹没出流的两个条件，故为淹没出流。

薄壁堰淹没出流的流量 $Q'$ 可按式(7.8)计算

$$Q' = Q\left[1 - \left(\frac{H_2}{H_1}\right)^n\right]^{0.385}$$

式中，$n = 1.5$；$H_2 = h_下 - P' = 0.6 - 0.5 = 0.1$ m；$H_1 = H = 0.2$ m；$Q$ 为堰前水头 $H_1 = H = 0.2$ m 时的自由出流流量，即 $Q = 0.086\ 6\ \text{m}^3/\text{s}$，因此

$$Q' = 0.086\ 6\ \text{m}^3/\text{s}\left[1 - \left(\frac{0.1\ \text{m}}{0.2\ \text{m}}\right)^{1.5}\right]^{0.385} = 0.073\ 2\ \text{m}^3/\text{s}$$

**例 7.2** 一直角进口无侧收缩宽顶堰，堰宽 $b = 3.0$ m，堰坎高 $P = P' = 0.38$ m，堰前水头 $H = 0.6$ m。求当下游水深分别为 $0.6$ m 及 $0.9$ m 时通过此堰的流量。

**解** ①求流量系数 $m$

因为 $P/H = 0.38/0.6 = 0.633 < 3$，所以流量系数 $m$ 由式(7.12)计算为

$$m = 0.32 + 0.01 \frac{3 - P/H}{0.46 + 0.75 P/H} = 0.345$$

因为流量待求，行近流速 $v_0$ 和堰前总水头 $H_0$ 均为未知，故需要试算。

②第一次近似计算

先假设不计行近流速水头并取 $\alpha = 1$，即设 $H_{01} = H = 0.6$ m，

$$H_2 = h_{\text{下}} - P' = 0.6 \text{ m} - 0.38 \text{ m} = 0.22 \text{ m}$$

$$0.8 H_{01} = 0.8 \times 0.6 \text{ m} = 0.48 \text{ m}$$

因 $H_2 < 0.8 H_{01}$，故按自由出流计算，无侧收缩，$\varepsilon = 1.0$，其流量为

$$Q_1 = mb\sqrt{2g} H_{01}^{3/2} = 0.345 \times 3.0 \text{ m} \times \sqrt{2 \times 9.8} \text{ m/s}^2 \times (0.6 \text{ m})^{3/2} = 2.13 \text{ m}^3/\text{s}$$

$$v_{01} = \frac{Q_1}{b(H + P)} = \frac{2.13 \text{ m}^3/\text{s}}{3 \text{ m} \times (0.6 \text{ m} + 0.38 \text{ m})} = 0.724 \text{ m/s}$$

③第二次近似计算

用 $v_0 < v_{01}$ 计算堰前总水头

$$H_{02} = H + \frac{v_{01}^2}{2g} = 0.6 \text{ m} + \frac{(0.724 \text{ m/s})^2}{19.6 \text{ m/s}^2} = 0.627 \text{ m}$$

因 $H_2 < 0.8 H_{02} = 0.8 \times 0.627 \text{ m} = 0.502 \text{ m}$，故仍为自由出流，其流量为

$$Q_2 = mb\sqrt{2g} H_{02}^{3/2} = 0.345 \times 3.0 \text{ m} \times \sqrt{2 \times 9.8} \text{ m/s}^2 \times (0.627 \text{ m})^{3/2} = 2.273 \text{ m}^3/\text{s}$$

$$v_{02} = \frac{Q_2}{b(H + P)} = \frac{2.273 \text{ m}^3/\text{s}}{3 \text{ m} \times (0.6 \text{ m} + 0.38 \text{ m})} = 0.773 \text{ m/s}$$

则应有

$$H_{03} = H + \frac{v_{02}^2}{2g} = 0.6 \text{ m} + \frac{(0.773 \text{ m/s})^2}{19.6 \text{ m/s}^2} = 0.630 \text{ m}$$

④第三次近似计算

$$Q_3 = mb\sqrt{2g} H_{03}^{3/2} = 0.345 \times 3.0 \text{ m} \times \sqrt{2 \times 9.8} \text{ m/s}^2 \times (0.630 \text{ m})^{3/2} = 2.291 \text{ m}^3/\text{s}$$

$$\left| \frac{Q_3 - Q_2}{Q_3} \right| = \left| \frac{2.291 \text{ m}^3/\text{s} - 2.273 \text{ m}^3/\text{s}}{2.291 \text{ m}^3/\text{s}} \right| = 0.8\% < 5\%$$

满足精度要求，则当下游水深为 0.6 m 时通过此堰的流量 $Q \approx Q_3 = 2.291 \text{ m}^3/\text{s}$。

⑤当下游水深 $h_{\text{下}} = 0.9$ m 时，先假设堰上总水头 $H_{01} = H = 0.6$ m，此时 $H_2 = h_{\text{下}} - P' = 0.9 - 0.38 = 0.52$ m，$H_2 > 0.8 H_{01}$，故为淹没出流，由 $H_2/H_{01} = 0.87$ 查表7.2，得 $\sigma_1 = 0.93$，第一次近似计算其流量得

$$Q_1 = \sigma_1 mb\sqrt{2g} H_{01}^{3/2} = 0.93 \times 0.345 \times 3.0 \text{ m} \times \sqrt{2 \times 9.8} \text{ m/s}^2 \times (0.6 \text{ m})^{3/2} = 1.98 \text{ m}^3/\text{s}$$

$$v_{01} = \frac{Q_1}{b(H + P)} = \frac{1.98 \text{ m}^3/\text{s}}{3 \text{ m} \times (0.6 \text{ m} + 0.38 \text{ m})} = 0.674 \text{ m/s}$$

$$H_{02} = H + \frac{v_{01}^2}{2g} = 0.6 \text{ m} + \frac{(0.674 \text{ m/s})^2}{19.6 \text{ m/s}^2} = 0.623 \text{ m}$$

第二次近似计算流量

$H_2/H_{02} = 0.52/0.623 = 0.83 > 0.8$,故为淹没出流,查表 7.2,得 $\sigma_2 = 0.98$,因此

$$Q_2 = \sigma_2 mb\sqrt{2g}H_{02}^{3/2} = 0.98 \times 0.345 \times 3.0 \text{ m} \times \sqrt{2 \times 9.8} \text{ m/s}^2 \times (0.623 \text{ m})^{3/2} = 2.208 \text{ m}^3/\text{s}$$

$$v_{02} = \frac{Q_2}{b(H+P)} = \frac{2.208 \text{ m}^3/\text{s}}{3 \text{ m} \times (0.6 \text{ m} + 0.38 \text{ m})} = 0.751 \text{ m/s}$$

$$H_{03} = H + \frac{v_{02}^2}{2g} = 0.6 \text{ m} + \frac{(0.751 \text{ m/s})^2}{19.6 \text{ m/s}^2} = 0.629 \text{ m}$$

第三次近似计算流量

$H_2/H_{03} = 0.52 \text{ m}/0.629 \text{ m} = 0.83 > 0.8$,为淹没出流,查表 7.2,得 $\sigma_3 = 0.98$,因此

$$Q_3 = \sigma_3 mb\sqrt{2g}H_{03}^{3/2} = 0.98 \times 0.345 \times 3.0 \text{ m} \times \sqrt{19.6} \text{ m/s}^2 \times (0.629 \text{ m})^{3/2} = 2.24 \text{ m}^3/\text{s}$$

$$\left|\frac{Q_3 - Q_2}{Q_3}\right| = \left|\frac{2.24 \text{ m}^3/\text{s} - 2.208 \text{ m}^3/\text{s}}{2.24 \text{ m}^3/\text{s}}\right| = 1.4\% < 5\%$$

故所求流量 $Q \approx Q_3 = 2.24 \text{ m}^3/\text{s}$。

**例 7.3** 某矩形断面渠道,为引水灌溉修筑宽顶堰,如图 7.17 所示。已知渠道宽 $B = 3$ m,堰宽 $b = 2$ m,坎高 $P = P' = 1$ m,堰上水头 $H = 2$ m,堰顶为直角进口,单孔,边墩为矩形,下游水深为 2 m。试求出过堰流量。

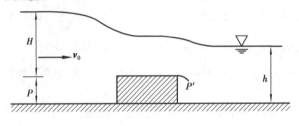

图 7.17

**解** ①判别出流形式

$$H_2 = h - P' = 2 \text{ m} - 1 \text{ m} = 1 \text{ m} > 0$$

$$\frac{H_2}{H_0} \approx \frac{H_2}{H} = \frac{1 \text{ m}}{2 \text{ m}} = 0.5 < 0.8$$

为自由式溢流。$b < B$,有侧收缩,故本堰为自由溢流有侧收缩的宽顶堰。

②计算流量系数 $m$

堰顶为直角进口,$P/H = 1 \text{ m}/2 \text{ m} = 0.5 < 3$,因此流量系数 $m$ 由式(7.12)计算

$$m = 0.32 + 0.01\frac{3 - P/H}{0.46 + 0.75P/H} = 0.32 + 0.01\frac{3 - 0.5}{0.46 + 0.75 \times 0.5} = 0.35$$

③计算侧收缩系数

矩形边墩 $a = 0.19$,$P/H = 0.5$,$b/B = 2/3$,则由式(7.15)得

$$\varepsilon = 1 - \alpha_0\sqrt[3]{\frac{H}{0.2H + P}} \cdot \sqrt[4]{\frac{b}{B}}\left(1 - \frac{b}{B}\right)$$

$$= 1 - 0.19\sqrt[3]{\frac{2 \text{ m}}{0.2 \times 2 \text{ m} + 1 \text{ m}}} \cdot \sqrt[4]{\frac{2}{3}}\left(1 - \frac{2}{3}\right) = 0.936$$

④计算流量

自由溢流有侧收缩宽顶堰,根据普遍公式(7.4)得

$$Q = \varepsilon m b\sqrt{2g}\,H_0^{3/2} = 0.936 \times 2\ \text{m} \times 0.35 \times \sqrt{2 \times 9.8\ \text{m/s}^2}\,H_0^{3/2} = 2.9\ \text{m}^{3/2} \times H_0^{3/2} \qquad (\text{a})$$

其中

$$H_0 = H + \frac{\alpha_0 v_0^2}{2g} = 2\ \text{m} + \frac{1 \times v_0^2}{2 \times 9.8\ \text{m/s}^2} = 2\ \text{m} + \frac{v_0^2}{1.96\ \text{m/s}^2} \qquad (\text{b})$$

$$v_0^2 = \frac{Q}{B(H+P)} = \frac{Q}{3\ \text{m}(2\ \text{m}+1\ \text{m})} = \frac{Q}{9\ \text{m}^2} \qquad (\text{c})$$

用迭代法求解 $Q$ 值。先取 $H_{0(1)} \approx H = 2$ m 代入式(a),得 $Q_{(1)} = 8.202\ \text{m}^3/\text{s}$;代入式(c),得 $v_{0(1)} = 0.911$ m/s;代入式(b),得 $H_{0(2)} = 2.042$ m。将 $H_{0(2)}$ 再代入(a),得第一次迭代解 $Q_{(2)} = 8.465\ \text{m}^3/\text{s}$ 按以上方法重复迭代,$Q_{(3)} = 8.482\ \text{m}^3/\text{s}$,$Q_{(4)} = 8.483\ \text{m}^3/\text{s}$,得收敛解为 $Q = Q_{(4)} = 8.48\ \text{m}^3/\text{s}$,$v_0 = 0.94$ m/s,$H_0 = 2.05$ m。

## 7.3　小桥孔径的水力计算

水流流经小桥孔,由于受桥台、桥墩的侧向约束,使过水断面减小,形成宽顶堰溢流。一般情况下,桥孔下坎高 $P = P' = 0$,故小桥孔的过流属于无底坎平底($i = 0$)的宽顶堰溢流。无坎宽顶堰流形式在工程上有很多,如经过平底水闸、无压涵洞及廊道进口处的水流等。它们的水力分析与宽顶堰类似,本节以小桥孔径水力计算为例加以介绍。

### 1)小桥孔过流的淹没条件

与宽顶堰溢流一样,小桥过流也分为自由出流和淹没出流两种情况。

由实验可知,当桥的下游水深 $h < 1.3h_k$($h_k$ 是桥孔水流的临界水深)时,桥孔水流为急流,下游水位不影响过桥水流,小桥过流属于自由式出流,如图 7.18 所示;当桥下游水深 $h \geqslant 1.3h_k$ 时,桥孔水流为缓流,下游水位影响到上游,小桥过流属于淹没式出流,如图 7.19 所示。

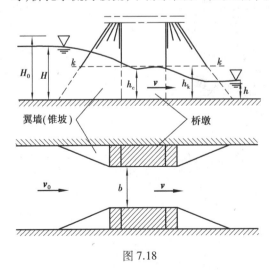

图 7.18　　　　　　　　　　　　图 7.19

### 2)小桥孔过流的水力计算公式

**(1)桥孔水深 $h_c$**

工程设计中,常用下列近似关系确定

$$h_c = \begin{cases} h & (淹没出流) \\ \psi h_k & (自由出流) \end{cases} \tag{7.16}$$

式中,$h$ 为下游水深;$h_k$ 为桥孔水流临界水深;$\psi$ 为垂向收缩因数,是经验值,视小桥进口形式而定,非平滑进口 $\psi = 0.75 \sim 0.80$,平滑进口 $\psi = 0.8 \sim 0.85$,初步设计时取 $\psi = 1.0$。

**(2)水力计算公式**

小桥过流水力计算公式可由恒定总流的伯努利方程和连续性方程导出,为

$$v = \varphi \sqrt{2g(H_0 - h_c)} \tag{7.17}$$

$$Q = \varepsilon b h_c \varphi \sqrt{2g(H_0 - h_c)} \tag{7.18}$$

式中,$\varepsilon$ 和 $\varphi$ 分别为与小桥进口形式有关的侧收缩因数和流速因数,由实验得 $\varepsilon = 0.75 \sim 0.9$,$\varphi = 0.80 \sim 0.90$。

### 3)小桥孔径水力计算原则

为了小桥设计的安全与经济,水力计算满足下列 3 个方面要求:

①孔径 $b$ 应使桥孔过流能力达到水文计算确定的设计流量,并取标准孔径,以利于选用标准的桥梁构件,提高效益。

②桥基不发生冲刷,即桥孔处的流速 $v$ 不超过河床土壤或铺砌材料免遭冲刷的最大允许速度 $v_{max}$。

③由于造桥之后,可能因桥墩的阻碍作用使上游水位提高,要求桥前壅水水深 $H$,不大于由路肩标高及桥梁梁底离水面的超高决定的允许壅水水深 $H'$。

### 4)小桥孔径的水力计算方法

小桥孔径水力计算方法有两种:①先由免遭冲刷的最大允许速度 $v_{max}$ 设计孔径 $b$,然后再校核壅水水位 $H$;②先由允许壅水水深 $H'$ 设计孔径 $b$,然后再校核桥孔流速 $v$。现以矩形断面河道中的小桥设计为例,说明第①种计算方法。

**(1)计算桥孔临界水深**

因受侧收缩影响,桥孔有效过流宽度为 $\varepsilon b$,则临界水深

$$h_k = \sqrt[3]{\frac{\alpha Q^2}{g(\varepsilon b)^2}} \tag{7.19}$$

式中,流量 $Q$ 由连续性方程,并考虑 $h_c = \psi h_k$,有 $Q = \varepsilon b h_c v_{max} = \varepsilon b \psi h_k v_{max}$,代入式(7.19),可得允许流速 $v_{max}$ 与临界水深 $h_c$ 的关系

$$h_k = \frac{\alpha \psi^2 v_{max}^2}{g} \tag{7.20}$$

**(2)计算桥孔孔径 $b$**

由 $Q = \varepsilon b h_c v_{max}$ 可得小桥孔径为

$$b = \frac{Q}{\varepsilon h_c v_{max}} \qquad (7.21)$$

工程上,桥孔孔径一般选用标准孔径 $B(B>b)$。铁路、公路、桥梁的标准孔径一般为 4 m, 5 m,6 m,8 m,10 m,12 m,16 m,20 m 等多种。

选用标准孔径 $B$ 后,需以 $B$ 替代计算值 $b$,由式(7.19)重新计算临界水深。比较桥下游水深 $h$ 和 $1.3h_k$ 的大小,判别出流形式。若原设计时流态为自由式,取标准孔径后流态变为淹没式,则按淹没式计算公式,重新计算 $b,B$ 值。

**(3)校核桥前壅水水深 $H$**

当小桥孔径 $B$ 及桥孔出流流态确定后,则可按式(7.18)计算 $H_0$,偏于安全的方法取 $H \approx H_0$,则桥前壅水水深 $H$ 可由下式校核

$$H \approx H_0 = h_c + \frac{Q^2}{2g(\varphi\varepsilon Bh_c)^2} \leq H' \qquad (7.22)$$

式中,$H'$ 为允许壅水水深;$h_c$ 为桥孔水深,自由出流 $h_c = \psi h_k$,淹没出流 $h_c = h$。

**例 7.4** 某河道设计流量 $Q = 25$ m$^3$/s,桥下游水深 $h = 0.9$ m,现拟建造桥梁,单孔,有八字形翼墙,桥前允许壅水水深 $H' = 1.6$ m,桥下铺砌允许流速 $v_{max} = 3.5$ m/s,试设计小桥孔径 $b$(已知资料:$\psi = 0.85$,$\varphi = 0.9$,$\varepsilon = 0.85$)。

**解** 采用第①种计算方法计算小桥孔径 $b$。

①计算临界水深

由式(9.20)得 $\quad h_k = \frac{\alpha\psi^2 v_{max}^2}{g} = \frac{1 \times 0.85^2 \times (3.5 \text{ m/s})^2}{9.8 \text{ m/s}^2} = 0.90$ m

②计算孔径 $b$

判别出流状态

$$1.3h_k = 1.3 \times (0.9 \text{ m}) = 1.17 \text{ m} > h = 0.9 \text{ m}$$

故此小桥过流为自由式。

$$b = \frac{Q}{\varepsilon\psi h_k v_{max}} = \frac{25 \text{ m}^3/\text{s}}{0.85 \times 0.85 \times 0.9 \text{ m} \times 3.5 \text{ m/s}} = 10.98 \text{ m}$$

取标准孔径 $B = 12$ m>10.98 m。

③按 $b = 12$ m 核算出流流态

$$h'_k = \sqrt[3]{\frac{\alpha Q^2}{g(\varepsilon b)^2}} = \sqrt[3]{\frac{1 \times (25 \text{ m}^3/\text{s})^2}{9.8 \text{ m/s} \times (0.85 \times 12 \text{ m})^2}} = 0.85 \text{ m}$$

$1.3h'_k = 1.3 \times 0.85$ m$= 1.11$ m>$h = 0.9$ m,因此小桥过流仍为自由出流。

④验算桥前壅水水深

$$H \approx H_0 = \psi h'_k + \frac{Q^2}{2g(\varphi\varepsilon Bh'_c)^2} = 0.85 \times 0.85 + \frac{(25 \text{ m}^3/\text{s})^2}{2 \times 9.8 \text{ m/s}^2(0.9 \times 0.85 \times 12 \times 0.85 \times 0.85)^2}$$

$$= 1.45 \text{ m} < H' = 1.6 \text{ m}$$

故桥前壅水满足设计要求。

## 思考题

7.1　堰有几种类型？如何判别？

7.2　什么是"真空剖面堰"？

7.3　简述宽顶堰的水流特点。

7.4　宽顶堰实现淹没出流的充要条件是什么？

7.5　堰流流量计算公式是如何推导出来的？

7.6　宽顶堰与小桥桥孔淹没出流判别条件是什么？

## 习　题

7.1　一直角进口无侧收缩宽顶堰,宽度 $b=2$ m,堰高 $P=0.5$ m,堰前水头为1.8 m,设为自由出流,求通过堰的流量。

7.2　一矩形进口宽顶堰,堰宽 $b=2$ m,堰高 $P=P'=1$ m,堰前水头 $H=2$ m,上游渠宽 $B=3$ m,边墩为矩形。下游水深 $h_下=2.8$ m,求过堰流量(设行近流速 $v_0$ 可忽略不计)。

7.3　一无侧收缩矩形薄壁堰,堰宽 $b=0.5$ m,堰高 $P=P'=0.4$ m,堰前水头 $H=0.6$ m,下游水深 $h=0.6$ m,求通过的流量。

7.4　一圆角进口无侧收缩宽顶堰,堰高 $P=P'=3.5$ m,堰顶水头 $H$ 限制为0.85 m,通过堰顶的流量 $Q=20$ m³/s,求堰宽 $b$ 及不发生淹没出流的下游最大水深。

7.5　直角三角形薄壁堰,堰前水头 $H=0.2$ m,求通过此堰的流量。若流量增加一倍,问水头变化如何？

7.6　如题7.6图所示为潜水坝,厚度 $d=2$ m,坝高 $P=P'=1$ m,上游水位高出坝顶0.6 m,下游水位高出坝顶0.1 m,求通过坝顶的单宽流量。

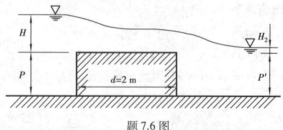

题 7.6 图

7.7　设有一取水闸,堰坎系矩形进口宽顶堰,坎高 $P=P'=1$ m,堰前水头 $H=2$ m,堰下游水深 $h_下=1.0$ m,堰宽 $b=2$ m,引水渠宽 $B=3$ m。求取水闸通过的流量。

7.8　在上题中,如果下游水深 $h_下=2.8$ m,其他条件均不改变,问通过流量是多少？设 $v_0$ 可忽略不计。

7.9　有一曲线形滚水坝(流线型墩),已知堰上水头 $H=2.4$ m,流量 $Q=80$ m³/s,自由出流,流量系数 $m = 0.48$,试求该滚水坝的宽度(设行近流速水头可忽略不计)。

7.10 某河道中,通过设计流量 $Q_d = 15 \text{ m}^3/\text{s}$,天然河槽水深 $h = 1.3 \text{ m}$,桥台进口采用八字形翼墙(取 $\psi = 0.85$, $\varphi = 0.90$, $\varepsilon = 0.90$),河床取碎石单层铺砌加固,其允许流速 $v_{\max} = 3.5 \text{ m}/\text{s}$。试求小桥孔径 $b$ 及桥前壅高水位 $H$。

# 第 **8** 章
## 地下水动力学基础

## 8.1 概　述

**液体在孔隙介质中的流动称为渗流**。水在土壤空隙和岩石裂缝中的流动,是渗流的一个重要部分,又称为**地下水运动**。

地下水是一种重要的地质形态。由于地下水渗流运动,岩土体在地下水的作用力下,土颗粒会发生移动或颗粒成分有所改变,从而影响岩土体的力学结构,因此,渗流能破坏土体的力学结构,降低其稳定性。地下水运动可以使岩土体发生塌陷、滑坡、沉降等事故,影响广泛且后果严重。对于建筑基础工程,地下水的水位、地下水腐蚀及渗流都会造成不同程度的影响;在基坑施工中,地下水会直接导致基坑的坍塌与破坏。

另外,在地下水水资源利用方面,涉及水井和集水廊道等集水建筑物的设计、产水量的计算等问题;堰、坝、渠道侧坡的修建等涉及构筑物的稳定性问题及渗漏损失等问题。因此,研究渗流问题有极重要的工程意义。

水在土壤中的存在状态有几种不同的类型:以水蒸气的形式散逸于土壤空隙中的水称为气态水;由于分子力的作用而聚集于土壤颗粒周围,其厚度小于最小分子层厚度的水称为吸着水;厚度在分子作用半径以内的水层称为薄膜水;由于表面张力作用而聚集于土壤颗粒周围的水称为毛细水;如果孔隙介质中含水量甚大,受重力作用而运动的水称为重力水。地下水动力学研究的主要对象是**重力水**的运动。

渗流运动的特性与孔隙介质的粒径、级配、均匀性、排列情况以及孔隙的大小、形状及孔隙系数等因素密切相关。从渗流的角度可将土壤分为均质土壤与非均质土壤。**均质土壤**是指其渗透性质不随空间位置变化的土壤,否则为**非均质土壤**。均质土壤又可分为各向同性和非各向同性的土壤。**均质各向同性**的土壤是指其渗透性质与渗流方向无关的土壤。例如,均质砂土就是均质各向同性土壤,而黄土和各个方向上有不同裂缝的岩石就是**均质非各向同性土壤**。

本章只研究均质各向同性土壤中的重力水的恒定流。所讨论的内容有渗流模型和渗流基本定律,地下水的均匀流与非均匀流,集水廊道和井的水力计算。

# 8.2　渗流基本定律

## 1)渗流模型

天然土壤中的颗粒形状及粒径大小各不相同,颗粒间的孔隙形状、大小及分布无一定规则。水在孔隙中的渗流运动很复杂,按实际情况进行分析将十分困难。因此,研究渗流运动时,人们将孔隙介质所占据的空间模型化,认为**该空间内没有土壤的颗粒(骨架)存在,只有水充满全部空间,并沿主流方向作为连续介质而运动,这个空间中所通过的流量、断面上的压力以及流动阻力(水头损失)均与实际渗流相等,这样的空间称为渗流理论的简化模型**,或简称为**渗流模型**。

设 $A$ 是渗流模型的过水断面面积,$Q$ 为通过该过水断面的流量,则定义:$v=Q/A$ 为**渗流的断面平均流速**。渗流模型的过水断面面积 $A$ 不等于真实渗流的过水断面面积 $A'$($A'$ 是孔隙介质断面上的孔隙面积),$A'<A$。因此,上述定义的渗流断面平均流速 $v$ 的值比真实的渗流平均流速 $v'$ 小。设 $n=A'/A$,称为土壤的孔隙率,则 $v=nv'$。各种土壤的孔隙率大致见表 8.1。

表 8.1　土壤的大致孔隙率

| 土壤种类 | 黏土 | 粉砂 | 中粗混合砂 | 均匀砂 |
|---|---|---|---|---|
| 孔隙率 | 0.45~0.55 | 0.40~0.50 | 0.35~0.40 | 0.30~0.40 |
| 土壤种类 | 细、中混合沙 | 砾石 | 砾石和砂 | 砂岩 |
| 孔隙率 | 0.30~0.35 | 0.30~0.40 | 0.20~0.35 | 0.10~0.20 |

## 2)达西渗流定律

液体在孔隙介质中流动时,由于液体黏滞性的作用,必然有能量损失。早在 1852—1855 年,法国学者达西(H. Darcy)对砂质土壤进行了大量渗流实验研究,总结出渗流水头损失与渗流速度之间的基本关系,即**达西渗流定律**。

达西实验装置如图 8.1 所示,一上端开口的直立圆筒,内装颗粒均匀的砂土,上部由供水管 A 供水,并用溢流管 B 以恒定水位,渗透过砂体的水通过底部滤水网 C 流入容器 D,并由此测定渗透流量。在筒壁上接通相距 $l$ 的两测压管,以测量 1-1 和 2-2 断面上的渗透压强。由于在达西实验中,渗流流速很小,渗流流态为层流,可以忽略流速水头,因此,1-1 和 2-2 断

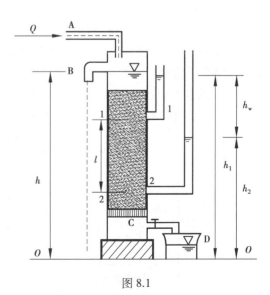

图 8.1

面的测压管水头差 $\Delta H$ 就是渗流在 $l$ 长度上的渗流水头损失 $h_w$，从而水力坡度 $J$ 为

$$J = \frac{h_w}{l} = \frac{h_1 - h_2}{l} \tag{8.1}$$

达西以不同尺寸的圆筒和不同类型的土壤进行了大量的实验，通过实验观测，发现在不同尺寸的圆筒和不同类型的土壤渗流中所通过的渗流流量 $Q$ 与圆筒的横断面积 $A$ 和水力坡度 $J$ 成正比，并与土壤的渗透性质有关。可以表示为

$$Q = kAJ \tag{8.2}$$

或

$$v = \frac{Q}{A} = kJ \tag{8.3}$$

式(8.3)为**达西渗流定律**的表达式。式中 $k$ 为反映土壤渗透性质的系数，称为**渗流系数**，其单位为速度的单位，$v$ 为**渗流流速**。

达西渗流定律描述了当渗流流速很小时，渗流能量损失与渗流流速之间的基本关系，揭示了渗流层流的基本规律：**渗流层流的断面平均流速与水力坡度的一次方成正比**。

### 3) 渗流系数

**渗流系数**是反映孔隙介质渗透特性综合指标的重要参数。渗流系数的大小主要取决于土壤颗粒的形状、大小、不均匀系数及水温等。要精确测定渗流系数的数值较为困难，通常采用经验公式法、实验室测定法、现场观测法等多种方法测算渗流系数的概值，本书仅大概介绍实验室测定法和现场观测法。

#### (1) 实验室测定法

实验室测定法通常使用类似于达西渗流实验所采用的装置在实验室进行实验，测出 $Q$，$h_1$ 及 $h_2$，采用式(8.2)计算渗流系数。此法简便易测，若选取的土壤是实际的未扰动土壤，并有足够数量的有代表性的土壤进行实验，其结果是可靠的。

#### (2) 现场观测法

现场观测法是在现场利用钻井或原有井作抽水或灌水试验，然后根据井的公式（在后面的小节中讨论）计算渗流系数 $k$。这种方法是可靠的测定方法，且实用意义大，可以取得大面积平均渗流系数值，但经济耗费大。

渗流系数 $k$ 的量纲为 $[LT^{-1}]$，常用 cm/s 或 m/d 表示，其中 d 表示天。作近似计算时，可以采用表 8.2 给出的水在土壤中渗流系数的概值。

表 8.2　土壤中渗流系数的概值

| 土　名 | 渗　透　系　数　$k$ | |
|---|---|---|
| | m/d | cm/s |
| 黏土 | <0.005 | $<6\times10^{-6}$ |
| | 0.005~0.1 | $6\times10^{-6} \sim 1\times10^{-4}$ |
| 轻压黏土 | 0.1~0.5 | $1\times10^{-4} \sim 6\times10^{-4}$ |

续表

| 土　名 | 渗 透 系 数 $k$ | |
| --- | --- | --- |
| | m/d | cm/s |
| 黄土 | 0.25~0.5 | $3×10^{-4}~6×10^{-4}$ |
| 粉砂 | 0.5~1.0 | $6×10^{-4}~1×10^{-3}$ |
| 细砂 | 1.0~5.0 | $1×10^{-3}~6×10^{-3}$ |
| 中砂 | 5.0~20.0 | $6×10^{-3}~2×10^{-2}$ |
| 均质中砂 | 35~50 | $4×10^{-2}~6×10^{-2}$ |
| 均质粗砂 | 60~70 | $7×10^{-2}~8×10^{-2}$ |
| 圆砾 | 50~100 | $6×10^{-2}~8×10^{-2}$ |
| 卵石 | 100~500 | $1×10^{-1}~6×10^{-1}$ |
| 无填充物卵石 | 500~1 000 | $6×10^{-1}~1×10^{-1}$ |
| 稍有裂隙岩石 | 20~60 | $2×10^{-2}~7×10^{-2}$ |
| 裂隙多的岩石 | >60 | $>7×10^{-2}$ |

**4)达西渗流定律的适用范围和非线性渗流定律**

达西渗流定律表明渗流的沿程水头损失与流速的一次方成正比,即水头损失与断面平均流速呈线性关系。凡符合这种规律的渗流,称为**层流渗流**或**线性渗流**。达西渗流定律又称为**线性渗流定律**。当渗流流速较大(如在重粗颗粒土壤中或堆石中的渗流)时,水头损失与流速之间不再呈线性关系,当流速达到一定数值后,水头损失与流速的平方成正比,这种渗流称为**非线性渗流**。

土壤的渗透性质十分复杂,难以找到线性渗流与非线性渗流确切的判别准则。有人建议直接引用土壤粒径,这种方法过于粗略,大多数人建议如同管渠流动一样采用雷诺数,这方面有多种研究成果。下面仅介绍两个实验研究成果。

一种是直接采用雷诺数的通常表达式

$$Re = \frac{vd}{\nu} \tag{8.4}$$

式中,$v$ 为渗流断面平均流速,以 cm/s 计;$d$ 为骨架或土壤的特征粒径,通常采用 $d_{10}$,即筛分时占 10%的重量的土粒所通过的筛孔直径,以 cm 计;$\nu$ 为水的运动黏滞系数,以 $cm^2/s$ 计。

一般可取 $Re \leqslant 1~10$ 作为线性渗流定律的上限值。

另一种是考虑土壤孔隙率 $n$ 的雷诺表达式

$$Re = \frac{1}{0.75n + 0.23} \frac{vd}{\nu} \tag{8.5}$$

当实际土壤的雷诺数 $Re < 7 \sim 9$,为线性渗流。

工程上所遇到的较多渗流问题属线性渗流,但渗水路堤、堆石坝等的渗流则不符合线性渗流定律。颗粒极细的黏土,能否运用渗流达西定律进行计算也尚待研究。

1901 年,福希海梅(Forchheimer)提出渗流水头损失的一般表达式为

$$J = au + bu^2 \tag{8.6}$$

式中,$a$ 和 $b$ 为待定系数,由实验测定。当 $b = 0$ 时,即为线性渗流定律,当渗流进入紊流阻尼平方区时,$a = 0$,水头损失与流速的平方成正比;若 $a$ 和 $b$ 都不等于零,则为一般的非线性渗流定律。实验结果表明,渗流紊流开始于 $Re = 60 \sim 150$,达西定律在 $Re \geqslant 1 \sim 10$ 时已不适用了,因此,$Re \approx 10 \sim 150$ 的层流区,也有 $bu^2$ 项出现。

本章仅限于讨论符合达西定律的渗流。

## 8.3  地下水的均匀流与非均匀流

采用渗流模型研究地下水运动时,认为地下水的运动是连续的,因此,可以应用研究地表明渠水流的方法将渗流分为均匀渗流和非均匀渗流。服从达西定律的渗流具有某些地表明渠流所没有的特点。

### 1)恒定均匀流与渐变流流速分布

### (1)均匀渗流

在均匀渗流中,若视不透水层的顶坡为渠道的**底坡**,设其坡度为 $i$,地下水水面线平行于渠底,服从线性律的渗流流速很小,因此,可以略去流速水头 $\dfrac{v^2}{2g}$ 不计,总水头线与测压管水头线重合。而地下水水面线就是测压管水头线。均匀渗流任一断面的测压管水头线坡度(或水力坡度)都相同,因此有

$$J = J_p = i = 常数 \tag{8.7}$$

即各个断面水力坡度都等于**底坡**。均匀渗流每一过水断面上的压强分布都与静水压强分布相同,即服从 $\left(z + \dfrac{p}{\rho g}\right) = 常数$,故在断面上各个点的水力坡度都相等。根据达西定律,渗流流场中某点的渗流流速为

$$u = kJ = ki \tag{8.8}$$

即均匀渗流区域中任一点的渗流流速都相等。因此,均匀渗流过水断面上的流速分布图为矩形,且断面上流速分布图沿程不变,全渗流区各点渗流流速相等,如图 8.2 所示。

### (2)渐变渗流

如图 8.3 所示为渐变渗流,任取相距为 $dL$ 的过水断面 1-1 和 2-2,在渐变渗流断面上压强分布近似服从静水压强的分布规律,因此,1-1 断面上各点的测压管水头都是 $H_1$,断面 2-2 上各点的测压管水头均为 $H_2$。断面 1-1 与 2-2 之间任一流线的水头损失相同,为 $dH = H_2 - H_1$,又由于渐变流流线间的夹角小,流线的曲率小,流线族几乎为平行直线,因此可以认为 1-1 和 2-2 断面间的所有流线长度均近似为 $dL$,故过水断面上各点的水力坡度相等,为

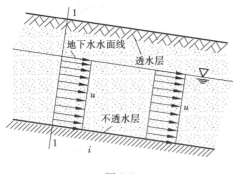

图 8.2

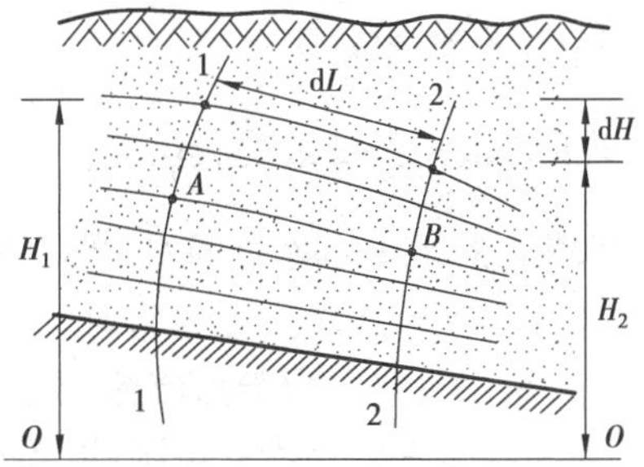

图 8.3

$$J = -\frac{\mathrm{d}H}{\mathrm{d}L} = 常数$$

根据达西定律,过水断面上各点的渗流流速 $u$ 都相等,断面平均流速就等于点的渗流流速,即

$$v = u = kJ \tag{8.9}$$

该式是达西定律的一种推广形式,由法国学者裘皮幼(J.Dupuit)于 1857 年推导得出,也称为**裘皮幼公式**。公式表明:渐变渗流同一过水断面上各点的渗流流速相等,因此,断面平均渗流流速等于断面上任一点的渗流流速。

裘皮幼公式与达西公式(8.3)虽然在形式上相同,但意义有区别。达西公式只能应用于均匀渗流,此时断面上各点的水力坡度 $J$ 都相同,不同断面上的 $J$ 也相同;而裘皮幼公式用于渐变渗流,虽然在同一断面上各点的 $J$ 基本相同,但不同断面的 $J$ 不同。

**2)渐变渗流基本方程**

如图 8.4 所示为无压恒定渐变渗流。不透水层顶坡为渗流底坡 $i$,任取一过水断面 1-1,其含水层水深为 $h$,测压管水头为 $H$,渠底距基准面的高度为 $z$,则有

$$H = h + z$$

该断面上各点的水力坡度为

$$J = -\frac{\mathrm{d}H}{\mathrm{d}L} = -\frac{\mathrm{d}(h+z)}{\mathrm{d}L}$$

$$= -\frac{\mathrm{d}z}{\mathrm{d}L} - \frac{\mathrm{d}h}{\mathrm{d}L} = i - \frac{\mathrm{d}h}{\mathrm{d}L}$$

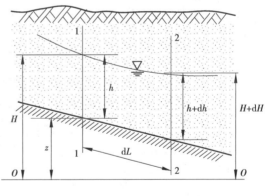

图 8.4

由于水深 $h$ 沿程变化,因此,渐变渗流的不同断面具有不同的测压管水头线坡度。将测压管水头线坡度 $J$ 的表达式代入裘皮幼公式(8.8)中可得断面平均渗流流速和通过该断面的渐变渗流流量为

$$\left.\begin{array}{l} v = k\left(i - \dfrac{\mathrm{d}h}{\mathrm{d}L}\right) \\[3mm] Q = kA\left(i - \dfrac{\mathrm{d}h}{\mathrm{d}L}\right) \end{array}\right\} \tag{8.10}$$

式(8.10)为适用于各种底坡渐变渗流的**基本微分方程**,也是分析和绘制渐变渗流水面线(称为**浸润曲线**)的理论依据。

### 3)渐变渗流浸润曲线的类型

**无压渗流的地下水水面称为浸润面**,在流动的纵剖面上它是一条曲线,称为**浸润曲线**。对于渐变渗流,当流速水头可忽略时,总水头线与测压管水头线相重合,浸润曲线既是测压管水头线又是总水头线。由于渗流流动过程中必然存在水头损失,总水头线总是沿程下降的,因此,浸润曲线也只能是沿程下降的,不可能是水平线,也不可能沿程上升。前面已经得出渐变渗流微分方程,对它积分,可得浸润曲线方程。

在分析地表明渠水面曲线时,**正常水深和临界水深**起着重要的作用,这里沿用地表明渠流的概念,讨论渗流问题时将均匀渗流的水深 $h_0$ 称为**正常水深**;将不透水层顶坡作为**渗流底坡**,按其坡度是否大于零,依次分为顺坡渗流:$i>0$;平坡渗流:$i=0$;逆坡渗流:$i<0$。

均匀流的水深沿程不变:$\dfrac{\mathrm{d}h}{\mathrm{d}L}=0$,决定均匀流水力要素的基本方程为

$$Q = kA_0 i \tag{8.11}$$

式中,$A_0$ 为相应于正常水深 $h_0$ 的过水断面面积 $A_0=bh_0$。

由于可以略去流速水头,断面单位能(比能)$E_s=h+\dfrac{\alpha v^2}{2g}$ 实际上就近似等于水深 $h$,因此不存在临界水深、缓流、急流等概念,在分析浸润线时只需用实际水深与特征水深(正常水深)相比较,故渐变渗流浸润曲线类型及其位置的分区比地表明渠水面曲线少,在 3 种坡度情况下总共只有 4 种浸润曲线类型。

**(1)顺坡($i>0$)渗流**

**均匀渗流只发生于顺坡渗流。**将式(8.10)中的渗流流量用式(8.11)代替可得:$kA_0 i=kA$ $\left(i-\dfrac{\mathrm{d}h}{\mathrm{d}L}\right)$,由此可得出顺坡浸润曲线的微分方程为

$$\frac{\mathrm{d}h}{\mathrm{d}L} = i\left(1-\frac{A_0}{A}\right) = i\left(1-\frac{h_0}{h}\right) \tag{8.12}$$

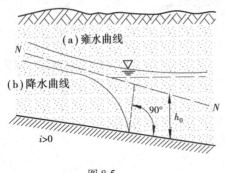

图 8.5

记正常水深线为 $N$-$N$ 线,$N$-$N$ 线把渗流划分为(a)和(b)两个区域,如图 8.5 所示。

(a)区:$h>h_0$,$A>A_0$,因此,$\dfrac{\mathrm{d}h}{\mathrm{d}L}>0$,即浸润线为雍水曲线。在浸润线上游端,当 $h\to h_0$ 时,有 $\dfrac{\mathrm{d}h}{\mathrm{d}L}\to 0$,浸润线以 $N$-$N$ 线为渐近线,在曲线下游端,当 $h\to\infty$ 时,$\dfrac{\mathrm{d}h}{\mathrm{d}L}\to i$,曲线以水平线为渐近线。

(b)区:$h<h_0$,$A<A_0$,因此 $\dfrac{\mathrm{d}h}{\mathrm{d}L}<0$,在曲线的上游端,$h\to h_0$,$A\to A_0$,$\dfrac{\mathrm{d}h}{\mathrm{d}L}\to 0$ 曲线以 $N$-$N$ 线为渐

近线,在曲线的下游端,当 $h \to 0, A \to 0$,从而 $\dfrac{\mathrm{d}h}{\mathrm{d}L} \to -\infty$,即曲线与底坡正交。因此,浸润曲线为上游以 N-N 线为渐近线,下游垂直于底坡,水深沿程减小的降水曲线。该降水曲线的末端曲率半径很小,不再符合渐变流条件,式(8.12)不再适用,而取决于具体的边界条件。

**（2）平坡（$i=0$）渗流**

在 $i=0$ 的平坡底坡,不可能产生均匀渗流。将 $i=0$ 代入式(8.10)中,可得平坡渗流浸润曲线的微分方程

$$\frac{\mathrm{d}h}{\mathrm{d}L} = -\frac{Q}{kA} \tag{8.13}$$

从式(8.13)中知 $\dfrac{\mathrm{d}h}{\mathrm{d}L} < 0$,因此,只可能产生一种浸润曲线,为沿程水深减小的降水曲线,如图 8.6(a)所示。曲线的上游端,当 $h \to \infty$, $\dfrac{\mathrm{d}h}{\mathrm{d}L} \to 0$,曲线以水平线为渐近线,曲线的下游线,当 $h \to 0$, $\dfrac{\mathrm{d}h}{\mathrm{d}L} \to -\infty$,曲线与底坡相垂直,其性质与顺坡渠道的降水曲线末端相类似。

**（3）逆坡（$i<0$）渗流**

逆坡底坡上也不可能产生均匀渗流。同样,对于逆坡渗流,也只可能产生一种浸润曲线,如图 8.6(b)所示,为沿程水深减小的降水曲线。此处不对逆坡渗流作进一步详述。

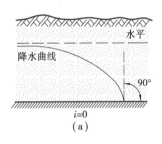 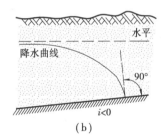

图 8.6

例 8.1　有一如图 8.7 所示的矩形断面土堤,将内外两河分开,土堤宽度 $l=20$ m,土堤长（垂直于纸面方向）为 100 m,外河水深 $h_1 = 5$ m,内河水深 $h_2 = 1$ m,土堤的渗流系数 $k = 5 \times 10^{-3}$ cm/s,试计算由外河向内河经过土堤的渗流流量 $Q$。

**解**　根据渐变渗流的基本微分方程

$$Q = kA\left(i - \frac{\mathrm{d}h}{\mathrm{d}L}\right)$$

将 $i=0$ 代入上式中得

$$Q = -kbh\frac{\mathrm{d}h}{\mathrm{d}L}$$

即

$$Q\int_0^l \mathrm{d}L = -kb\int_{h_1}^{h_2} h\mathrm{d}h$$

积分整理得

$$Q = \frac{kb}{2l}(h_1^2 - h_2^2) = \frac{(5 \times 10^{-5}) \, \text{m/s} \times 100 \, \text{m}}{2 \times 20 \, \text{m}} [(5 \, \text{m})^2 - (1 \, \text{m})^2] = 3 \times 10^{-3} \text{m}^3/\text{s}$$

**例 8.2** 如图 8.8 所示水平不透水层上的细砂含水层，用观察井 2 测得地下水面标高为 30.5 m，另外在沿渗流方向与观测井 2 相距 $l = 1\,000$ m 处，用观察井 1 测得地下水位为 23.2 m。不透水层顶面标高为 10.0 m，已知砂层渗流系数 $k = 7.5$ m/d，求单宽渗流量 $q$ 及 150 m 宽度上的地下水流量 $Q$，并计算沿渗流方向与观察井 2 相距 100 m 处的水面标高。

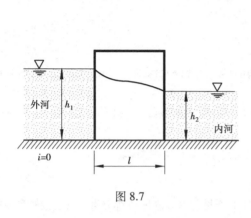

图 8.7

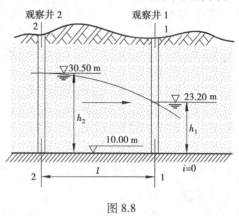

图 8.8

**解** 从图中已知条件可知，

$h_2 = 30.5 \, \text{m} - 10.0 \, \text{m} = 20.5 \, \text{m}, h_1 = 23.20 \, \text{m} - 10.0 \, \text{m} = 13.2 \, \text{m}, l = l_2 - l_1 = 1\,000 \, \text{m}$

由渐变渗流基本微分方程

$$Q = kA\left(i - \frac{\text{d}h}{\text{d}L}\right)$$

其中，$i = 0, A = bh = 1 \cdot h$，代入求单宽流量

$$q = -kh\frac{\text{d}h}{\text{d}L}$$

在 $l_1$ 和 $l_2$ 处的地下水水深分别为 $h_1$ 和 $h_2$，对上式积分可得

$$\frac{2q}{k}(l_1 - l_2) = h_2^2 - h_1^2$$

$$q = \frac{k(h_2^2 - h_1^2)}{2(l_1 - l_2)}$$

将题目所给已知条件代入得

$$q = \frac{7.5 \, \text{m/d} \times [(20.5 \, \text{m})^2 - (13.2 \, \text{m})^2]}{2 \times 1\,000 \, \text{m}} = 0.922 \, \text{m}^3/(\text{d} \cdot \text{m})$$

已知渗流宽度为 150 m，

$$Q = bq = 150 \, \text{m} \times 0.922 \, \text{m}^3/(\text{d} \cdot \text{m}) = 138.3 \, \text{m}^3/\text{d}$$

为求距观察井 2 为 100 m 处的水面标高，设该处水深为 $h$，代入 $q$ 的表达式中

$$\frac{2q}{k} = \frac{h_2^2 - h^2}{l'} = \frac{h_2^2 - h_1^2}{l}$$

$l = 1\,000$ m，$l' = 100$ m，由此可得

$$h^2 = h_2^2 - \frac{l'}{l}(h_2^2 - h_1^2)$$

因此

$$h = \sqrt{h_2^2 - \frac{l'}{l}(h_2^2 - h_1^2)} = \sqrt{(20.5\ \text{m})^2 - 0.1\left[(20.5\ \text{m})^2 - (13.2\ \text{m})^2\right]} = 19.9\ \text{m}$$

于是得到距观察井 2 沿渗流方向 100 m 处的水面标高为:10.0 m+19.9 m=29.9 m。

**例 8.3**　位于河道上方的渠道,在渠道与河道之间有一透水的土层(见图 8.9),其不透水层基底的坡度 $i = 0.02$,土壤渗流系数 $k = 0.005$ cm/s,渠道与河道之间的距离 $L = 180$ m,渠水在渠岸处的深度 $h_1 = 1.0$ m,渗流在河岸出流处的深度 $h_2 = 1.9$ m,渠水沿渠岸的一侧下渗入河,试按平面问题求单位渠长的渗流流量并作出浸润曲线。

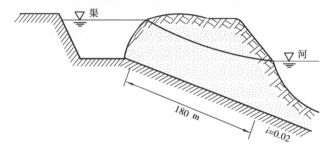

图 8.9

**解**　因 $i > 0$,为顺坡渗流,又因 $h_2 > h_1$,故浸润曲线为顺坡壅水曲线。由顺坡渗流基本方程(8.11)

$$\frac{\mathrm{d}h}{\mathrm{d}L} = i\left(1 - \frac{h_0}{h}\right) \tag{a}$$

式中,$h_0$ 为相应于均匀渗流的水深。令 $\dfrac{h}{h_0} = \eta$,则 $\mathrm{d}h = h_0\mathrm{d}\eta$ 代入式(a)中得

$$\frac{\eta\mathrm{d}\eta}{\eta - 1} = \frac{i}{h_0}\mathrm{d}L$$

等式两端同时积分

$$\int_{\eta_1}^{\eta_2} \frac{\eta + 1 - 1}{\eta - 1}\mathrm{d}\eta = \frac{i}{h_0}L$$

得

$$\eta_2 - \eta_1 + \ln\frac{\eta_2 - 1}{\eta_1 - 1} = \frac{iL}{h_0} \tag{b}$$

式(b)中

$$\eta_1 = \frac{h_1}{h_0}, \quad \eta_2 = \frac{h_2}{h_0}$$

由题给条件 $i = 0.02$,$L = 180$ m,$\eta_1 = \dfrac{h_1}{h_0} = \dfrac{1}{h_0}$,$\eta_2 = \dfrac{h_2}{h_0} = \dfrac{1.9}{h_0}$,代入式(b)后并化简得

$$h_0\ln\frac{1.9\ \text{m} - h_0}{1.0\ \text{m} - h_0} = (0.02 \times 180\ \text{m} - 1.9\ \text{m} + 1.0\ \text{m}) = 2.7\ \text{m}$$

采用试算法解得

$$h_0 = 0.945 \text{ m}$$

故每米长渠道所渗出的流量为

$$q = kh_0 i = 0.005 \text{ cm} \times 0.945 \text{ m} \times 100 \times 0.02 = 0.009\ 45 \text{ cm}^3/(\text{s} \cdot \text{cm})$$

为绘制浸润曲线,将 $i = 0.02, h_0 = 0.945 \text{ m}, h_1 = 1 \text{ m}$ 代入式(b)可得

$$L = 47.25\left(\frac{h_2}{0.945} - 1.058 + \ln\frac{h_2 - 0.945}{0.055}\right) \qquad (\text{c})$$

分别假设 $h_2 = 1.2h, 1.4 \text{ m}, 1.7 \text{ m}, 1.9 \text{ m}$(因为渗流总长只有 180 m,才可以这样计算,否则应该分段求和,特别是当曲线变化较快时,分段应取很短),代入式(c)相应的 $L$ 为 80.6 m, 117.7 m, 156.7 m, 180 m,连接这些坐标点,即可绘出浸润曲线,如图 8.10 所示。

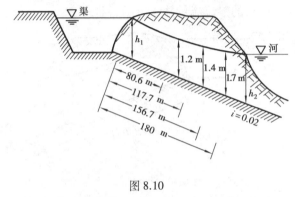

图 8.10

## 8.4　集水廊道的渗流计算

集水廊道是建造于无压含水层中用以集取地下水源或降低地下水位的集水建筑物。通过埋设在地下含水层中的钢筋混凝土滤水管、钢制滤水管或由砖、石砌筑成具有滤水作用的廊道来集取地下水的一种集水构筑物形式。这种集水形式通常适用于集取含水层厚度为 4~10 m、地下水埋深小于 2 m 的浅层地下水,也可同时集取地下水和河床潜水,一般适用于渗流系数大于 10~20 m/d 的河床地质情况。利用当地大粒径的块石、卵石砌筑成集水廊道在我国东北和西北地区应用较为广泛,具有结构简单、施工、运行费用低、维修管理方便以及不需要净化设备等优点,被广泛地用于工农业生产和日常生活中。

集水廊道的出水量一般采用渐变渗流基本方程进行计算。在工程设计中,通常的做法是选择一个具有代表性的集水廊道横断面,对影响廊道出水量的主要因素取平均值,计算单位长度集水廊道的出水量,根据总需水量的要求,直接确定集水廊道的总长度;也有一些工程将集水廊道分为若干段,假定各段末端处廊道水深,对影响廊道出水量的其他因素均取平均值,分别计算各段的长度及出水量,再根据总需水量的要求,确定集水廊道的总长度。

设一位于不透水层上的矩形断面集水廊道如图 8.11 所示,底坡 $i = 0$。廊道中不断抽水时,地下水流向廊道,水面沿程下降,在其两侧形成对称于廊道轴线的浸润曲面。刚开始抽水时,这种渗流属于非恒定流。若含水层很大,廊道很长,渗流持续一段时间后,可近似地形成无压渐变渗流,廊道中保持某一恒定水深 $h_0$,两侧浸润曲线的形状位置基本不变,在所有垂直

于廊道轴线的剖面上,渗流情况相同,可作为平面渗流问题讨论。

取廊道右侧单位长度研究,设 $q$ 为集水廊道单位长度上自一侧渗入的单宽流量,由式(8.10)

$$Q = kA\left(i - \frac{\mathrm{d}h}{\mathrm{d}L}\right)$$

得　　　　$\dfrac{q}{k}\mathrm{d}L = -h\mathrm{d}h$

或　　　　$\dfrac{\mathrm{d}h}{\mathrm{d}L} = -\dfrac{q}{kh}$

建立坐标系 $xOz$ 如图 8.11 所示,$x$ 坐标与流向相反,故:$\dfrac{\mathrm{d}h}{\mathrm{d}L} = -\dfrac{\mathrm{d}z}{\mathrm{d}x}$,代入上式得集水廊道渗流的基本微分方程为

$$q = kz\frac{\mathrm{d}z}{\mathrm{d}x}$$

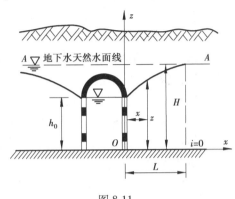

图 8.11

将该式分离变量并积分,代入边界条件:$x = 0$ 时,$z = h_0$,可得到集水廊道浸润曲线方程

$$z^2 - h_0^2 = \frac{2q}{k}x \tag{8.14}$$

可见,浸润曲线是抛物型曲线,当 $x$ 越大时,地下水位的降落就越小。设在 $x = L$ 处,地下水位降落趋近于零,$z$ 等于含水层厚度 $H$,$L$ 为集水廊道的影响范围,将这一边界条件代入式(8.14)中可得集水廊道单位长度上每侧的产水量公式为

$$q = \frac{k(H^2 - h_0^2)}{2L} \tag{8.15}$$

式中,$k$ 为渗流系数,与地质条件有关,由抽水试验决定。

若引入浸润曲线的平均坡度:$\bar{J} = \dfrac{H - h_0}{L}$,则式(8.15)可以改写为

$$q = \frac{k}{2}(H + h_0)\bar{J} \tag{8.16}$$

式(8.16)可用以估算 $q$,$\bar{J}$ 的数值可根据土壤性质确定,由表 8.3 选取。

表 8.3　浸润曲线的平均坡度

| 土壤类别 | $\bar{J}$ 值 |
| --- | --- |
| 粗砂及冰川沉积土 | 0.003~0.005 |
| 砂土 | 0.005~0.015 |
| 微弱黏性砂土 | 0.03 |
| 亚黏土 | 0.05~0.10 |
| 黏土 | 0.15 |

## 8.5　单井的水力计算

井在给水工程中是吸取地下水的建筑物,应用很广。从井中抽水可使井附近的天然地下水位降落,可起到排水或降低地下水位的作用,也可向井中输水,使地下水水位提高。

根据水文地质条件,可将井分为潜水井和承压井两种基本类型。**潜水井**指在具有自由液面的潜水层中开凿的井,又称为**无压井**,若井底达到不透水层,则称为**完全井**;若井底未达到不透水层,则称为**不完全井**。**承压井**指在两个不透水层之间的含水层中凿井,含水层压强大于大气压强,承压井又称为**自流井**。

当地下水开采量较大,补给来源不足或者需要精确测定水文地质参数时,应按非恒定流考虑。但在地下水来源充沛,开采量远小于天然补给量的情况下,经一段时间抽水后,可按恒定流分析井的渗流情况。

严格地讲,井的渗流属于三维渗流,求解非常复杂,但若忽略运动要素沿 $z$ 轴方向的变化,并采用轴对称假设,即可采用一维渐变渗流的裘皮幼公式进行分析。

### 1) 潜水井〔无压井、普通井〕

有自由液面的地下水称为**无压地下水**或**潜水**。在潜水层中修建的井称为**潜水井**或**无压井**,也称**普通井**。井的断面通常为圆形,水由井壁渗入井中。

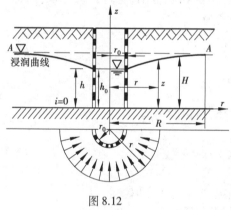

图 8.12

如图 8.12 所示为完全潜水井,井底为不透水层,天然含水层厚度为 $H$,井的半径为 $r_0$。抽水时地下水从四周径向对称流入井内,形成对井中心垂直轴线对称的漏斗形浸润曲面。设抽水量不变地连续抽水,且含水层上体积很大,抽水过程中不致使天然含水层厚度 $H$ 有所改变,则流向水井的地下水渗流为恒定渗流,浸润面的位置不变,井中水深 $h_0$ 也保持不变。流向水井的过水断面是一系列圆柱面,各径向剖面的渗流状况相同。可以运用裘皮幼公式计算断面平均流速。

距井轴为 $r$ 的过水断面,其高度为 $z$,面积为 $2\pi rz$。$r$ 轴的方向与渗流流向相反,有

$$\frac{\mathrm{d}z}{\mathrm{d}r} = -\frac{\mathrm{d}h}{\mathrm{d}L}$$

由渐变渗流基本微分方程式(8.10)得

$$Q = 2\pi rzk \frac{\mathrm{d}z}{\mathrm{d}r}$$

将该式分离变量,从 $r_0$ 至 $r$ 及 $h_0$ 至 $z$ 取定积分,即

$$\int_h^z z\mathrm{d}z = \int_{r_0}^r \frac{Q}{2\pi k} \frac{\mathrm{d}r}{r}$$

求解积分可得完全潜水井的**浸润曲线方程**

$$z^2 - h_0^2 = \frac{Q}{\pi k} \ln \frac{r}{r_0} \qquad (8.17)$$

设在半径 $r=R$ 的过水断面上,潜水水深 $z=H$,即该处天然地下水位已不受井抽水影响,则距离 $R$ 称为井的**影响半径**。

将 $r=R$ 时,$z=H$ 这一边界条件代入式(8.17)中可得

$$Q = \frac{\pi k (H^2 - h^2)}{\ln \dfrac{R}{r_0}} \qquad (8.18)$$

式(8.18)即为**完全潜水井的产水量公式**,称为裘皮幼产水量公式。

对于一定的产水量 $Q$,地下水面相应的最大降落深度为

$$S = H - h$$

称为**水位降深**。从而有

$$H^2 - h_0^2 = (H + h_0)(H - h_0) = 2H\left(1 - \frac{S}{2H}\right)S$$

当 $H$ 远大于 $S$ 时,$\dfrac{S}{2H} \ll 1$,可略去之,则式(8.18)可以简化为

$$Q = \frac{2\pi k H S}{\ln \dfrac{R}{r_0}} \qquad (8.19)$$

式(8.19)表明:产水量 $Q$ 与 $k$,$H$ 及 $S$ 成正比,而 $Q$ 是随 $\ln R$ 而变化,故 $R$ 值对 $Q$ 的影响较小。

一般而言,影响半径由抽水试验测定。在估算中,$R$ 值可按经验酌情选用:粗粒土壤 $R=700\sim1\,000$ m;中粗粒土壤 $R=250\sim700$ m;细粒土壤 $R=100\sim200$ m。也可以采用以下经验公式估算 $R$ 值

$$R = 3\,000 S \sqrt{k} \qquad (8.20)$$

式中,$S$,$R$ 以 m 计,$k$ 以 m/s 计。

不完全井的产水量不仅来自井壁四周,而且还来自井底,其产水量公式一般由经验公式测定,此处不详述。

**例 8.4**　一完全潜水井,井的半径 $r_0=0.5$ m,天然含水层厚度 $H=8$ m,土壤的渗流系数 $k=0.001\,5$ m/s,抽水时井中水深 $h_0=5$ m,试估计井的产水量。

**解**　水位降深:

$$S = H - h = 8 \text{ m} - 5 \text{ m} = 3 \text{ m}$$

由经验公式估算井的影响半径 $R$ 的值

$$R = 3\,000 S \sqrt{k} = 3\,000 \times 3 \times \sqrt{0.001\,5} = 342.6 \text{ m}$$

取影响半径 $R=350$ m,可求得井的产水量为

$$Q = \frac{\pi k (H^2 - h^2)}{\ln \dfrac{R}{r_0}} = \frac{3.14 \times 0.001\,5 \text{ m/s} \times \left[(8 \text{ m})^2 - (5 \text{ m})^2\right]}{\ln \dfrac{350 \text{ m}}{0.5 \text{ m}}} = 0.028 \text{ m}^3/\text{s}$$

### 2) 自流井〔承压井〕

如图 8.13 所示，含水层位于两不透水层之间，含水层的压强大于大气压强，这样的含水层称为承压含水层。凿井穿过上面的不透水层，从含水层中取水，这样的井称为**自流井**或**承压井**。若井底直达下部不透水层的表面，则为**完全自流井**，如图 8.13 所示为完全自流井。

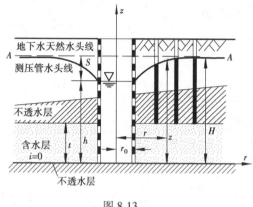

图 8.13

在本书中仅讨论一种最为简单的情况，即如图 8.13 所示，下面的不透水层水平，并且含水层厚度 $t$ 为定值的完全自流井。未抽水时，在含水层压力作用下，水深上升到 $H$，$H$ 即为含水层的天然总水头，井中水面的延长面为地下水天然水头面，它高于 $t$，若含水层压力较大，还有可能高出地面。若从井中抽水，井中水深由 $H$ 降至 $h$。若在上部不透水层钻若干小井作为测压管用，则可观测到抽水井外的测压管水头线沿渗流方向沿程下降，当抽水一段时间后，可近似地形成一个对称于井轴的漏斗形**水头降落曲面**。

承压井渗流的过水断面为一系列高度为 $t$ 的圆柱面，各径向剖面的渗流情况相同，除井周附近的区域外，测压管水头线的曲率很小，恒定抽水时，可作为恒定渐变渗流分析。建立如图 8.13 所示坐标系，由式(8.10)得

$$Q = kA\left(i - \frac{dh}{dL}\right) = 2\pi r t k \frac{dz}{dr}$$

式中，$z$ 为半径等于 $r$ 的过水断面的测压管水头。将上式分离变量，并从 $r_0$ 到 $r$，$h$ 到 $z$ 积分得

$$z - h = \frac{Q}{2\pi kt}\ln\frac{r}{r_0} \tag{8.21}$$

式(8.21)即为**自流井的测压管水头线方程**。若同样引入影响半径的概念，当 $z=H$ 时，$r=R$（当 $r>R$ 以后，测压管水头高度保持为 $H$），可得

$$Q = \frac{2\pi kt(H-h)}{\ln\frac{R}{r_0}} = \frac{2\pi ktS}{\ln\frac{R}{r_0}} \tag{8.22a}$$

或

$$S = \frac{Q\ln\frac{R}{r_0}}{2\pi kt} \tag{8.22b}$$

影响半径 $R$ 也可按照完全潜水井的方法确定。

**例 8.5** 如图 8.14 所示，一完全自流井的半径 $r_0 = 0.1$ m，含水层厚度 $t = 5$ m，在离井中心 $r_1 = 10$ m 处钻一观测孔。在未抽水前，测得地下水的天然总水头 $H = 12$ m。现抽水流量 $Q = 30$ m³/h，井中水位降深 $S_0 = 2$ m，观测孔中水位降深 $S_1 =$

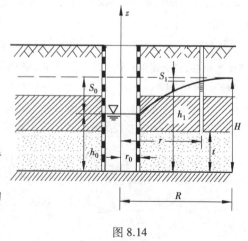

图 8.14

1 m,试求含水层的渗流系数 $k$ 及影响半径 $R$。

**解** 由题给条件知观测孔中水位降深:

$$S_1 = H - h_1$$

又

$$h_1 = H - S_1 = 12 \text{ m} - 1 \text{ m} = 11 \text{ m}, S_0 = H - h_0,$$

因此

$$h_0 = H - S_0 = 10 \text{ m}$$

由式(8.21)

$$z - h = \frac{Q}{2\pi kt} \ln \frac{r}{r_0}$$

将 $r = r_1, z = h_1, h = h_0$ 各条件代入得

$$h_1 - h_0 = \frac{30 \text{ m}^3/\text{s}}{2\pi \times 3\,600 \text{ s} \times k \times 5 \text{ m}} \ln \frac{10}{0.1} = 1 \text{ m}$$

于是可解得渗流系数

$$k = 0.001\,22 \text{ m/s}$$

再由式(8.22)

$$Q = \frac{2\pi kt(H - h)}{\ln \dfrac{R}{r_0}}$$

中解得

$$\ln R = \frac{2\pi kt(H - h)}{Q} + \ln r_0$$

$$= \frac{2 \times 3.14 \times 0.001\,22 \text{ m/s} \times 5 \text{ m} \times (12 \text{ m} - 10 \text{ m}) \times 3\,600}{30 \text{ m}^3/\text{s}} + \ln 0.1 \text{ m}$$

影响半径 $R$ 为

$$R = 1\,000 \text{ m}$$

### 3)大口井与基坑排水

**大口井**是用以集取浅层地下水的一种井,井径较大,为 2~10 m 或者更大,这种井类似于一个很大的坑。基坑排水与大口井集水相似,其计算方法基本相同。大口井可以是完全井,也可以是不完全井,但一般都是不完全井。井壁可以是透水的,也可以是不透水的。井底进水量往往很大,常为总产水量的主要部分。对于井壁与井底同时进水的大口井,其分析十分复杂。本章讨论假设井壁不透水,而只有井底进水的大口井的渗流。

设有一大口井,井壁四周为不透水层,井底为半球形,紧接下层深度为无穷大的含水层。供水是由井底的渗流提供的。如图 8.15 所示。

半球底大口井的渗流流线是径向的,过水断面为与井底同心的半球面,

$$Q = Av = 2\pi r^2 k \frac{\mathrm{d}z}{\mathrm{d}r}$$

分离变量积分

$$Q \int_{r_0}^{r} \frac{\mathrm{d}r}{r^2} = 2\pi k \int_{H-S}^{z} \mathrm{d}z$$

当 $r=R$ 时,$Z=H$,且 $R \gg r_0$,故得

$$Q = 2\pi k r_0 S \qquad\qquad (8.23)$$

式(8.23)为**半球底大口井的产水量公式**。

对于平底的大口井,其过水断面近似为椭圆,流线是双曲线,如图 8.16 所示。其产水量公式为

$$Q = 4k r_0 s \qquad\qquad (8.24)$$

式(8.23)和式(8.24)两式的计算结果相差甚大。当含水层比井的半径大 8~10 倍时,采用式(8.23)为好。

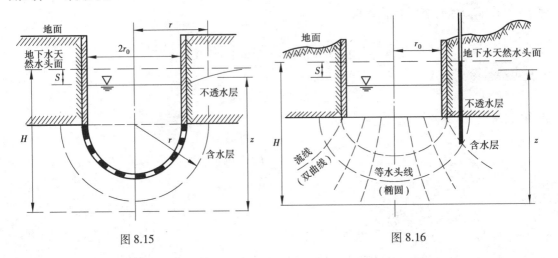

图 8.15 　　　　　　　　　　　　　图 8.16

基坑排水采用大口井法进行计算时,应对场地水文地质条件有正确认识,将场地水文地质条件概化成均值、等厚的含水层,当遇到多层状含水层时,应注意合适的选取渗流系数,再利用大口井的计算公式进行求解。

## 8.6　井群的水力计算

井群是指多个井同时工作,井与井之间的距离小于一个井的影响半径的多个井的组合,如图 8.17 所示。抽水时,各井之间相互影响,渗流区地下水流比较复杂,其浸润面的形状也十分复杂,因此,井群的水力计算也比单井复杂得多。

### 1)完全潜水井井群的浸润曲面方程

先讨论完全井井群渗流运动的连续性微分方程:将 $xOy$ 坐标平面建立在渗流流场的不透水层上,如图 8.18 所示,则浸润曲面的方程可表示为:$z=f(x,y)$。

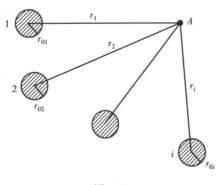

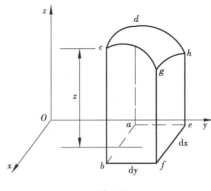

图 8.17　　　　　　　　　　　　　　　　　　　图 8.18

在渗流流场中自不透水层至浸润面取一底面积为 $\mathrm{d}x\mathrm{d}y$ 的微小柱体,其高度为 $z$,渗流通过该微小柱体的质量守恒。

从 $adeh$ 面和 $abcd$ 面分别流入柱体的质量流量为

$$\rho Q_x = \rho A_x v_x$$

和

$$\rho Q_y = \rho A_y v_y$$

从 $bcgf$ 面和 $ehgf$ 面流出柱体的质量流量为

$$\rho Q_x + \frac{\partial(\rho Q_x)}{\partial x}\mathrm{d}x \text{ 和 } \rho Q_y + \frac{\partial(\rho Q_y)}{\partial y}\mathrm{d}y$$

根据质量守恒定律得

$$\left(\rho Q_x + \frac{\partial(\rho Q_x)}{\partial x}\mathrm{d}x - \rho Q_x\right) + \left(\rho Q_y + \frac{\partial(\rho Q_y)}{\partial y}\mathrm{d}y - \rho Q_y\right) = 0$$

于是可得连续性微分方程为

$$\frac{\partial(\rho Q_x)}{\partial x}\mathrm{d}x + \frac{\partial(\rho Q_y)}{\partial y}\mathrm{d}y = 0 \tag{8.25}$$

此式对于完全潜水井及完全承压井均适用。

对于完全潜水井,根据达西渗流定律有

$$\left.\begin{aligned} Q_x &= z\mathrm{d}y \cdot k \cdot \frac{\partial z}{\partial x} \\ Q_y &= z\mathrm{d}x \cdot k \cdot \frac{\partial z}{\partial y} \end{aligned}\right\}$$

将其代入式(8.25)中并考虑到在不可压缩流体条件下,$\rho$＝常数,于是可得

$$\frac{\partial^2(z^2)}{\partial x^2} + \frac{\partial^2(z^2)}{\partial y^2} = 0 \tag{8.26}$$

式(8.26)为完全潜水井浸润面 $z$ 所应满足的微分方程。由该方程可知,式中 $z^2$ 是满足线性方程(即拉普拉斯方程)的函数,因此,函数 $f(z) = z^2$ 可以叠加,即当井群的所有井共同工作时,所形成的 $z^2$ 函数为井群中各井(记为第 $i$ 个井)单独工作时的 $z_i^2$ 之和,即

$$z^2 = z_1^2 + z_2^2 + \cdots = \sum_i z_i^2 \tag{8.27}$$

设井群中的第 $i$ 个井的抽水量为 $Q_i$,井中水深为 $h_i$,井的半径为 $r_{0i}$,由式(8.17)知

$$z_i^2 = \frac{Q_i}{\pi k}\ln\frac{r_i}{r_{0i}} + h_i^2 \tag{8.28}$$

将式(8.28)代入式(8.27)中,得

$$z^2 = \sum_{i=1}^n z_i^2 = \sum_{i=1}^n \left(\frac{Q_i}{\pi k}\ln\frac{r_i}{r_{0i}} + h_i^2\right) \tag{8.29}$$

若各井产水量相同,即 $Q_1 = Q_2 = \cdots = Q_n = \dfrac{Q_0}{n}$, $Q_0$ 为 $n$ 个井的总产水量,则

$$z^2 = \frac{Q_0}{n\pi k}\ln\frac{r_1 r_2 \cdots r_n}{r_{01} r_{02} \cdots r_{0n}} + \sum h_i^2 \tag{8.30}$$

设井群的影响半径为 $R$,在影响半径上取一点 $A$,$A$ 点距各井很远,即: $r_1 \approx r_2 \approx \cdots \approx r_n = R$,而 $z = H$,代入式(8.30)中得

$$H^2 = \frac{Q_0}{n\pi k}\ln\frac{R^n}{r_{01} r_{02} \cdots r_{0n}} + \sum h_i^2 \tag{8.31}$$

将式(8.30)与式(8.31)相减得

$$z^2 - H^2 = \frac{Q_0}{n\pi k}\ln\frac{r_1 r_2 \cdots r_n}{R^n} \tag{8.32}$$

式(8.32)为完全潜水井井群的**浸润曲面方程**。式中影响半径 $R$ 可采用下式计算

$$R = 575S\sqrt{Hk} \tag{8.33}$$

式中,$S$ 为井群中心的水位降深,以 m 计;$H$ 为含水层厚度,以 m 计。

### 2) 完全潜水井群产水量公式

由式(8.32)完全潜水井井群的浸润曲面方程可以解得,当各井产水量相等时完全潜水井群产水量公式为

$$Q_0 = \frac{\pi k(H^2 - z^2)}{\left[\ln R - \dfrac{1}{n}\ln(r_1 r_2 \cdots r_n)\right]} \tag{8.34}$$

### 3) 自流井井群的测压管水头面方程

用分析完全潜水井井群的方法去分析完全自流井井群,对于承压含水层的厚度 $t$ 为常数的情况可得

$$\frac{\partial^2 z}{\partial x^2} + \frac{\partial^2 z}{\partial y^2} = 0$$

即完全承压井的测压管水头函数 $z(x,y)$ 满足拉普拉斯方程,具有可叠加性。于是,完全承压井井群的测压管水头面方程为

$$z = \sum_{i=1}^n z_i = H - \frac{Q_0}{2\pi nkt}\ln\frac{R^n}{r_1 r_2 \cdots r_n} \tag{8.35}$$

井群的产水量为

$$Q_0 = \frac{2\pi kt(H - z)}{\left[\ln R - \dfrac{1}{n}\ln(r_1 r_2 \cdots r_n)\right]} \tag{8.36}$$

因为第 $i$ 个单自流井测压管水头方程为

$$z_i - h_i = \frac{Q_i}{2\pi kt}\ln\frac{r_i}{r_{0i}} \tag{8.37}$$

当 $z = H$ 时，$r = R$，代入式(8.37)中得

$$H - h_i = \frac{Q_i}{2\pi kt}\ln\frac{R}{r_{0i}} \tag{8.38}$$

将式(8.37)、式(8.38)两式相减可得单井的水头降深

$$S_i = H - z_i = \frac{Q_i}{2\pi kt}\ln\frac{R}{r_i}$$

当井群中各井抽水量相等时，总产水量 $Q_0 = nQ_i$，则由式(8.35)得**井群的水头降落**

$$S = H - z = \frac{Q_i}{2\pi kt}\ln\frac{R^n}{r_1 r_2 \cdots r_n} = \sum_{i=1}^{n}\frac{Q_i}{2\pi kt}\ln\frac{R}{r_i} = \sum_{i=1}^{n} S_i \tag{8.39}$$

式(8.39)说明自流井井群同时均匀地抽水时，任一点 $A$ 的水头降落等于各井单独抽水时 $A$ 点的水头降落之和。这就是自流井井群的水头降落叠加原理。

**例 8.6**　一如图 8.19 所示的无压完全井井群，用以降低基坑中的地下水位。已知 $a = 50$ m，$b = 20$ m，各井的抽水量相等，其总的抽水流量 $Q_0 = 6 \times 10^{-3}$ m³/s，各井的半径均为 $r_0 = 0.2$ m，含水层厚度 $H = 10$ m，土壤为粗砂，其渗流系数 $k = 0.01$ cm/s，取影响半径 $R = 800$ m，试求：$B$ 点和 $G$ 点的地下水位降低值 $S_B$ 和 $S_G$。

**解**　总抽水量

$$Q_0 = 0.006 \text{ m}^3/\text{s}$$

对于 $G$ 点

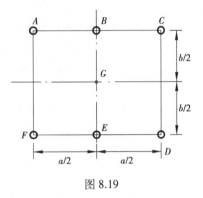

图 8.19

$$r_{AG} = r_{CG} = r_{FG} = r_{DG}$$

$$= \sqrt{\left(\frac{a}{2}\right)^2 + \left(\frac{a}{2}\right)^2} = 26.93 \text{ m}$$

$$r_{BG} = r_{EG} = 10 \text{ m}$$

对于 $B$ 点

$$r_{AB} = r_{CB} = 25 \text{ m}$$

$$r_{BB} = 0.2 \text{ m}$$

$$r_{FB} = r_{DB} = 30.02 \text{ m}$$

$$r_{EB} = 20 \text{ m}$$

由完全潜水井群的浸润面方程(8.32)

$$z^2 = H^2 + \frac{Q_0}{n\pi k}\ln\frac{r_1 r_2 \cdots r_n}{R^n} = H^2 + \frac{Q_0}{6\pi k}\ln\frac{r_1 r_2 r_3 r_4 r_5 r_6}{R^6}$$

可得 $G$ 点

$$z_G^2 = (10 \text{ m})^2 + \frac{0.006 \text{ m}^3/\text{s}}{6 \times 3.14 \times 0.000\,1 \text{ m/s}}\ln\frac{(26.93 \text{ m})^4 \times (10 \text{ m})^2}{(800 \text{ m})^6} = 28.89 \text{ m}^2$$

$$z_G = 5.37 \text{ m}$$

因此，$G$ 点水位降

$$S_G = H - z_G = 10 \text{ m} - 5.37 \text{ m} = 4.63 \text{ m}$$

对于 $B$ 点

$$z_B^2 = (10 \text{ m})^2 + \frac{0.006 \text{ m}^3/\text{s}}{6 \times 3.14 \times 0.000 \, 1 \text{ m/s}} \ln \frac{(25 \text{ m})^2 \times 0.2 \text{ m} \times (30.02 \text{ m})^2 \times 20 \text{ m}}{(800 \text{ m})^6} = 19.13 \text{ m}^2$$

$$z_B = 4.37 \text{ m}$$

因此，$B$ 点的水位降深

$$S_B = H - z_B = 10 \text{ m} - 4.37 \text{ m} = 5.63 \text{ m}$$

### 4) 井群的工程应用

基坑施工是土木工程基础建设中十分重要的一部分，地下水对基坑施工的影响将直接影响到日后结构整体的稳定性和安全性。基坑开挖过程中，由于土的含水层被切断，地下水不可避免地会不断渗入基坑内，由此引来了基坑降水方面的问题。如何控制好地下水，减小其对基坑开挖和周围环境的负面影响已成为深基坑开挖与支护工程中一个十分重要的方面，成为现代城市高层建筑和水利枢纽建设的重要岩土工程问题之一。目前，基坑降水主要采用止水法和降水法来排除地下水。止水法即是采用地下设施(如钢板桩、地下连续墙等)堵截地下水，施工较为困难，成本高；井点降水法具有施工简便、操作简单的特点，是现在普遍采用的建筑基坑降水处理技术。

基坑的降水井群设计宜根据场地的水文地质、工程地质条件，基坑围护型式，邻近建筑物的安全要求等确定。利用井群进行基坑降水的大致设计步骤为：①采用大井法计算基坑的总排水流量；②根据含水层水文地质参数及降水井的参数计算单井的设计涌水量；③由基坑的总排水流量及单井排水流量计算所需布井数量；④进行井点的具体布置。设计时还应将总流量及布井个数与基坑排水的总投入进行综合考虑，以提高井群降水的经济效益。

## 思考题

8.1 什么是渗流模型？为什么要引入这一概念？

8.2 渗流流速指的是什么？它与真实渗流的流速有什么区别？

8.3 试比较达西渗流定律的表达式与裴皮幼公式有何异同？各自的应用条件是什么？

8.4 影响渗流系数的因素有哪些？

8.5 地表上棱柱形渠道的水面曲线有 12 条，为什么渐变渗流的浸润曲线只有 4 条？它们都是什么类型？

8.6 何为潜水层？何为自流层？

8.7 什么是完全井与不完全井？

8.8 影响潜水井渗流流量的主要因素有哪些？影响自流井渗流流量的主要因素有哪些？

8.9 什么是大口井？

8.10 什么是井的影响半径？自流井有没有影响半径？

8.11　什么是井群?

8.12　如何求完全承压井井群的水头面方程?

# 习　题

8.1　在实验室中,根据达西渗流定律测定某土壤的渗流系数是将土壤装在直径 $D=$ 20 cm 的圆筒中,在 40 cm 的水头作用下,经过一昼夜测得渗透水量为 0.015 $m^3/d$,两测压管间的距离为 $l=30$ cm,如题 8.1 图所示,试求该土壤的渗流系数 $k$。

8.2　圆柱形滤水器,其直径 d=1.2 m,滤层高 1.2 m,渗流系数 $k=0.01$ cm/s,如题 8.2 图所示,求 H=0.6 m 时的渗流流量 $Q$。

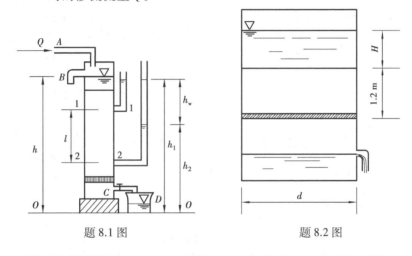

题 8.1 图　　　　　　　　　　　　题 8.2 图

8.3　已知渐变流浸润曲线在某一过水断面上的坡度为 0.005,渗流系数 $k=0.004$ cm/s,求过水断面上的点渗流流速及断面平均渗流流速。

8.4　厚度 $t=15$ m 的含水层,用两个观测井(沿渗流方向的距离 $l=200$ m)测得观测井 1 中水位为 64.22 m,观测井 2 中水位为 63.44 m。含水层由粗砂组成,已知渗流系数 $k=$ 45 m/d,如题 8.4 图所示,试求该水层单位宽度(每米)的渗流量 $q$。

8.5　如题 8.5 图所示,两水池 A,B,中间为一不透水层上的砂壤土山丘,已知 A 水池水位为 15 m,B 水池水位为 10 m,不透水层高程为 5 m,砂壤土的渗流系数 $k=0.0005$ cm/s,两水池间的距离 $l=500$ m,试求:①单宽流量 $q$;②浸润曲线坐标 $y=f(x)$。

8.6　为了查明地下水储藏情况,在含水层土壤中相距 $s=500$ m 处打两钻孔 1 和 2,测得两个钻孔中水深分别为 $h_1=3$ m,$h_2=2$ m,不透水层的底坡 $i=0.0025$,如题 8.6 图所示,试求:①渗流单宽流量 $q$;②两钻井中间断面 $C$-$C$ 处的地下水深度 $h_c$。

8.7　一水平不透水层上的渗流层,宽 800 m,渗流系数 $k=0.0003$ m/s,在沿渗流方向相距 1 000 m 的两个观测井中,分别测得水深为 8 m 和 6 m,如题 8.7 图所示,试求渗流流量 $Q$。

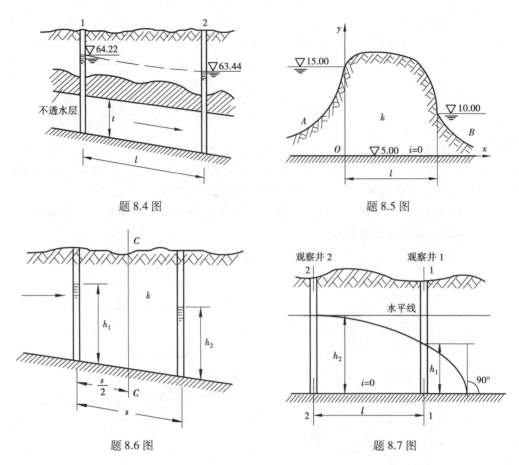

题 8.4 图

题 8.5 图

题 8.6 图

题 8.7 图

8.8　如题 8.8 图所示为不透水层上的排水廊道,已知垂直于纸面方向长 100 m,廊道中水深 $h_0 = 2$ m,天然含水层水深 $H = 4$ m,土壤的渗流系数 $k = 0.001$ cm/s,廊道的影响半径 $R = 200$ m,试求:

①廊道的排水量 $Q$;

②距廊道 100 m 处 $C$ 点的地下水深 $h_C$。

8.9　在公路沿线建造一条排水明沟以降低地下水位。含水层厚度 $H = 1.2$ m,土壤渗流系数 $k = 0.012$ cm/s,浸润曲线的平均坡度 $J = 0.03$,沟长 $L = 100$ m,如题 8.9 图所示,试求从两侧流向排水明沟的流量,并绘制浸润曲线。

8.10　某工地以潜水为给水水源,钻探测知含水层为沙夹卵石层,含水层厚度 $H = 6$ m,渗流系数 $k = 0.001$ 2 m/s,现打一完全井,井的半径 $r_0 = 0.15$ m,影响半径 $R = 300$ m,求井中水位降深 $S = 3$ m 时的产水量。

8.11　完全潜水井,直径为 80 cm,含水层厚度为 6 m,渗流系数 $k = 3.6$ cm/min,井中水位降落为 2 m,水位恒定,试求井的抽水量。

8.12　在潜水井中进行抽水试验。测得恒定的产水量为 $Q = 92$ m³/h,在距井轴 8 m 处设观测井,测得水位降深为 58 cm;在距井轴 25 m 处设观测井,测得水位降深为 46 cm,并测得未抽水前潜水层厚度为 12.6 m,试确定含水层渗流系数。

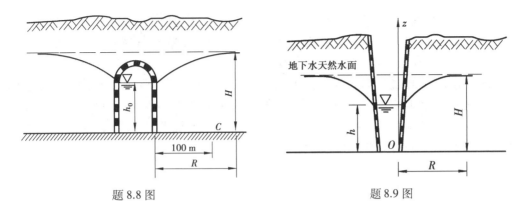

题 8.8 图　　　　　　　题 8.9 图

8.13　承压井半径为 20 cm,距离井 30 m 和 10 m 处各设有一个观测孔(井),孔中水位降落分别为 20 cm 和 42 cm,含水层厚度为 6 m,井中水位为 4.8 m,产水量 $Q=24$ m³/h,$H=9$ m,求渗流系数 $k$ 和井壁内外水位差。(注:本题井中水位低于含水层厚度 $t$)

8.14　完全自流井中 $h<t$ 时,求证:$Q=\dfrac{\pi k(2Ht-t^2-h^2)}{\ln R-\ln r_0}$。

8.15　如题 8.15 图所示,为了用抽水试验确定某完全自流井的影响半径 $R$,在距离井中心轴线为 $r_1=15$ m 处钻一观测孔。当自流井抽水后,井中水面稳定的降落深度为 $S=3$ m,而此时观测孔中的水位降落深度 $S_1=1$ m。设承压含水层的厚度 $t=6$ m,井的直径 $d=0.2$ m。求井的影响半径 $R$。

8.16　直径为 3 m 的自流非完全大口井,含水层渗透系数 $k=12$ m/d,含水层深度很大。抽水稳定后水位降深 $S=3$ m,分别用式(8.35)和式(8.36)计算井的涌水量。

8.17　在干河床进行基础施工,基坑直径为 10 m,深度为 4 m,地下水天然水头面位于地面下 2 m,土壤渗流系数为 0.001 m/s。试估算应从基坑抽排的水量。

8.18　如题 8.18 图所示,一布置在半径 $r=20$ m 的圆内接六边形上的 6 个无压完全井群,用于降低地下水位。各井的半径均为 $r_0=0.1$ m。已知含水层的厚度 $H=15$ m,土壤为中砂,其渗流系数 $k=0.01$ cm/s,井群的影响半径 $R=500$ m,今欲使中心点 $G$ 处的地下水位降低 5 m,试求:各井的抽水量(假设各井的出水量相等)。

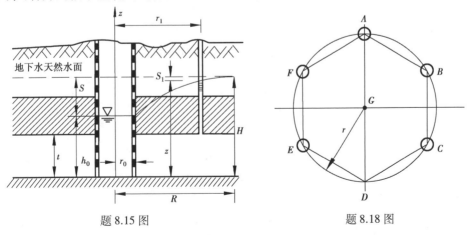

题 8.15 图　　　　　　　题 8.18 图

8.19　由半径 $r_0=0.1$ m 的 8 个完全潜水井所组成的井群如题 8.19 图所示,布置在长

40 m、宽60 m 的长方形周线上,以降低基坑地下水位。含水层位于水平不透水层上,厚度 $H=$ 10 m,土壤渗流系数 $k = 0.1$ cm/s,井群的影响半径 $R = 500$ m,若每个机井的抽水量为 0.002 5 m³/s,试求地下水位在井群中心点 $O$ 的降落值。

8.20 桥墩施工时需要降低地下水位。如题 8.20 图所示,在 $r = 10$ m 的圆周上布置四眼机井,各机井的半径均为 $r_0 = 10$ cm。已知含水层的厚度 $H = 15$ m,粗砂的渗流系数 $k = 0.05$ cm/s,井群的影响半径 $R = 1\ 000$ m,为使中心点 $O$ 处的地下水位降低 3 m,试求:①各井的抽水量;②1,2,3点的水位降落值($a = 3$ m,$b = 5$ m)。

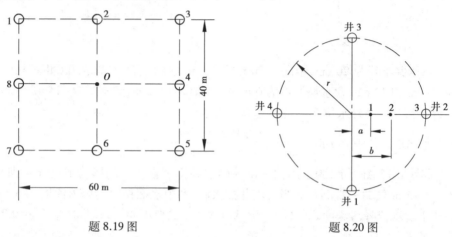

题 8.19 图          题 8.20 图

# 第**9**章
# 量纲分析和相似原理

研究水力学最基本的方法有两种,即理论分析方法和实验研究方法。理论分析方法是根据物理学的基本定律建立描述液体运动规律的基本方程,并应用数学分析工具对一具体流动作定量分析,从而获得定量的结论。由于流动现象极为复杂,许多水力学问题还不能仅仅通过理论分析得到结论。在解决工程实际问题时,往往必须采用理论分析和实验研究相结合的方法,并且,水力学理论的发展也在相当程度上依赖于实验研究。

实验研究可以在实际流动(称原型)中进行,也可以在模型流动中进行。在实践中,由于原型中可变因素很多且受实验条件的限制,往往更多采用模型实验。对于工程应用问题的模型实验,必须研究如何确定实验条件(模型尺寸、模型中的流动介质、来流条件等),实验中应测定哪些物理量,如何整理实验成果,如何将实验结果换算到原型中去等问题。相似原理和量纲分析是回答上述问题的理论基础。

## 9.1  量纲分析的概念和量纲和谐原理

### 1)量纲和单位

**表征各种物理量性质和类别的标志称为物理量的量纲(或称因次)**。例如,长度、时间、质量 3 种物理量,是 3 个性质完全不同的物理量,具有 3 种不同的量纲。这 3 种量纲互不依赖,即其中的任一量纲,不能从其他两个推导出来,这种互不依赖,互相独立的量纲称为**基本量纲**。水力学中以长度 L、时间 T、质量 M 作为基本量纲。其他物理量的量纲均可用基本量纲推导出来,称为**导出量纲**。

据 GB 3101—93,在物理量的代表符号前面加"dim"表示量纲。例如,速度 $v$ 的量纲表示为 dim $v$。任何物理量如以 $A$ 表示,其量纲可以写为

$$\dim A = L^a T^b M^c \tag{9.1}$$

例如:

| | | |
|---|---|---|
| 速度 | $v = \dfrac{\mathrm{d}l}{\mathrm{d}t}$ | $\dim v = \mathrm{LT}^{-1}$ |
| 加速度 | $a = \dfrac{\mathrm{d}v}{\mathrm{d}t}$ | $\dim a = \mathrm{LT}^{-2}$ |
| 密度 | $\rho = \dfrac{\mathrm{d}m}{\mathrm{d}V}$ | $\dim \rho = \mathrm{ML}^{-3}$ |
| 力 | $F = ma$ | $\dim F = \mathrm{MLT}^{-2}$ |
| 压强 | $p = \dfrac{\mathrm{d}F}{\mathrm{d}A}$ | $\dim p = \mathrm{ML}^{-1}\mathrm{T}^{-2}$ |

为了比较同一类物理量的大小,可以选择与其同类的标准量加以比较,此标准量称为**单位**。例如,比较长度的大小,可以选择米、厘米、毫米等作为单位。但由于选择单位的不同,同一长度可以用不同的数值表示,可以是 1(以米为标准量),也可以是 100(以厘米为标准量)。可见有量纲量的数值大小是不确定的,是随所选用单位的不同而变化的。

**2)量纲-的量(数)**

当式(9.1)中各指数为零时,即 $a=b=c=0$ 时,有

$$\dim A = \mathrm{L}^0\mathrm{T}^0\mathrm{M}^0 = 1 \tag{9.2}$$

则称 $A$ 为**量纲-的量(数)**,也称**纯数**,它的数值大小与所选用的单位无关。例如,水力坡度 $J = h_{\mathrm{w}}/l$,其量纲式为 $\dim J = \mathrm{LL}^{-1} = 1$,即为量纲-的量,它反映液流的总水头沿程减少的情况。无论所选用的长度单位是米还是厘米,只要形成该水力坡度的条件不变时,其值也不变。量纲-的量不仅可用同类量的比值组成,也可由几个有量纲量通过乘除组合而成,即组合结果中各个基本量纲的指数为零,满足式(9.2)。例如,判别有压管流流动状态的雷诺数 $Re$(Reynolds Number),$Re = \dfrac{v \cdot d}{\nu}$,其量纲式为

$$\dim Re = \frac{\dim v \cdot \dim d}{\dim \nu} = \frac{\mathrm{LT}^{-1}\mathrm{L}}{\mathrm{L}^2\mathrm{T}^{-1}} = \mathrm{L}^0\mathrm{T}^0\mathrm{M}^0 = 1$$

$Re$ 为量纲-的量。

**一个完整正确的物理方程式,应是用量纲-的项组成的方程式。**这样既可以避免因选用的单位不同而引起数值的不同,又可使方程的参变量减少。

**3)量纲和谐原理**

凡是正确反映客观规律的物理方程,其各项的量纲必须是一致的,这称为**量纲和谐原理**(又称为**量纲的一致性或齐次性**)。这是为无数事实所证实了的客观原理。因为只有两个同类型的物理量才能相加减,也就是相同量纲的量才可以相加减;反之,把两个不同类型的物理量相加减是没有意义的。例如,把流速与质量加在一起是完全没有意义的。下面以水力学中 3 个主要的方程式来验证量纲和谐原理。

连续性方程 $\qquad\qquad\qquad\qquad v_1 A_1 = v_2 A_2$

式中每一项的量纲皆为 $\dim(vA) = \mathrm{LT}^{-1} \cdot \mathrm{L}^2 = \mathrm{L}^3\mathrm{T}^{-1}$,即为流量的量纲,量纲是和谐的。

伯诺里方程 $\qquad\qquad z_1 + \dfrac{p_1}{\rho g} + \dfrac{\alpha_1 v_1^2}{2g} = z_2 + \dfrac{p_2}{\rho g} + \dfrac{\alpha_2 v_2^2}{2g} + h_{\mathrm{w}}$

式中各项皆为长度的量纲 L,量纲是和谐的。

动量方程 $$\rho Q(\beta_2 \boldsymbol{v}_2 - \beta_1 \boldsymbol{v}_1) = \sum \boldsymbol{F}_i^e$$

式中各项皆为力的量纲 $MLT^{-2}$,也是符合量纲和谐原理的。

从量纲和谐原理可得出:①凡正确反映客观规律的物理方程,都可表示成由量纲 1 的项组成的量纲 1 的方程。因为方程中各项的量纲相同,用其中的一项遍除各项,就可以得到一个由量纲 1 的项组成的量纲 1 的方程,仍保持原方程的性质。②量纲和谐原理规定了一个物理过程与有关物理量之间的关系,因此可利用它来建立表征物理过程的方程。

必须指出的是,由于水力学中很多情况下使用一些经验公式,这些经验公式都有一定的实验根据,都可用于一定条件下流动现象的描述,这些公式不一定都能满足量纲和谐原理,这并不是说量纲和谐原理不正确,只是由于人们水平有限。随着人们认识的发展,经验公式将逐步被修正或被正确、完整的公式所取代,或者应用量纲理论进行分析判断,使其中一些公式从纯经验的范围内解脱出来。

## 9.2　量纲分析法

量纲分析法是根据物理方程的量纲和谐原理,探求与流动有关的物理量之间的函数关系,从而建立结构合理的物理、力学方程式。量纲分析法有两种:一种适用于影响因素间的关系为单项指数形式的场合,称为**瑞利(L.Rayleigh)法**;另一种是具有普遍性的方法,称为 **π 定理**,或称为**布金汉 π 定理**。

### 1) 瑞利法

瑞利法直接用量纲和谐原理建立物理方程。

如果对某一物理现象 $y$,以经过大量观察、实验、分析,发现影响该物理现象 $y$ 的主要因素有 $x_1$、$x_2$、$\cdots$、$x_n$,它们之间待定的函数关系为

$$y = f(x_1, x_2, \cdots, x_n) \tag{9.3}$$

对式(9.3)进行量纲分析,以找出诸因素之间的数学表示式。由于各因素的量纲只能由基本量纲的积或商导出,而不能相加减,因此,式(9.3)可以写成指数乘积的形式为

$$y = k x_1^{\alpha_1} x_2^{\alpha_2} \ldots x_n^{\alpha_n}$$

式中,$k$ 为量纲 1 的数;$\alpha_1$、$\alpha_2$、$\cdots$、$\alpha_n$ 为待定指数。根据式(9.1),则式(9.3)的量纲表示式为

$$L^a T^b M^c = k(L^{a_1} T^{b_1} M^{c_1})^{\alpha_1} (L^{a_2} T^{b_2} M^{c_2})^{\alpha_2} \cdots (L^{a_n} T^{b_n} M^{c_n})^{\alpha_n}$$

由量纲和谐原理可知,等号左右两边的基本量纲的指数必须一致,所以有

$$\left. \begin{aligned} \text{L:} \quad & a = a_1\alpha_1 + a_2\alpha_2 + \cdots + a_n\alpha_n \\ \text{T:} \quad & b = b_1\alpha_1 + b_2\alpha_2 + \cdots + b_n\alpha_n \\ \text{M:} \quad & c = c_1\alpha_1 + c_2\alpha_2 + \cdots + c_n\alpha_n \end{aligned} \right\} \tag{9.4}$$

解式(9.4),即可求出待定指数 $\alpha_1$、$\alpha_2$、$\cdots$、$\alpha_n$。但因方程组中的方程数只有 3 个,当待定指数 $\alpha_i$ 中的指数个数 $n>3$ 时,则有 $(n-3)$ 个指数需用其他指数值的函数来表示。将所求得的各 $\alpha_i$ 值,代回式(9.3)即可得诸因素间的函数关系式。

**例 9.1** 实验揭示,流动有两种形态:层流和紊流,流态相互转变时的流速称为临界流速。实验表明,恒定有压管流的下临界流速 $v_c$ 与管径 $d$、液体密度 $\rho$、动力黏性系数 $\mu$ 有关。试用量纲分析法求出它们的函数关系。

**解** 按瑞利法解本题。首先将关系式写成指数关系

$$v_C = k d^{\alpha_1} \rho^{\alpha_2} \mu^{\alpha_3}$$

其中,$k$ 为量纲 1 的数。

各量的量纲分别为:$\dim v_C = \mathrm{LT}^{-1}$,$\dim d = \mathrm{L}$,$\dim \rho = \mathrm{ML}^{-3}$,$\dim \mu = \mathrm{ML}^{-1}\mathrm{T}^{-1}$。将上式指数方程写成量纲方程

$$\mathrm{LT}^{-1} = (\mathrm{L})^{\alpha_1} (\mathrm{ML}^{-3})^{\alpha_2} (\mathrm{ML}^{-1}\mathrm{T}^{-1})^{\alpha_3}$$

则有

L: $\qquad\qquad 1 = \alpha_1 - 3\alpha_2 - \alpha_3$

T: $\qquad\qquad -1 = -\alpha_3$

M: $\qquad\qquad 0 = \alpha_2 + \alpha_3$

解得 $\alpha_3 = 1, \alpha_2 = -1, \alpha_1 = -1$。将各指数代入原式,得

$$v_\mathrm{C} = k \frac{\mu}{\rho d} = k \frac{\nu}{d}$$

若将上式化为量纲-的形式,有

$$k = \frac{v_c d}{\nu}$$

式中,量纲-的量 $k$ 称为临界雷诺数,以 $Re_\mathrm{C}$ 表示,即

$$Re_\mathrm{C} = \frac{v_c d}{\nu}$$

根据雷诺实验,该值在恒定有压圆管流动中为 2 000,可以用来判别层流和紊流。

**例 9.2** 根据观察、实验与理论分析,认为圆管流动中管壁切应力 $\tau_0$ 与液体的密度 $\rho$、动力黏性系数 $\mu$、断面平均流速 $v$、管径 $d$ 及管壁粗糙凸出高度 $\Delta$ 有关。试用瑞利法求 $\tau_0$ 的表达式。

**解** 根据上述影响因素,将关系式写成指数关系

$$\tau_0 = k \rho^{\alpha_1} \mu^{\alpha_2} v^{\alpha_3} d^{\alpha_4} \Delta^{\alpha_5}$$

其中,$k$ 为量纲-的量。写出量纲关系式为

$$\mathrm{ML}^{-1}\mathrm{T}^{-2} = (\mathrm{ML}^{-3})^{\alpha_1} (\mathrm{ML}^{-1}\mathrm{T}^{-1})^{\alpha_2} (\mathrm{LT}^{-1})^{\alpha_3} \mathrm{L}^{\alpha_4} \mathrm{L}^{\alpha_5}$$

则有

M: $\qquad\qquad 1 = \alpha_1 + \alpha_2$

L: $\qquad\qquad -1 = -3\alpha_1 - \alpha_2 + \alpha_3 + \alpha_4 + \alpha_5$

T: $\qquad\qquad -2 = -\alpha_2 - \alpha_3$

这是 5 个未知数 3 个方程的方程组,以 $\alpha_1$、$\alpha_5$ 为待定指数,分别求出 $\alpha_2$、$\alpha_3$、$\alpha_4$ 为

$$\alpha_2 = 1 - \alpha_1, \quad \alpha_3 = 1 + \alpha_1, \quad \alpha_4 = -1 + \alpha_1 - \alpha_5$$

因此

$$\tau_0 = k \rho^{\alpha_1} \mu^{1-\alpha_1} v^{1+\alpha_1} d^{-1+\alpha_1-\alpha_5} \Delta^{\alpha_5} = k \left( \frac{\rho v \cdot d}{\mu} \right)^{\alpha_1} \left( \frac{\mu}{\rho v \cdot d} \right) \left( \frac{\Delta}{d} \right)^{\alpha_5} \rho v^2$$

其中, $k$、$\alpha_1$、$\alpha_5$ 可取任何数值都不会影响上式的量纲和谐性。极易证明 $\dfrac{\rho v \cdot d}{\mu}$ 为量纲 1 的数,水力学中称为雷诺数,记为 $Re$,则

$$\tau_0 = k(Re)^{\alpha_1-1}\left(\frac{\Delta}{d}\right)^{\alpha_5}\rho v^2 = f\left(Re,\frac{\Delta}{d}\right)\rho v^2$$

令 $f\left(Re,\dfrac{\Delta}{d}\right) = \dfrac{\lambda}{8}$,式中 $\lambda$ 为沿程阻力因数,由实验确定,因此 $\tau_0 = \dfrac{\lambda}{8}\rho v^2$。

从以上两例可知,在独立影响因素不多于 3 时,用瑞利法很易求得表达某一物理过程的方程。反之,则出现待定指数,分析起来较为困难。这种情况下可采用 $\pi$ 定理方法。

2)$\pi$ 定理

$\pi$ 定理是量纲分析更为普遍的定理。$\pi$ 定理指出:

任何一个物理过程,如果包含有 $n$ 个物理量 $x_1$、$x_2$、$\cdots$、$x_n$,则这个物理过程可用一完整的函数关系表示为

$$f(x_1, x_2, \cdots, x_n) = 0 \tag{9.5}$$

其中,$m$ 个物理量在量纲上是互相独立的,其余 $(n-m)$ 个物理量是非独立的,此物理过程可用 $(n-m)$ 个量纲 1 的数 $\pi$ 表示的函数关系来描述,即

$$F(\pi_1,\ \pi_2,\cdots,\ \pi_{n-m}) = 0 \tag{9.6}$$

因量纲 1 的数是以符号 $\pi$ 表示,所以称之为 **$\pi$ 定理**。$\pi$ 定理是 1915 年由布金汉首先提出,因此又称为**布金汉 $\pi$ 定理**。

现在介绍应用 $\pi$ 定理来建立表示某一物理过程的物理方程的步骤:

①确定影响某一物理过程的物理量,并写成式(9.5)。

②从 $n$ 个物理量中选取 $m$ 个在量纲上互相独立的物理量,称为**基本物理量**。对于不可压缩流体的运动,$m$ 一般为 3。

在实践中,常分别选几何学的量(如管径 $d$、水头 $H$ 等),运动学的量(如速度 $v$、加速度 $a$ 等)和动力学的量(如密度 $\rho$、动力黏性系数 $\mu$ 等)各 1 个,作为独立物理量。

③3 个基本物理量依次与其余物理量组合成一个量纲 1 的 $\pi$ 数,这样一共可写出 $(n-3)$ 个 $\pi$ 项:

$$\pi_1 = x_1^{\alpha_1}x_2^{\beta_1}x_3^{\gamma_1}x_4$$
$$\pi_2 = x_1^{\alpha_2}x_2^{\beta_2}x_3^{\gamma_2}x_5$$
$$\cdots$$
$$\pi_{n-3} = x_1^{\alpha_{n-3}}x_2^{\beta_{n-3}}x_3^{\gamma_{n-3}}x_n$$

式中,$\alpha_i$、$\beta_i$、$\gamma_i$ 为各 $\pi$ 项的待定指数。

④每个 $\pi$ 项是量纲 1 的数,可根据量纲和谐原理,求出各 $\pi$ 项的指数 $\alpha_i$、$\beta_i$、$\gamma_i$。

⑤写出描述此物理过程的量纲-的关系式

$$F(\pi_1, \pi_2, \cdots, \pi_{n-3}) = 0$$

**例** 9.3　用 $\pi$ 定理求解例 9.2 中 $\tau_0$ 的表达式。

**解**　①拟定函数关系式

$$f(\tau_0, \rho, \mu, v, d, \Delta) = 0$$

②从各物理量中选取 $d$(几何量)、$v$(运动量)、$\rho$(动力量)为基本物理量。

③写出 $n-3=6-3=3$ 个量纲 1 的 $\pi$ 项

$$\pi_1 = d^{\alpha_1}v^{\beta_1}\rho^{\gamma_1}\,\tau_0 \tag{1}$$

$$\pi_2 = d^{\alpha_2}v^{\beta_2}\rho^{\gamma_2}\mu \tag{2}$$

$$\pi_3 = d^{\alpha_3}v^{\beta_3}\rho^{\gamma_3}\Delta \tag{3}$$

④根据量纲和谐原理,各 $\pi$ 项的指数分别确定如下:对式(1),其量纲式为

$$\dim \pi_1 = L^{\alpha_1}(LT^{-1})^{\beta_1}(ML^{-3})^{\gamma_1}(ML^{-1}T^{-2})$$

则:   L:        $0=\alpha_1+\beta_1-3\gamma_1-1$

T:        $0=-\beta_1-2$

M:        $0=\gamma_1+1$

联立以上三式求解得 $\alpha_1=0,\beta_1=-2,\gamma_1=-1$,则可得到

$$\pi_1 = \tau_0\rho^{-1}v^{-2}$$

同理,求得

$$\pi_2 = \mu d^{-1}v^{-1}\rho^{-1} = (Re)^{-1}$$

$$\pi_3 = \Delta d^{-1}$$

⑤将各 $\pi$ 项代入式(9.6)得量纲 1 的数方程为

$$F\left(\frac{\tau_0}{\rho v^2},\frac{1}{Re},\frac{\Delta}{d}\right) = 0$$

或写成

$$\frac{\tau_0}{\rho v^2}=f\left(Re,\frac{\Delta}{d}\right)$$

令

$$f\left(Re,\frac{\Delta}{d}\right) = \frac{\lambda}{8}$$

则

$$\tau_0 = \frac{\lambda}{8}\rho v^2$$

量纲分析法在水力学研究中很有用处。但量纲分析毕竟是一种数学分析方法,有一定的局限性。它要求正确选择与物理过程有关的影响因素,正确选择基本物理量应具有独立的量纲等,最后在确定函数关系式的具体形式时,还必须依靠理论分析和实验的成果。

## 9.3   流动相似的概念

模型实验的结果能够应用于原型的重要条件是,模型与原型应保证流动相似,即**两个流动的对应点上所有表征流动状况的同名物理量之间(如速度、压强、各种力)相互平行,并都维持各自的固定比例关系,则这两个流动就是相似的。**这要求两个流动应满足几何相似、运动相似和动力相似以及初始条件和边界条件的相似。在下面的讨论中,原型(prototype)中的物理量标以下标 p,模型(model)中的物理量标以下标 m。

### 1)几何相似

**几何相似是指原型和模型两个流场的几何形状相似。要求两个流场中所有相应长度都**

维持一定的比例关系,对应角度相等。即

$$\lambda_l = \frac{l_{\mathrm{p}}}{l_{\mathrm{m}}} \tag{9.7}$$

$$\theta_{\mathrm{p}} = \theta_{\mathrm{m}} \tag{9.8}$$

式中,$l_{\mathrm{p}}$ 和 $\theta_{\mathrm{p}}$ 代表原型某一部位的长度和某两线段的夹角;$l_{\mathrm{m}}$ 和 $\theta_{\mathrm{m}}$ 代表模型相应部位的长度和相应两线段的夹角;而 $\lambda_l$ 称为**长度比尺**。

几何相似的结果必然使任何两个相应的面积 $A$ 和体积 $V$ 也都维持一定的比例关系,即

$$\lambda_A = \frac{A_{\mathrm{p}}}{A_{\mathrm{m}}} = \lambda_l^2 \tag{9.9}$$

$$\lambda_V = \frac{V_{\mathrm{p}}}{V_{\mathrm{m}}} = \lambda_l^3 \tag{9.10}$$

由上可知,长度比尺 $\lambda_l$ 是几何相似的基本比尺,其他比尺均可通过长度比尺 $\lambda_l$ 来表示。$\lambda_l$ 视实验场地与实验要求不同而取不同的值,在水工模型实验中,通常 $\lambda_l$ 在 10 与 100 范围内取值。

### 2) 运动相似

运动相似是指原型和模型两个流场对应点上同名的运动学量成比例,即指原型和模型两个流动的空间对应点(包括边界上的点)处,质点流动在相应瞬间的速度和加速度分别方向相同,大小维持一定的比例。即

$$\lambda_t = \frac{t_{\mathrm{p}}}{t_{\mathrm{m}}} \tag{9.11}$$

$$\lambda_v = \lambda_u = \frac{v_{\mathrm{p}}}{v_{\mathrm{m}}} = \frac{u_{\mathrm{p}}}{u_{\mathrm{m}}} = \frac{\lambda_l}{\lambda_t} \tag{9.12}$$

$$\lambda_a = \frac{a_{\mathrm{p}}}{a_{\mathrm{m}}} = \frac{\lambda_l}{\lambda_t^2} \tag{9.13}$$

式中,$\lambda_t$ 称为**时间比尺**,$\lambda_v$ 或 $\lambda_u$ 称为**流速比尺**,$\lambda_a$ 称为**加速度比尺**。

### 3) 动力相似

动力相似是指原型和模型两个流场对应点上各同名作用力方向分别相互平行,**大小维持一定的比例关系**。所谓同名作用力是指具有同一物理性质的力。作用在液体上的力通常有重力 $\boldsymbol{G}$、黏性力 $\boldsymbol{F}_\mu$、压力 $\boldsymbol{F}_P$、弹性力 $\boldsymbol{F}_E$、表面张力 $\boldsymbol{F}_\sigma$、惯性力 $\boldsymbol{F}^\mathrm{I}$ 等。两个流动动力相似,**力的比尺** $\lambda_F$ 为

$$\lambda_F = \frac{G_{\mathrm{p}}}{G_{\mathrm{m}}} = \frac{F_{\mu \mathrm{p}}}{F_{\mu \mathrm{m}}} = \frac{\boldsymbol{F}_{P\mathrm{p}}}{\boldsymbol{F}_{P\mathrm{m}}} = \frac{F_{E\mathrm{p}}}{F_{E\mathrm{m}}} = \frac{F_{\sigma \mathrm{p}}}{F_{\sigma \mathrm{m}}} = \frac{F_{\mathrm{p}}^\mathrm{I}}{F_{\mathrm{m}}^\mathrm{I}} \tag{9.14}$$

### 4) 边界条件相似与初始条件相似

边界条件相似是指原型和模型两个流场的边界性质相同。边界条件可分为几何的、运动的和动力的 3 个方面。例如,原型中为固体边壁,模型中也应为固体边壁;原型中液面为自由

液面,模型中液面也应为自由液面。

对于非恒定流动,原型和模型两个流场还应满足初始条件相似。但在恒定流中,初始条件则失去实际意义。

**初始条件和边界条件的相似是保证两流动相似的必要条件。**

## 9.4 相似准则

**几何相似是运动相似和动力相似的前提和依据,动力相似是决定两个流动运动相似的主导因素,运动相似是几何相似和动力相似的表现,在几何相似的前提下,要保证流动相似,则要实现动力相似。**

作用于液体上的重力、黏性力、压力、弹性力、表面张力等总是企图改变液体的流动状态,而惯性力却企图维持液体原有的流动状态。液体运动的变化和发展就是惯性力和其他各种作用力相互作用的结果。

设作用在液体上外力的合力为 $F$,液体质量为 $m$,产生的加速度为 $a$,惯性力为 $F^\mathrm{I} = -Ma$,则由动力相似有

$$\lambda_F = \frac{F_\mathrm{p}}{F_\mathrm{m}} = \frac{F_\mathrm{p}^\mathrm{I}}{F_\mathrm{m}^\mathrm{I}} = \frac{m_\mathrm{p}a_\mathrm{p}}{m_\mathrm{m}a_\mathrm{m}} = \frac{\rho_\mathrm{p}V_\mathrm{p}a_\mathrm{p}}{\rho_\mathrm{m}V_\mathrm{m}a_\mathrm{m}} = \lambda_\rho\lambda_l^3\lambda_a = \lambda_\rho\lambda_l^2\lambda_v^2 = \frac{\rho_\mathrm{p}l_\mathrm{p}^2v_\mathrm{p}^2}{\rho_\mathrm{m}l_\mathrm{m}^2v_\mathrm{m}^2} \tag{9.15}$$

也可写为

$$\frac{F_\mathrm{p}}{\rho_\mathrm{p}l_\mathrm{p}^2v_\mathrm{p}^2} = \frac{F_\mathrm{m}}{\rho_\mathrm{m}l_\mathrm{m}^2v_\mathrm{m}^2} \tag{9.16}$$

式中, $\dfrac{F}{\rho l^2 v^2}$ 为一量纲 1 的数,称为**牛顿数**,以 Ne 表示,即

$$\mathrm{Ne} = \frac{F}{\rho l^2 v^2} \tag{9.17}$$

式(9.16)可用牛顿数表示为

$$(\mathrm{Ne})_\mathrm{p} = (\mathrm{Ne})_\mathrm{m} \tag{9.18}$$

式(9.18)表明,两个流动的动力相似,必须两个流动各相应处的牛顿数相等。这是流动相似的重要标志和判据,也称为**牛顿相似准则**。式(9.16)也可写成

$$\frac{\lambda_F}{\lambda_\rho\lambda_l^2\lambda_v^2} = 1$$

式中,

$$\frac{\lambda_F}{\lambda_\rho\lambda_l^2\lambda_v^2} = \frac{\lambda_F\lambda_l/\lambda_v}{\lambda_\rho\lambda_l^3\lambda_v} = \frac{\lambda_F\lambda_t}{\lambda_m\lambda_v}$$

即

$$\frac{\lambda_F\lambda_t}{\lambda_m\lambda_v} = 1 \tag{9.19}$$

式中, $\lambda_m$ 是原型和模型流动的质量比尺。 $\dfrac{\lambda_F\lambda_t}{\lambda_m\lambda_v}$ 称为**相似判据**。它和牛顿数一样,是用来判别

相似现象的重要标志。因此得出结论:**对动力相似的流动,其相似判据为 1,或相似流动的牛顿数相等**。

要使流动完全满足牛顿相似准则——两个流动的牛顿数相等,就要求作用在相应点上各种同名力均有同一的力的比尺。但由于各种力的性质不同,影响它们的物理因素不同,实际上很难做到这一点。在某一具体流动中占主导地位的力往往只有一种,因此,模型实验中只要让这种力满足相似条件即可。这种相似虽是近似的,但实践证明,由此得到的结果也是令人满意的。

### 1)重力相似准则

重力是液流现象中最常遇到的一种作用力,凡有自由液面并且允许液面上下自由变动的各种流动,如明渠流动、堰坝溢流、闸孔出流等都是重力起主要作用的流动。根据式(9.15),力的比尺 $\lambda_F$ 可写为

$$\lambda_F = \frac{G_p}{G_m} = \frac{\rho_p l_p^3 g_p}{\rho_m l_m^3 g_m} = \frac{\rho_p l_p^2 v_p^2}{\rho_m l_m^2 v_m^2}$$

化简后得

$$\frac{v_p^2}{g_p l_p} = \frac{v_m^2}{g_m l_m}$$

开方后有

$$\frac{v_p}{\sqrt{g_p l_p}} = \frac{v_m}{\sqrt{g_m l_m}} \tag{9.20}$$

式中,$v/\sqrt{gl}$ 为一量纲 1 的数,称为**佛汝德(Froude)数**,以 Fr 表示,即

$$\mathrm{Fr} = \frac{v}{\sqrt{gl}} \tag{9.21}$$

它表征了惯性力与重力的对比关系。式(9.20)用佛汝德数表示为

$$(\mathrm{Fr})_p = (\mathrm{Fr})_m \tag{9.22}$$

式(9.22)表明,若作用在液体上的外力主要是重力,要使两个流动动力相似,必须两个流动相应处的佛汝德数相等,称为**重力相似准则**或称为**佛汝德相似准则**。式(9.20)也可写成比尺形式有

$$\frac{\lambda_v^2}{\lambda_g \lambda_l} = 1 \tag{9.23}$$

### 2)黏滞力相似准则

管道中的有压流动、污水处理池中的流动及潜体绕流问题等,主要是受水流阻力作用。重力对这种流动的机理不起作用,阻力又主要与黏滞力的作用有关,因此,这类流动的相似就要求黏滞力作用相似。根据式(9.15),力的比尺 $\lambda_F$ 可写为

$$\lambda_F = \frac{F_{\mu p}}{F_{\mu m}} = \frac{\mu_p l_p v_p}{\mu_m l_m v_m} = \frac{\rho_p l_p^2 v_p^2}{\rho_m l_m^2 v_m^2}$$

化简后得

$$\frac{v_p l_p}{\nu_p} = \frac{v_m l_m}{\nu_m}$$

$$(9.24)$$

式中,$vl/\nu$ 为一量纲 1 的数,是前面介绍过的雷诺数 $Re$,$l$ 为断面的特征几何尺寸,可为管径 $d$ 或水力半径 $R$。**雷诺数 Re 表征了惯性力与黏滞力之间的对比关系。**

式(9.24)可用雷诺数表示为

$$(Re)_p = (Re)_m \tag{9.25}$$

式(9.25)表明:若作用在液体上的外力主要是黏滞力,要使两个流动动力相似,必须两个流动相应处的雷诺数相等,称为**黏滞力相似准则**或称为**雷诺相似准则**。式(9.24)也可写成比尺形式有

$$\frac{\lambda_v \lambda_l}{\lambda_\nu} = 1 \tag{9.26}$$

### 3)压力相似准则

若作用于液体上的外力主要是动水压力 $\boldsymbol{F}_P$ 时,根据式(9.15),力的比尺 $\lambda_F$ 可写为

$$\lambda_F = \frac{F_{Pp}}{F_{Pm}} = \frac{p_p l_p^2}{p_m l_m^2} = \frac{\rho_p l_p^2 v_p^2}{\rho_m l_m^2 v_m^2}$$

化简后得

$$\frac{p_p}{\rho_p v_p^2} = \frac{p_m}{\rho_m v_m^2} \tag{9.27}$$

式中,$p/\rho v^2$ 为一量纲 1 的数,称**欧拉(Euler)数**,以 Eu 表示,即

$$Eu = \frac{p}{\rho v^2} \tag{9.28}$$

它表征了惯性力与压力的对比关系。式(9.27)可用欧拉数表示为

$$(Eu)_p = (Eu)_m \tag{9.29}$$

式(9.29)表明:若作用在液体上的外力主要是动水压力时,要使两个流动动力相似,必须两个流动相应处的欧拉数相等,称为**压力相似准则**或称为**欧拉相似准则**。式(9.27)也可写成比尺关系有

$$\frac{\lambda_p}{\lambda_\rho \lambda_v^2} = 1 \tag{9.30}$$

在不可压缩液体的有压流动中,起作用的是压强差 $\Delta p$,而不是压强的绝对值。因此,欧拉数也可表示为

$$Eu = \frac{\Delta p}{\rho v^2} \tag{9.31}$$

欧拉准则不是独立的准则,当雷诺准则和佛汝德准则得到满足时欧拉准则自动满足。

作用在相似液流上的同名作用力不止以上三类,因此,还有另外一些需要满足的准则,如弹性力相似准则、表面张力相似准则等。限于篇幅,不再赘述。

## 9.5　模型实验

模型实验是依据相似原理,制成与原型相似的小尺度模型进行实验研究,以实验结果判断或预测原型的流动现象。进行模型实验首先需解决模型律的选择及模型设计两个问题。

**1) 模型律的选择**

模型律的选择应依据流动相似准则。为尽可能使模型与原型完全相似,除首先考虑几何相似以外,各独立的相似准则应同时满足,事实上,这是很困难甚至不可能的,只能对所研究的流动问题进行深入分析,找出影响该流动的主要作用力并选用相应的相似准则。例如,当黏滞力起主导作用时,则选用雷诺准则设计模型,称为**雷诺模型**;当重力起主导作用时,则选用佛汝德准则设计模型,称为**佛汝德模型**。

**(1) 雷诺模型**

在雷诺模型中,由于原型与模型的雷诺数相等,可根据式(9.26)来确定长度比尺与其他比尺的关系。流速比尺由下式确定

$$\lambda_v = \lambda_\nu / \lambda_l \tag{9.32}$$

这就是说 $\lambda_v$ 取决于 $\lambda_\nu$ 与 $\lambda_l$ 之比,不能任意选择。例如,当模型与原型中的液体相同,且温度也相同时,运动黏性系数比尺 $\lambda_\nu = 1$,则流速比尺与长度比尺之间为倒数关系,即

$$\lambda_v = 1/\lambda_l \tag{9.33}$$

式(9.33)表明,**雷诺模型尺度越小,模型中流速越快,即模型中流速将远大于原型中流速,这是雷诺模型的一个特点**,雷诺模型中其他比尺也可导出,例如

流量比尺 $\lambda_Q$

$$\lambda_Q = \lambda_v \lambda_A = \lambda_v \lambda_l^2 = \lambda_l \tag{9.34}$$

时间比尺 $\lambda_t$

$$\lambda_t = \lambda_l / \lambda_v = \lambda_l^2 \tag{9.35}$$

**(2) 佛汝德模型**

在佛汝德模型中,由于原型和模型的佛汝德数相等,可根据式(9.23)来确定长度比尺 $\lambda_l$ 与其他比尺的关系。当模型与原型流动均在地球上时,$\lambda_g = 1$,因此,流速比尺 $\lambda_v$ 由下式表示

$$\lambda_v = \sqrt{\lambda_l} \tag{9.36}$$

佛汝德模型中其他比尺也可导出由长度比尺 $\lambda_l$ 表示,例如,流量比尺 $\lambda_Q$ 与时间比尺 $\lambda_t$ 分别为

$$\lambda_Q = \lambda_v \lambda_l^2 = \lambda_l^{5/2} \tag{9.37}$$

$$\lambda_t = \lambda_l / \lambda_v = \sqrt{\lambda_l} \tag{9.38}$$

若要满足黏滞力与重力同时相似,即要保证模型与原型流动中的雷诺数和佛汝德数一一对应相等。如果模型与原型采用同一种介质,由雷诺数相等条件,有 $\lambda_v = 1/\lambda_l$,由佛汝德数相等条件,有 $\lambda_v = \sqrt{\lambda_l}$,显然,只有 $\lambda_l = 1$,才能同时满足以上条件,即模型不能缩小,失去了模型实验价值。

如果模型与原型采用不同的介质,有

$$\lambda_v = \lambda_{v'}/\lambda_l = \sqrt{\lambda_l}$$

或

$$\lambda_v = \lambda_l^{3/2} \tag{9.39}$$

即实现流动相似有两个条件:一是模型流的流速为原型流流速的 $1/\sqrt{\lambda_l}$ 倍;二是必须按 $\lambda_v = \lambda_l^{3/2}$ 来选择运动黏性系数的比尺,但通常这一条件难以实现。

从上述分析可知,一般情况下同时满足两个或两个以上作用力相似是难以实现的。实际中,往往仅考虑满足一个影响流动的主要作用力的相似,而忽略其他次要力的相似。

### 2)模型设计

模型设计的步骤如下:

①根据实验场地、经费、模型的制作条件和仪器、设备的量测条件确定几何比尺 $\lambda_l$。一般情况下,按 $\lambda_l = 10 \sim 100$ 选定。

②根据几何比尺缩小原型的几何尺寸,得出模型的几何边界尺寸。

③根据作用在原型流动上的主要作用力,选择模型律。如佛汝德模型、雷诺模型等。

④按所选择的模型律推算各物理量的比尺,例如速度比尺、流量比尺、时间比尺等,从而由模型测得的各物理量的数据,推算原型液流中各物理量的相关数值,进而对设计方案进行优化,确定出安全可靠且经济的原型设计方案。

**例 9.4** 有一直径为 15 cm 的输油管,管长 5 m,管中要通过的流量为 0.18 m³/s,现用水来做模型实验,当模型管径与原型一样,水温为 10 ℃(原型用油的运动黏性系数 $\nu_p = 0.13$ cm²/s),问水的模型流量应为多少才能达到相似?若测得 5 m 长模型水管两端的压强水头差为 3 cm,试求在 100 m 长的输油管两端的压强差应为多少(用油柱高表示)?

**解** ①因为圆管中流动主要受黏滞力作用,所以相似条件应满足雷诺准则,即

$$(Re)_p = (Re)_m$$

或

$$\frac{v_p d_p}{\nu_p} = \frac{v_m d_m}{\nu_m}$$

因为 $d_p = d_m$,即 $\lambda_l = 1$,则上式可化简为

$$\frac{v_p}{\nu_p} = \frac{v_m}{\nu_m}$$

又因 $Q = A \cdot v$,而 $A_p = A_m$,所以上式又可写成

$$\frac{Q_p}{\nu_p} = \frac{Q_m}{\nu_m}$$

将已知油的 $\nu_p = 0.13$ cm²/s,水的 $\nu_m = 0.013\,1$ cm²/s 代入上式,可得水的模型流量为

$$Q_m = Q_p \frac{\nu_m}{\nu_p} = 0.18 \times \frac{0.013\,1}{0.13} \text{m}^3/\text{s} = 0.018\,1 \text{ m}^3/\text{s}$$

②研究压强问题,须按欧拉准则,才能保证原型与模型压强相似,即

$$(Eu)_p = (Eu)_m$$

或

$$\frac{\Delta p_p}{\rho_p v_p^2} = \frac{\Delta p_m}{\rho_m v_m^2}$$

或
$$\frac{\Delta p_{\mathrm{p}}}{\rho_{\mathrm{p}} g_{\mathrm{p}} v_{\mathrm{p}}^2 / g_{\mathrm{p}}} = \frac{\Delta p_{\mathrm{m}}}{\rho_{\mathrm{m}} g_{\mathrm{m}} v_{\mathrm{m}}^2 / g_{\mathrm{m}}}$$

因 $g_{\mathrm{p}} = g_{\mathrm{m}}$，且已知模型测得压强水头差 $\dfrac{\Delta p_{\mathrm{m}}}{\rho_{\mathrm{m}} g_{\mathrm{m}}} = 3\ \mathrm{cm}$，则原型输油管两端的压强差（油柱）为

$$\frac{\Delta p_{\mathrm{p}}}{\rho_{\mathrm{p}} g_{\mathrm{p}}} = \frac{\Delta p_{\mathrm{m}}}{\rho_{\mathrm{m}} g_{\mathrm{m}}} \cdot \frac{v_{\mathrm{p}}^2}{v_{\mathrm{m}}^2}$$

已知
$$v_{\mathrm{p}} = \frac{Q_{\mathrm{p}}}{\frac{\pi}{4} d_{\mathrm{p}}^2} = \frac{0.18\ \mathrm{m^3/s}}{\frac{\pi}{4} \times 0.15^2\ \mathrm{m^2}} = 10.19\ \mathrm{m/s}$$

$$v_{\mathrm{m}} = \frac{Q_{\mathrm{m}}}{\frac{\pi}{4} d_{\mathrm{m}}^2} = \frac{0.018\ 1\ \mathrm{m^3/s}}{\frac{\pi}{4} \times 0.15^2\ \mathrm{m^2}} = 1.027\ \mathrm{m/s}$$

所以，$l_{\mathrm{p}} = l_{\mathrm{m}} = 5\ \mathrm{m}$ 长输油管的压差油柱为

$$h_{\mathrm{p}} = \frac{\Delta p_{\mathrm{p}}}{\rho_{\mathrm{p}} g_{\mathrm{p}}} = 0.03 \times \frac{10.19^2}{1.027^2}\mathrm{m} = 2.95\ \mathrm{m}$$

则在 100 m 长的输油管两端的压强差为

$$\frac{2.95}{5} \times 100\ \mathrm{m} = 59\ \mathrm{m}（油柱高）。$$

**例 9.5** 如图 9.1 所示溢流坝的最大下泄流量为 1 000 $\mathrm{m^3/s}$，用缩小比尺 $\lambda_l = 60$ 的模型进行实验，试求模型中最大流量为多少？如在模型中测得坝上水头 $H_{\mathrm{m}}$ 为 8 cm，测得模型坝脚处收缩断面流速 $v_{\mathrm{m}} = 1\ \mathrm{m/s}$，试求原型情况下相应的坝上水头和收缩断面流速各为多少？

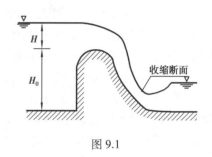

图 9.1

**解** 为了使模型水流能与原型水流相似，首先必须做到几何相似。由于溢流现象中起主要作用的是重力，其他作用力如黏滞阻力和表面张力等均可忽略，故要使模型与原型相似，必须满足佛汝德准则。

根据佛汝德模型，流量比尺为
$$\lambda_Q = \lambda_l^{5/2} = 60^{5/2} = 27\ 885$$

则模型中流量
$$Q_{\mathrm{m}} = Q_{\mathrm{p}}/\lambda_Q = \frac{1\ 000}{27\ 885}\mathrm{m^3/s} = 0.035\ 9\ \mathrm{m^3/s}$$

长度比尺为 $\lambda_l = 60$，则原型坝上水头为
$$H_{\mathrm{p}} = \lambda_l H_{\mathrm{m}} = 60 \times 8\ \mathrm{cm} = 480\ \mathrm{cm} = 4.8\ \mathrm{m}$$

流速比尺为
$$\lambda_v = \sqrt{\lambda_l} = \sqrt{60} = 7.75$$
则收缩断面处原型流速为
$$v_{\mathrm{p}} = \lambda_v v_{\mathrm{m}} = 7.75 \times 1\ \mathrm{m/s} = 7.75\ \mathrm{m/s}$$

## 思考题

9.1　什么是物理量的量纲和单位？它们有何区别？

9.2　如何保证基本量的量纲是独立的？

9.3　简述瑞利法和 π 定理。

9.4　什么是几何相似、运动相似、动力相似？三者的关系如何？

9.5　试分别按雷诺准则和佛汝德准则导出下列各物理量的比尺（用长度比尺表示）：速度、加速度、流量、时间、力、压强、功、功率等。

## 习　题

9.1　用基本量纲 L,M,T 推导出力偶矩 $M$,动能 $T$,动量 $K$ 及转动惯量 $J$ 的量纲。

9.2　整理下列各组物理量为量纲 1 的数：①$\tau$、$v$、$\rho$；②$\nu$、$l$、$v$；③$F$、$l$、$v$、$\rho$；④$\sigma$、$l$、$v$、$\rho$；⑤$v$、$g$、$l$。

9.3　水泵单位时间抽送密度为 $\rho$ 的液体体积是 $Q$,单位重量液体由水泵内获得的总能量为 $H$(单位:米液柱高)。试用瑞利法证明水泵输出功率为 $P = k\rho gQH$。

9.4　实验观察与理论分析指出,水平等直径恒定有压管流的压强损失 $\Delta p$ 与管长 $l$、直径 $d$、管壁粗糙度 $\Delta$、运动黏性系数 $\nu$、密度 $\rho$、流速 $v$ 等因素有关。试用 π 定理求出计算压强损失的公式及沿程水头损失 $h_f$ 的公式。

9.5　如题 9.5 图所示的孔口出流,实验知道,孔口出流时,孔口断面流速大小 $v$ 与下列因素有关:孔口作用水头 $H$、孔口直径 $d$、重力加速度 $g$、液体密度 $\rho$、动力粘性系数 $\mu$ 及表面张力系数 $\sigma$。试用 π 定理推求孔口流量公式。

9.6　水流围绕一桥墩流动时,将产生绕流阻力 $F$,该阻力大小与桥墩的宽度 $b$(或柱墩直径 $d$)、水流速度 $v$ 大小、水的密度 $\rho$、动力黏性系数 $\mu$ 及重力加速度 $g$ 有关,如题 9.6 图所示。试用 π 定理推导绕流阻力表达式。

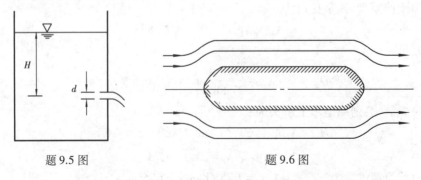

題 9.5 图　　　　　　　　　　題 9.6 图

9.7　有一管径为 200 mm 的输油管道,油的运动黏性系数 $\nu = 4.0 \times 10^{-5}\,\mathrm{m^2/s}$,管道内通过的流量是 $0.12\,\mathrm{m^3/s}$。若用直径为 50 mm 的管道并以 20 ℃ 的水做模型实验,试求在流动相似时模型管内应通过的流量。若测得 1 m 长模型输水管两端压强水头差为 5 mm,试求在 100 m 长输油管两端压强差应为多少(用油柱高表示)?

9.8　有一处理废水的稳定池,池的宽度为 25 m,池长 100 m,池中水深 2 m,池中水温为 20 ℃,水力停留时间 15 d(水力停留时间定义为池的容积与流量之比),成缓慢均匀流。设制作模型的长度比尺 $\lambda_l = 20$,在同种介质中实验,求模型尺寸及模型中的水力停留时间。(提示:按雷诺模型进行设计)

9.9　一桥墩长 $l_p = 24$ m,墩宽 $b_p = 4.3$ m,水深 $h_p = 8.2$ m,河中水流平均流速 $v_p = 2.3$ m/s,两桥墩间的距离 $B_p = 90$ m,试取 $\lambda_l = 50$ 来制作模型,确定模型尺寸及其中的平均流速 $v_m$ 和流量 $Q_m$。

9.10　采用长度比尺 $\lambda_l = 25$ 的模型来研究闸下出流情况,如题 9.10 图所示,重力为流动的主要作用力。试求:

①当原型闸门前水深 $H_p = 14$ m 时,模型中相应水深 $H_m$ 为多少?

②若模型实验测得闸下出口断面平均流速 $v_m = 3.1$ m/s,流量 $Q_m = 56l/s$,由此推算出原型相应流速 $v_p$、流量 $Q_p$ 为多少?

③若模型中水流作用于闸门的力 $F_m = 124$ N,问原型闸门所受的力 $F_p$ 为多少?

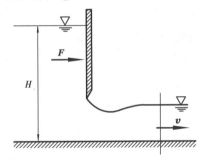

题 9.10 图

9.11　一溢流坝(见图 9.1)泄水流量为 150 m³/s,现按重力相似准则设计模型,如实验室供水量仅有 0.08 m³/s,为这个模型选取几何比尺;原型坝高 $H_{0p} = 20$ m,坝顶水头 $H_p = 4$ m,问模型最高为多少($H_{0m} + H_m$)?

# 习题参考答案

## 第一章

1.1    $K=1.568\times10^9\ \mathrm{N/m^2}$;$\beta=6.38\times10^{-8}\ \mathrm{m^2/N}$

1.2    $D_\mathrm{p}=1.96\times10^6\ \mathrm{kPa}$

1.3    $v=0.010\ 62\ \mathrm{m^2/s}$,$\mu=10.6\ \mathrm{N\cdot s/m^2}$

1.4    $\tau=1\ 150\ \mathrm{N/m^2}$

1.5    $\mu=0.054\ \mathrm{N\cdot s/m^2}$

1.6    盛水时:$h=2.98\ \mathrm{mm}$;盛汞时:$h=1.015\ \mathrm{mm}$

## 第二章

2.1    (1)容器盛水时:$p_0=14.70\ \mathrm{kN/m^2}$;(2)容器盛汽油时:$p_0=11.025\ \mathrm{kN/m^2}$

2.2    $\nabla3=13.65\ \mathrm{cm}$

2.3    $p_\mathrm{Aabs}=107.80\ \mathrm{kPa}$,$11\ \mathrm{m}$ 水柱,$808.82\ \mathrm{mm}$ 水银柱

      $p_\mathrm{A}=9.8\ \mathrm{kPa}$,$1\ \mathrm{m}$ 水柱,$73.53\ \mathrm{mm}$ 水银柱

2.4    (1)$p=19.7\ \mathrm{kPa}$,$h_\text{水}=2.01\ \mathrm{m}$;(2)$p_\mathrm{abs}=166.6\ \mathrm{kPa}$;(3)$p_\mathrm{v}=29.5\ \mathrm{kPa}$

2.5    $\rho_1=0.7\ \mathrm{kg/m^3}$;$p_\mathrm{Aabs}=106.33\ \mathrm{kN/m^2}$;$p_\mathrm{A}=8.33\ \mathrm{kN/m^2}$

2.6    $H=1.14\ \mathrm{m}$

2.7    $p_0=-4.9\ \mathrm{kPa}$;$h_\mathrm{v}=0.5\ \mathrm{m}$ 水柱

2.8    $h_1=5.0\ \mathrm{m}$ 水柱;$h_2=0.382\ \mathrm{m}$ 水柱

2.9    $p_\mathrm{v}=19.6\ \mathrm{kN/m^2}$

2.10   (1)$\nabla_E=12.5\ \mathrm{m}$,$\nabla_F=12.2\ \mathrm{m}$,$\nabla_G=10.6\ \mathrm{m}$;(2)$h_\mathrm{p}=0.6\ \mathrm{m}$

2.11   (1)$p_\mathrm{A}-p_\mathrm{B}=-1\ 866.4\ \mathrm{Pa}$;(2)$p_\mathrm{A}-p_\mathrm{B}=-785.41\ \mathrm{Pa}$

2.12   $p_\mathrm{B}=-28.812\ \mathrm{kN/m^2}$

2.13   $F=26.46\ \mathrm{kN}$,水平向左

2.14   $h=0.133\ \mathrm{m}$

2.15   $14.48\ \mathrm{m}$ 水柱,$4.48\ \mathrm{m}$ 水柱,$14.98\ \mathrm{m}$ 水柱,$4.48\ \mathrm{m}$ 水柱

2.16　$\rho_{油}=800.36\ \text{kg/m}^3$

2.17　$p_{0abs}=6.664\ \text{kN/m}^2,z_2=0.68\ \text{m}$

2.18　$H=0.4\ \text{m}$

2.19　$F=45.73\ \text{kN}$,垂直指向平板 AB;$h_D=2.03\ \text{m}$

2.20　(1)$F_T\geqslant32.06\ \text{kN}$;(2)$F_T\geqslant27.90\ \text{kN}$

2.21　$F=32.67\ \text{kN}$

2.22　$M=934.64\ \text{kN}\cdot\text{m}$,顺时针转向

2.23　$p_A=4.82\ \text{kN},p_B=7.052\ \text{kN},p_C=3.205\ \text{kN}$

2.24　$F_x=29.23\ \text{kN}$,水平向左;$F_z=2.56\ \text{kN}$,铅垂向下

2.25　$F=1.19\ \text{kN}$,铅垂向上

2.26　$H=3.05\ r$

2.27　$F=266\ 3.14\ \text{kN},h_D=6.91\ \text{m}$

2.28　$F_z=71.84\ \text{kN}$,铅垂向上

2.29　(1)$\Delta H=2.52\ \text{m}$;(2)$19.4\ \text{kN}$,过球心向左

2.30　$p_x=82.05\ \text{kN}$,水平向右;$F_z=59.38\ \text{kN}$,铅垂向上

2.31　$F_x=26.07\ \text{kN}$,水平向右;$F_z=41.45\ \text{kN}$,铅垂向上

2.32　$F=0.74\ \text{kN}$,铅垂向上

2.33　$11\ \text{cm}$

## 第三章

3.3　$y=\dfrac{bx-c}{a}$($c$ 为积分常数)

3.4　$y=C_1x,z=C_2$,流线为 $xOy$ 平面上的一簇通过原点的直线

3.5　$v=1.27\ \text{m/s},d_0=0.025\ 0\ \text{m}=25\ \text{mm}$

3.6　$v_2=3.18\ \text{m/s}$

3.7　$Q=0.212\times10^{-3}\text{m}^3/\text{s},v=0.075\ \text{m/s}$

3.8　$Q_2=0.019\ 4\ \text{m}^3/\text{s},\rho gQ_2=0.194\ \text{kN/s}$

3.9　$v_1=2.5\ \text{m/s},Q=1\ \text{m}^3/\text{s}$

3.10　$v_1=2\ \text{m/s}$

3.11　$Q=0.102\ \text{m}^3/\text{s}$

3.12　$\dfrac{p_3}{\rho g}=-1\ \text{m}$ 水柱

3.13　$u_A=2.68\ \text{m/s}$

3.14　水流应由 A 流向 B,$h_w=2.765\ \text{m}$

3.15　$Q=0.051\ 178\ \text{m}^3/\text{s}$

3.16　$d_1=9.8\ \text{cm}$

3.17　$Q=0.173\ \text{m}^3/\text{s}$

3.18　$H=5.186\ \text{m}$

3.19 相对压强 $p_1 = -6\ 731$ Pa,相对压强 $p_2 = +16\ 955$ Pa

3.20 $Q_D = 0.017\ 5$ m³/s, $Q_B = Q_D$, $p_B = 11.27$ kN/m², $\dfrac{p_B}{\rho g} = 1.15$ m(水柱)

3.21 $p_1 = 154.25$ kPa, $d_2 = 27$ mm

3.22 $v_1 = 1.98$ m/s, $v_2 = 3.96$ m/s

3.23 $Q = 0.55$ m³/s

3.24 $p_2 = 10.06$ kPa, $Q = 0.259$ m³/s

3.25 $d = 75.5$ m, $p_B = -53.89$ kN/m²

3.26 $h_s = 3$ m

3.27 管中的水流应从 $A$ 流向 $B$, $h_w = 0.83$ m

3.28 $h = 7$ m

3.29 $Q = 0.067\ 3$ m³/s, $p = 79.2$ kPa

3.30 $Q = 0.027\ 1$ m³/s

3.31 $p_2 = 44.1$ kN/m²

3.32 $H = 1.23$ m

3.33 $h = 0.24$ m

3.34 $Q = 5.98$ m³/s

3.35 $F = 100$ N

3.36 $\theta = 60°$时: $F_R = 252$ N; $\theta = 90°$时: $F_R = 504$ N;
$\theta = 180°$时: $F_R = 1\ 008$ N

3.37 $\theta = 30°$, $F_{Rx} = 456.5$ N

3.38 $F_{Rx} = 3.815$ kN, $F_{Ry} = 3.415$ kN;管壁对水流的总作用力:
$F_R = \sqrt{F_{Rx}^2 + F_{Ry}^2} = 5.12$ kN,水平轴 $x$ 的夹角 $\theta = 41°81'$

3.39 $F_{Rx} = 4.51$ kN

3.40 $F_{Rx} = 1.70$ kN

3.41 水流对支座的作用力: $F'_{Rx} = 1\ 240.5$ kN(→), $F'_{Ry} = 1\ 750.9$ kN(↑)

3.42 $F_R \geqslant 153$ kN

## 第四章

4.1 $Q_{max} = 0.471 \times 10^{-3}$ m³/s

4.2 (1)紊流;(2) $v_{max} = 0.12$ m/s

4.3 $Re = 7\ 888 > 575$,紊流

4.4 (1) $h_f = 15.02$ m;(2) $\tau_{r=0} = 0$, $\tau_{r=100} = 36.8$ N/m²

4.5 $d = 1.75$ mm

4.6 紊流光滑区, $\lambda = 0.017\ 9$

4.7 $v = 4.498 \times 10^{-5}$ m²/s

4.8 (1) $Q_{max} = 0.009$ m³/s;(2) $Q_{min} = 0.134$ m³/s

4.9 (1) $Q = 0.077\ 6$ m³/s;(2) $h_f = 40.47$ m 水柱

4.10 $\lambda_1 = 0.026, \lambda_2 = 0.027, \lambda_3 = 0.032$

4.11 公式法 $h_{fl} = 12.81$ m 水柱;查图法 $h_{fl} = 10.43$ m 水柱

4.12 （1）紊流过渡区　　　$h_f = 0.077$ m 水柱

　　　（2）层流　　　　　　$h_f = 0.13$ mm 水柱

　　　（3）紊流粗糙区　　　$h_f = 12.2$ m 水柱

4.13 $\lambda = 0.035\ 2, h_f = 8.19$ m 水柱

4.14 $Q = 0.039\ 7$ m$^3$/s

4.15 $t = 10$ ℃, $\Delta p = 100.45$ kPa, $\lambda = 0.030\ 1, h_f = 10.25$ m 水柱

4.16 （1）$v = 0.80$ m/s;（2）$Q = 5.10$ m$^3$/s

4.17 莫迪图 $J = 0.007\ 6$;曼宁公式 $J = 0.008\ 9$

4.18 $p_{min} = 244.8$ kPa

4.19 $H = 43.9$ m

4.20 $Q = 0.025\ 4$ m$^3$/s

4.21 $Q = 0.159$ m$^3$/s, $h_1 = 2.914$ m, $h_2 = 7.086$ m

4.22 $F = 206$ N（→）

4.23 $\lambda = 0.04, n = 0.011$

4.24 （1）$Q = 0.063\ 1$ m$^3$/s;

　　　（2）$F_x = 0.783$ kN（→）, $F_y = 0.373$ kN（↓）, $F_合 = 0.867$ kN

　　　（3）$\tau_0 = 0.901$ N/m$^2$

4.25 $d_{max} = 4.027$ cm

## 第五章

5.1 （1）$Q_1 = 0.037\ 3$ m$^3$/s;（2）$Q_2 = 0.021\ 6$ m$^3$/s;（3）$Q_3 = 0.023\ 66$ m$^3$/s

5.2 $Q = 0.016\ 1$ m$^3$/s

5.3 $Q = 0.193$ m$^3$/s

5.4 $p_v/\rho g = 4.5$ m, $Q = 4.28$ m$^3$/s

5.5 $p_0 = 44.2$ kN/m$^2$

5.6 $Q_2 = 0.036\ 2$ m$^3$/s, $H_2 = 1.896$ m

5.7 $\Delta H = 2.1$ cm

5.8 $Q = 0.003\ 11$ m$^3$/s

5.9 $t = 17.87$ s

5.10 $t = \dfrac{D^2}{d^2}\sqrt{\dfrac{1.5 + \lambda l/d}{2g}}(\sqrt{H} - \sqrt{H/2})$

5.11 $t_1 = 177.78$ s, $t_2 = 84.63$ s

5.12 $Q = 0.375$ m$^3$/s, $p_v = 47.67$ kPa

5.13 $d = 1.0$ m

5.14 $Q = 0.049\ 3$ m$^3$/s

5.15 $Q = 0.048\ 2$ m$^3$/s

5.16　$Q=0.513$ m³/s, $h_v=2.83$ m 水柱

5.17　$N_p=35.84$ kW

5.18　$H=21.8$ m, $N=13.4$ kW

5.19　$h_s=4.38$ m, $H=21.24$ m

5.20　$d=0.5$ m, $h_s=4.28$ m, $N=82.2$ kW

5.21　$Q=0.109$ m³/s

5.22　（1）$Q=0.735$ m³/s；（2）$H=29.12$ m 水柱

5.23　$p_A/\rho g=21.18$ m 水柱

5.24　$H=24.80$ m

5.25　$H=10.42$ m

5.26　1.265

5.27　$h_{fAB}=13.57$ m

5.28　$Q_1=0.057\ 6$ m³/s, $Q_2=0.042\ 4$ m³/s, $h_f=9.2$ m

5.29　$H=19$ m

5.30　$d=600$ mm

5.31　$d_{1\sim2}=150$ mm, $d_{2\sim3}=d_{3\sim5}=100$ mm, $d_{2\sim4}=75$ mm

5.32　$H_t=14$ m

## 第六章

6.1　$b=3.0$ m, $i=0.001\ 2$

6.3　$h=3.92$ m, $b=3.24$ m

6.4　$i=0.000\ 54$

6.5　$Q=33.66$ m³/s, $v=1.22$ m/s

6.6　$h=1.49$ m

6.7　$h_0=0.6$ m, $i=0.002$

6.8　$C=48.74$ m⁰·⁵/s

6.9　$h_0=1.66$ m

6.10　$Q=1.72$ m³/s, $v=0.512$ m/s

6.11　$i=0.000\ 33$, $v=1.63$ m/s

6.12　$h=0.42$ m, $b=4.15$ m

6.13　n=0.032

6.14　$i=0.000\ 25$

6.15　$\Delta h=0.7$ m

6.16　$i=0.002\ 1$

6.17　$h=2.47$ m, $b=4.94$ m

6.18　$\Delta Q=6.01$ m³/s

6.19　$h=0.84$ m

6.20　$h_k=0.754$ m

6.23　$h_k = 1.07$ m

6.25　$h_k = 0.907$ m

6.26　$i_k = 0.005$

6.27　陡坡渠道

6.28　缓流

6.29　缓流、缓坡

6.30　急流

6.31　$F_r < 1$ 缓流

6.33　$h'' = 1.59$ m, $l_j = 8.9$ m, $\Delta h_w = 1.12$ m

6.34　$h'' = 1.584$ m

6.37　$h_上 = 1.72$ m

## 第七章

7.1　$Q = 2.29$ m$^3$/s

7.2　$Q = 6.94$ m$^3$/s

7.3　$Q = 0.504$ m$^3$/s

7.4　$b = 17.2$ m, $h_{max} = 4.09$ m

7.5　$Q = 0.025$ m$^3$/s, $H = 0.263$ m

7.6　$q = 0.69$ m$^3$/(s·m)

7.7　$Q = 8.2$ m$^3$/s

7.8　$Q = 7.0$ m$^3$/s

7.9　$b = 9.9$ m

7.10　$b = 6$ m, $h = 1.59$ m

## 第八章

8.1　$k = 4.15 \times 10^{-6}$ (m/s)

8.2　$Q = 5.65 \times 10^{-5}$ m$^3$/s

8.3　$v = u = 2 \times 10^{-5}$ cm/s

8.4　$q = 2.63$ m$^3$/d·m

8.5　$q = 3.75 \times 10^{-7}$ m$^2$/s；当 $x = 100$ m 时，$h = 9.22$ m；当 $x = 200$ m 时，$h = 8.37$ m；

　　当 $x = 300$ m 时，$h = 7.42$ m；当 $x = 400$ m 时，$h = 6.32$ m；当 $x = 500$ m 时，$h = 5.00$ m

8.6　$q = 5.71 \times 10^{-7}$ m$^2$/s, $h_c = 2.60$ m

8.7　$Q = 3.36 \times 10^{-3}$ m$^3$/s

8.8　$Q = 6.0 \times 10^{-5}$ m$^3$/s, $h_C = 3.16$ m

8.9　$x = 10$ m, 20 m, 30 m, 40 m, $z = 0.6$ m, 0.85 m, 1.04 m, 1.2 m

8.10　$Q = 0.017\ 87$ m$^3$/s

8.11　$Q = 0.006\ 4$ m$^3$/s

8.12　$k = 3.193 \times 10^{-3}$ m/s

8.13 $k=8.875\times10^{-4}$ m/s,井壁内外水位差 $\Delta h=h_0-4.8\approx3$ m

8.15 $R\approx184$ m

8.16 $Q=216$ m$^3$/d

8.17 $Q=0.04$ m$^3$/s

8.18 $Q_0=0.012\ 2$ m$^3$/s

8.19 $z=9.058$ m,$s=0.94$ m

8.20 $Q=6.92\times10^{-3}$ m$^3$/s,$z_2\approx12$ m,$S_2=3.02$ m;$z_3=11.395$ m,$S_3=3.605$ m

## 第九章

9.2 $(1)\dfrac{\tau}{\rho v^2};(2)\dfrac{v\cdot l}{\nu};(3)\dfrac{F}{\rho l^2 v^2};(4)\dfrac{\sigma}{\rho l v^2};(5)\dfrac{v^2}{gl}$

9.4 $\Delta p=f\left(\dfrac{l}{d},\dfrac{\Delta}{d},\dfrac{\nu}{vd}\right)\cdot\rho v^2;h_f=f\left(\dfrac{\Delta}{d},\dfrac{\nu}{vd}\right)\cdot\dfrac{l}{d}\cdot\dfrac{v^2}{2g}$

9.5 $Q=\dfrac{\pi d^2}{4}f\left(\dfrac{d}{H},\dfrac{\mu}{\rho H\sqrt{gH}},\dfrac{\sigma}{\rho gH^2}\right)\cdot\sqrt{2gH}$

9.6 $F=\rho b^2 v^2 f\left(\dfrac{\mu}{\rho bv},\dfrac{gb}{v^2}\right)$

9.7 $Q_\mathrm{m}=0.76$ m/s;$\left(\dfrac{\Delta p}{\rho g}\right)_p=12.254$ m

9.8 $B_\mathrm{m}=1.25$ m;$L_\mathrm{m}=5$ m;$H_\mathrm{m}=0.1$ m;$t_\mathrm{m}=54$ min

9.9 $v_\mathrm{m}=0.325$ m/s;$Q_\mathrm{m}=0.091\ 4$ m$^3$/s

9.10 $H_\mathrm{m}=0.56$ m;$v_\mathrm{p}=15.5$ m/s,$Q_\mathrm{p}=175$ m$^3$/s ;$F_\mathrm{p}=1\ 937.5$ kN

9.11 $\lambda_1=20.38$;$H_{0\mathrm{m}}+H_\mathrm{m}=1.18$ m

# 参考文献

[1]清华大学水力学教研室.水力学:上、下册[M].北京:人民教育出版社,1980.

[2]蒋觉先.水力学[M].北京:高等教育出版社,1993.

[3]成都科技大学水力学教研室.水力学:上、下册[M].北京:人民教育出版社,1979.

[4]西安交通大学水力学教研室.水力学[M].3 版. 北京:高等教育出版社,1983.

[5]刘鹤年.水力学[M].北京:中国建筑工业出版社,1998.

[6]黄儒欣.水力学教程[M].2 版.成都:西南交通大学出版社,1998.

[7]柯葵,朱立明,李嵘.水力学[M].上海:同济大学出版社,2001.

[8]Melvyn Kay. Practical Hydraulics. E & FN Spon. An imprint of Routlege 11 New Fetter Lane. London EC4P4EE,1998.

[9]闻德苏,魏亚东,李兆年,等.工程流体力学(水力学)[M]. 北京:高等教育出版社,1991.

[10]禹华谦.工程流体力学(水力学)[M].成都:西南交通大学出版社,1999.

[11]李士豪.流体力学[M].北京:高等教育出版社,1990.

[12]周谟仁.流体力学·泵与风机[M].2 版.北京:中国建筑工业出版社,1985.